MICHAEL NAJJAR
outer space
v2

DISTANZ

„Wenn ein Mensch zu anderen Himmelskörpern fliegt und dort feststellt, wie schön es doch auf unserer Erde ist, hat die Weltraumfahrt einen ihrer wichtigsten Zwecke erfüllt."

Jules Verne

"When a man flies to other heavenly bodies and sees from there just how beautiful our Earth really is, space flight will have fulfilled one of its most important purposes."

Jules Verne

Die Werkserie „outer space“

Die Werkserie „outer space“ von Michael Najjar befasst sich mit den jüngsten Entwicklungen in der Weltraumforschung sowie ihrer Einflussnahme auf die Gestaltung unseres zukünftigen Lebens auf der Erde, in der nahen Erdumlaufbahn und auf anderen Planeten. Die beginnende zivile Expansion in den Weltraum, die Industrialisierung des geo-lunaren Raumes, die Entwicklung des zivilen Transportwesens sowie der temporäre Aufenthalt auf Raumstationen werden einen starken Einfluss auf die Zukunft der Menschheit nehmen.

Gegenwärtig sieht sich die menschliche Spezies mit wachsenden Bedrohungen auf dem Planeten Erde konfrontiert, darunter Überbevölkerung, Klimawandel, Terraforming, schwindende Ressourcen und Engpässe in der Energie-, Nahrungsmittel- und Wasserversorgung. Obgleich wir unseren Heimatplaneten schützen müssen, könnte die Kolonisierung unseres Sonnensystems die ultimative Lösung sein, um das Überleben unserer Spezies zu sichern. Wir müssen unseren existenziellen Bezugsrahmen von einem rein erdgebundenen zu einem solchen erweitern, der Erdumlaufbahnen und den Weltraum im Allgemeinen einschließt. Es gibt keine Dichotomie zwischen Erde und Weltraum – die Erde selbst befindet sich bereits im Weltraum.

Die kulturelle Dimension, die dieser Übergangsprozess hin zu einer größeren menschlichen Präsenz im Weltraum eröffnet, steht im Mittelpunkt von Najjars Arbeit. Die fortlaufende „outer space“-Serie fand mit dem letzten Start des amerikanischen Space Shuttles Atlantis im Jahr 2011 ihren Anfang und umfasst derzeit 65 Foto- und Videoarbeiten. Der Künstler hat die wichtigsten Raumfahrtzentren der Welt bereist: das Kennedy Space Center in den USA, das Baikonur Kosmodrom in Kasachstan und das Raumfahrtzentrum Guayana bei Kourou in Französisch-Guayana. Er hat sich mit zahlreichen Wissenschaftlern, Ingenieuren und Astronauten ausgetauscht und Weltraumlabore rund um den Globus besucht, die neue Raumfahrzeuge, Raketen, Satelliten und Teleskope bauen. Er reiste in die Atacama-Wüste in Chile, um hoch oben in den Anden die leistungsstärksten Teleskope der Welt zu fotografieren. In China fotografierte er das größte Radioteleskop der Welt, das, tief in den Bergen und Wäldern versteckt, den Augen der Öffentlichkeit verborgen bleibt. In Island erforschte er das Phänomen des Terraforming, indem er in Gletscherhöhlen hinabstieg, um die schmelzenden Eisschichten fotografisch festzuhalten. Er erhiehl Zugang zum Schweizer CERN, dem größten Teilchenbeschleuniger der Welt. Seine Zusammenarbeit mit führenden Wissenschaftlern, Ingenieuren und Raumfahrtagenturen hat ihm einen privilegierten Zugang zu Orten verschafft, die der Öffentlichkeit meist unbekannt und verschlossen bleiben.

Ein wesentliches Merkmal von Najjars Arbeit ist ihre tiefgreifende Prägung durch einen erfahrungsorientierten Ansatz. Die intime Erfahrung des „Durchlebens“ der Situationen, die die Leitmotive seiner Kunst liefern, ist für den Künstler von essenzieller Bedeutung. Dieser performative Aspekt ist zu einem wesentlichen Bestandteil von Najjars Arbeitsprozess geworden und wird in dem eigenen Flug des Künstlers in den Weltraum kulminieren. Als einer der Pioneer Astronauts von Virgin Galactic wird Michael Najjar Teil der Besatzung des SpaceShipTwo auf einem seiner zukünftigen Weltraumflüge sein und damit der erste zeitgenössische Künstler im All. Um sich auf diesen Flug vorzubereiten, absolviert Najjar ein intensives und fortlaufendes Astronautentrainingsprogramm in Star City (GCTC) in Russland, im Deutschen Zentrum für Luft- und Raumfahrt (DLR) in Köln sowie im National Aerospace Training and Research Center (NASTAR) in den USA. Die physischen Grenzen überschreitend setzt der Künstler seinen Körper einer äußerst strapaziösen Reihe von Trainingseinheiten aus, darunter ein Stratosphärenflug in einem MiG-29 Jet-Fighter, Schwerelosigkeitsflüge, Zentrifugalschleudern, ein Unterwasser-Space-Walk-Training im Astronautenanzug und ein HALO-Sprung aus 10.000 m Höhe. All dies sind Extremsituationen, die er mit der Kamera festhält, um seine eigenen physischen wie mentalen Reaktionen zu erforschen und diese Erfahrungen später in seine Arbeiten einfließen zu lassen.

Die vorliegende Publikation ist der zweite Band zur „outer space“-Serie und umfasst alle Werke, die zwischen 2015 und Anfang 2021 entstanden sind. Der erste Band erschien im Jahr 2014 ebenfalls im DISTANZ Verlag. Der Bildindex am Ende dieser Publikation umfasst sämtliche bisherigen Werke der Serie.

The Work Series "outer space"

Michael Najjar's "outer space" work series deals with the latest developments in space exploration and the way they will shape our future life on Earth, in Earth's near orbit, and on other planets. The beginning of civilian expansion into outer space, industrialization of the geo-lunar space, developing civil passengers transportation and accommodation in space will have a strong impact on humanity's future.

Today the human species is facing growing threats on planet Earth including overpopulation, climate change, terraforming, diminishing resources, and shortages in the energy, food, and water supply. Despite the fact that we need to protect our home planet, colonization of our solar system might be the ultimate solution to guarantee survival of our species. We need to extend our existential framework of reference from one that is purely Earth-bound to one which includes Earth orbits and outer space in general. There is no dichotomy between Earth and space – the Earth itself is already in space.

The cultural dimension represented by this transition process towards a larger human presence in space is very much at the center of Najjar's work. This ongoing "outer space" series started in 2011 with the final launch of the American space shuttle Atlantis and currently comprises sixty-five photographic and video artworks. The artist has traveled to the world's most important spaceports like the Kennedy Space Center in the USA, Baikonur Cosmodrome in Kazakhstan, and the Guiana Space Center near Kourou in French Guiana. He has met with numerous scientists, engineers, and astronauts, and visited space laboratories around the globe constructing new spacecraft, rockets, satellites, and telescopes. He traveled to the Atacama Desert in Chile to photograph the world's most powerful telescopes high up in the Andes. In China, he photographed the world's largest radio telescope hidden secretely in deep forest; in Iceland he explored the issue of terraforming, climbing down into glacier caves to portray the melting ice sheets. He was given access to the CERN located in Switzerland, the world's largest particle accelerator. His collaboration with leading scientists, engineers, and space agencies has given him privileged access to locations which are usually unknown to, and unseen by, the public.

One essential hallmark of Najjar's work is the way it is deeply informed by an experiential hands-on approach. The intimate experience of "living through" situations which provide the leitmotifs of his art is vital to the artist. This performative aspect has also become a fundamental part of Najjar's work process and will culminate in the artist's own flight into space. As one of the pioneer astronauts of Virgin Galactic, Michael Najjar will be embarking on SpaceShipTwo on one of its future spaceflights where he will be the first contemporary artist to travel in space. To prepare for this flight Najjar is conducting an intensive and ongoing astronaut training program at Star City (GCTC), Russia, the German Space Center (DLR) in Cologne, and the National Aerospace Training and Research Center (NASTAR) in the USA. Defying physical limits, the artist puts his body through a grueling series of training sessions including a stratospheric flight in a MiG-29 jet fighter, zero gravity flights, centrifugal spins, underwater space-walk training in an astronaut suit, and a HALO jump from an altitude of 10,000 m: all these are situations of extremity which he captures on camera to investigate his own physical and mental responses, exemplifying these experiences later in his artworks.

This publication is the second in the "outer space" series and covers all works created between 2015 and early 2021. The first volume appeared in 2014 and was also published by DISTANZ Verlag. The picture index at the end of the book covers all previous works in the series.

Vorwort

Manfred Wittenstein
Aufsichtsratsvorsitzender Wittenstein SE

Ich klingelte und erwartete einen verträumten, in Gedanken versunkenen Künstler. Das war im November 2014. In der Absicht, sein Kunstwerk „space debris I" zu erwerben, stand ich vor der Tür seines Ateliers in einem Berliner Altbau. Es öffnete eine sportliche Erscheinung, die mich spontan an unsere Ingenieure erinnerte. Ja, es war Michael Najjar.

Die Irritation legte sich rasch bei einer Tasse Kaffee. Seine Begeisterung, mit der er über seine Werke und Inspirationen sprach, war ansteckend, sein Gedankenstrom präzise, energiegeladen und komplex. Die neugierige Auseinandersetzung mit der Zukunft schaffte sofort eine gemeinsame Gesprächsgrundlage. Michael Najjar als Künstler, ich als Unternehmer: Beide kreisten wir um das Thema Mensch, Technik, Natur und Zeit. Michael Najjar tauchte hinab in die faustischen Erkenntnisräume und konfrontierte mich mit seinen prägenden Bildwelten unseres Seins in einer Welt voller Möglichkeiten.

Der Ursprung unserer Begegnung lag bereits einige Monate zurück. Zur Eröffnung der Innovationsfabrik in unserem botanischen Garten am Firmenstammsitz in Harthausen hatte ich 2014 eine große Fotoausstellung mit dem Titel *Entrepreneur 4.0* initiiert. Mit den neugierigen Augen von Fotokünstlern wollten wir einen gemeinsamen Blick auf die vor uns liegenden Herausforderungen als Unternehmen werfen, uns die Augen öffnen lassen für mögliche Zukünfte.

Michael Najjar konfrontierte uns in dieser Ausstellung mit einem verstörenden Bild der Erde („space debris I", 2012). Wir schauten nicht auf unseren so geliebten Blauen Planeten, sondern auf eine graue schwebende Kugel im dunklen Raum, scheinbar umkreist von tausenden kleinen Planeten. Wunderschön in seiner Art, aber lebensfeindlich und tot: die Erde von Schrott umhüllt. Eine Zumutung! Sollte so die „Schöpferische Zerstörung" unserer Reise im Sinne von Schumpeter aussehen? Wir wollten doch – auf dem Feld der cybertronischen Bewegung – Produkte im besseren Einklang mit der Natur entwickeln und bauen, die einen Beitrag leisten für den Erhalt der Lebensgrundlage zukünftiger Generationen! Die Radikalität der Frage wurde mir mit jedem Bild, das ich in den folgenden Jahren von Michael Najjar erwarb, immer bewusster. Es galt, tiefer zu schürfen und weiter zu denken, zu provozieren und neu zu vernetzen in einer endlosen Entdeckungsreise.

Einerseits begeisterte mich als Ingenieur die Schönheit einer gewaltigen Ariane 5 („space launcher", 2016). Die Tore der gigantischen Montagehalle, in der sie in den letzten Monaten gewachsen ist, sind geöffnet, um sie ihrer Bestimmung für den Start freizugeben. Ist sie real oder nur ein virtuelles Abbild? Andererseits wurde mir in der irritierenden Schönheit eines abgestürzten Raumschiffs („serious anomaly", 2015) die Verletzlichkeit unserer hochfahrenden Ideen schmerzlich bewusst.

Immer stärker wuchs in mir die Idee, Michael Najjars umfangreiche Werkgruppe einer breiteren Öffentlichkeit zugänglich zu machen. So entstand 2019 die Ausstellung *Outer Space – Beyond the Horizon* in unserer Innovationsfabrik und jetzt die Idee zu unserem gemeinsamen Buchprojekt *outer space v2*. Es war beeindruckend für Michael Najjar, wie neugierig und aufgeschlossen unsere Mitarbeiter aus allen Unternehmensbereichen auf die Ausstellung reagierten, ihm in vielen Präsentationen gespannt zuhörten, ihn fragten und staunend die Bilder mit bewussteren Augen anschauten. Besonders „dark matter" (2019), ein tiefschwarzes Bild, das, je länger betrachtet, plötzlich zu leben scheint, eben die Schwarze Materie. Die eigene Arbeit an den cybertronischen Produkten erhielt mit einem Mal einen tieferen Sinn. Real und virtuell, Produkt und botanischer Garten, Materie und Geist fügten sich auf neue Weise gemäß unserem Firmenmotto „Eins sein mit der Zukunft", im Übrigen eindrucksvoll dargestellt durch den einsamen „Wanderer" auf dem Eis-Mond Europa, der den schillernden Planeten Jupiter umkreist („europa", 2016). Welche Leistung auch für alle Pioniere, die ihm den Weg bis dahin geebnet und ermöglicht haben und nicht sichtbar sind.

„Der Mensch muss die Erde verlassen, bis zum Ende der Atmosphäre und darüber hinaus, denn nur so wird er die Welt verstehen, in der er lebt."
Sokrates (469 – 399)

Was unmöglich erschien, wird dank menschlicher Neugier, Mut und Kreativität vor unseren staunenden Augen entfaltet. Auf dem sechs Meter breiten Triptychon „lunar explorers" (2019), zum 50. Jahrestag der ersten Mondlandung, werden die ersten und bisher einzigen Menschen auf dem Mond gefeiert. Der faszinierende Blick auf die Mondoberfläche mit allen zwölf Astronauten, die dort waren, lenkt den Blick zurück auf die Erde und deren Verletzlichkeit. Gleichzeitig erschließt sich durch unseren Aufbruch ins Weltall ein möglicher Blick tieferer Erkenntnis über uns und die Natur, die unsere Lebensgrundlage ist. Wir haben Verantwortung übernommen, dem Blick der Natur auf uns können wir uns nicht mehr entziehen.

Die Werkserie „outer space" war und ist für mich auch eine wunderbar inspirierende Manifestation unserer Gedanken zur Gründung der Wittenstein Familien Stiftung, die sich ebenfalls mit der ständigen und mehrdimensionalen Transformation unseres Lebens auseinandersetzen wird. Durch Wissenschaft, Innovation und gesellschaftliche Entwicklungen erschließen wir uns laufend weitere, heute noch dunkle Möglichkeitsräume, die uns immer wieder aufs Neue herausfordern werden. So schaue ich in das tiefe Schwarz von „dark matter" und verspüre unweigerlich die wachsende und seltsam gewaltige Wirkung auf mich. Lieber Leser, lassen Sie sich ein auf Ihre ganz persönliche Entdeckungsreise mit „outer space". Es lohnt sich.

Introduction

Manfred Wittenstein
Chairman of the Board Wittenstein SE

When I rang the doorbell I was expecting a dreamy artist lost in thought. This was in November 2014. With the intention of buying "space debris I" I was standing in front of the door to his studio in an old Berlin building. The door opened on an athletic-looking figure who spontaneously put me in mind of our engineers. Yes, this was Michael Najjar.

My initial surprise soon vanished over a cup of coffee. The enthusiasm with which he spoke about his work and inspiration was infectious, his flow of thoughts was precise, full of energy, and complex. The questioning way he dealt with the future immediately created common ground between us. Michael Najjar as an artist, me as a businessman, both of us were exploring the themes of humankind, technology, nature, and time. Michael Najjar dived deep into the Faustian realms of knowledge, and confronted me with his striking imagery of our being in a world full of possibilities.

The origin of our encounter already lay a few months back. In 2014, to mark the opening of our Innovation Factory in our botanical garden at the company headquarters in Harthausen, I had organized a large photo exhibition entitled *Entrepreneur 4.0*. Through the inquisitive eyes of photo artists, we wanted to take a collective look at the challenges ahead of us as a company, and to open our eyes to possible futures.

In this exhibition Michael Najjar confronted us with a disturbing image of the Earth ("space debris I," 2012). We were not looking at our beloved Blue Planet but at a gray sphere floating in dark space, seemingly orbited by thousands of small planets. Beautiful in its way, but hostile to life and dead: the Earth encased in junk. Too much! Was this the creative destruction of our journey in Schumpeter's sense? What we wanted to do – in the field of cybertronic movement – was to develop and build products in better harmony with nature that would contribute to the preservation of the basis of life for future generations! I became increasingly aware of the radical nature of the question with each picture I bought from Michael Najjar in the following years. It was a matter of digging deeper and thinking further, of provoking and linking anew in an endless journey of discovery.

On the one hand, as an engineer, I was thrilled by the beauty of the massive Ariane 5 ("space launcher," 2016). The gates of the gigantic assembly hall where it had grown in the past months stand open to release it to its destiny on the launch pad. Is it real or just a virtual image? And on the other hand, in the disturbing beauty of a crashed spaceship ("serious anomaly," 2015) the vulnerability of our high-flying ideas becomes painfully obvious.

The idea of making Michael Najjar's extensive group of works accessible to a broader public steadily grew in me. It led to the 2019 exhibition *Outer Space – Beyond the Horizon* in our Innovation Factory and has now led to the idea for our joint book project *outer space v2*. Michael Najjar himself was impressed by just how curious and open-minded our employees from all departments reacted to the exhibition, listened to him eagerly in multiple presentations, asked him questions and looked at the pictures in wonder with more conscious eyes. Especially "dark matter" (2019), a deep black picture that suddenly comes to life the longer you look at it, truly dark matter. Our own work on cybertronic products suddenly took on a deeper meaning. Real and virtual, product and botanical garden, matter and spirit joined together in a new way in line with our company motto "Being at one with the future," impressively represented, by the way, by the lonely wanderer on the ice moon Europa, orbiting the dazzling planet Jupiter ("europa," 2016). What an achievement too for all the pioneers who have paved the way for him and made it possible thus far and who are not visible.

What seemed impossible now unfolds before our astonished eyes thanks to human curiosity, courage and creativity. The six-meter wide triptych "lunar explor-

“Man must rise above the Earth, to the top of the clouds and beyond, for only thus will he fully understand the world in which he lives.”
Socrates (469–399)

ers” (2019), commemorating the fiftieth anniversary of the first moon landing, celebrates the first humans on the moon. The fascinating view of the moon’s surface with all twelve astronauts who were there directs our gaze back to the Earth and its vulnerability. At the same time, our departure into space opens up a possible glimpse of deeper knowledge about ourselves and the natural world that forms the basis of our life. We have taken on responsibility; we can no longer escape nature’s view of us.

The work series “outer space,” for me, was and remains a wonderfully inspiring manifestation of our thoughts on the establishment of the Wittenstein Family Foundation, which also deals with the constant and multidimensional transformation of our lives. Through science, innovation and societal development, we are continuously opening up further spaces of possibility, which are still dark today, and which will always challenge us anew. So I gaze into the deep black of “dark matter” and inevitably feel its growing and strangely powerful impact on me. Dear reader, take your own personal voyage of discovery with “outer space.” It’s well worthwhile.

Wir kennen die Welt noch nicht
Die Raumzeit-Anthropologie kosmischer Bildfindung

Dietmar Dath

Weltgrenzen, Auswege, Neugier

Ende Februar des Jahres 2021 überraschte mich auf einem Frankfurter Spaziergang am ersten leidlich sonnigen Tag des jungen Jahres ein Wahlplakat der Freien Demokratischen Partei an einem Lampenmast mit der Forderung: „Weltraumoffensive für Frankfurt. Projekte endlich umsetzen." Ich blinzelte und sah noch einmal hin: „Wohnraumoffensive" stand da. Ach so, mehr Wohnungen wurden verlangt. Es ging gar nicht um die Umsiedlung von Menschen aus Frankfurt am Main in Orbitalstationen oder auf Mond und Mars. Ich wusste nichts von jenen „Projekten", die den Zweck der Wohnraumerweiterung verfolgten, aber offenbar nicht umgesetzt wurden. Ich wusste und weiß aber: Es gab und gibt durchaus Projekte, Leute außerhalb der Erde anzusiedeln. Und es liegt nicht allein an technischen Schwierigkeiten, dass man sie bislang nicht umgesetzt hat. Als ich klein war, lagen diese Pläne, wie ich als Kind Anfang der Achtziger aus Sachliteratur für junge Leute erfuhr, bereits in Schubladen bei staatlichen wie privaten Think Tanks. Inzwischen wohnen solche Pläne in Computern, Netzen, Clouds.

Man kann meinen Lesefehler, der „Wohnraum" und „Weltraum" verwechselt, eine Fluchtphantasie nennen. Wer sich mit den Deutungsverfahren der Tiefenpsychologie auskennt, wird vielleicht glauben, ich fühlte mich auf der Erde dermaßen eingeschränkt und unwohl, dass meine Sehnsucht nach dem Entkommen bereits meine Wahrnehmung trübt. Eingeschränkt auf eine Welt mit begrenzter Oberfläche, wo das Versprechen von mehr Wohnraum demnächst vielleicht nur noch durch forcierte „urban densification" und Bauen in die Vertikale einlösbar ist: kein schönes Gefühl. Aber Psychologie ist eine Verhältnisgröße, sie betrifft nicht nur das Innenleben, sondern bezieht sich bei Menschen oft genug auch auf Wahrnehmungen, weshalb es ein Fehler ist, psychologische Tatsachen für irgendwie weniger tatsächlich („nur innen") zu halten als nichtpsychogische („außen in der Realität"). Kunst weiß das; sie gestaltet das Verhältnis „innen–außen" sinnlich, sie bildet es. Ob man sich irgendwo eingesperrt fühlt, hängt, wie Fluchtphantasien der Kunst aus allen Epochen zeigen, nicht nur davon ab, wie groß der Raum ist, in dem man sich bewegen darf – das mag für Tiere ohne Begriffe und Vernunft so sein, denn ihnen sagt ihr Territorialtrieb, wann ihr natürliches Revier oder ihr künstlich auf Menschengebiet gewährter Auslauf den biologischen Anforderungen nicht mehr genügt.

Als Mensch kann man aber von Sinnesdaten abstrahieren: Für das Gefühl der Gefangenschaft reicht es uns bereits, zu wissen, dass eine bestimmte Grenze nicht überschritten werden darf, selbst wenn wir sie gar nicht sehen können, weil sie hinter unserem unmittelbaren Wahrnehmungshorizont liegt, weit weg. Eine noch so große Gegend, die man nicht verlassen darf, kann im Kopf zum engsten Knast werden. Der deutsche Schriftsteller Hermann Peter Piwitt pflegte in den Neunzigerjahren des letzten Jahrhunderts, nach dem Zusammenbruch der osteuropäischen sozialistischen Staaten, oft zu sagen: „Selbst wer sehr reich ist, kommt jetzt überall hin, aber nicht mehr raus." Gemeint war die Alternativlosigkeit der westlichen Wirtschafts- und Gesellschaftsordnung, die dem Erdball jetzt bevorzustehen schien. Piwitt drückte diese Idee mit einem Bild aus. Man kann das Bild zurückweisen als typischen Einfall von Leuten, die zu viel Zeit haben, denn so lange für Arbeitskraft und Tourismus, Flucht und Vertreibung noch ziemlich viel Mobilität auf dem Globus herrscht, mit nicht immer segensreichen Folgen, hat die Frage, ob man „rauskommt", eher theoretischen als praktischen Charakter. Man kommt raus (aus vielen Staaten), draußen ist es nur auch nicht besser (und manchmal sitzt man dann „auf der Durchreise" fest, in einer Lockdown-Krise).

Das Ganze ist eine Frage der Perspektive, in Fotografie und Film könnte man sagen: der Einstellung der Kamera. In der Totale zum Beispiel kann die Frage danach, ob „man" rauskommt, geradezu zur Überlebensfrage der ganzen Menschengattung werden: Man soll, mahnte Piwitts amerikanischer Kollege Robert A. Heinlein gern, nicht alle Eier in nur einen Korb legen. Das soll heißen: Vom Meteoriteneinschlag über den Riesenvulkanausbruch, allerlei Seuchen, Naturkatastrophen und Klimaschäden bis hin zu Kriegen mit Waffen, die der gesamten irdischen Biosphäre das Ende bereiten könnten, sind viele tödliche Schicksale unserer Gattung denkbar, sofern diese Gattung den Raum, in dem sie derzeit atmen kann, nicht vergrößert und keine Ableger ihrer Zivilisationen an Orten bildet, die zwar zweifellos auch nicht gefahrenfrei sind, aber doch wenigstens das Risiko vermindern helfen, dass ein einziges kolossales Missgeschick unsere Tür zu neuen Einfällen und neuen Chancen für immer zuschlägt.

Hermann Peter Piwitts Warnung vor der Ausweglosigkeit einer abgeschlossenen Welt war vor dem Hintergrund sozialistischer Anschauungen formuliert, Heinleins Warnung vor derselben Falle dagegen wurde von einem Mann ausgesprochen, der die Idee der freien Konkurrenz von Teilnehmern an (potenziell grenzenlosen) Märkten zu seinem obersten Sozialglaubenssatz gewählt hatte. Der riesige Unterschied zwischen den Weltanschauungen der beiden Männer zeigt, dass man von sehr verschiedenen Voraussetzungen aus die Selbstbeschränkung menschlichen Lebens auf den vom Schicksal zugewiesenen Schauplatz unserer bisherigen Geschichte kritisieren kann.

Ein abgebrochener Aufbruch und seine Folgen für die Imagination

Der erste große Wettlauf um den Aufbruch in den Kosmos wurde von zwei Staaten unternommen, deren Staatsvoraussetzungen unvereinbare, aber jeweils große Visionen von optimalen binnenmenschheitlichen Verkehrsverhältnissen waren, den USA und der UdSSR. Wer keinen Gedanken daran entwickelt, wohin die Gesellschaft sich eigentlich entwickeln sollte, sondern sie für statisch, für gott- oder naturgegeben, ewig und allen Experimenten verschlossen hält, hat wohl, um eine technische Metapher zu bemühen, keinen Antrieb für den Flug ins Unbekannte. Als der Stellungskrieg zwischen jenen beiden Supermächten beendet war, sah es für einen historischen Moment so aus, als ginge auch der kosmischen Welterschließung die Puste aus. Der Ruf „Projekte endlich umsetzen“ verlor an Lautstärke, bis er zum wehmütigen Flüstern wurde, vor allem im Science-Fiction-Genre.

Die schönste und traurigste Gestaltung hat das seinerzeitige Empfinden, man habe mit dem Untergang der weltgesellschaftlichen Voraussetzungen der Raumfahrtentwicklung auch deren Zukunft preisgegeben, in der 1997 erschienenen Erzählung *Der zweite Versuch* des Deutschen Markus Hammerschmitt erfahren. Darin wird eine Parallel-Erde geschildert, auf der nicht etwa, wie in unserer Wirklichkeit, die denkbare Zukunft, sondern, viel schlimmer, die heroische Vergangenheit der Kosmonautik wegfällt: Die Mondlandungen der USA haben in der Welt von Hammerschmitts Geschichte nie stattgefunden. Leute mit großen Träumen (hier: religiös Verzückte) wollen sich jedoch nicht geschlagen geben und setzen in seltsamer Heilserwartung, die der Autor melancholisch von der Seite anschaut, zu einem Sprung an, von dem sie (anders als wir in der Realität, in der die Mondlandung ja glückte) nicht wissen können, ob er nicht ein absurder Narrenvorsatz, ein in Wahrheit unerfüllbarer Wunsch ist. Damit sagt Hammerschmitt indirekt: Selbst Leute, die den Faden neu spinnen müssen, wollen das, also können wir diesen Faden erst recht wieder aufnehmen wollen.

Der Brite Stephen Baxter hat die in den Neunzigern aufkommende Ungewissheit der Raumfahrtperspektive bis zu einem ihrer finstersten überhaupt vorstellbaren Enden verlängert: Baxters ebenfalls 1997 erschienener Roman *Titan* spielt in einer verblödeten Welt, in der die amerikanische Regierung das ptolemäische Weltbild („Die Erde ist der Mittelpunkt des Universums“) an Schulen gleichberechtigt neben der korrekten Himmelsmechanik („Die Erde kreist um die Sonne“) lehren lässt. Mit diesem grauenhaften Szenario wollte Baxter schlimme Bestrebungen rechtsgerichteter politischer Kreise in den USA karikieren, die dafür eintraten, neueren, pseudowissenschaftlich verbrämten Versionen der abrahamitischen Schöpfungsgeschichte („intelligent design“) in öffentlichen Bildungseinrichtungen gleiches Rederecht wie der Evolutionsbiologie einzuräumen. Baxter weiß, wenn es um Raumfahrt geht, sehr genau, wovon er redet, er ist ausgebildeter Ingenieur und Mathematiker. So findet man in seiner Literatur lebensechte, instruktive, dichte Schilderungen der tatsächlichen Arbeitsbedingungen von Individuen und Kollektiven, die Raumfahrtprogramme entwickeln und umsetzen.

Der folglich technisch realistische, aber menschlich erschütternde Höhepunkt von *Titan* fasst die Entschlossenheit der von Raumfahrtprojekten Überzeugten, gegen ein sehr großes, sehr kaltes, an menschlichen Wünschen augenscheinlich ziemlich desinteressiertes Universum an dem Plan festzuhalten, sich im Leben nicht einfach einzurichten und abzufinden wie ein zu lebenslänglicher Haft verknackter Sträfling in einer Gefängniszelle, im bewegenden Bild einer zarten Balance zwischen Enttäuschung und Hoffnung zusammen: Ein paar wenige letzte Raumfahrer erhalten schließlich die Nachricht vom Untergang des irdischen Ökosystems infolge eines außer Kontrolle geratenen Krieges zwischen den USA und der Volksrepublik China. Sie könnten jetzt resignieren und sich umbringen. Stattdessen schütten sie in einem letzten symbolischen Akt ein paar Bakterien in einen mit Wasser gefüllten Krater auf dem Saturnmond Titan, um den primitiven Geschöpfen die Chance zu geben, den Prozess der irdischen Evolution an einem neuen Ort, unter zwar erschwerten, aber nicht unausweichlich letalen Bedingungen fortzusetzen.

In den rund zweieinhalb Jahrzehnten, die seit Hammerschmitts und Baxters traurigen Spekulationen vergangen sind, hat sich das Bild der Raumfahrt wieder etwas aufgehellt. Der Schock einer Epochenwende, in der im Osten staatliche Arbeitszusammenhänge mit kosmischer Ausrichtung zerfielen und im Westen massenhaft Menschen, die Physik studiert hatten, in die Finanzindustrie abwanderten, statt Marssiedlungen zu entwerfen, saß aber tief genug, dass sich Echos und Nachbilder der damaligen resignativen Stimmung selbst noch in Christopher Nolans Film *Interstellar* (2014) finden, der zwar (unter anderem von terrestrischen Ökokatastrophen gezwungen) die Kurve ins Weltall kriegt, am Anfang aber von einer Zukunft erzählt, in der sich die Leute nicht einmal mehr sicher sind, ob es die NASA und ihre historischen Leistungen wirklich gegeben hat. Nolans filmische Botschaft lautet: „Die Erde ist die Wiege der Menschheit, aber sie muss nicht auch noch ihr Totenbett sein". Er hat sie nicht als Jubelarie, sondern als Herausforderung inszeniert. Angesprochen wird vom *Interstellar*-Pathos also nicht der Selbstbehauptungswille des Menschen, wie das in Raumfahrtepen aus der Zeit vor 1990 zwischen Vasily Zhuravlyovs *Kosmische Reise* (1936) und Irving Pichels *Endstation Mond* (1950) üblich gewesen war, sondern die „sheer curiosity of mankind to understand what lies beyond", die Neugier des Menschen auf das, was jenseits des Bekannten liegt, wie Elon Musk im vorliegenden Buch schreibt. In dieser Formulierung steckt die Antwort auf die Frage, was für ein Treibstoff die menschliche Zivilisation dorthin bringen könnte, wo es noch überhaupt keine Zivilisation, ja nicht einmal Leben gibt.

Innenwelt, Außenwelt, soziale Welt

Raumfahrt ist nicht nur a.) ein komplexes Verhalten eines ebenso komplexen biologischen Wesens, sie ist auch b.) ein gesellschaftliches Projekt im Verhältnis solcher Wesen zueinander und zugleich, siehe oben, c.) ein psychologisches Verhältnis (Musk nennt es „Neugier") desselben Wesens zu sich selbst, zu seinen eigenen Bewusstseinsinhalten und den Bestimmungen der Relationen zwischen Zwecken und Mitteln. Wahrnehmung, Denken, Verständigung und Erweiterung der naturgegebenen Handlungsmöglichkeiten durch Apparate sind nötig, um drei so störanfällige Funktionseinheiten schlüssig miteinander zu verschalten.

Die Texte in diesem Buch, die von Roboterbau oder der Konstruktion von Trägerflugkörpern handeln, die bei minimalmöglichem Verschleiß und möglichst geringem Wartungsaufwand ein Maximum an Missionen absolvieren können, gehören aus diesem Grund nicht bloß zum instrumentellen, sondern auch zum sozialen und seelischen Zusammenhang der Aufgabe, die Menschheit vor Stagnation und Resignation im Angesicht ernüchternder Erkenntnisse über die Welt bewahren – ich meine damit die vielen Einsichten, die uns verraten, dass die Welt nicht uns zuliebe erbaut wurde.

Menschen leben parallel in drei Wirklichkeiten: einer inneren (ich weiß, was ich denke oder fühle), einer äußeren (Sachverhalte interessieren sich nicht immer dafür, was ich denke oder fühle, und setzen der Verwirklichung meiner Ansprüche an sie Grenzen) und endlich einer zwischenmenschlichen (du und ich können uns über besagte Sachverhalte, aber auch darüber, was wir jeweils denken und fühlen, miteinander verständigen). Oft verhalten sich diese drei Wirklichkeiten sehr spannungsreich zueinander, und diese Widersprüche müssen dann, damit wir sie überstehen, verzeitlicht und im Wechsel von Position, Gegenposition und (nicht immer erreichbarer) Aussöhnung dieser beiden aufgelöst werden. So geht Geschichte, auch Kulturgeschichte. Zu beiden gehört die Geschichte unseres nicht technischen, sondern ästhetischen Bezugs zur Frage der Erkundung des Alls: Von den ersten vor echtem Technikhintergrund phantasierten Mondreisen der Autoren Jules Verne und H.G. Wells bis zu der nach Meinung vieler Fans und Fachleute in den Vierzigerjahren des zwanzigsten Jahrhunderts erreichten erste Blüte des Genres „Science Fiction" ging es bei der Spekulation über die Gesamt-Raumordnungsschicksale der Gattung Mensch primär um den „Outer Space", also die Welt jenseits der Erdatmosphäre und der irdischen Schwerkraft. In den Sechziger Jahren dann wandte sich die Science Fiction plötzlich dem „Inner Space" zu, also der Bewusstseinserweiterung durch (nicht selten drogenbefeuerte) Erfahrungen an den Grenzen der (Selbst-)Wahrnehmung.

Klassiker dieser Strömung sind etwa der Roman *Barefoot in the Head* von Brian W. Aldiss oder die Erzählung *Shattered Like A Glass Goblin* von Harlan Ellison, beide aus dem Jahr 1969, also ein Jahr nach dem filmischen Höhepunkt der „Inner Space"-Ästhetik erschienen, nämlich dem Finale von Stanley Kubricks Film *2001, A Space Odyssey*, das eine Einstein-Rosen-Brückenreise im „Außenraum" zur Illustration psychedelischer Zustände im „Innenraum" (nämlich im Kopf eines Astronauten) nutzt.

Wenn nun der Satz „Wir müssen den Außenraum erforschen!" eine These ist und „Wir müssen den Innenraum erforschen!" die Antithese dazu, dann wurde in der Science Fiction der Achtzigerjahre schließlich die Synthese gefunden, nämlich ein Raum, der zwar außerhalb der rein subjektiven Erfahrung liegt, in der Kommunikation von Subjekten untereinander, mittels Maschinen, etwa als Sender und Empfänger von elektronischen Botschaften oder Programmierer und User von Programmen, aber als Eintauchen, als „Immersion" eines Subjekts in diese spezielle, konstruierte Außenwelt erlebt wird. Sie verändert dieses Subjekt dann auch „innerlich" – nicht mehr „Outer Space" noch „Inner Space", sondern „Cyberspace", die vernetzte Zweitrealität von Computernetzwerken. Wie sie als datenbrillenvermittelte Teilhabe an einer eben nicht nur virtuellen, sondern auch „augmented", also von Rechenleistungen in Schichten ergänzten Realität „von außen" aussehen kann und dass sie eine zeitliche, eine zukünftige Dimension hat, sieht man sinnfällig auf dem Bild „skyspace ONE" von Michael Najjar aus dem Jahr 2019: Das Kind befindet sich im Raumfahrzeug oder Habitat, weit draußen, und sieht doch aus, als besinne es sich in diesem „Raum aus nichts als Licht" auf etwas in sich selbst, still, schwebend, während es in etwas gekleidet und mit etwas ausgerüstet ist, das vermutlich Zugänge zu allerlei Informationskanälen gewährt) .

Ding, Tier, Mensch

Die Wahrheit der historischen Entfaltung der „sheer curiosity of mankind" als grenzüberschreitende, transzendentale Wohnraumoffensive lässt sich leicht auf Dreisprünge wie „Inner Space – Outer Space – Cyberpsace" abziehen. Die Drei-Schritte-Bewegung „das Eine – das Andere – das Neue" bietet ein griffiges Modell der Widerspruchsarbeit an, die jede Verwirklichung menschlicher Potenziale in der Geschichte erzeugt, begleitet und manchmal auch blockiert oder gar scheitern lässt.

Ein anderer derartiger Dreischritt spricht von den Beziehungen zwischen dem Besonderen (etwa: einem Subjekt) und dem Allgemeinen (etwa: dem Universum) in Begriffen der Abstände zwischen unbelebter, unbewusster und bewusster Materie. Dieser andere Dreischritt stammt von einem Denker, der allen Ideen vom technischen Fortschritt zutiefst misstraute: Martin Heidegger. Der Denker war ein bekennender Reaktionär und stand zeitweise dem deutschen Faschismus nahe, näher jedenfalls als der Wissenschaft und der Technik. Von der Wissenschaft sagte er, sie denke nicht (weil er unter Denken das Nachgrübeln über gewisse sehr allgemeine Begriffe wie „Sein" und „Seiendes", über deren Herkunft und Schicksal verstanden wissen wollte, nicht jedoch logische Schlüsse aus Messdaten). Von der Technik wiederum, die er „Gestell" nannte, schrieb er, in ihr träfen die massenhafte „Fabrikation von Leichen in Gaskammern und Vernichtungslagern" zusammen mit „motorisierter Ernährungsindustrie", ja diese beiden seien „das Selbe" und teilten ihr Wesentliches auch mit der „Blockade und Aushungerung von Ländern" oder der Herstellung von Wasserstoffbomben.[1]

Enthusiasmus für die Denk- und Produktionsvoraussetzungen von Satelliten, Mondfahrzeugen und Raumfähren kann man ihm also nicht nachsagen. Aber selbst jemand, der wie er die moderne Welt hasst, kann sich nützliche Gedanken über ihre Randbedingungen machen, gerade, weil er sie eigentlich nicht will: eine ganz andere Art Fluchtphantasie, zurück in die Vergangenheit, als alles angeblich übersichtlicher war. In einer im Wintersemester 1929 und 1930 an der Universität von Freiburg im Breisgau gehaltenen Vorlesung über „die Grundbegriffe der Metaphysik" unterscheidet Heidegger als Rand jeder möglichen Welterfahrung drei Beziehungen zur Welt insgesamt, die der Dinge, der Tiere und der Menschen:

1. Das Ding, bei ihm „der Stein", sei „weltlos", also etwas, das keine Welt hat, weil es keine Welt „für den Stein" gibt – keine, in die hinein er handelt oder aus der er etwas empfängt, das er verarbeiten könnte.

2. Das Tier sei „weltarm", was heißen soll, es handle nicht aufgrund von Überlegungen, sondern nur angestachelt von Reizen und Trieben, es mache sich kein Bild und keinen Begriff vom Möglichkeitsraum, der es umgibt – ob der Hund im Regen denkt: „es regnet" oder nur: „mein Fell wird nass", ob so ein Hund die subjektive Gewichtung der zweiten Wendung von der objektiven der ersten überhaupt abgrenzen könnte, wenn er denn beide verstünde, das gilt Heidegger als mindestens ungewiss. Man kann ihn nicht widerlegen, wenn man den Hund nicht zu befragen vermag.

3. Der Mensch schließlich sei „weltbildend", das heißt: Er kann nicht nur einen Horizont seiner Handlungen erkennen, sondern diesen Horizont auch verschieben, verformen, verändern, und zwar sowohl dadurch, dass er (gegebenenfalls in der Kommunikation mit anderen Menschen) sein Bild von der Welt und dessen Begrifflichkeiten modifiziert wie auch dadurch, dass er die Welt selbst ändert und etwa die Reichweite seiner Muskelkraft durch maschinelle Unterstützung vergrößert.

Die ältere abendländische Subjektphilosophie, mit der Heidegger permanent im Streit lag, wollte immer wissen, wer oder was jemand oder etwas zu sein meint und wie sich diese Meinung zu Existenz- und Substanzfragen verhält (zum Beispiel so wie im cartesischen „Ich denke, also bin ich"). Heidegger dagegen fand viel wichtiger, ob jemand oder etwas sich in jemanden oder etwas anderes hineindenken kann. Das war für ihn „auf dem Wege der Frage nach dem Wesen der Tierheit, des Lebens überhaupt" die entscheidende, die „methodische Frage nach dem Sichversetzenkönnen in ein anderes Seiendes (Tier, Stein, Mensch) als Sachfrage nach der Seinsart dieses Seienden".[2] Wer oder was er selbst war, demonstrierte Heidegger, indem er anderen Menschen in seiner Vorlesung vorführte, dass und wie er sich in den Stein und das Tier hineindachte, hineinversetzte, und dort dann fand, es sei da weniger los als in ihm.

Man kann das belächeln, es ist ja eher Phantasie als Erkenntnis. Aber man sollte das Erstaunliche daran nicht übersehen: Um sich in jemanden oder etwas hineinversetzen zu können, der oder das man selbst nicht ist, muss man sich zunächst mal aus sich selbst hinausversetzen können, sich aus sich fortdenken, von sich absehen. Menschen können genau das. Sie sind Wesen, die geradezu gewohnheitsmäßig über sich hinausdenken. Ihre Art, auf der Welt zu sein, ist diese Überschreitung selbst, sowohl räumlich (es muss noch ein woanders geben) wie zeitlich (es war früher anders, und es wird später wohl anders sein). Die Fähigkeit dazu hängt an unserem Vermögen, Daten zu speichern und im Kopf andere als die vorgefundenen Konstellationen zwischen ihnen auszuprobieren. Diese Fähigkeit ist als Aussagesatz darüber, was sie setzt (andere Zeiten und Räume nämlich) schwerer zu formulieren als in Frageform: „Wo und wann ist oder wäre es anders als hier und jetzt, und wie wäre es anders?" Damit ist diese Fähigkeit ein Sog ins noch nicht Bekannte; die Neugier, von der Elon Musk spricht. Wer diesen Sog spürt, weiß, dass es eine Welt gibt, die unbekannt ist, die man aber kennenlernen könnte.

„Ich kenne die Welt noch nicht" ist der Gedanke, mit dem Menschen begreifen, dass sie einen Platz auf der Welt zwar haben, aber nur, wenn sie ihn selbst entdecken. Auch für diesen Nexus gibt es ein Außenbild bei Michael Najjar, das seine Echos ins Innere des betrachtenden Publikums sendet: „europa" aus dem Jahr 2016: Das Auge der Kamera sieht eine klirrkalte Landschaft, unwohnlich, aber wunderschön, der Blick traut sich aus einem Schutzraum, über ihm hängt Eis, und links im Bild, verloren, aber sichtlich entschlossen, das nicht zu bleiben, steht eine Astronautengestalt ohne Habitat oder Raumfahrzeug, ohne erkennbare Herkunft, ohne identifizierbares Ziel, und scheint dem Universum sagen zu wollen: „Und jetzt zu uns beiden!"

Ein Mensch, kein Tier, kein Ding: Vom sowjetischen Weltraumprogramm, dem ersten ernsthaften auf der Welt, kann Heidegger, als ihm seine Dreigliederung der Weltbezüge von Stein, Tier und Mensch aufging, nichts gewusst haben, weil's das noch gar nicht gab. Dennoch beschreibt seine dreistufige Treppe exakt den Grundablauf jenes Programms: Erst schickten die russischen Sozialisten ein Ding raus ins All (den künstlichen Erdbegleiter „Sputnik", im Oktober 1957), dann ein Tier (eine Hündin namens Laika, im November desselben Jahres) und schließlich einen Menschen (Juri Gagarin, vier Jahre später).

Metaphysik als Physik als Technik als Kunst

Die beste Methode, Metaphysik zu treiben, ist: Physik zu treiben. Das hat die Aufklärung, der Kampf gegen das Mittelalter in den Köpfen, schon gewusst, aber dann spaltete die beginnende Fortschrittsskepsis um 1900 den Strom der neuzeitlichen Philosophie in zwei Arme, erstens einen schmutzigen, trüben, irrationalen (über den man alles in der Abhandlung *Die Zerstörung der Vernunft* von Georg Lukács aus dem Jahr 1954 erfahren kann), der gegen Wissenschaft und Technik grollte (Heidegger, wie man weiß, gehörte dazu), und zweitens einen klaren, aber dünnen, der schließlich zum sogenannten Positivismus (in Frankreich) und Neopositivismus (in Österreich, dann England und der gesamten englischsprachigen Welt) führte.

Dieser zweite Arm des plötzlich gespaltenen breiten Stroms abendländisch-philosophischer Welt- und Menschenbetrachtung trug vor allem die Forderung mit sich, dem Denken nur noch Fragen zu erlauben, die sich mit den Antworten „ja" oder „nein" abspeisen lassen. Er verurteilt daher sämtliche Metaphysik, also alle Gedanken darüber, was Messungen und Tests übersteigt, als überflüssig. Von Philosophie bleibt auf diesem Weg früher oder später nichts mehr übrig; daher verlangte der Wiener Neopositivismus irgendwann auch, man solle einfach Physik statt Metaphysik betreiben. Die Metaphysik, definiert als das Nachdenken und Reden über das, was hinter den Dingen ist, bleibt nötig, wo, wie beim Menschen, jede Bezugnahme auf „Physik", das Objektive, nicht zu trennen ist vom Subjektiven (ich ja weiß von keinem Ding, ohne zugleich zu wissen, wie es auf mich wirkt) und vom Intersubjektiven (ich weiß von keiner Wirkung eines Dings auf mich, ohne zugleich zu wissen, wie ich das anderen mitteilen würde, um es gegebenenfalls von ihnen berichtigen zu lassen, weil sie einen „anderen Blickwinkel" zur Untersuchung beitragen, andere Daten haben usw.).

Subjekte, die sich verändern müssen und wollen, können das nur, indem sie nie bei einer einmal erreichten Konstellation zwischen dem Subjektiven, dem Objektiven und dem Intersubjektiven stehen bleiben. Sie müssen die je vorhandene Konstellation (und damit auch jeden einmal erlangten Begriff vom Weltganzen) immer wieder als etwas anschauen, hinter dem noch etwas anderes liegt. Der uralte Vorschlag, diese (demnach unerlässliche) Metaphysik so zu betreiben, wie Heidegger sie betrieben hat, nämlich als Grübeln, Drehen an Worten und Streit um sie, hat aber leider eine beschämende Redundanz, Monotonie und Stagnation in die Metaphysik gebracht. Jahrtausendelang wurden da dieselben Texte produziert: Zwischen Platos Ausführungen im antiken Griechenland darüber, dass unsere Erfahrungswirklichkeit nur ein Schatten der Idealgestalten sämtlicher Sachen und Sachverhalte sei, bis zu Immanuel Kants Ansichten in der Neuzeit darüber, dass wir die „Dinge an sich" nie erkennen können, weil wir nur deren von unseren begrenzten Sinnen und unserer ebenso begrenzten Verstandestätigkeit verengten Abbilder mitkriegen, leiert die philosophische Metaphysik ihr Lied – „Wir sind in Grenzen eingepfercht, die uns von der Wahrheit trennen."

Treibt man Metaphysik aber nicht als Grübelei auf dieser abgeschabten Schiene, sondern als Physik, nämlich indem man Fragen der Metaphysik so reformuliert, dass Physik sie beantworten kann, dann erfährt das Begrenztheits-Denken einen heilsamen Schock. Sofern wir nämlich die laut Kant unerkennbaren „Dinge an sich", wie Friedrich Engels gesagt hat, als „Dinge für uns" ernstnehmen, das heißt: Sofern wir sie messen, mit ihnen experimentieren, an ihnen Hypothesen bilden und diese Hypothesen erhärten oder verwerfen, sehen wir sie immer wieder anders. Dann entwickelt sich unsere Sicht auf sie, und das Schönste daran ist, dass dies sogar für den denkbaren Gesamthorizont aller Dinge, die „Welt", gilt. Fotografieren wir zum Beispiel die Erde, die für die meisten Menschen aller Zeiten der größtmögliche Zusammenhang ist, aus dem sie beim Leben, Erkennen, Denken, Empfinden und Kommunizieren nicht herauskommen, vom Weltall aus, dann sehen wir auf den Fotos, die so entstehen, unseren gesamten Lebenshintergrund. Wir sehen ihn zwar mit unseren eigenen Augen, aber von einer Warte aus, die buchstäblich übers Menschliche hinausgeht, weil ein Mensch da, wo diese Bilder gemacht wurden, eigentlich nicht leben, also auch nicht schauen kann. Technisch ermöglichte Transzendenz: Metaphysik erkennt hier, dass sie gar kein Durchblick durch Undurchdringliches sein muss, um die von ihr verlangte Arbeit der Grenzüberwindung zu leisten, da anstelle eines solchen Durchblicks schon ein Überblick (nämlich über die gesamte Erde als Planeten) transzendentale Wunder wirkt. Das ist Frank Whites berühmter „Overview-Effekt" – der wahre epistemische, physikalische und metaphysische Hintergrund für die Arbeiten des Künstlers Michael Najjar, die der vorliegende Band versammelt.

Sinne und Sinn

Kunst filtert Objektives durch Subjektives: Es gibt beim Kunstwerk (mindestens) eine Person, die es signieren kann, selbst bei aleatorischen Verfahren, gebraucht von Leuten, die weniger konzeptuell vorgehen als Michael Najjar bei seiner Bilderproduktion. Der subjektive Filter stellt das subjektiv gefilterte Objektive allerdings in einen intersubjektiven Rahmen; es gibt eine Rezeption zur Produktion. Mehr noch: Der Objektivitätscharakter des Welthorizonts, um den es bei jedem Bild, jedem Abbild, jedem Signal geht, wird durch diese Filtertätigkeit nicht geschmälert, etwa dergestalt, dass einer meckern dürfte: „Das ist ja nicht das Weltall, das ist ja nicht die Technik, das ist ja nicht die Zukunft, das ist ja nur Najjars Weltall, Najjars Technik und vielleicht Najjars Zukunft, zum Beispiel als Nachleben seiner Subjektivität in den Werken". In Wirklichkeit verhält es sich umgekehrt: Das Subjektive wird in den Werken gerade objektiviert; wir erfahren von ihnen nämlich, wie dieses Subjekt sich in eine Welt fügt, die wir mit ihm zusammen bewohnen, und damit stets auch etwas über uns, wenn wir uns denn den Anlass gefallen lassen, uns darin empfindend und denkend zu situieren.

„Objektiv" heißt doch nicht: Man empfindet und denkt dabei nichts (Subjektives) oder man kann nicht darüber reden (Intersubjektives). Es heißt lediglich, dass wir durch Empfinden und Denken und Reden diejenigen Wirkungen, die eine Sache oder ein Sachverhalt über unser Empfinden, Denken und Reden hinaus hat, nicht abstellen und ihnen dadurch nicht ausweichen können. So mögen wir uns, wenn wir einen elektrischen Strom auf der Haut spüren, je nach Stromstärke und psychischer Disposition (Masochismus vielleicht?) mal dies, mal das denken, es als angenehm oder unangenehm empfinden. Aber die Messgrößen können wir so nicht ändern. Wir könnten über physikalische Konstanten und deren Beträge streiten, sie auch alle umbenennen; die Planck-Konstante, die Boltzmann-Konstante oder die Faraday-Konstante könnten ab morgen die Tick-, Trick- und Trackkonstante heißen; aber dass Energien in der Natur gequantelt vorkommen, dass zwischen Energie und Temperatur ein messbares Verhältnis besteht und dass eine bestimmte Menge einfach geladener Ionen eine spezifische elektrische Ladung hat, das können wir nicht weglabern, wegfühlen oder wegdenken.

Wenn wir beim Handeln von dieser Grenze unserer Macht absehen, geht alles schief, was wir vorhaben, sofern das, was wir vorhaben, ein Eingriff in die Natur ist, der deren Eigengesetzlichkeiten nun einmal ernstnehmen muss. Auch die weitestfortgeschrittene Technik kann uns von dieser Wahrheit nicht freimachen, sei sie eine der Bilderzeugung, eine der Raumfahrt oder eine Kombination dieser beiden, die man dann beispielsweise zur Simulation von Raumflügen für Pilotinnen nutzen kann, die das Raumfahrhandwerk erlernen wollen. Die Astronautin Samantha Cristoforetti erinnert sich an den Stress beim Sojus-Simulationsflug zur ISS: Selbst wenn die Maschinerie im Autopilot-Modus läuft, haben die Sinne und hat das Hirn eine Menge zu tun. Sinnenzurüstung und Geschwindigkeit der Auffassungsgabe der Person, die sich dieser Sache aussetzt, werden dabei einer extremen Belastungsprobe allein schon dadurch unterworfen, dass stets auf Fehlermeldungen geachtet werden muss, um gegebenenfalls eben doch einzugreifen, oder um andere Menschen (etwa in der Leitstelle) zum Eingreifen zu veranlassen, oder um dem System einen Weg zu weisen, sich selbst zu korrigieren, ausgelöst von Temperatur-, Geschwindigkeits-, Winkel- oder Druckwerten (auch Michael Najjar übrigens hat ein Raumfahrtraining absolviert).[3]

Was so eine Simulation für die Sinne und den Verstand tut, indem sie ihnen gestattet, ihre Leistungsfähigkeit ohne gravierende Folgen im Versagensfall auszuprobieren, das leisten Kunstwerke wie Michael Najjars Bilder für das Vorstellungsvermögen. Insofern sie zweidimensional sind, lassen sie mehrere Sorten Tiefe weg, die räumliche wie auch die der Zeit und ein paar weniger leicht in Begriffen der Alltagserfahrung artikulierbare. Aber das können sie ohne Informationsverlust tun, weil das Vorstellungsvermögen diese Tiefe, sobald die Augen solche Bilder sehen, im Sog der Neugier, die das menschliche In-der-Welt-Sein ist, kunstgerecht ergänzt. So lernt das Publikum nebenbei, dass wir uns zum Gesichtssinn durchaus freier verhalten dürfen, als wir das aus evolutionsbiologisch vererbter Routine sonst zu tun gewohnt und gehalten sind. Weil es für unsere tierischen Vorfahren hinreichte, das bisschen Denken, zu dem sie in der Lage waren, an optischen Signalen auszurichten, haben wir Peinlichkeiten im Gepäck wie den Irrtum, es sei ein Lob für Erklärungen schwieriger Sachverhalte, sie „anschaulich" zu nennen.

Niemand würde über eine physikalische Theorie sagen, sie rieche oder klinge gut, und damit meinen, sie käme dem Verstand besonders entgegen. Für die Anschaulichkeit aber, für die „Einsicht" und andere visuelle Metaphern gilt, dass wir intellektuelle Tugend gern (und meist unreflektiert) an eine ganz bestimmte Sinnlichkeit binden, an das Sehen. In diesem Bild verheddern wir uns jedoch spätestens da, wo die Natur selbst nicht mehr anschaulich ist – wenn die Physik zum Beispiel einen Gegenstand, der ihr sonst entwischen würde, mit möglichst vielen Kennzahlen für möglichst viele Eigenschaften genau bestimmen möchte, spricht sie unter anderem von den „Dimensionen", in denen das passiert; bei Einstein, im Gefolge des Kollegen Hermann Minkowski, sind es vier, bei Theodor Kaluza bereits fünf, und inzwischen reden Fachleute gar von unendlichdimensionalen Angelegenheiten.

Der Gesichtssinn, das Sehen, geht nur bis zu drei Dimensionen leicht mit, das sind halt Höhe, Breite und Tiefe, also Zahlen auf einer x-, einer y- und einer z-Achse. Hat man alle drei gefunden, kann man einen Punkt in einem Gitter entlang dieser Achsen festnageln, und wenn er sich bewegt, kann man diese Bewegung in der Zeit etwa als sichtbare Animation darstellen, die dem fraglichen Punkt damit eine vierte Dimension öffnet. Bei fünf Dimensionen indes hört der sichtbare Spaß auf. Und von sechs oder mehr Dimensionen kann man, wenn man sich vom Auge abhängig macht, schier gar nichts mehr sagen.

Würden wir unsere Vorstellungen von „Dimensionen" statt als Markierungen genormter Abstände auf Achsen aber anders begreifen, würden wir sie also, statt sie an den Gesichtssinn zu koppeln, etwa mit dem Geschmackssinn verbinden und die Beträge von Positionen in diesen Dimensionen als Intensitäten von Empfindungen im Mund, auf der Zunge, am Gaumen, so hätten wir mit „süß“, „sauer“, „bitter“, „salzig“ und „scharf“ sofort zu Kaluzas fünf Dimensionen aufgeschlossen. Nähmen wir die Temperatur noch hinzu, dürften wir lernen, dass wir die damit sechsdimensionale Welt, die wir noch nicht kennen, im Geschmack schon als vielfältiger erahnen können, als sie sich selbst bei bestmöglicher Ausleuchtung sehen lässt.

Der Witz bei Weltraumbildern, Welt-Raum-Bildern und Welt-Traum-Bildern ist, dass sie, weil sie zeigen, was wir im Alltag selten sehen, implizit immer mitzeigen, dass es mehr gibt und geben könnte, als wir überhaupt sehen (können). Sie überlisten den Gesichtssinn im Namen einer höheren welterschließenden und weltbildenden Vernunft, ohne je den Respekt zu verletzen, den unsere evolutionäre Affengewohnheit vor diesem Gesichtssinn hat und wohl nie ganz loswerden wird, solange wir die Verbindung zu unserem naturgeschichtlichen Erbe halten.

Dass dieses Erbe uns nicht unbedingt hilft, im Sog der Welterschließung die richtigen Manövrierentscheidungen zu treffen, dass es uns manchmal das Denken ersparen und es durch Instinkt- und Triebimpulse übertönen will, wo wir schlecht beraten wären, dieser Versuchung nachzugeben, zeigt das Leben in der hochtechnisierten Zivilisation täglich: Die Verwandtenhilfe zum Beispiel, als genetisch eingeprägtes Muster, befähigt leider nicht zur Solidarität und Kooperation mit Leuten, die „anders“ sind (wieder spielt der Gesichtssinn hinein: die „anders aussehen“) als wir, mit denen wir uns aber einigen müssen, um über Familien-, Stammes-, ja Nationengrenzen hinauswirkende Probleme (Klima, ansteckende Krankheiten, menschengemachte Katastrophen wie etwa radioaktive Lecks…) in den Griff zu kriegen. Und die Forderung, jede Erklärung, jeder Plan im Bereich solcher Probleme müsse, weil jenes Erbe uns das nahelegt, „anschaulich“ sein, kann Fachleute regelrecht zur Verzweiflung bringen (eine befreundete Biologin hat dafür ein schönes Bild, in dem das urbiologische Phänomen der Nahrungsaufnahme sich mit dem zivilisatorischen der Kochkunst sinnig verbindet: „Wenn zum Beispiel die Politik oder der Journalismus von uns Leuten aus der Wissenschaft eine Erklärung von irgendetwas Abstraktem oder einen Rat will, habe ich nichts dagegen, die rohen Daten ein bisschen einzukochen, damit sie genießbar werden – aber bei diesen Gestalten habe ich oft den Eindruck, es reicht ihnen nicht, dass man für sie kocht, sie wollen auch noch, dass man für sie kaut und runterschluckt, und das können sie halt nur selber machen“).

Transterrestrischer Humanismus

Unselbständigkeit, mangelnde Bereitschaft, die Tiefe bei den Bildern, die wir sehen, zu ergänzen, mangelnder Fleiß, mangelnde Phantasie dabei: Das sind die Laster, die im Sog des Neuen den Kopf kosten können. Aber ganz so finster sieht es nicht aus, auch wenn einiges von dem, was ich „Erbe“ nenne, eher Ballast ist als Mitgift (etwa unser von der Affenhorde geerbte Hang, die hierarchische Arbeitsweise der kooperativen im Team vorzuziehen, was die jeweilige Gruppe an Vorzüge und Schwächen der Leitung kettet).

Die Spezies Homo sapiens ist die einzige uns bis jetzt bekannte, die ihre Grenzen mit Willen, Wissen und Bewusstsein erweitert, inklusive die Grenzen dieses Willens, Wissens und Bewusstseins. Humanismus, also sagen wir: große Sympathie für diese Gattung, muss nicht die naive Überzeugung sein, es sei ihr bestimmt, die Sterne zu erobern, oder sie sei Objekt, gar Subjekt einer unvermeidlichen Entwicklung zum Besseren hin („Orthogenese“). Man hat als Durchschnittsmensch bald genug Leid, Dummheit, Unterdrückung, Ausbeutung, Ausgrenzung, Einschließung, in Kauf genommene oder mutwillig erzeugte Armut und Verwahrlosung gesehen, um an jener Naivität irre zu werden.

Humanismus kann aber heißen, die Wette darauf zu riskieren, dass es uns zumindest nicht bestimmt ist, mit so viel Unrecht in unserer irdischen Gravitationsmulde zu versauern, zu versumpfen oder zu verlöschen. Die humanistische Position wäre dann der gerade Rücken, die lebens- und wissenstüchtige Haltung des Menschen im Raumanzug auf Michael Najjars „europa“-Bild. Wir kennen die Welt noch nicht, das bleibt wahr. Aber die Welt, uns selbst eingeschlossen, auch das steht fest, kennt uns ebensowenig. Wir werden einander, so sieht es aus, überraschen müssen.

1 Martin Heidegger, Gesamtausgabe, Band 79/III (Bremer und Freiburger Vorträge), Frankfurt am Main 2005, S. 27.

2 Martin Heidegger, Gesamtausgabe, Band 29/30 (Die Grundbegriffe der Metaphysik), Frankfurt am Main 2005, S. 295.

3 Samantha Cristoforetti: Die lange Reise. Tagebuch einer Astronautin, München 2019, S. 78.

We Don't Know the World Yet
The Spacetime Anthropology of Cosmic Image-Making

Dietmar Dath

World limits, ways out, curiosity

At the end of February 2021, during a walk in Frankfurt on the first reasonably sunny day of the young year, a lamppost election poster of the Free Democratic Party surprised me with the demand: "Space offensive for Frankfurt. Time to finally implement the projects." I blinked and looked again: it said, "residential offensive." I see, this was a call for more apartments, and not at all about the resettlement of people from Frankfurt to orbital stations, the Moon or Mars. I didn't know anything about these as yet unrealized "projects" to expand residential space. But I knew and know: there definitely were and still are projects to settle people outside the Earth. And it is not only due to technical difficulties that they have not been implemented yet. When I was little, as a child in the early eighties, non-fiction for young people taught me that such plans were already lying in the drawers of both government and private think tanks. Today, such plans live in computers, networks, clouds.

You might call my reading error, which confused "residential space" with "outer space," an escape fantasy. Those familiar with the interpretive procedures of depth psychology might think I felt so restricted and uncomfortable on Earth that my longing to escape was already clouding my perception. To be confined to a world with limited surface area, where the promise of more living space might soon only be redeemable through forced "urban densification" and building vertically: not a nice feeling. But psychology is a relational quantity, it does not only concern inner life, but in humans often relates to perceptions, which is why it is a mistake to consider psychological facts as somehow less factual ("merely inside") than non-psychological ones ("outside in reality"). Art knows this; it sensually shapes the relationship "inside/outside," it makes an image of it. As escape fantasies in art from all epochs show, the feeling of being confined does not solely depend on the size of the space in which one is allowed to move – this may be so for animals without concepts and reason, whose territorial instinct tells them when their natural territory or their artificially granted roaming space on human territory no longer meets their biological requirements.

But human beings are able to abstract from sense data: to feel imprisoned, it suffices to know that a certain boundary must not be crossed, even if we cannot see it, because it lies far away, beyond our immediate horizon of perception. An area you are not allowed to leave, no matter how large, can become a cramped prison in your mind. In the nineties of the last century, after the collapse of the Eastern European socialist states, German writer Hermann Peter Piwitt often used to say: "Those who are very rich can now go anywhere, but even they can't get out anymore." He was referring to the lack of alternatives to the Western economic and social order the planet now seemed to be faced with. Piwitt expressed this idea with an image. One may reject the image as a typical conceit of people who have too much time on their hands, because as long as there is enough global mobility for labor and tourism, flight and displacement – not always with beneficial consequences – the question of "getting out" is more a theoretical than a practical problem. You may get out (of many states), it's just not any better on the outside (and then sometimes you're stuck "in transit," in a lockdown crisis).

The whole thing is a question of perspective; in photography and film you might say: of the camera angle. In a wide shot, for example, the question of whether "one" can get out may become a question of survival for the entire human species: Piwitt's American colleague Robert A. Heinlein was quick to remind us not to put all our eggs in one basket. That is to say: from the impact of a meteorite, giant volcanic eruptions, epidemics of all kinds, natural catastrophes, and climatic damages to wars with weapons that could extinguish the entire terrestrial biosphere, many lethal ends for our species are conceivable, provided that this species does not enlarge its current breathing space, creating civilizational offshoots in places which, though undoubtedly not free from danger either, would at least reduce the risk that a single colossal mishap will forever slam the door shut on new ideas and opportunities.

Hermann Peter Piwitt's warning against the impossibility of escape in a closed world was raised within the context of a socialist outlook; Heinlein's warning against the same trap, on the other hand, was uttered by a man who had chosen the idea of free competition among participants in (potentially limitless) markets as his supreme social creed. The huge difference between the two worldviews shows that it is possible to criticize the self-limitation of human life to its historically destined arena from very different premises.

An aborted departure and its consequences for the imagination

The first great race to enter the cosmos was undertaken by two states with overarching albeit incompatible political visions of humanity's optimal interior traffic relations: the USA and the USSR. Those unconcerned about the direction society is heading, who see it as static, God- or nature-given, eternal, and closed to all experiments, probably have, to use a technical metaphor, no drive for a flight into the unknown. For a historical moment, when the static war between the two superpowers was over, it looked as if the exploration of the cosmos was also running out of breath. The demand to "finally implement the projects" faded until it became a wistful whisper, especially in the science fiction genre.

The feeling that, with the demise of its world political preconditions, the future of space development had been abandoned was most beautifully and sadly expressed in the 1997 story *Der zweite Versuch* (The Second Attempt) by German author Markus Hammerschmitt. It describes a parallel Earth, where, in contrast to our own reality, it is not the potential future, but – far worse – the heroic past of cosmonautics that is missing: in the world of Hammerschmitt's story, the US moon landings have never taken place. Yet, people with big dreams (here: the religiously enraptured) refuse to admit defeat and in a strange expectation of salvation, which the author describes melancholically from the sidelines, they take a leap of faith, which (unlike in our own world, in which the moon landing was successful) might be nothing but an absurd fool's resolution, a wish that in reality cannot be fulfilled. Hammerschmitt is thus indirectly saying: even people who have to spin the thread all over again want to do so, which is why we should be all the more eager to pick up the thread.

British author Stephen Baxter has taken the uncertainty over the exploration of space that emerged in the nineties to one of its darkest imaginable outcomes: Baxter's novel *Titan*, also published in 1997, is set in a dumbed-down world where the American government allows the Ptolemaic worldview ("the Earth is the center of the universe") to be taught in schools on equal footing with correct celestial mechanics ("the Earth revolves around the Sun"). With this gruesome scenario, Baxter sought to caricature the sinister efforts of right-wing political circles in the US, who wanted to grant newer, pseudo-scientific versions of the Abrahamic creation story ("intelligent design") the same discursive authority in public education institutions as evolutionary biology. When it comes to space travel, Baxter, a trained engineer and mathematician, knows exactly what he is talking about. His literature is full of true-to-life, instructive, dense descriptions of the actual working conditions of individuals and collectives developing and implementing space programs.

The technically realistic but humanly harrowing climax of *Titan* captures the determination of those convinced of space projects – confronted with a very large, very cold universe apparently quite uninterested in human desires – to stick to the plan of not simply settling down and resigning like a convict sentenced to life in a prison cell, in a moving image that strikes a delicate balance between disappointment and hope: a few last space travelers finally receive news of the demise of the Earth's ecosystem as a result of an out-of-control war between the United States and the People's Republic of China. They could just give up and kill themselves. Instead, in a final symbolic act, they pour a few bacteria into a water-filled crater on Saturn's moon Titan, giving the primitive creatures a chance to continue the process of terrestrial evolution in a new place, under more difficult but not necessarily lethal conditions.

In the two and a half decades or so that have passed since Hammerschmitt's and Baxter's sad speculations, the image of spaceflight has become somewhat brighter again. But the shock of an historical turning point – in the East, state-sponsored cosmically oriented networks disintegrated, while in the West masses of people who had studied physics migrated to the financial sector instead of designing Mars settlements – was so deep that echoes and afterimages of the resigned mood of the time can even be found in Christopher Nolan's film *Interstellar* (2014), which finally does finds its way into space (forced by, among other things, terrestrial eco-catastrophes), but, at its outset, shows a future in which people are no longer even sure whether NASA and its historical achievements really existed.

Nolan's cinematic message is: "Earth is the cradle of humanity, but it doesn't also have to be its deathbed." This is not staged as a jubilant aria, but as a challenge. Thus, the pathos of *Interstellar* does not derive from man's will to self-assertion, as was common in pre-1990 space epics from Vasily Zhuravlyov's *Cosmic Voyage* (1936) to Irving Pichel's *Destination Moon* (1950), but rather from the "sheer curiosity of mankind to understand what lies beyond," as Elon Musk writes in the present volume. This statement contains the answer to the question as to what kind of fuel might carry human civilization to a place where there is no civilization at all, not even life.

Inner world, outer world, social world

Space travel is not only a) a complex behavior of an equally complex biological being, but also b) a social project in the relation of such beings to each other and, at the same time, see above, c) a psychological relation (Musk calls it "curiosity") of that being to itself, to its own contents of consciousness and the determinations of the relations between ends and means. Perception, reasoning, communication, and an extension of the natural scope of action through devices are necessary to coherently interconnect these three functional units, so susceptible to disturbances.

This is why the texts in this volume dealing with robot construction or the design of space vehicles that can complete a maximum number of missions with the least possible wear and tear and maintenance are not only part of the instrumental but also of the social and spiritual context of the task of saving humanity from stagnation and resignation in the face of sobering knowledge about the world – I am referring to the many insights that tell us the world was not built for our sake.

People simultaneously live in three realities: internal (I know what I think or feel), external (facts are not always interested in what I think or feel, curtailing the fulfilment of my demands on them), and, finally, interpersonal (you and I can communicate with each other about said facts, but also about what we think and feel). These three realities often exist in a state of tension to each other, and their contradictions must, in order for us to withstand them, be temporalized and resolved in an alternation between position, counter-position, and their (not always attainable) reconciliation. That is how history works, including cultural history. Both involve the history of our non-technical, aesthetic relation to the question of space exploration: from the first Moon voyages imagined against a real technological background by authors such as Jules Verne and H.G. Wells to what many fans and experts consider to be the first flowering of the "science fiction" genre in the forties of the twentieth century, speculations about the destiny of the human species within the overall space order were primarily about "outer space," that is, the world beyond the Earth's atmosphere and gravity. In the sixties, science fiction suddenly turned to "inner space," that is, to the expansion of consciousness through (not infrequently drug-fueled) experiences at the limits of (self-) perception.

Classics of this trend include Brian W. Aldiss' novel *Barefoot in the Head* and Harlan Ellison's story *Shattered Like A Glass Goblin*, both from 1969, that is, one year after the cinematic climax of the "inner space" aesthetic, the finale of Stanley Kubrick's film *2001: A Space Odyssey*, which uses a journey through an Einstein-Rosen bridge in "outer space" to illustrate psychedelic states in "inner space" (namely in the head of an astronaut).

Now, if the phrase "We have to explore outer space!" is the thesis and "We have to explore inner space!" its antithesis, then the science fiction of the eighties finally found the synthesis, namely a space that is indeed beyond purely subjective experience, in a machine-driven communication between subjects (as senders and receivers of electronic messages or programmers and users of programs, for instance), which, at the same time, is experienced as an immersion, as a subjective immersion within this special, constructed outer world. The latter also changes the subject "internally" – no longer "outer space" or "inner space," but "cyberspace," the interconnected second reality of computer networks. What this may look like "from the outside" – as a participation in a reality mediated by smart glasses that is not only virtual but also "augmented," i.e., supplemented with computer-powered layers, and that also contains a temporal, future dimension – is made manifest in Michael Najjar's 2019 image "skyspace ONE": the child is far out there, in the spacecraft or habitat, yet seems to be contemplating something within itself, in this "space made of nothing but light," still, floating, clothed and equipped with something that presumably grants access to all sorts of information channels.

Thing, animal, human

The truth of the historical unfolding of the "sheer curiosity of mankind" as a transgressive, transcendental residential offensive can easily be stripped down to triads like "inner space – outer space – cyberspace." The three-step movement "the one – the other – the new" provides a handy model for the work of contradiction that generates, accompanies, and sometimes blocks or even frustrates every realization of human potential in history. Another such triad speaks of the relations between the particular (say: a subject) and the general (say: the universe) in terms of the distances between inanimate, unconscious, and conscious matter.

This triad derives from a thinker who deeply distrusted all ideas of technological progress: Martin Heidegger. Heidegger was an avowed reactionary and at times close to German fascism, closer at least than to science and technology. He said that science does not think (for him thinking meant contemplating certain very general concepts like "being" (*Sein*) and "beings" (*Seiendes*), their origin and fate, not drawing logical conclusions from measured data). In technology, which he called "the framework" (*das Gestell*), the mass "production of corpses in the gas chambers and extermination camps" encountered the "mechanized food industry," indeed the two were "the same," and also shared their essence with the "blockading and starving of countries" or the production of hydrogen bombs.[1]

He cannot therefore be said to have been enthusiastic about the conceptual and production requirements of satellites, lunar vehicles, and space shuttles. But even someone who, like him, hates the modern world may provide useful insights about its boundary conditions, precisely because he doesn't really want it: a very different kind of escape fantasy, back to the past when everything was supposedly more transparent. In a lecture on "The Fundamental Concepts of Metaphysics," given in the winter semester of 1929 and 1930 at the University of Freiburg, Heidegger distinguishes – as the boundary of every possible experience of the world – three relations to the world as a whole, that of things, animals, and humans:

1. The thing, in his example "the stone," is "worldless," that is to say, something that has no world, because there is no world "for the stone" – none in which it intervenes or from which it receives something it could process.

2. The animal is "poor of world," which means that it does not act on the basis of considerations, but only because it is incited by stimuli and drives; it does not form an image or concept of the space of possibilities that surrounds it – whether a dog in rain thinks "it is raining" or merely "my fur is getting wet," whether this dog could even distinguish the subjective emphasis of the second phrase from the objective emphasis of the first, if it were capable of understanding them at all, is regarded by Heidegger as, at best, uncertain. He cannot be refuted, as long as we are unable to question the dog.

3. Man, finally, is "world-forming," that is to say, he is not only capable of recognizing the horizon of his actions, but also of shifting, deforming, changing this horizon, by both modifying his image of the world and its conceptualizations (in communication with other people, if nec-

essary) and by changing the world itself, increasing the range of his muscle power with the help of machines, for example.

Older Western philosophies of the subject, which Heidegger was permanently at odds with, always wanted to know who/what someone/something thought it was and how this belief related to questions of existence and substance (as, for example, in the Cartesian "I think, therefore I am"). Heidegger, by contrast, found it much more important whether someone/something was able to transpose him/her/itself into someone/something else. For him this was, "by way of the question concerning the essence of animality, the essence of life in general," the decisive, "the methodological question concerning the ability to transpose oneself into other beings (animal, stone and man) and as a substantive question concerning the specific manner of being that belongs to such beings."[2] Heidegger demonstrated who/what he himself was by showing the people in his lecture the manner in which he transposed himself into the stone or the animal, finding that there was a lot less going on there than in himself.

You may sneer: this is more fantasy than knowledge. But one should not overlook what is astonishing about it: in order to be able to put oneself in the place of someone/something that one is not, one must first be able to put oneself outside oneself, to think oneself away from oneself, to look beyond oneself. Humans can do exactly that. They are beings who almost habitually think beyond themselves. Their way of being in the world is this overstepping itself, both spatial ("there must be some other place") and temporal ("it was different before, and it will probably be different later"). This ability depends on our capacity to store data and mentally explore constellations that are different from the ones we encounter. It is more difficult to express this ability as a proposition about what it posits (namely other times and spaces) than as a question: "Where and when is or would it be different from here and now, and how would it be different?" This ability is a maelstrom into the "not-yet-known"; the curiosity Elon Musk speaks of. Whoever feels the pull of this maelstrom knows that there is a world that is unknown, but that might become known.

The thought "I do not know the world yet" makes people comprehend that they have a place in the world, but only if they discover it themselves. Michael Najjar's work also contains an exterior image for this nexus, sending its echoes into the viewers' interiors: in "Europa" from 2016, the eye of the camera sees a glacial landscape, uninhabitable but beautiful, the gaze venturing outside its shelter, ice hanging overhead, and on the left of the frame, lost but visibly determined to change that, the figure of an astronaut, without habitat or spacecraft, without discernible origin or identifiable destination, who seems to be telling the universe, "And now to you and me!"

A human being, not an animal, not a thing: Heidegger could not have known anything about the Soviet space program – the first serious program of its kind – when his tripartite structure of world relations (stone, animal, man) occurred to him; it did not exist yet. His three-step ladder nonetheless accurately describes the basic sequence of that program: first the Russian socialists sent a thing into space (the artificial Earth satellite "Sputnik," in October 1957), then an animal (a dog named Laika, in November of the same year), and finally a human being (Yuri Gagarin, four years later).

Metaphysics as physics as technology as art

The best way to do metaphysics is to do physics. The struggle against the Middle Ages still fresh in the minds, the Enlightenment already knew this, but then skepticism towards progress, which emerged in around 1900, split modern philosophy into two branches: the first one dirty, murky, irrational (about which one can learn everything in Georg Lukács' 1954 treatise *The Destruction of Reason*), and resentful of science and technology (Heidegger, as we know, was part of it), the second one clear but thin, eventually leading to so-called positivism (in France) and logical positivism (in Austria, then England and the entire English-speaking world).

The second branch of the freshly divided broad stream of the Western philosophical view of the world and humans carried with it the demand that, above all, thought should only admit questions that can be satisfied with "yes" or "no" answers. It thus condemns all metaphysics, that is, all thoughts about what transcends measurements and tests, as superfluous. Eventually, there would be nothing left of philosophy; that is also why Viennese logical positivism at some point demanded that one should simply do physics instead of metaphysics. Metaphysics, defined as thinking and talking about what is behind things, remains necessary where, as in the case of humans, any reference to "physics," to the objective, cannot be separated from the subjective (I cannot know about a thing without also knowing how it affects me) and from the intersubjective (I don't know a thing's effect on me, without also knowing how I would communicate it to others, in order for them to correct me if necessary, by contributing a "different point of view" or different data to the investigation).

Subjects who need and want to change can only do so by never stopping at constellations of the subjective, objective, and intersubjective that have already been reached. They have to repeatedly look at each existing constellation (and thus also at each acquired concept of the world as a whole) as something behind which there lies something else. Yet the ancient proposal to do metaphysics (which thus becomes indispensable) in the manner of Heidegger – brooding, twisting words, and arguing about them – has unfortunately brought a shameful redundancy, monotony, and stagnation to metaphysics. For thousands of years, the same texts were produced: from Plato's assertions in ancient Greece that our experiential reality is a mere shadow of the ideal forms of all things and facts to Immanuel Kant's claims in modern times that we can never know "things in themselves" because, constricted by our limited senses and equally limited reasoning, we only ever register their representations, philosophical metaphysics grinds out its song: "We are hemmed in by limits that separate us from the truth."

But if metaphysics is not done as this ruminating on a worn-out track, but as physics, by rephrasing questions of metaphysics in such a way that physics can answer them, then this limitation-thinking experiences a salutary shock. Insofar as we take Kant's supposedly unknowable "things-in-themselves" seriously, as, in Friedrich Engels' words, "things-for-us," that is, insofar as we measure them, experiment with them, form hypotheses about them, and substantiate or reject these hypotheses, we will always see them anew, always differently. Then our view of them develops, and the best part is that this even applies to the most all-encompassing horizon conceivable: the "world." If, for example, we photograph the Earth – for most people from all periods the largest possible context, from which their way of living, perceiving, thinking, feeling, and communicating cannot break free – from outer space, then we see our whole backdrop of life in these photos. We see it with our own eyes, but from a point of view that literally goes beyond the human, because human beings can't actually live or see where these pictures were taken. A technologically facilitated transcendence: here, metaphysics recognizes that it does not have to provide a view of the impenetrable to do its required work of overcoming limits, since, in place of such a view, there already is an overview (namely of the whole Earth as a planet) that works transcendental wonders. This is Frank White's famous "Overview Effect" – the true epistemic, physical, and metaphysical background to the works of artist Michael Najjar gathered in this volume.

Senses and sense

Art filters the objective through the subjective: with every work of art, there is (at least) one person who can sign it, even in aleatory processes used by people who are less conceptual than Michael Najjar in his image production. The subjective filter, however, places the subjectively filtered objective in an intersubjective framework; each production has a reception. What's more: the objective character of the world horizon, which is at stake in every picture, every image, every signal, is not diminished by this filtering activity, rebuffing possible objections such as: "This is not the universe, this is not technology, this is not the future, this is merely Najjar's universe, Najjar's technology, and perhaps Najjar's future, as an afterlife of his subjectivity in the artwork, for instance."

In reality, it is the other way around: the subjective is objectified in the works; the latter tell us how the subject fits into a world that we inhabit together, and thus something about ourselves, if we respond to the occasion by situating ourselves – feelingly, thinkingly – within it. "Objective" surely does not mean that one feels and thinks nothing (subjective) or that one cannot talk about it (intersubjective). It simply means that by sensing and thinking and talking, we cannot switch off or even avoid the effects that a thing/situation has beyond our sensing, thinking, and talking. Thus, when we feel an electric current on our skin, we may – depending on the strength of the current and our psychological disposition (masochism, perhaps?) – respond differently at different times, perceive it as pleasant or unpleasant. But that doesn't change the measured values. We can argue about physical constants and their values, we can change all of their names, Planck's constant, Boltzmann's constant or Faraday's constant might, from tomorrow on, be called the Huey, Dewey, and Louie constant; but the fact that energies in nature are quantized, that there is a quantifiable relation between energy and temperature, and that a certain number of single-charged ions has a specific electric charge, cannot be blathered, felt or reasoned away.

If, when we act, we ignore this limit on our power, everything we intend to do will go awry – at least as long as we try to intervene in nature, whose inherent laws must be taken seriously. Even the most advanced technology cannot free us from this truth, regardless of whether it concerns image making, space travel, or a combination of both, used, for example, to simulate space flights for pilots who want to learn the craft of space travel. Astronaut Samantha Cristoforetti recalls the stress of the Soyuz simulator flight to the ISS: even when the machinery is set on autopilot, the senses and the brain have a lot to do. The sensory conditioning and cognitive abilities of the person exposed to this situation are put under extreme pressure by the simple fact that constant attention needs to be paid to error messages, in order to intervene, to get other people to intervene (in the control center, for instance), or to show the system a way to correct itself, triggered by temperature, speed, angle or pressure values (Michael Najjar, by the way, has also completed a space training course).[3]

What such a simulation offers to the senses and the mind, allowing them to test their capabilities without serious consequences in case of failure, is what artworks like Michael Najjar's images offer to the imagination. Insofar as they are two-dimensional, they omit several kinds of depths, spatial as well as temporal, and also some which are not as easy to articulate in terms of everyday experience. But they do so without any loss of information, because as soon as the eyes see such images, the imagination artfully provides this depth in the maelstrom of curiosity that constitutes the human being-in-the-world. Thus, the audience also learns that we are allowed to behave more freely with regard to our sense of sight than we are otherwise accustomed or required to do as a result of an evolutionary habit. As our animal ancestors aligned what little thinking they were capable of with visual signals, we are burdened with embarrassments like the misconception that to call explanations of difficult matters "insightful" constitutes a form praise.

No one would describe a physical theory as smelling or sounding good to indicate that it is particularly appealing to reason. It is true, however, that when it comes to lucidity, "insight," and other visual metaphors, we readily (and usually without reflecting) associate intellectual virtue with a very specific sense, that of sight. However, we become trapped in this conception as soon as nature itself is no longer insightful – when physics, for example, wants to determine as precisely as possible, with as many figures for as many properties as possible, an object that would otherwise escape it, it speaks, among other things, of the "dimensions" in which this happens; in Einstein, following his colleague Hermann Minkowski, there are four, in Theodor Kaluza already five, and nowadays experts even talk about infinite-dimensional matters.

Our sense of sight, vision, only works smoothly in up to three dimensions, namely height, width and depth, that is, numbers on an x-, y-, and z-axis. Once you have found all three, you can pin down a point on a grid along these axes, and if it moves, you can represent that movement in time as, say, a visible animation, thus adding a fourth dimension to the point in question. With five dimensions, however, the visible fun stops. And, as long as you're dependent on the eye, you can say almost nothing at all about six or more dimensions.

If we were to conceive of "dimensions" differently, not as markers of standardized distances on axes, if we were to connect them with, say, the sense of taste instead of the sense of sight, and the positional values in these dimensions with intensities of sensations in mouth, tongue, and palate, then "sweet," "sour," "bitter," "salty," and "spicy" would immediately unlock Kaluza's five dimensions. If we added temperature, we would likely discover that we can already sense the as yet-unknown six-dimensional world as more diverse in our sense of taste than it could ever be in our sense of sight, even with the best possible illumination.

The funny thing about space images (Weltraumbilder), world-space images (Welt-Raum-Bilder), and world-dream images (Welt-Traum-Bilder) is that, by showing what we rarely see in everyday life, they always implicitly reveal that there is/could be more than we (can) generally see. They outwit our sense of sight in the name of a higher world-disclosing and world-forming reason, without ever violating the respect our evolutionary ape ancestry developed for this sense, and which we will probably never completely get rid of as long as we remain connected to our natural-historical heritage.

Life in a highly technical civilization shows us on a daily basis that this heritage does not necessarily help us make the right maneuvering decisions in the maelstrom of world disclosure, that it sometimes wants to spare us from thinking, which it drowns out with instincts and drives, when we would be ill advised to give in to this temptation: helping relatives, for example, as a genetically imprinted pattern, unfortunately does not encourage solidarity and cooperation with people who are "different" (again, the sense of sight is key: who "look different") from us, but with whom we must come to an agreement in order to cope with problems (climate, contagious diseases, man-made catastrophes such as radioactive leaks...) that transcend the boundaries of families, tribes, and even nations. And the demand that every explanation, every plan in the context of such problems must be "insightful," because that is what our heritage suggests, can really drive experts to despair (a biologist friend of mine has a beautiful image for this, in which the proto-biological phenomenon of food intake is pointedly combined with the civilizational phenomenon of cooking: "If, for example, politicians or journalists ask us scientists for an explanation of something abstract or for advice, I have no objection to boiling down the raw data a bit so that it becomes edible – but with these types I often get the impression that it is not enough to cook for them, they also want you to chew and swallow for them, and that, I'm afraid, is something they can only do themselves").

Transterrestrial humanism

Lack of initiative, reluctance to add depth to the images we see, lack of diligence, lack of imagination: these are the vices that could cost one's head in the maelstrom of the new. But things are not quite so grim, even if certain parts of what I call "heritage" are more a burden than a blessing (such as our tendency, inherited from the apes, to favor hierarchy over cooperative teamwork, which binds every group to the merits and demerits of its leadership).

So far, homo sapiens is the only known species that expands its limits through will, knowledge, and consciousness, including the limits of will, knowledge, and consciousness themselves. Humanism, so we say: great sympathy for this species need not be the naive conviction that it is destined to conquer the stars, or that it is the object, or subject even, of an inevitable development for the better (orthogenesis). An average person has soon witnessed enough suffering, stupidity, oppression, exploitation, exclusion, confinement, poverty (tolerated or wantonly created), and neglect to be driven mad by such naiveté.

Yet humanism can also mean to accept the wager that we are at least not destined to waste away, get bogged down or expire in our earthly gravitational hollow with so much injustice. The humanistic position would then be the upright position, the ability to cope with life and knowledge like the man in the space suit on Michael Najjar's "Europa" photo. We do not know the world yet, that much remains true. But it's also certain that the world, including ourselves, doesn't know us either. We will, it seems, have to surprise each other.

1 Martin Heidegger, *Bremen and Freiburg Lectures: Insight Into That Which Is and Basic Principles of Thinking*, trans. Andrew J. Mitchell (Bloomington and Indianapolis: Indiana University Press, 2012), 27.

2 Martin Heidegger, *The Fundamental Concepts of Metaphysics: World Finitude, Solitude*, trans. William McNeill and Nicholas Walker (Bloomington and Indianapolis: Indiana University Press, 1995), 201.

3 Samantha Cristoforetti, *Diary of An Apprentice Astronaut*, trans. Jill Foulston (London: Penguin Books, 2020), 78.

Michael Najjar: Ein künstlerischer Pionier im räumlichen Unbewussten

Michael Ostheimer

Der Foto- und Videokünstler Michael Najjar ist ein künstlerischer Pionier im räumlichen Unbewussten der Menschheit: dem Weltraum. Der Dualismus des psychischen Apparates aus Bewusstem und Unbewusstem findet außerhalb des Menschen eine räumliche Entsprechung in der Wechselbeziehung des Alls aus Erde und Weltraum. Dabei bildet der Weltraum gleichsam ein räumliches Unbewusstes, dessen ‚Inhalte' dem Bewusstsein erst nach Überwindung von Widerständen zugänglich werden. Die Zukunft eben dieses Weltraums stellt Najjar in der seit 2011 im Entstehen begriffenen Werkgruppe „outer space" ins Zentrum. Er öffnet das räumliche Bewusste der Erde für die ästhetische Energie des räumlichen Unbewussten der Menschheit.

Weltraumkunst vs. astrofuturistische Kunst

Michael Najjar experimentiert mit vielfältigen künstlerischen Zugangsweisen zur Bildwelt des Weltraums. Ihn deshalb aber als Weltraumkünstler zu bezeichnen, wäre vorschnell, genauer, unpräzise. Von der Astrokultur, die sich der Erforschung und Kulturgeschichte des Verhältnisses von Mensch und Weltraum widmet[1], und ihrer künstlerischen Spielart, der Weltraumkunst, hebt sich Najjars Zugriff maßgeblich ab. Inspiriert von der Faszination einer möglichen Zukunft der Menschheit jenseits des Planeten Erde, für die der amerikanische Literaturwissenschaftler De Witt Douglas Kilgore den Begriff „Astrofuturismus" geprägt hat,[2] geht Najjar einen entscheidenden Schritt weiter. Auf der Vorstellung der Erneuerung der Menschheit durch deren Ansiedlung im extraterrestrischen Raum etabliert er Paradigmen für eine astrofuturistische Kunst. Damit erschließt er den Weltraum als Ort der Innovation und der Begründung eines neuen Zweigs der menschlichen Geschichte für eine astrofuturistische Ästhetik. Im Gegensatz zur Weltraumkunst, die sich nur über den ästhetischen Zugriff auf den Gegenstandsbereich „Weltraum" definiert,[3] veranschaulicht eine astrofuturistische Kunst den Weltraum als potentielle neue Lebenswelt.

Hybridfotografie

Die Wechselwirkungen zwischen Formen medialer Repräsentation, Wissenskonstituierung und kultureller Bedeutungszuschreibung in der Astrokultur hebt Michael Najjar auf eine neue Stufe, indem er auf der Produzentenseite die Möglichkeiten der digitalen Collage als kreatives Potential nutzt. „Bilder, in denen analoge und digitale Bestandteile miteinander verschmelzen", nennt er „Hybridfotografien".[4] Technisch reproduzierte Realität wird mit dem Computer als Kompositionswerkzeug für die ästhetischen Konzepte digital so bearbeitet, dass daraus Amalgamierungen aus Natur, Kultur und Kunst entstehen. Seine astrofuturistische Ästhetik basiert auf dem kreativen Zusammenspiel eines Erfahrungsraums, der auf die technisch-naturwissenschaftliche Realität referiert, und eines Erwartungshorizontes, der für uns Heutige visuell antizipiert, was in der Zukunft probabilistisch sichtbar sein wird. Auf diese Weise wird die endliche Sichtbarkeitswelt aufgebrochen und um neue Sichtbarkeitswelten wie z. B. potentiell neue Lebensräume für den Menschen erweitert. Najjar transformiert den Zuwachs an astronomischem Wissen und astronautischem Können in die Ästhetik der astrofuturistischen Hybridfotografie.

Die Tatsache, dass Najjars Arbeiten aus „outer space" an den äußeren Rändern des visuell Darstellbaren siedeln bzw. sich in Gebiete außerhalb des visuell Erschlossenen vorwagen, bleibt nicht ohne Konsequenzen auf Seiten der Rezipienten. Die astrofuturistische Hybridfotografie, die Bilder, die uns aus dem Weltraum erreichen, mit terrestrischen Aufnahmen digital verschmelzen lässt, verschiebt die Grundlage der Weltraumimagination. Die

„An der Epochenschwelle zur kommerziellen Astronautik wird die technokulturelle Sehnsucht nach raumgreifender Grenzüberschreitung auf eine neue Grundlage gestellt."

„Für die ständig wachsende Besatzung des Raumschiffs Erde, das mit begrenzten Vorräten an Energie, Nahrung und Trinkwasser durch das Weltall treibt, entwirft Najjar Landschaftsimaginationen einer astrofuturistischen Utopie."

voranschreitende Erschließung des Weltraums samt seiner Fiktionalisierung durch digitale Bildmedien hat eine enorme Bedeutung für die visuellen Aspekte der Weltraumimagination. Aus dem Ineinander von Medialisierungsformen und Fiktionalisierungsweisen ergibt sich ein astrofuturistisches Imaginäres, das die menschliche Vorstellungskraft gleichsam um ein Labor aus astrokultureller und astrosozialer Phantasie bereichert.

Astrofuturistische Ästhetik: Leben, Technik und Landschaft

Michael Najjars Arbeiten der Werkgruppe „outer space" sind allesamt programmatisch. Denn der ästhetische Visionär der Astronautik, Najjar, will keine Nischenfragen stellen, sondern Grundfragen. Jede einzelne seiner Arbeiten provoziert den Anspruch auf Erkenntnis. Zusammen geben sie – analog zur Grundlagenforschung – die bildkünstlerischen Grundlagen einer astrofuturistischen Ästhetik. Diese spiegelt das Wissenwollen des Menschen, was er kann und auch: was er aushalten kann. Wirft man einen typologischen Blick auf Najjars Serie „outer space", so ergibt sich entsprechend der im Zentrum stehenden Gegenstandsbereiche eine Dreiteilung der astrofuturistischen Ästhetik in Leben, Technik und Landschaft.

Astrofuturistische Hybridlandschaften

In Analogie zu Michael Najjars die Produktionsästhetik akzentuierender Bezeichnung „Hybridfotografie" könnte man in Bezug auf seine ästhetisch verfremdeten Kunstlandschaften von „Hybridlandschaften" sprechen. Gerade vor dem Hintergrund des europäischen Landschaftsverständnisses stellt die Poesie der erdfernen Landschaften ein noch weitgehend unbekanntes Terrain dar. Najjars astrofuturistische Hybridlandschaften, die terrestrische Landschaften digital bearbeiten bzw. terrestrische und extraterrestrische Raumausschnitte digital miteinander kombinieren, verschieben nicht nur die materiellen Grundlagen eines konventionellen, an der Erdoberfläche orientierten Landschaftsbegriffs, sondern erweitern auch das Verständnis von Landschaft um ein enormes Spektrum an Phänomenen, Perspektiven und Projektionsmöglichkeiten.

Der angesichts von Prozessen wie Klimawandel, Umweltverschmutzung und Bevölkerungswachstum begründete Pessimismus einer menschheitlichen Langlebigkeit auf der Erde bildet den „existentiellen Bezugsrahmen" (Michael Najjar), um extraterrestrische Lebensräume in den Blick zu nehmen. Die raumgreifende Bewegung in die Vertikale geht vom Heimatplaneten aus, stößt in den Weltraum vor und erschließt erdferne, für eine mögliche Zukunft des Menschen potentiell nutzbare Himmelskörper. Der Trias aus Erde, erdnahem Raum und fremden Weltkörpern entspricht auch die räumliche Struktur von Najjars astrofuturistischen Hybridlandschaften: Erstens lassen seine visuellen Vergegenwärtigungen der Geschichte der Erde samt der Zukunft des Alls ein kosmologisches Pathos aufscheinen. Zweitens evoziert seine Inaugenscheinnahme direkt auf den Weltraum bezogener Schauplätze eine Raumlust. Drittens stimulieren seine extraterrestrischen Landschaften bzw. seine Kombinationen aus terrestrischen und extraterrestrischen Landschaften Imaginationen für eine astrofuturistische Utopie.

Kosmologisches Pathos

Michael Najjars Arbeiten „volcanic resublimation", „planetary overview" und „gravitation entanglement" betreiben auf je unterschiedliche Weise eine Verzeitlichung des Raums. D. h., sie inszenieren allesamt historisierende oder futurisierende Darstellungen eines bestimmten Raumausschnitts.

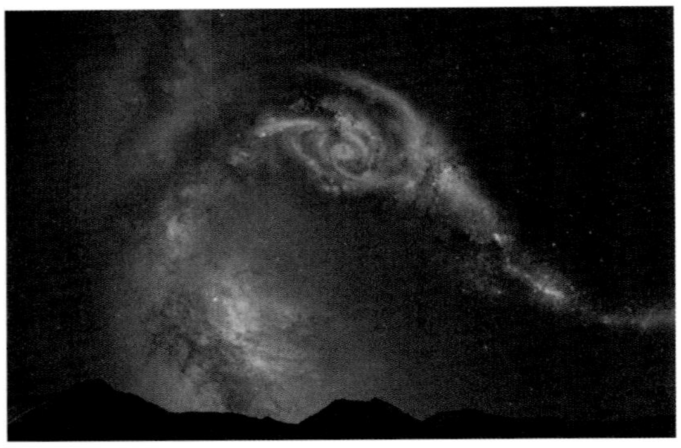

Michael Najjar, „gravitation entanglement", 2014

Die visuelle Prägnanz von „volcanic resublimation" (2018), wofür eine Kraterlandschaft des Whakaari-Vulkans in Neuseeland die Grundlage bildet, changiert zwischen Schöpfungsmorgen und drohendem Inferno. Die vulkanische Tätigkeit, in deren Verlauf Schwefelgase an der Erdoberfläche kristallisieren, erscheint in einer Mischung aus schwebender Leichtigkeit und steinerner Härte. Dieser Zusammenhang steht exemplarisch für die erdgeschichtliche Zyklizität aus Zerstörung und Verjüngung. Erosion, Sedimentation und Eruption sind in einem langfristigen Kreislauf für die Entstehung, Zerstörung und Wiederherstellung der Erde verantwortlich. Nimmt man Vulkane, so wie Najjar dies tut, unter dem Zeithorizont einer geologischen Perspektive in den Blick, so vermögen sie die Erdoberfläche einerseits durch ihre Aktivität mit neuen Nährstoffen zu versehen, andererseits aber auch auseinanderzureißen und in eine giftige Wolke aus Staub- und Rußteilchen einzuhüllen.

„planetary overview" (2017) kombiniert Bilder aus einer Spalte des Breiðamerkurjökull-Gletschers mit Satellitenbildern desselben Gletschers aus einer Orbitalposition im Weltraum. Die Buckel, Falten, schrundigen Kanten und bizarren Spitzen der Eisflächen scheinen gegen die global ansteigenden Luft- und Wassertemperaturen auf verlorenem Posten. Die für das Ökosystem der Erde notwendige Balance aus Eis und Meer, das veranschaulicht die Arbeit unzweideutig, ist mit der ubiquitär drohenden Gletscherschmelze ins Rutschen geraten. Spätestens nachdem der Mensch im 20. Jahrhundert zum bestimmenden Faktor der biophysischen Veränderung des Planeten Erde geworden ist, ist er nunmehr im neuen Erdzeitalter des sogenannten Anthropozäns mit den Konsequenzen dieses Herrschaftsstrebens konfrontiert. Bei deren Bewältigung hilft ihm nicht zuletzt der satellitengestützte fotografische Zugriff, der die für das Medium der Luftfotografie konstitutive Augenblickshaftigkeit mit der olympischen Überblicksperspektive zu einer neuartigen Kartographierung des georäumlichen Panoramas verbindet. Durch die Vereinigung von extremer Nahsicht und satellitengestützter Fernsicht zeigt Najjar, dass es angesichts der für die Klimabedrohung verantwortlichen veränderten materiellen Grundlagen des Planeten auch technisch-ästhetischer Neuperspektivierungen bedarf, um den Menschen zu einem diesem Verhängniszusammenhang entgegensteuernden Selbstverständnis zu inspirieren.

„gravitation entanglement" (2014) lenkt die Phantasie des Betrachters auf eine Raum-Zeit-Reise von kosmogonischem Ausmaß. Basierend auf Daten des Hubble-Teleskops antizipiert die Arbeit den in ca. viereinhalb Milliarden Jahren anstehenden Aufeinanderprall zwischen unserer Milchstraße und der Andromeda-Galaxie mit dem Ergebnis des Verschmelzens zu einer neuen Galaxie. Die Milchstraße wird im Feuer sterben. Zuvor werden die beiden Galaxien einander umkreisen und einen Totentanz aufführen. Die Schwarzen Löcher im Zentrum der Galaxien werden letztlich kollidieren und sich zu einem einzigen Schwarzen Loch vereinigen. Daraus wird eine neue riesige Galaxie hervorgehen. Die Wiedergeburt als Teil dieses kosmischen Zyklus vermittelt Pars pro Toto ein Verständnis für den Lebenslauf des Universums. „Der leere und sterile Weltraum schreckt uns"[5], heißt es einmal in dem Weltraumepos *Aniara* des schwedischen Nobelpreisträgers Harry Martinson. Dem stellt Najjar, basierend auf den kosmogonischen Gegebenheiten von Expansion und Kontraktion des Alls, die Kehrseite des Weltraums gegenüber, die ästhetische Produktivität seiner Plastizität.

Raumlust

Auf der Erdoberfläche zwar angesiedelt zu sein, diesen Ort aber zugleich mit raumgreifendem Anspruch überschreiten zu wollen, diese in die Weiten des Weltalls drängende Sehnsucht führen Michael Najjars Arbeiten „f.a.s.t.", „spaceport", „serious anomaly" und „orbital ascent" vor Augen. Sie vermitteln zwischen der Erdoberfläche und der Raumfahrt, indem sie Landschaftsszenarien mit dem Imaginationspotential von Weltraumreisen anreichern.

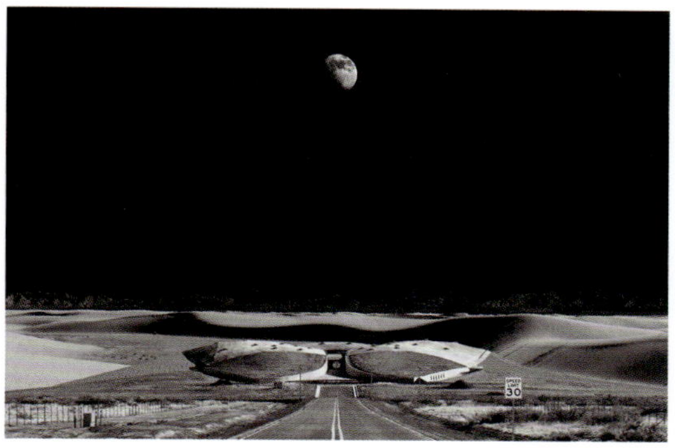

Michael Najjar, „spaceport“, 2014

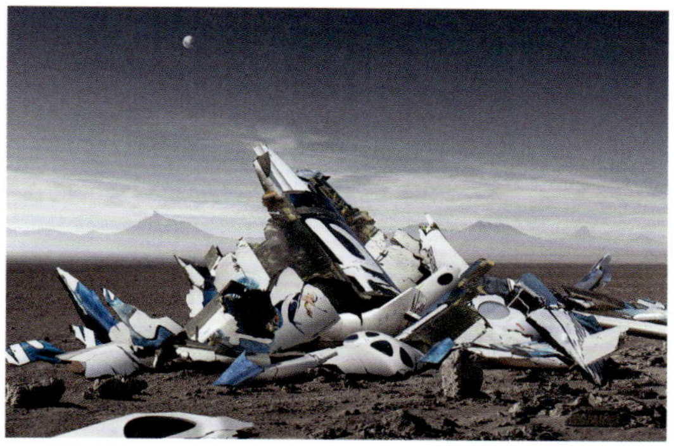

Michael Najjar, „serious anomaly“, 2015

„f.a.s.t.“ (2017) zeigt das mit 500 Metern Durchmesser weltgrößte astronomische Radioteleskop, gelegen in einem natürlichen Schlundloch des südchinesischen Pingtang-Tals. Die monumentale Parabolantenne, dazu installiert, um aus Geräuschen, die aus den Tiefen des Weltalls zu uns dringen, ‚Signale‘ abzuhören und auszufiltern, illustriert einerseits, dass der Mensch in all seiner Findigkeit ein Wesen des ungestillten Erfahrungsbedarfs ist. Andererseits entwirft Najjars Arbeit ein landschaftliches Pendant zu der seit Pythagoras in verschiedenen Spielarten variierten Vorstellung der Sphärenharmonie: Ähnlich wie dem Kosmos als System aus Zahl und Harmonie eine ‚Himmelsmusik‘ abzulauschen ist (wofür in materieller Stellvertretung das Radioteleskop steht), bildet das räumliche Gefüge aus Sternen vor schwarzem Himmelsraum, aus einem lichtdurchlässigen Vorhang von Nebelschwaden, aus kegelförmigen Karstbergen und dem an eine überdimensionale goldlasierte Schale gemahnenden Reflektor eine landschaftliche Harmonie von astronomischer Hochtechnologie und natürlicher Umgebung.

„spaceport“ (2012) stellt den ersten privaten Raumflughafen der Erde, Spaceport America, vor dem Hintergrund einer temporal imaginären Verquickung von Tag und Nacht zur Schau. So sehr sich das von Sir Norman Foster entworfene Gebäude gleichsam als naturentwachsene Architektur in die Wüste von New Mexiko einfügt, so vielsagend weist die vertikale Verlängerung der zum Eingang führenden Asphaltstraße geradewegs zur sich vor dem Nachthimmel abzeichnenden Gestalt des Mondes. Die Raumfahrt leuchtet als das Symbol einer Freiheit auf, die seit jeher darin besteht, nicht ans Irdische gefesselt zu sein. An der Epochenschwelle zur kommerziellen Astronautik wird die technokulturelle Sehnsucht nach raumgreifender Grenzüberschreitung auf eine neue Grundlage gestellt. Was für die staatlich finanzierte Weltraumforschung der Fall war und ist, gilt nicht minder mit Blick auf das Drehkreuz für zukünftige private Weltraumreisen: Als Weltraumfahrer ist der Mensch primär ein Wesen seiner Selbsteinschätzung. Für Michael Najjar hat das insofern eine ganz persönliche Bedeutung, als er vom Spaceport America aus in den Weltraum starten wird.

Den Menschen als ambivalentes Wesen aus grenzüberschreitendem Denken und limitierter Machbarkeit führt „serious anomaly“ (2015) am Beispiel des am 31. Oktober 2014 abgestürzten SpaceShipTwo des britischen Unternehmens Virgin Galactic vor Augen. Fotos von der Absturzstelle in der kalifornischen Mojave-Wüste reinszeniert Najjar in Anlehnung an Caspar David Friedrichs *Das Eismeer* (1823/24) als zerklüftet sich auftürmende Wrackteile vor einer nebelumflorten Bergkette. Seit der Tragödien-Dichter Sophokles im ersten Standlied der Antigone den Menschen als dasjenige ‚unheimliche Wesen‘ preist, das zu Wasser, zu Lande wie in der Luft in unerschlossene Bereiche vorzudringen vermag und dem nur die Grenze des Todes zu überschreiten verwehrt bleibt, begleitet die menschliche Neugierde eine Dialektik aus Wagnis und (Miss-)Erfolg. Dass das Spannungsfeld aus Natur, Kultur und Technik auch noch für die Raumfahrt Gültigkeit besitzt, visualisiert Najjar als Überblendung von katastrophalem Einzelfall und einer an die Malerei der Romantik gemahnenden Trümmerlandschaft.

Paradigmatisch bezeugt „orbital ascent“ (2016) angesichts des Starts einer Ariane 5-Rakete auf dem europäischen Weltraumbahnhof in der Nähe von Kouru die Kopplung von Bewegungsrichtung und formalem Ausdruck: Die horizontale Bewegungsform ist episch, erzählend, die vertikale ist ekstatisch, expressiv und muss erst ins Erzählbare übersetzt werden. Im Gegensatz zum Mittelgrund aus Wald- und Hügellandschaft und einem dunstigen Hintergrund, der in einen grau verschatteten Wolkenhimmel übergeht, thront im Vordergrund das dreigliedrige Raumgefährt auf den sich zu einer gigantischen Säule auftürmenden Rauchschwaden des Triebwerkfeuers. Die Komposition aus Erdoberfläche und der die Erdatmosphäre überwindenden Rakete erscheint in ihrer visuellen Dynamik nicht als die eines ungestümen Übermuts, für den etwa die Figur des Ikarus mytho-

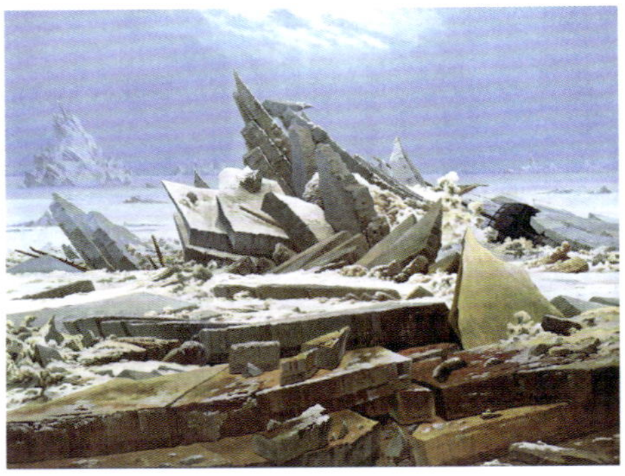

Caspar David Friedrich, „Das Eismeer“, 1823/1824

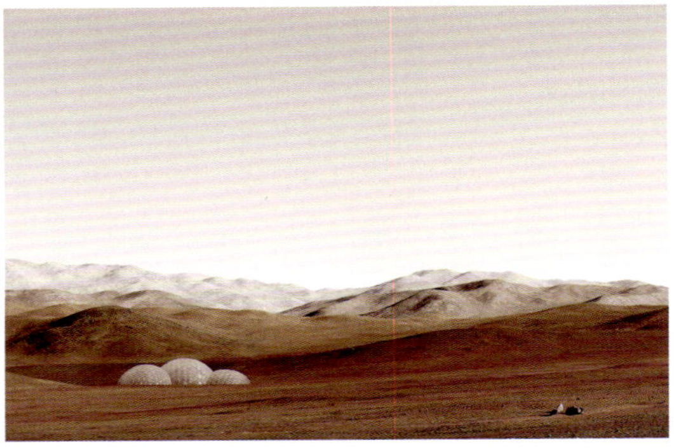

Michael Najjar, „sands of mars“, 2014

logisch Pate steht, sondern als die eines kontrollierten Höhenflugs, wie er z. B. für die Etablierung einer satellitengestützten erdbeobachtenden Weltraumtechnologie üblich ist.

Astrofuturistische Utopie

Für die ständig wachsende Besatzung des Raumschiffs Erde, das mit begrenzten Vorräten an Energie, Nahrung und Trinkwasser durch das Weltall treibt, entwirft Michael Najjar Landschaftsimaginationen einer astrofuturistischen Utopie. Seine extraterrestrischen Landschaften bzw. seine Kombinationen aus terrestrischen und extraterrestrischen Landschaften „lunar explorers“, „interplanetary landscape“, „waves of mars“, „sands of mars“ und „europa“ lassen allesamt die Einzigartigkeit des Tellurischen hinter sich und evozieren mit den Mitteln fotografischer Digitalästhetik potentiell habitable Welten für eine mögliche Emigration der Menschheit von der Erde. Das anlässlich des 50. Jubiläums der ersten Mondlandung am 21. Juli 1969 geschaffene Triptychon „lunar explorers“ (2019) entfaltet eine phantasiebeflügelnde Spannung aus kompositorischer Form und visueller Evokation: Die in Grautönen gehaltene Mondoberfläche, deren im Vordergrund dominante Felsformationen im Mittelgrund in wellenartige Hügellandschaften übergehen; eine Vielzahl von Astronauten, die sich ihren Aufgaben wie dem Einsammeln von Gesteinsproben, dem Anfertigen von Fotos oder dem Ausführen von Experimenten widmen; ein schwarzer Himmel, dessen Undurchdringlichkeit nur von der Vorderseite des Apollo-Raumschiffs und dem Antlitz des blauen Planeten Erde durchbrochen wird. Die Form des Triptychons akzentuiert die Mittelachse, auf die die beiden Seitenteile als geschichtliche Rahmung oder kommentierende Erläuterung bezogen sind. Das linke Seitenteil zeigt die beiden ersten Mondbesucher, Neil Armstrong und Buzz Aldrin, das rechte Seitenteil die beiden bislang letzten, Harrison Schmitt and Eugene Cernan, im Mittelstück sind die anderen acht Astronauten versammelt, die den Mond bislang betreten haben. Basierend auf der Grundlage der Rohdaten von Tausenden von Fotografien, die die Astronauten der sechs Nasa-Missionen zwischen 1969 und 1972 mit ihren Hasselblad-Kameras angefertigt haben, komprimiert Najjar die gelungenen Reisen zum Mond und wieder zurück formal wie inhaltlich als das, wie es der amerikanische Schriftsteller Norman Mailer in seinem Buch über die Apollo-Mission einmal ausdrückte, „größte Abenteuer der Menschheit“[6]. Seit der Renaissance wurde das Triptychon im Dienst der Repräsentation weltlicher Inhalte säkularisiert. Die dreigliedrige Rhythmisierung hebt die Mond-Erkundung für den Betrachter ins Programmatische einer prägnanten Ausdrucksgebärde: Nur als Team-Arbeit kommen die Fähigkeiten jedes einzelnen Astronauten zum Tragen. Für das Dasein im Weltraum, in dem einer Formulierung Wernher von Brauns zufolge „der Schlüssel zu unserer Zukunft auf Erden“[7] liegt, evoziert „lunar explorers“ eine Pathosformel: Die Überlebenskünste des Mängelwesens Mensch bedürfen nicht nur eines ungeheuren Arsenals an Hilfsmitteln, also der Symbiose aus Wissenschaft und Technik auf einem neuen Niveau, sie benötigen obendrein einen vom Anblick fremder Welten inspirierten kollektiven Neuanfang, ein kosmisches Miteinander.

„interplanetary landscape“ (2014) verschmilzt in der chilenischen Attacama-Wüste gemachte Aufnahmen mit solchen vom Mars-Rover Curiosity, um die Ähnlichkeit der Oberflächenbeschaffenheit von Mars und Erde zu verdeutlichen. Aufgrund seiner geologischen Zusammensetzung gilt der Mars als der erste Kandidat für ein neues Kapitel der Geschichte der Menschheit: Den Homo sapiens zu einer Spezies zu machen, die nicht nur auf einem Planeten zu Hause ist. Dabei darf man sich von öden Landschaften voller rötlicher Wüstenflächen, von majestätischen Gebirgen und tiefen Schluchten nicht abschrecken lassen. Die Ausbreitung von Leben und Vernunft im Universum könnte sich durchaus in bislang unvertrauten Landschaften wie derjenigen von „interplanetary landscape“ vollziehen, in schrundigen Felsformationen und regelrecht narbenübersäten Sandanhäufungen, deren vordergründiger Anschein von Unwirtlichkeit indes nichts über die mögliche Implikation neuer Lebensformen besagt.

Auf der Grundlage einer Aufnahme, die der Rover Curiosity im Januar 2016 auf der Marsoberfläche machte, entstand „waves of mars“ (2016), an dessen unterem Bildrand ein Rad des Rovers und entsprechende Reifenspuren eingefügt wurden. Die überbordende Wucht der ins Tiefdunkle anbrandenden ‚Mars-Wellen‘ demonstriert mit visueller Eindringlichkeit, dass die Erkundung von auf dem Mars womöglich beheimatetem Leben bzw. die Erforschung eines potentiell neuen Lebensraum für den Menschen ebendort einer schier unüberwindlichen Aufgabe gleicht. Dieser Herausforderung gilt es freilich sich zu stellen, wenn das uns bekannte Leben und dessen Standort nicht immer mehr zur punktuellen Nichtigkeit im Raum zurückgedrängt werden soll. Denn: „Die Zeit der Bewohnbarkeit eines Sternes ist“, wie es der Paläontologe in Thomas Manns Krull-Roman auf den Punkt bringt, „begrenzt“[8].

„sands of mars“ (2014) stellt Kuppeln in einer in der Attacama-Wüste aufgenommenen, jedoch der Marsoberfläche vergleichbaren Landschaft zur Schau. Die an Richard Buckminster Fullers geodätische Sphäre gemahnenden Behausungen verfugen sich zum einen angesichts ihrer architektonischen Formensprache geradezu ideal in die Naturlandschaft; zum andern vollzieht die durch sie installierte Unterscheidung in Außenraum vs. Innenraum eine wesentliche Voraussetzung für eine etwaige Besiedelung des Mars. Auf diese Weise greift Najjar mit seiner architektonisch-landschaftlichen Bildwelt ähnlich wie der Regisseur Ridley Scott in seinem Film *Der Marsianer* (2015) weit voraus in den dreistufigen astrofuturistischen Prozess aus menschlichem Bedürfniswandel, kosmischer Migrationsfähigkeit und extraterrestrischer Lebensexpansion.

Die Landschaftskomposition „europa“ (2016) besteht, produktionsästhetisch betrachtet, aus Eis- und Berglandschaften, die teils in Island fotografiert wurden, teils zurückgehen auf Bilder, die die Raumsonde Galileo vom Jupitermond Europa aufgenommen hat. Der Trabant des Jupiter gilt aufgrund eines unter der Wassereishülle befindlichen Ozeans von etwa 100 km Tiefe als potentieller Ort für Lebensformen jenseits des Planeten Erde. In diese extraterrestische Raumphantasie projiziert Najjar in den Mittelteil der linken Bildhälfte eine kleine, mit einem Raumfahreranzug bekleidete Rückenfigur. Dadurch entsteht eine Spielart der astrofuturistischen Landschaftsästhetik, in der sich zwei ikonografische Traditionen überkreuzen: Zum einen die Science-Fiction-Tradition, der sich etwa der 2013 veröffentliche Film *Europa Report* des Regisseurs Sebastián Cordero bediente, um mittels digital bearbeiteter Aufnahmen die Oberfläche des Jupitermondes für Astronauten zugänglich zu machen. Zum anderen die Tradition der romantischen Landschaftsmalerei, wie sie paradigmatisch in Caspar David Friedrichs *Der Wanderer über dem Nebelmeer* (1818) zum Ausdruck kommt. Während Friedrichs Wanderer jedoch ganz in der kontemplativen Schau der Natur aufgeht, durchschreitet Najjars Raumfahrer als Pionier einer Lebensexpansion im All beherzt die terra incognita. Gleichsam als ein aus dem Reich der Mythologie ins Weltraumzeitalter versetzter Odysseus repräsentiert die Figur symbolisch das auf die Menschheit wartende Abenteuer, auf fernen Himmelskörpern unerschlossene Welten zu erkunden.

1 Vgl. zum Begriff der Astrokultur Alexander C. T. Geppert: European Astrofuturism, Cosmic Provincialism: Historicizing the Space Age, in: ders. (Hg.): *Imagining Outer Space. European Astroculture in the Twentieth Century*, Basingstoke 2012, S. 3-24, hier S. 8: „astroculture comprises a heterogeneous array of images and artifacts, media and practises that all aim to ascribe meaning to outer space while stirring both the individual and collective imagination.“ – Vgl. zur Geschichte der Astrokultur von der Frühen Neuzeit bis in die Gegenwart den Ausstellungskatalog: Kunst- und Ausstellungshalle der Bundesrepublik Deutschland (Hg.): *Outer Space. Faszination Weltraum* (3. Oktober 2014 bis 22. Februar 2015), Berlin 2014.

2 Vgl. dazu De Witt Douglas Kilgore: *Astrofuturism: Science, Race and Visions of Utopia in Space*, Philadelphia 2003, S. 2: „Devoted to breaking the limits placed on humanity by the surface of this planet, astrofuturism forecasts an escape from terrestrial history. Its roots lie in the nineteenth-century Euro-American preoccupation with imperial expansion and utopian speculation, which it recasts in the elsewhere and elsewhen of outer space. Astrofuturism imagines the good or perfect society not simply spatially but in what might be called, to use Einstein's term, ‚spacetime‘.“ – Vgl. ferner zum Begriff des Astrofuturismus als spezifischer Unterkategorie der Astrokultur Alexander C. T. Geppert: European Astrofuturism, Cosmic Provincialism: Historicizing the Space Age, in: ders. (Hg.): *Imagining Outer Space. European Astroculture in the Twentieth Century*, Basingstoke 2012, S. 3-24, hier S. 14f.

3 Vgl. als historischen Überblick über die Weltraumkunst bis zum Ende der 1970er Jahre Ron Miller: *Space Art – Weltraumkunst*, Urnäsch 1980. Vgl. zur jüngeren Entwicklung der Weltraumkunst etwa die beiden Ausstellungskataloge Christoph Heinrich, Markus Heinzelmann (Hg.): *Rückkehr ins All* (Ausstellung in der Hamburger Kunsthalle, 23. September 2005 bis 12. Februar 2006), Ostfildern-Ruit 2005; Kunsthalle Wien, Gerald A. Matt, Cathérine Hug (Hg.): *Weltraum. Die Kunst und ein Traum – Space. About a Dream* (1. April bis 15. August 2011), Nürnberg 2011.

4 „Chronist der Zukunft – Ein Gespräch mit Michael Najjar“, in: Michael Najjar, *outer space*, Berlin 2014, S. 36-39, hier S. 39.

5 Harry Martinson: *Aniara*, München 1961, S. 19.

6 Norman Mailer: *Moonfire. Die legendäre Reise der Apollo 11*, Köln 2016, S. 40.

7 Werner von Braun, zit. nach Norman Mailer: *Moonfire. Die legendäre Reise der Apollo 11*, Köln 2016, S. 230.

8 Thomas Mann: „Bekenntnisse des Hochstaplers Felix Krull“, in: ders.: *Gesammelte Werke in dreizehn Bänden, Bd. VII: Der Erwählte, Bekenntnisse des Hochstaplers Felix Krull*, Fischer Taschenbuch Verlag, Frankfurt am Main 1990, S. 538.

Michael Najjar: An Artist-Pioneer in Spatial Unconscious

Michael Ostheimer

The photographic and video artist Michael Najjar is an artist-pioneer in the spatial unconscious of humanity: outer space. The dualism of the psychic apparatus of conscious and unconscious finds its spatial counterpart in the universe outside of the human being in the interaction between Earth and outer space. In this sense outer space forms, so to speak, a spatial unconscious whose "contents" are only accessible to the consciousness once certain resistances have been overcome. It is precisely the future of this cosmos that is the focal point of the work series "outer space" that Najjar began in 2011. He opens the spatial conscious of Earth for the aesthetic energy of the spatial unconscious of humanity.

Space art v. astrofuturistic art

Michael Najjar experiments with the manifold means of access offered by art to the imagery of the universe. Yet to term him an artist who creates space art would be over hasty or more accurately imprecise. Najjar's artistic approach is worlds apart from that of astroculture dedicated to the exploration of the cultural history of the relationship between humanity and outer space,[1] and its medium of aesthetic expression, space art. Inspired by the fascination of a potential future for humanity beyond planet Earth, for which the American literary scholar De Witt Douglas Kilgore coined the term astrofuturism,[2] Najjar goes yet one decisive step further. He takes the idea of a renaissance of humanity through its colonization of extra-terrestrial space and builds on it paradigms for an astrofuturistic art. And in doing so he opens up space as a place of innovation and for the establishment of a new branch of human history for an aesthetic of astrofuturism. In contrast to space art, which is defined merely by aesthetic preoccupation with the entity of space,[3] an astrofuturistic art exemplifies space as a potential new sphere of life.

Hybrid photography

Michael Najjar takes the interrelations between forms of medial representation, constitution of knowledge, and ascription of cultural meaning in astroculture to a new level by using the possibilities of digital collage as a creative potential. He calls "pictures in which analogue and digital elements are fused together" "hybrid photographs."[4] Technically reproduced reality is digitally edited for the aesthetic concept by the compositional tool of the computer to produce amalgamations of nature, culture and art. His astrofuturist aesthetic is founded on the creative interplay of a field of experience that references technical scientific reality and a horizon of expectation that anticipates for those of us living now what we might probably see in the future. Thus the finite visible world is split open and extended with new visible worlds such as potential new living environments for humanity. Najjar transmutes the increase in astronomical knowledge and astronautical know-how into the aesthetic of astrofuturistic hybrid photography.

The fact that Najjar's works from "outer space" are located on the extreme limits of what can be visualized or rather venture into areas way beyond what is conventionally visualized is not without consequences on the part of recipients. Astrofuturistic hybrid photography, which digitally fuses pictures that reach us from outer space with terrestrial photography displaces the parameters of the outer space imagination. The progressive discovery of outer space in concert with its fictionalization through digital imagery is of enormous importance for the visual aspects of the outer space imagination. From the merging of forms of medialization and modes of fictionalization an astrofuturistic imaginary is born that enriches the human imagination, so to speak, with a laboratory of astrocultural and astrosocial fantasy.

"Now on the threshold of the era of commercial astronautics, the techno-cultural yearning for crossing frontiers in the depths of space will be placed on a new footing."

"For the ever larger crew of spaceship Earth sailing through space with limited resources of energy, food and drinking water, Najjar creates the imaginary landscapes of an astrofuturistic utopia."

Astrofuturistic aesthetics: life, technology, and landscape

All of Michael Najjar's works in the "outer space" series are conceptual; as an aesthetic visionary of astronautics Najjar does not ask side-questions, only fundamental ones. Each one of his works is the outcome of a long process of reflection and discovery. In aggregate – similar to basic research – they constitute the pictorial foundations of an astrofuturist aesthetics which mirrors humanity's quest for knowledge, what humans can do, but also what humans can endure. If we look at the typography of Najjar's "outer space" series, in line with those key themes at its heart we find a triangulation of the astrofuturist aesthetic into life, technology and landscape.

Astrofuturistic hybrid landscapes

Taking a lead from Michael Najjar's use of the term "hybrid photography" to accentuate his production aesthetics, we could refer to his aesthetically distorted artificial landscapes as "hybrid landscapes." In particular, considering the background of our European understanding of landscape, the poetry of the extra-terrestrial landscape represents a terrain that is still largely unknown. Najjar's astrofuturistic hybrid landscapes that digitally edit terrestrial landscapes or rather digitally combine sections of terrestrial and extra-terrestrial landscape do not merely shift the material basis of a conventional understanding of landscape as rooted on the Earth's surface; they also extend the understanding of landscape with an enormous spectrum of phenomena, perspectives and possibilities for projection.

The pessimism about the prospects of humanity's long-term survival on Earth, a pessimism well founded in view of such processes as climate change, environmental degradation and population growth, is the "existential reference frame" (Michael Najjar) through which to view extra-terrestrial habitats. The space-conquering vertical movement starts from the home planet, proceeds through space and targets remote celestial bodies that might provide a potential habitat for the future of humanity. The triad of Earth, near-Earth space and foreign worlds also corresponds to the spatial structure of Najjar's astrofuturistic hybrid landscapes. Firstly, his visual presentations of the history of the Earth and the future of outer space exude a cosmological pathos. Secondly, his direct observation of settings in outer space evoke an appetite for space. And thirdly, his extra-terrestrial landscapes or combinations of terrestrial and extra-terrestrial landscape stimulate the imagination of an astrofuturistic utopia.

Cosmological pathos

Each in its own different way, Michael Najjar's works "volcanic resublimation," "planetary overview," and "gravitation entanglement" recast space as time. In other words, all of them stage historicising or futurising representations of a particular segment of space.

The visual impact of "volcanic resublimation" (2018), which is based on a crater landscape in the Whakaari White Island volcano in New Zealand, shimmers between first morning of creation and impending inferno. The volcanic activity that brings sulphuric gas to crystallize on the surface of the Earth appears as a blend of floating lightness and rock-solid hardness. These antipodes are exemplary of the history of the Earth and its recurring cycles of destruction and rejuvenation: in eons-long cycles, erosion, sedimentation, and eruption are the driving forces responsible for the creation, destruction, and recreation of the Earth. If we look at volcanos, as Najjar does, from the time horizon of a geological per-

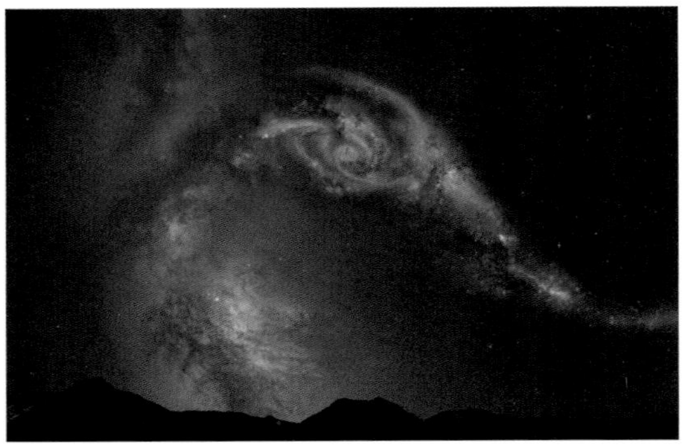

Michael Najjar, "gravitation entanglement," 2014

spective, on the one hand their activity enriches the surface of the Earth with new nutrients while on the other ripping it apart and smothering it in a poisonous cloud of dust and soot particles.

"planetary overview" (2017) combines pictures from a crevasse in the Breiðamerkurjökull glacier with satellite photos of the same glacier taken from an orbital position in space. Given the rise in global air and water temperatures, the humps, creases, splintered edges, and grotesque peaks of the ice surface seem to be fighting a losing battle. As the work unequivocally suggests, the ecological balance between ice and sea so necessary for the Earth is now being put out of joint by the ubiquitous threat of glacier melt-down. After humanity in the late twentieth century was declared the main factor driving the bio-physical transformation of planet Earth, in the new Anthropocene age we are now confronted with the consequences of our struggle for planetary domination. Yet in tackling these challenges we are now also aided by satellite-supported photography which unites the momentariness of aerial photography with the Olympian overview perspective in a novel mapping of the geo-spatial panorama. Through the fusion of extreme close-up views and satellite-supported long-distance views, Najjar shows that, faced as we now are with changes in the basic material conditions of the planet that are causing climate change, we also need to set new technological and aesthetic perspectives that will inspire us to a new vision of ourselves as humanity, one that will assist us in our combat against such an impending fatality.

"gravitation entanglement" (2014) takes viewers' imaginations on a journey through space and time of truly cosmogonic dimensions. Drawing on data from the Hubble telescope, the work anticipates the collision between our own Milky Way and the Andromeda galaxy which is expected to happen in some 4.5 billion years. The two galaxies will merge to form a new one and the Milky Way will die in the conflagration. Before they merge they will circle one another in a dance of death until the black holes at their centers finally collide and become one single black hole from which a new gigantic galaxy will emerge. Rebirth as part of the cosmic cycle offers, pars pro toto, an understanding of the life cycle of the universe. "The sterile void of space terrifies us"[5] writes the Swedish Nobel laureate Harry Martinson in his outer space epic *Aniara*. In contrast to Martinson, Najjar, drawing on the cosmogonic constants of the expansion and contraction of the universe, presents the flip side of outer space, the aesthetic productivity of its ductility.

Appetite for space

Living firmly on the surface of the Earth yet longing to escape from it, propelled by a desire for new frontiers, this yearning to penetrate the far distant reaches of outer space is what Michael Najjar's works "f.a.s.t.," "spaceport," "serious anomaly," and "orbital ascent" show us. They mediate between the surface of the Earth and the space voyage by enriching landscape scenarios with the imaginative potential of space travel.

"f.a.s.t." (2017) shows the world's biggest astronomical radio telescope with a diameter of 500 meters located in a natural depression in Pingtang County, southwest China. The monumental parabolic antenna installed on the site to pick up and filter out signals from the noise that reaches us from the depths of interstellar space, on the one hand, illustrates that humanity in all its ingenuity is a species with an unquenchable thirst for knowledge. Yet, on the other, Najjar's work creates a counterpart landscape to the harmony of the spheres, a philosophical concept that has seen many iterations since first being proposed by Pythagoras. Similar to the way in which "celestial music" might be detected in a cosmos composed as a system of numbers and harmony (for which the radio telescope stands as a material proxy) the spatial structure of stars against a black heaven, the transparent curtain of curls and wafts of mist, the cone-shaped karst hills, and the reflector looking like an over-dimensional golden-glazed bowl compose a harmonious landscape of astronomical high-tech and natural environment.

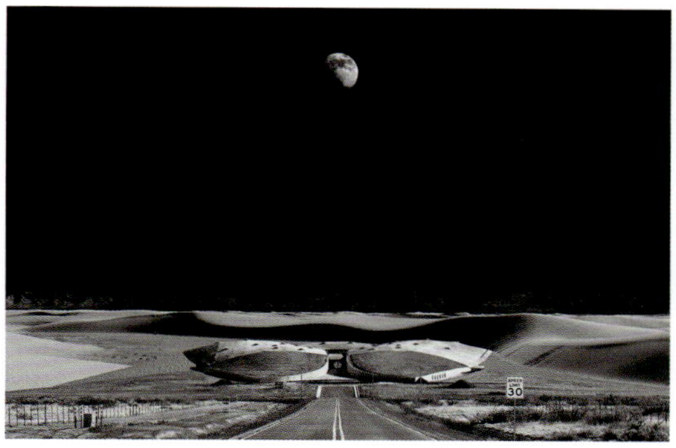
Michael Najjar, "spaceport," 2014

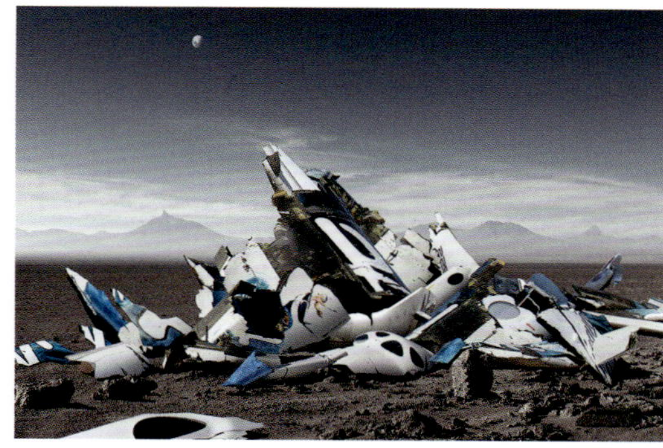
Michael Najjar, "serious anomaly," 2015

"spaceport" (2012) presents the world's first private space port, Spaceport America, against the background of an imaginary conflation of day and night. The building designed by Sir Norman Foster is so superbly integrated in the desert of New Mexico that it could be mistaken for architecture grown by nature while the vertical extension of the asphalt road leading to the entrance points eloquently straight to the figure of the moon in the night sky. Space travel shines as the symbol of a freedom that from time immemorial has been driven by the desire not to be bound to the Earth. Now on the threshold of the era of commercial astronautics, the techno-cultural yearning for crossing frontiers in the depths of space will be placed on a new footing. What was and still is valid for government-financed space research loses none of its validity when it comes to the hub for future private space travel: as a space traveler a person is first and foremost a being of his or her own self-assessment. For Michael Najjar this has a very personal meaning since Spaceport America will be his own point of departure for space.

The human being as an ambivalent creature of soaring powers of imagination yet limited means of realization is shown by "serious anomaly" (2015) which takes the crash of SpaceShipTwo owned by the British company Virgin Galactic on October 31, 2014 as a case in point. Najjar takes photos of the crash site in California's Mojave desert and, drawing on Caspar David Friedrich's 1823/1824 painting *Das Eismeer* (The Sea of Ice), rearranges them as a jagged, towering heap of wreckage against a chain of hills banked in fog. Ever since the Greek tragedian Sophocles in the first choral song in Antigone praised man as that "wondrous being" capable of venturing into unknown domains on water, land, and in the air, and who is only forbidden to cross the frontier of death, human curiosity has been paired with a dialectic of risk and (uncertain) success. That the charged and conflictual field between nature, culture, and technology still retains its validity even for space travel is visualized by Najjar as a cross-fade between a catastrophic individual accident and a landscape of desolation that evokes the Romantic school of painting.

"orbital ascent" (2016) which shows the launch of an Ariane 5 rocket from the Guiana Space Center near Kouru bears exemplary witness to the coupling of direction of movement and formal expression. The horizontal movement is epic, narrative; the vertical is ecstatic, expressive, and must first be recast as discourse. In contrast to the middle ground with its landscape of forest and hills, and a sombre background that segues into a gray cloudy sky, the foreground is focussed on the three part space vehicle enthroned on a gigantic column on a cloud of smoke billowing from its engines. In its visual dynamics this composition of the surface of the Earth and the rocket overcoming the Earth's atmosphere appears not as an act of wild recklessness which might evoke the mythological figure of Icarus but rather as that of a controlled flight as is customary, for instance, when establishing the space technology of a satellite-supported Earth monitoring system.

Astrofuturistic utopias

For the ever larger crew of spaceship Earth sailing through space with limited resources of energy, food, and drinking water, Michael Najjar creates the imaginary landscapes of an astrofuturistic utopia. His extra-terrestrial landscapes or rather his amalgams of terrestrial and extra-terrestrial landscapes "lunar explorers," "interplanetary landscape," "waves of mars," "sands of mars," and "europa" all leave the individuality of the telluric far behind and use the toolbox of photographic digital aesthetics to evoke potentially habitable worlds for a possible human migration from Earth.

Marking the fiftieth anniversary of the first landing on the moon on July 21, 1969, the triptych "lunar explorers" (2019) unfolds a force field of compositional form and visual evocation to fire up the imagination: the surface of the moon with its restrained gray tones whose rock formations dominant in the foreground give way to wave-like hill formations in the middle ground; a multitude of astronauts engaged in various tasks like collecting rock samples, taking photos and carrying out experiments; a

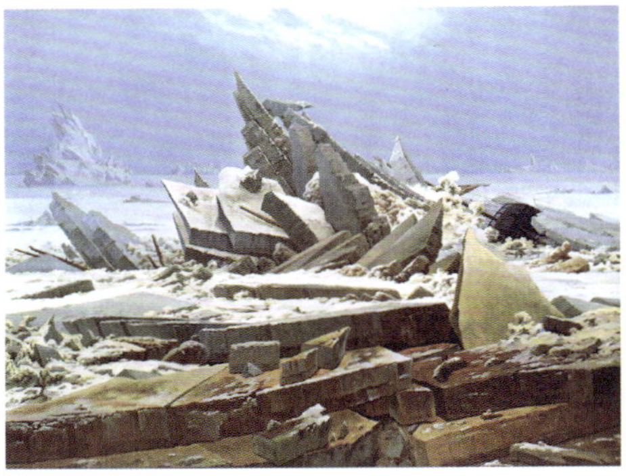

Caspar David Friedrich, "Das Eismeer," 1823/1824

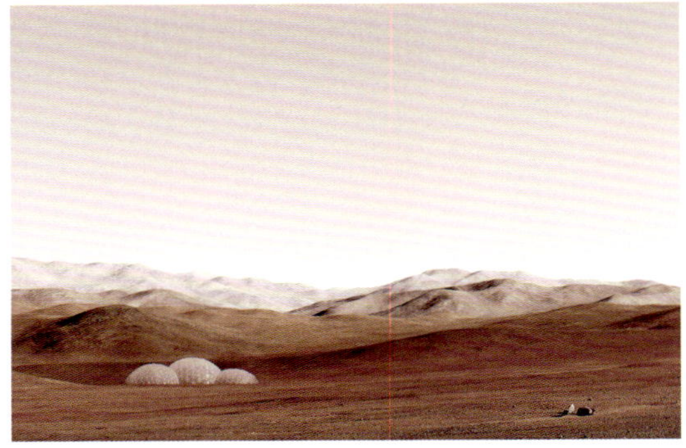

Michael Najjar, "sands of mars," 2014

deep black sky whose impenetrability is only broken by the front side of the Apollo spacecraft and the face of the blue planet Earth. The triptych form accentuates the middle panel with the two side panels offering a historical framework or commentary. The left side panel shows the first two men on the moon, Neil Armstrong and Buzz Aldrin, the right side panel the two last men, Harrison Schmitt and Eugene Cernan, while in the middle panel the eight other astronauts who have so far landed on the moon are gathered. Based on the raw data of the thousands of photographs taken by the astronauts of the six NASA missions from 1969 to 1972 with their Hasselblad cameras, Najjar compacts these successful return journeys to the moon both formally and content-wise into what the American writer Norman Mailer in his book on the Apollo Mission once called "the greatest adventure of man."[6] Since the Renaissance the triptych has sacralized worldly themes in the service of representation. For the viewer, the rhythmic composition of the three panels raises the discovery of the moon to the level of a concise programmatic statement: only in team work can the capabilities of each individual astronaut come fully into play. For life in space, which Wernher von Braun once called "the key to our future on Earth,"[7] "lunar explorers" evokes a pathos formula: in order to assure its survival the deficient being man requires not merely a tremendous arsenal of ancillary aides – the symbiosis of science and technology on an unprecedented level – but even more critically a collective new beginning, a cosmic collectivity inspired by the idea of discovering new worlds in interstellar space.

"interplanetary landscape" (2014) merges photos taken in Chile's Atacama desert with those taken by the Mars rover Curiosity, demonstrating the similarity between the surfaces of Mars and Earth. Its geological composition makes Mars the prime candidate for a new chapter in the history of humanity that would make homo sapiens the first species to be at home on more than one planet. In this venture we should not be discouraged by empty landscapes of rolling red desert, majestic mountains, and deep gorges. It is entirely possible that the expansion of life and rationality throughout the universe could be enacted in such unfamiliar landscapes as those shown by interplanetary landscape, in jagged rock formations and scarred and pitted heaps of sand which, however inhospitable they might appear at first sight, have nothing to say about the possible implications for new forms of life.

"waves of mars" (2016) is based on a photograph taken by the rover Curiosity on the surface of Mars in January 2016 to which a wheel of the rover and its tyre tracks have been added in the lower part of the picture. The overwhelming power of these blackened and scorched "Mars waves" is a compelling visual reminder that the discovery of possible life on Mars or the search for a potential new human habitat on the same planet is a nigh-impossible enterprise. Nevertheless, it remains a challenge that we still have to set ourselves if the life that we know and the place where we live it is not to become an insignificant dot in space. As the palaeontologist in Thomas Mann's novel *Confessions of Felix Krull* so pithily remarked, "The time we can live on a star is limited."[8]

"sands of mars" (2014) shows domes in a landscape shot in the Atacama desert which is strikingly similar to the surface of Mars. With their formal architectural language, these habitats reminiscent of Richard Buckminster Fuller's geodesic spheres blend in perfectly with the natural landscape; yet equally the contrast between exterior and interior that these dwellings establish is a vital precondition for any form of settlement on Mars. In a similar way to director Ridley Scott in his film *The Martian* (2015), Najjar's compositions of architecture and landscape reach far ahead to the three stage astrofuturistic process of changes in human need, capability for cosmic migration and extra-terrestrial expansion of life.

In terms of its production aesthetics, the landscape composition "europa" (2016) consists of landscapes of ice and mountains some of which were photographed in Iceland, and some of which are based on photos of the

Jupiter moon Europa shot by the space probe Galileo. With a nearly 100 km deep ocean hidden under a shell of frozen surface ice, this satellite of Jupiter is considered a potential place for forms of life beyond planet Earth. In the lower middle of the left half of this extra-terrestrial space fantasy, Najjar projects a tiny figure clad in a space suit and standing with its back to us. Its insertion creates a variant of the astrofuturistic landscape aesthetic in which two iconographic traditions cross: on the one hand that tradition of science fiction that director Sebastián Cordero drew on in his 2013 film *Europa Report* when he used digitally mastered photographs of the surface of the Jupiter moon to make it accessible for astronauts. And on the other that tradition of Romantic landscape painting of which perhaps Caspar David Friedrich's 1818 painting *Der Wanderer über dem Nebelmeer* (Wanderer Above the Sea of Fog) is the supreme example. However, while Friedrich's wanderer is plunged in deep contemplation of nature, Najjar's space traveler as a pioneer of the expansion of life into space, strides out intrepidly into terra incognita. Like an Odysseus removed from the realm of mythology and reset in the space age, this figure symbolizes the adventure now awaiting humanity – the exploration of worlds yet undiscovered on far distant celestial bodies.

1 For the concept of astroculture, comp. Alexander C. T. Geppert: "European Astrofuturism, Cosmic Provincialism: Historicizing the Space Age," in: id. (eds.) *Imagining Outer Space. European Astroculture in the Twentieth Century*, Basingstoke 2012, pp. 3-24, here p. 8: "astroculture comprises a heterogeneous array of images and artifacts, media and practises that all aim to ascribe meaning to outer space while stirring both the individual and collective imagination." – For the history of astroculture from the early New Age to the present, comp. the exhibition catalogue: Kunst- und Ausstellungshalle der Bundesrepublik Deutschland (ed.): *Outer Space. Faszination Weltraum* (October 3, 2014 to February 22, 2015), Berlin 2014.

2 Comp. De Witt Douglas Kilgore: *Astrofuturism: Science, Race and Visions of Utopia in Space*, Philadelphia 2003, p. 2: "Devoted to breaking the limits placed on humanity by the surface of this planet, astrofuturism forecasts an escape from terrestrial history. Its roots lie in the nineteenth-century Euro-American preoccupation with imperial expansion and utopian speculation, which it recasts in the elsewhere and elsewhen of outer space. Astrofuturism imagines the good or perfect society not simply spatially but in what might be called, to use Einstein's term, 'spacetime.'" – For the concept of astrofuturism as a specific subcategory of astroculture, comp. Alexander C. T. Geppert: "European Astrofuturism, Cosmic Provincialism: Historicizing the Space Age," in: id. (ed.): *Imagining Outer Space. European Astroculture in the Twentieth Century*, Basingstoke 2012, pp. 3-24, here p. 14f.

3 For an historical overview of space art up to the end of the 1970s, see: Ron Miller: *Space Art – Weltraumkunst*, Urnäsch 1980. For more recent developments in space art, see, for instance, the two exhibition catalogues, Christoph Heinrich, Markus Heinzelmann (eds.): *Rückkehr ins All* (exhibition at the Hamburger Kunsthalle, September 23 , 2005 to February 12, 2006), Ostfildern-Ruit 2005; Kunsthalle Wien, Gerald A. Matt, Cathérine Hug (eds.): *Weltraum. Die Kunst und ein Traum – Space. About a Dream* (April 1 to August 15, 2011), Nuremberg 2011.

4 "A Chronicler of Future Time – A Conversation with Michael Najjar," in: Michael Najjar, *outer space*, Berlin 2014, pp. 40-43, here p. 43.

5 Harry Martinson: *Aniara*, Munich 1961, p. 19.

6 Norman Mailer: *Moonfire. Die legendäre Reise der Apollo 11*, Cologne 2016, p. 40.

7 Wernher von Braun, quoted in: Norman Mailer: *Moonfire. Die legendäre Reise der Apollo 11*, Cologne 2016, p. 230.

8 Thomas Mann: "Bekenntnisse des Hochstaplers Felix Krull," in: id.: *Collected Works in Thirteen Volumes, Vol. VII: Der Erwählte, Bekenntnisse des Hochstaplers Felix Krull*, Fischer Taschenbuch Verlag, Frankfurt am Main 1990, p. 538.

Arbeiten 2015–2021

Works 2015–2021

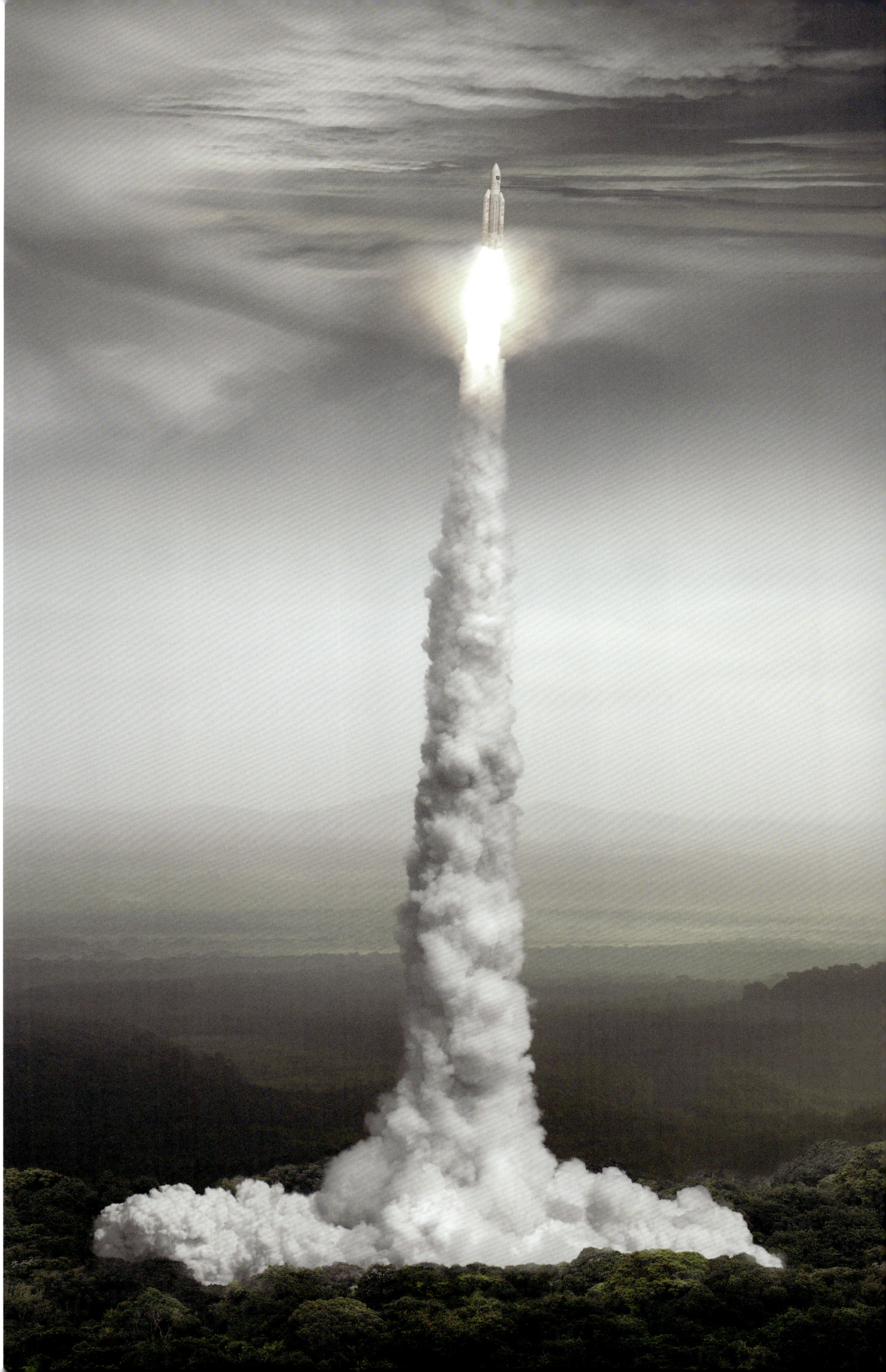

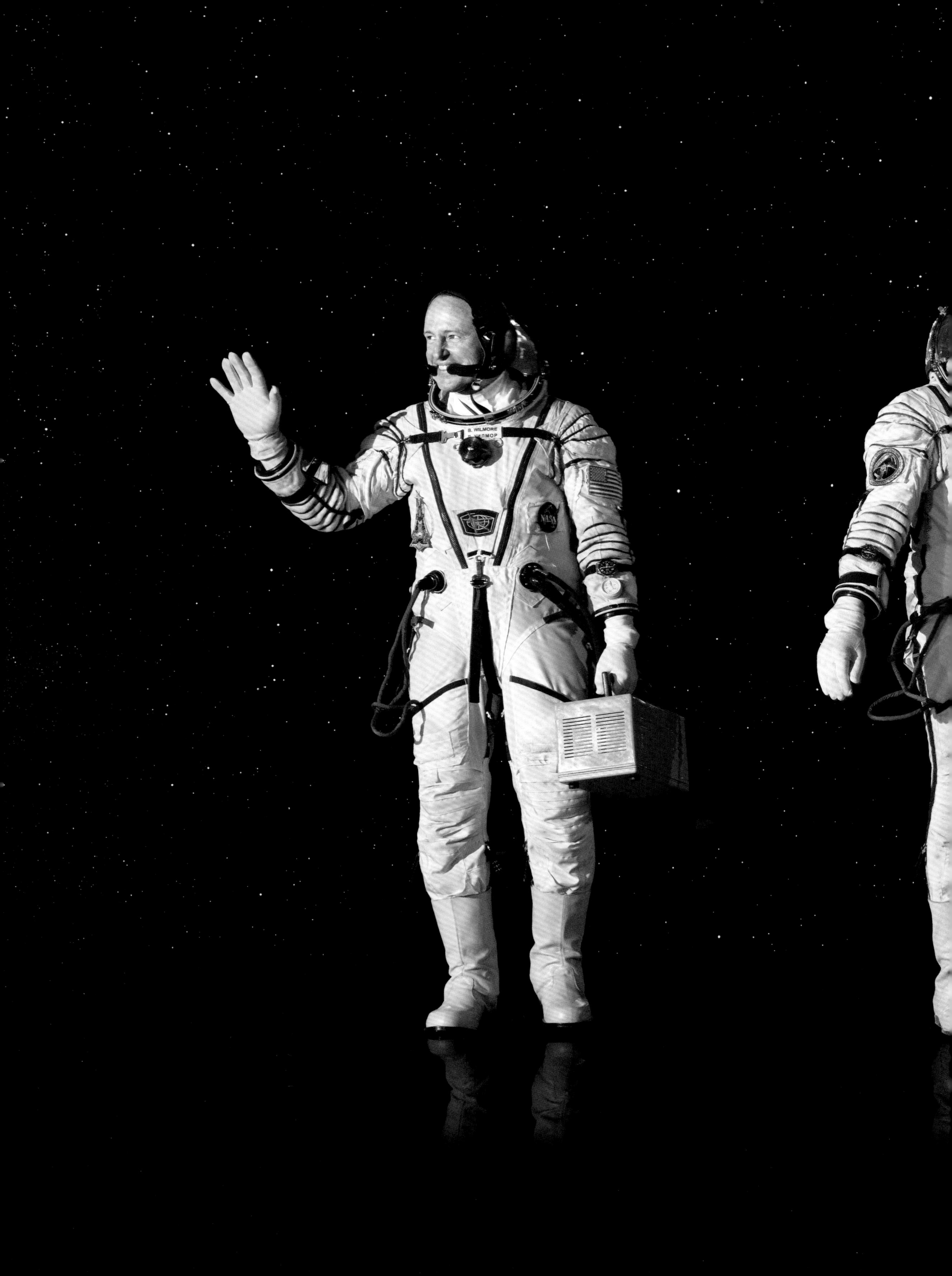
B. WILMORE
NASA

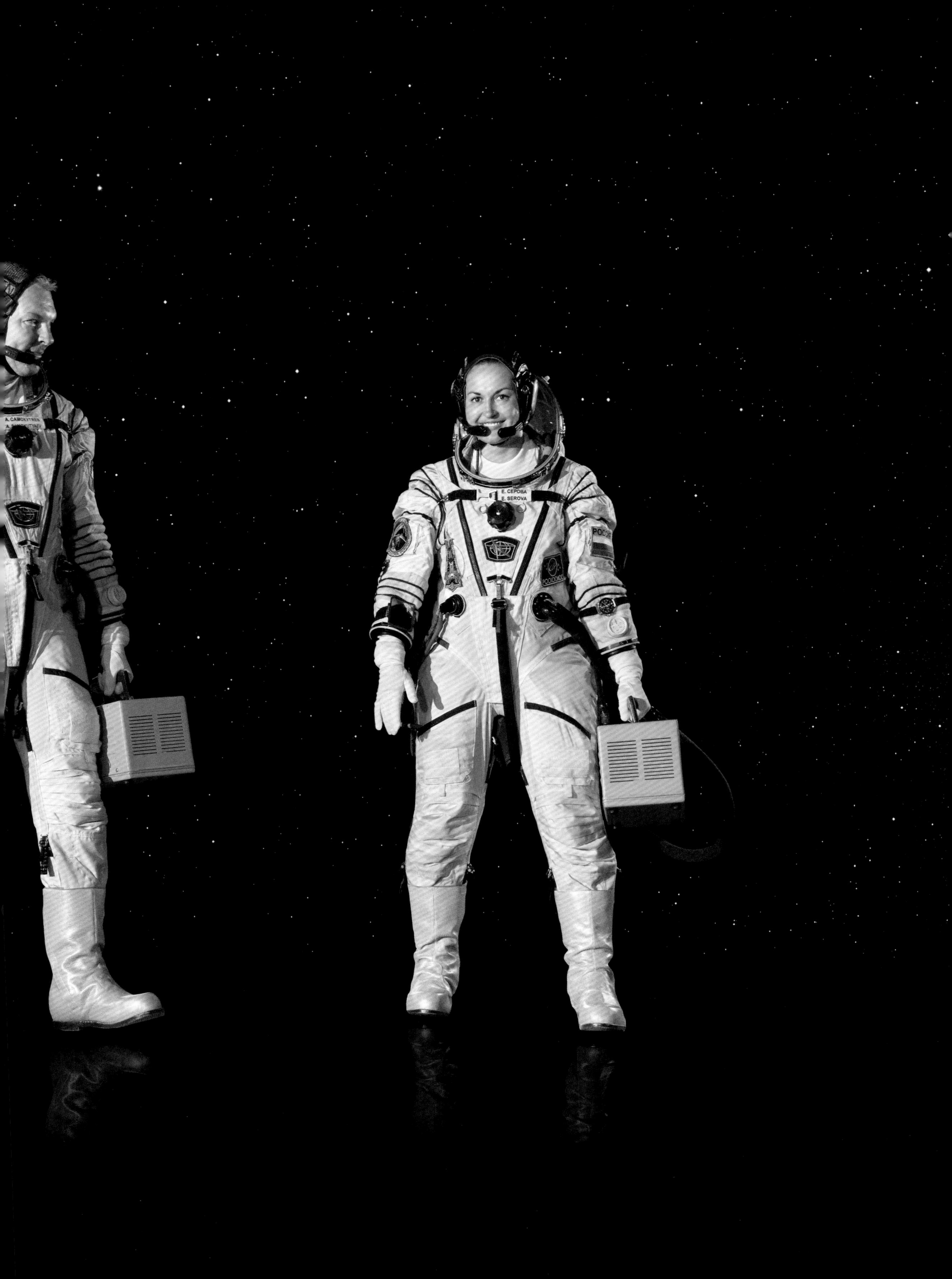
Е. СЕРОВА
E. SEROVA

Auf dem Weg zur multiplanetaren Spezies

Elon Musk
Gründer SpaceX

Als ich ein Junge war, habe ich das Buch *Per Anhalter durch die Galaxis* gelesen, das zunächst wie eine alberne Komödie anmutet, jedoch in Wahrheit ein höchst philosophisches Werk ist. Es argumentiert, dass das Universum die Antwort auf all unsere Fragen bereithält und dass der schwierige Part darin besteht, die richtigen Fragen zu stellen. Welche aber sind die richtigen? Ich bin zu dem Schluss gekommen, dass wir umso besser in der Lage sein werden, die entscheidenden existenziellen Fragen zu stellen, je mehr wir den Umfang unseres Bewusstseins erweitern werden. Treten wir doch einen Schritt zurück und fragen uns konkret: Warum sind wir hier? Was ist der Sinn des Lebens? Wie sind wir hierhergekommen? Wohin gehen wir?

Ich versuche, mit der Nutzung von Technologie die Wahrscheinlichkeit zu maximieren, dass eine positive Zukunft vor uns liegt. Auf einer grundlegenden Ebene bedeutet das ein Sicherstellen dessen, dass wir überhaupt eine Zukunft haben. Deswegen spielt nachhaltige Energie eine so entscheidende Rolle für die Zukunft der Erde. Die Menschheit zu einer Raumfahrtzivilisation und zu einer multiplanetaren Spezies zu machen, ist dagegen wichtig für eine Zukunft jenseits der Erde; um zu garantieren, dass die Menschheit im Falle eines Worst-Case-Szenarios, beim Ausbruch eines Dritten Weltkrieges oder eines globalen thermonuklearen Krieges, wenn möglicherweise die gesamte Zivilisation auf Erden zerstört ist, an einem anderen Ort weiter existieren kann. Eine neue Zivilisation auf dem Mars könnte letztlich zu einem stabilisierenden Einfluss auf die Erde werden. Das Leben, so wie wir es kennen, wird sich erheblich verbessern, wenn wir erst einmal eine multiplanetare Spezies und eine Raumfahrtzivilisation sind. Ich bin nicht sicher, in welche Richtung sich die Menschheit als Kollektiv bewegt. Entwickeln wir uns in eine gute Richtung? Oder wenden wir uns nach innen und bekämpfen uns lediglich untereinander? Ich bin daran interessiert, Probleme zu lösen und neue Lösungen zu schaffen. Wissenschaft und Technologie spielen eine fundamentale Rolle in diesem Prozess; neue Technologien können alte Probleme lösen. Wissenschaft erforscht Dinge, die im Universum bereits existierten. Technik ist das Erschaffen von Dingen, die bislang noch nicht existiert haben. Ich denke, etwas Neues zu erschaffen, das nach unserem Wissen so noch nie im Universum existiert hat, ist eine wirklich großartige Sache.

Das Wichtigste ist, dass wir in eine Phase kommen, in der wir vielleicht mehr erreichen können, als wir bislang begreifen. Wir verfügen über all diese unglaublich fortschrittlichen Technologien, aber können wir damit auch wirklich umgehen? Dies wird der Test und der Filter für die weitere menschliche Zivilisation sein: Können wir damit umgehen, ohne uns selbst zu zerstören? Ist es mit all diesen fortschrittlichen Technologien so, als würde man einem Kleinkind eine Schrotflinte in die Hand geben? Wir müssen sicherstellen, dass wir Technologie auf eine Weise einsetzen, die zu einer positiven Zukunft beiträgt. Ausserdem müssen wir dafür sorgen, dass wir ausreichend Nachwuchs haben, sodass die Menschheit weiter existiert. Und wir müssen darüber nachdenken, welche Maßnahmen zur Gewährleistung einer lebenswerten Zukunft ergriffen werden müssen. Das Leben sollte sich zunächst im gesamten Sonnensystem verbreiten und später darüber hinaus in anderen Sternensystemen. Aber dies wird eine Menge Ressourcen und viel Kapital erfordern. Ich möchte so viel wie möglich dazu beitragen, eine Stadt auf dem Mars zu erbauen. Ich halte dies für eine sehr aufregende und inspirierende Zukunftsvision verglichen mit der, in der wir für immer auf der Erde verbleiben, bis es zu einem Massenaussterben kommt. Irgendwann wird die Sonne einfach größer werden und die Ozeane werden verdampfen. Daher täten wir gut daran, etwas zu unternehmen. Jetzt ist der richtige Zeitpunkt, das Leben multiplanetar zu gestalten, denn zum ersten Mal in der viereinhalb Milliarden Jahre alten Geschichte der Erde ist dies überhaupt möglich. Dieses Gelegenheitsfenster könnte für eine lange Zeit offen sein und das wird es hoffentlich auch. Aber es könnte auch nur für eine kurze Zeit offen bleiben. Es ist nicht unbedingt eine unumstößliche Tatsache, dass unsere Zivilisa-

„Die Menschheit zu einer Raumfahrtzivilisation und zu einer multiplanetaren Spezies zu machen, ist wichtig für eine Zukunft jenseits der Erde."

tion tatsächlich enden wird, aber unser technologisches Niveau könnte sinken. Es könnte sein, dass wir nicht mit einem Knall enden, sondern mit einem Wimmern. Deshalb denke ich, dass wir handeln sollten, solange es noch möglich ist.

Aber der Mars, das möchte ich klarstellen, wird kein Luxusresort sein. Der Mars ist ein realer Planet, also können wir dort auch eine reale Zivilisation erschaffen. Aber am Anfang ist es ein wenig so, wie Shackleton einst über die Antarktis sagte: Es ist gefährlich, es wird unbequem sein, es wird eine lange Reise und man könnte sterben. Die Nahrungsmittel werden sich vermutlich als nicht gut erweisen. Außerdem gibt es da noch diese schreckliche Angst, so weit von der Erde entfernt zu sein. Aber es wird das größte Abenteuer werden und eines der aufregendsten Erlebnisse, die man sich vorstellen kann – wenn man dabei nicht stirbt. Es könnte ziemlich cool sein, auf der Erde geboren zu werden und auf dem Mars zu sterben, aber natürlich nicht bei einem Aufprall.

Wann werden wir die ersten Menschen auf dem Mars sehen? Höchstwahrscheinlich in sechs Jahren. Anfänglich wird es sehr schwierig werden, da der Mars nicht über eine Sauerstoffatmosphäre verfügt, sondern über eine Kohlendioxidatmosphäre. Aber im Laufe der Zeit kann man Kohlendioxid in Sauerstoff umwandeln, dies ist auch auf der Erde geschehen, anfänglich gab es keinen Sauerstoff, sondern nur CO2. Auf dem Mars könnten wir also sukzessive mit Hilfe von Pflanzen und Ozeanen den gleichen Prozess wie auf der Erde durchlaufen. Ich denke, der Mars muss zunächst erwärmt werden. Zu Beginn werden wir lediglich auf gewisse Weise „okay" sein – wir müssen eine kleine Basis erschaffen, wir müssen die Grundlagen haben. Außerdem sollten wir in der Lage sein, Nahrung anzubauen, und wir werden natürlich Wasser benötigen. Wir müssen Treibstoff herstellen, um die Raketen auffüllen, um sie zurückzusenden, damit sie mehr Menschen transportieren können oder damit diejenigen, die nicht auf dem Mars bleiben wollen, die Möglichkeit zur Rückkehr erhalten. Es geht also vor allem erst einmal um die Notwendigkeit, Grundlagen zu haben, eine große Anzahl Solarzellen, die Möglichkeit der Treibstoff- und Nahrungsmittelerzeugung. Für mich ist der Mars nicht einfach nur ein Plan B, wir müssen eine multiplanetare Spezies und eine Raumfahrtzivilisation werden, um die Zukunft der Menschheit zu sichern.

Editierter Text, basierend auf einem Interview für den *Business Insider* vom 5. Dezember 2020

On the Way to a Multiplanetary Species

Elon Musk
Founder SpaceX

When I was a boy I read *The Hitchhiker's Guide to the Galaxy*, which might seem like a silly comedy, but it's really a book of deep philosophy. The book makes the point that the universe has the answer to all our fundamental questions, and that the difficult part is asking the right questions. But what are the right questions to ask? The conclusion I came to is that the more we expand the scope and scale of consciousness, the better we are able to ask the existential questions that help us understand what the hell it's all about. Just step back for a second: Why are we here? What's the meaning of life? How did we get here? Where are we going?

I'm trying to use technology to maximize the probability that we are facing a positive future. And, at a foundational level, that means ensuring that we have a future at all, which is why sustainable energy is so important for the future of Earth. Becoming a space faring civilization and a multiplanetary species is important for our future beyond Earth; to ensure, that in a worst-case scenario, if there's a World War III or global thermonuclear warfare, destroys all civilization on Earth, that at least we continues to exist somewhere else. Civilization on Mars could end up by having a stabilizing influence on Earth. Life as we know it, will be dramatically improved if we're a multiplanetary species and a space faring civilization. I'm not sure where humanity is collectively going. Are we heading in a good direction? Or are we turning inward and just fighting amongst ourselves? I am interested in solving problems and creating new solutions. Science and technology are playing a fundamental role in this process, new technologies can resolve old problems. While science is discovering things about the universe that already exist, engineering is about creating things that never existed. I think to create something new that, as far as we know, never existed in the universe before is really a great thing.

The most important thing is that we are getting to a stage where perhaps our reach extends our grasp. We have all these super-advanced technologies, but can we really handle them? This will be the test and the a filter for more human civilization: Can we handle these technologies and not destroy ourselves — or is it like giving a toddler a shotgun? We've got to make sure we handle them in a way that's good for the future. We've got to make sure that we have enough children so that humanity continues to exist. We have to think about what sort of actions we must take to ensure we have a future that is worth living. Life should expand throughout the solar system, and then beyond to other star systems. But this is going to take a lot of resources and a great deal of capital. I want to be able to contribute as much as possible to building a city on Mars. That I think is a future that is very exciting and inspiring, compared to the one where we stay on Earth forever, until some eventual extinction event. Eventually the sun's going to get bigger and bigger and evaporate the oceans. So we'd better do something. Now it is the right time for making life multiplanetary, because this is the first time in the 4.5-billion-year history of Earth that has become possible. This window of opportunity could be open for a long time, and hopefully it will be – but it might also be open only for a short time. It's not necessarily that civilization will end, but our technology level could subside. It could be that we don't end with a bang, but with a whimper. This is why I think we should take action while it actually is still possible.

But Mars, to be clear, is not going to be some luxurious resort. Mars is a real planet, so we can create a real civilization there. But in the beginning, it's a bit like Shackleton said about the Antarctic: it's dangerous, you might die, it's going to be uncomfortable, it's going to be a long journey. The food probably won't be good. There's also this terrible terror being far away from Earth, but it's going to be a great adventure, and one of the most exciting things that ever happened – if you don't die. It would be cool to be born on Earth and die on Mars, just not on impact.

When will we see the first humans on Mars? Most likely in six years from now. In the beginning, it's going to be

“Becoming a space faring civilization and a multiplanetary species is important for our future beyond Earth.”

very difficult because Mars does not have an oxygen atmosphere — it's got a carbon-dioxide atmosphere. You can, over time, convert carbon dioxide to oxygen, that's what happened on Earth. Earth instead of having oxygen, had CO_2. So over time on Mars, we could go through the same process that Earth went through with the CO_2 and oxygen, with plants, and liquid oceans. I think it really needs to be warmed up. In the beginning, we'll just be OK — we've got to create a little base, we've got to have the basics. We have to be able to grow food, and we'll need water. We've got to replenish the propellant for the rockets, because we need to send the rockets back, so they can bring more people. Or those that perhaps don't want to stay on Mars have the option of returning to Earth. So, it's really about the need to get a lot of solar panels, propellant generation, food, all the basics. For me Mars is not a plan B — it's that we have to become a multiplanetary species and a space faring civilization to guarantee the future of humanity.

Edited text, based on *Business Insider* interview, December 5, 2020

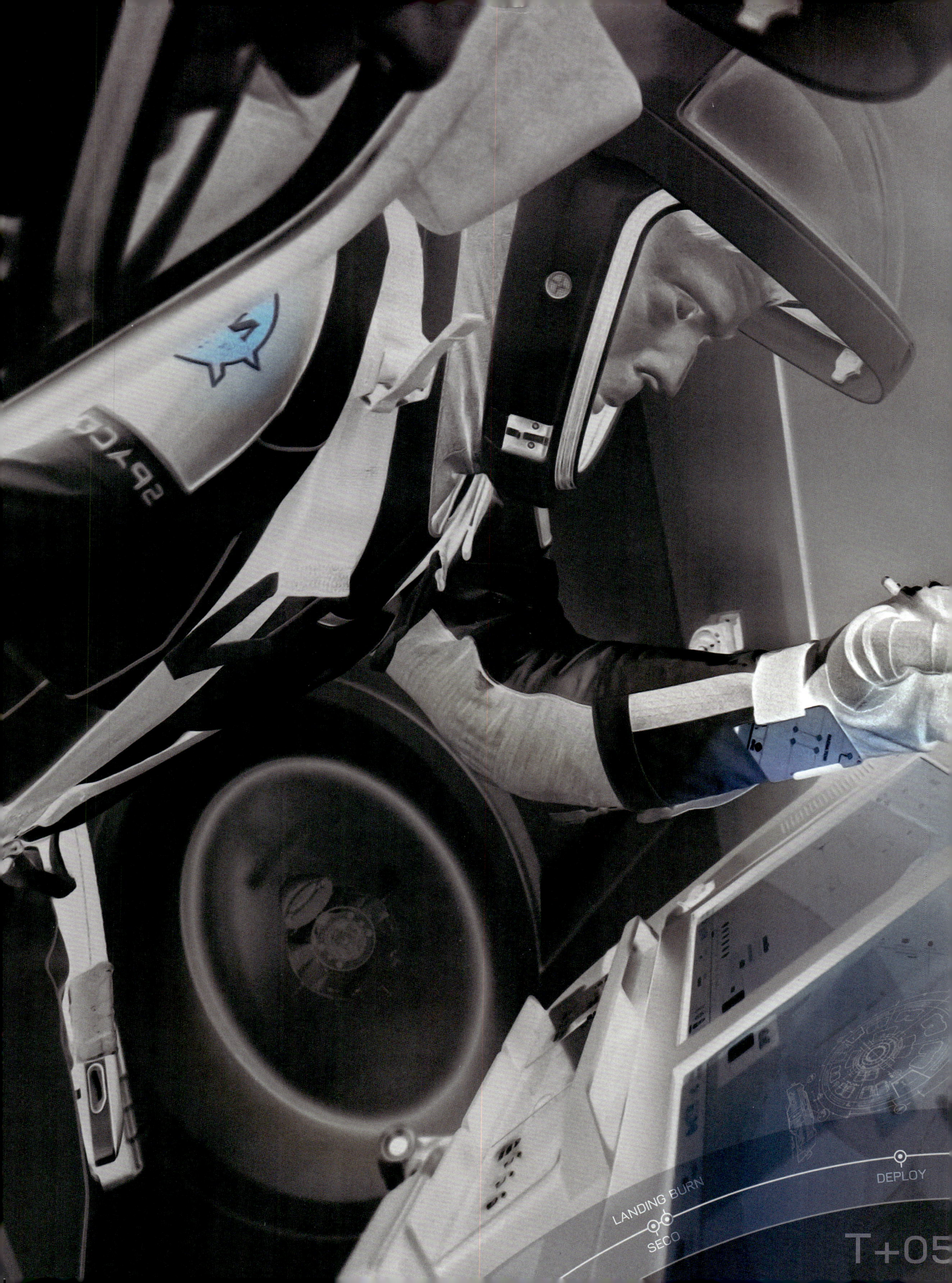
DEPLOY
LANDING BURN
SECO
T+05

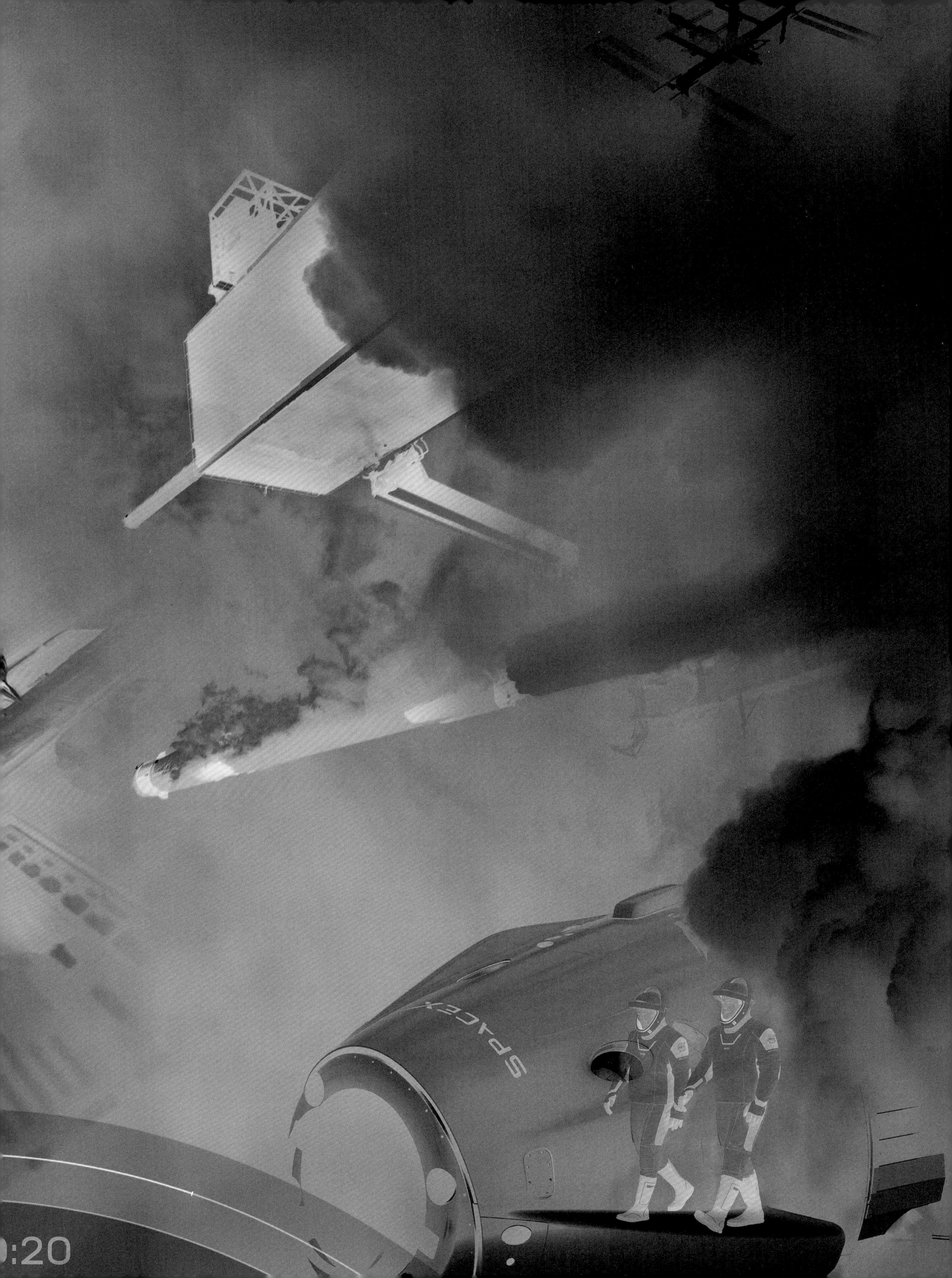
SPACEX
:20

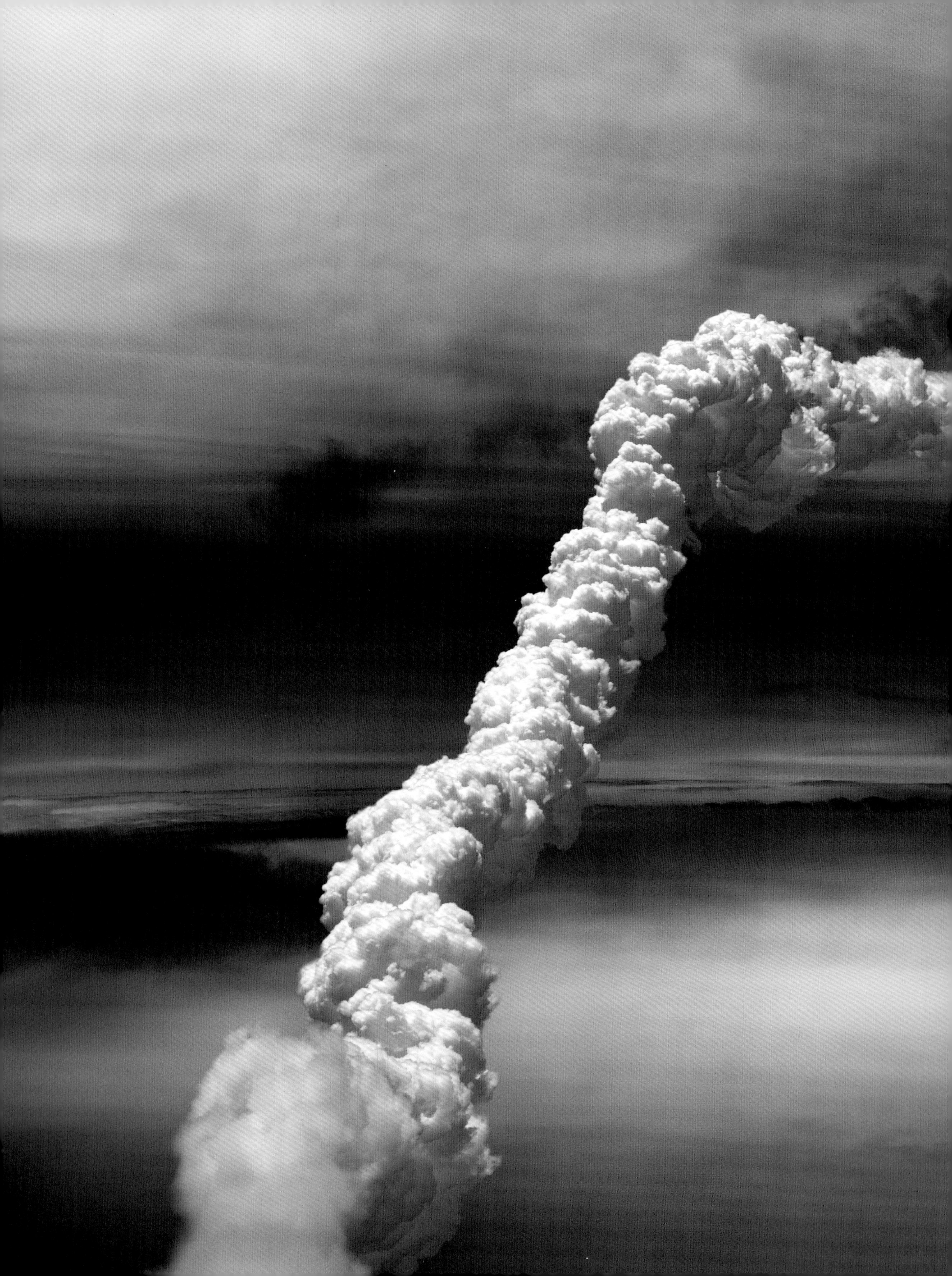

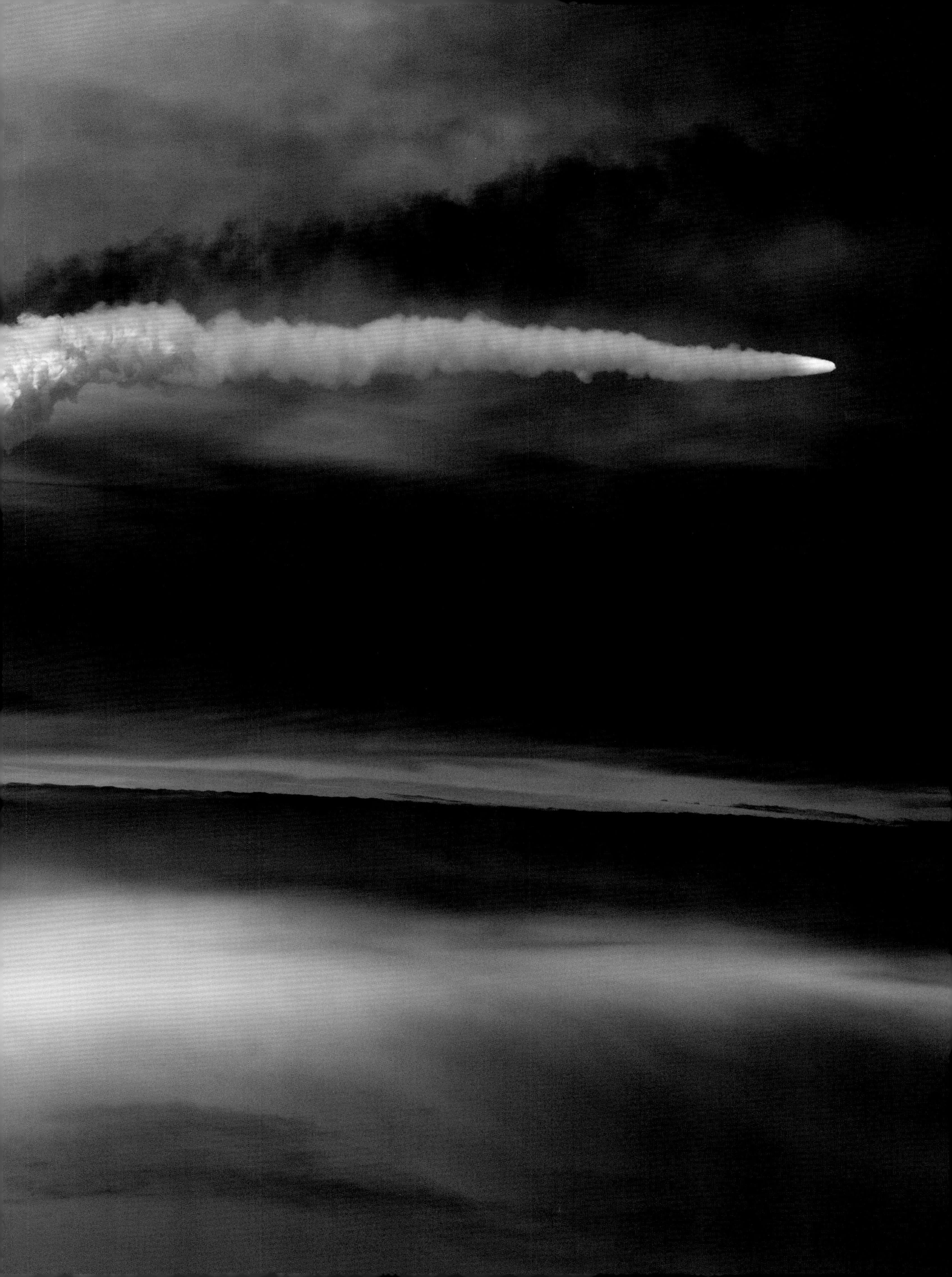

Der Overview-Effekt

Frank White

Einleitung

Visionen von der Zukunft prägen und formen unser Handeln in der Gegenwart und genau das ist es, was diese so bedeutend macht. Selbst wenn der Einzelne nicht im Stande sein sollte, seine Hoffnungen und Träume zu Lebzeiten zu verwirklichen, so können diese doch, weit genug verbreitet, einen außerordentlich großen Einfluss auf die Welt seiner Nachfahren nehmen. Martin Luther King beispielsweise wurde im Jahre 1963 von der Vision einer Gesellschaft getragen, in der Menschen nach ihrem Charakter und nicht nach ihrer Hautfarbe beurteilt werden. Heute sind die Vereinigten Staaten zwar hinsichtlich einer Gleichberechtigung der Rassen noch immer weit von Perfektion entfernt, aber wir bewegen uns zumindest in Kings anvisierte Richtung.

Für die Befürworter der Raumfahrtforschung und -entwicklung gibt es viele Beispiele dafür, wie Zukunftsvisionen die Weltanschauungen geprägt und das Verhalten beeinflusst haben. In den 1970er Jahren entwarf Gerard K. O'Neill eine umfassende Vision von einer Menschheit, die in Weltraumgemeinschaften zwischen Erde und Mond lebt und arbeitet, sowie von einer Erde, die sich so von Jahrhunderten der Umweltzerstörung erholen kann. Heute investiert Jeff Bezos, der über die notwendigen Mittel verfügt, O'Neills Vision Wirklichkeit werden zu lassen, einen großen Teil seines persönlichen Vermögens zu genau diesem Zweck. Eine Vision ist daher kein Wunschtraum, sondern eine Perspektive, die die Handlungen der Gegenwart lenkt und leitet, um eine bessere Zukunft zu gestalten.

Der Overview-Effekt

Der Overview-Effekt führt uns zu genau einer solchen Vision. Es handelt sich dabei um eine Theorie, die sich mit den Auswirkungen des Blicks auf die Erde aus dem Weltraum, aus dem Low Earth Orbit oder während einer Mondmission beschäftigt. Sie stellt die Hypothese auf, dass Menschen, die dauerhaft außerhalb des Planeten Erde leben, ein Verständnis für die Einheit und Zusammengehörigkeit unserer Welt entwickeln, das für reine Erdoberflächenbewohner nur schwerlich zu gewinnen ist. Infolgedessen würden diese „Weltraum-Menschen" anders denken und handeln als diejenigen, die eine solche Erfahrung nicht gemacht haben.

Ich formulierte diese Hypothese erstmalig während eines Flugzeugfluges, bei dem ich über Stunden hinweg auf die Erde hinunterblickte und über das Leben in einer permanenten Weltraumgemeinschaft nachdachte. Nach einer Weile wurde mir folgender Gedanke klar: Sie werden einen „Überblick" haben. Und so kam mir spontan der Begriff des Overview-Effektes in den Sinn. Dies geschah vor vielen Jahren und natürlich gab es zu dieser Zeit noch keine Weltraumgemeinschaften. Infolgedessen begann ich mit der Befragung von Astronauten als Stellvertreter für diese zukünftigen Menschen. Die Interviews bestätigten, dass ein Betrachten der Erde aus der Distanz heraus tatsächlich ein Verständnis von ihrer Einheit und Ganzheit vermitteln würde. Während ich mit diesen Raumfahrern sprach, ergab sich allerdings auch noch ein weiterer Aspekt.

Der Overview-Effekt bekommt eine andere Bedeutung für diejenigen, die auf der Erde geboren und aufgewachsen sind, den Planten dann verlassen und schließlich auf die Erde zurück- und in das Universum hinausblicken. Ich stellte mir vor, dass die Ansicht der Erde am Himmel von einer Weltraumgemeinschaft aus ein ebenso gewöhnlicher Anblick sein würde wie der des Mondes von der Erdoberfläche aus. Astronauten jedoch empfinden den Anblick als außergewöhnlich und gewissermaßen auch schockierend, insbesondere während ihrer ersten Raumflüge. Für diejenigen, die längere Zeit auf der Internationalen Raumstation verbringen, wird der Anblick des Planeten zwar alltäglicher, doch die meisten von ihnen sagen trotzdem, dass er stets etwas Außergewöhnliches bleibt.

Infolgedessen sind wir dazu übergegangen, den Overview-Effekt als eine Verschiebung der Weltsicht zu betrachten, die Astronauten erfahren, wenn sie die Erde aus der Distanz heraus beobachten. Es ist sehr wahrscheinlich, dass jeder Weltraumreisende diese Verschiebung erfährt, da er den Heimatplaneten sowie den Kosmos auf eine einzigartige und noch nie dagewesene Weise betrachtet. Aufgrund der Individualität eines jeden Menschen werden Verarbeitung und Beschreibung dieses Erlebnisses allerdings variieren. Gleichzeitig gibt es Reaktionen, die nahezu allen interviewten Personen gemeinsam sind. Für viele Astronauten manifestiert sich die Erfahrung des Overview-Effektes in einem stärkeren Umweltbewusstsein, einem noch größeren Wunsch nach Weltfrieden sowie in einem Verständnis dafür, dass wir alle im selben Boot sitzen. Es gibt etwas, das wir „den Überblick" nennen können und etwas, das wir „den Effekt" nennen können. Der Überblick bezeichnet den Moment des Begreifens, in dem wir den Planeten tatsächlich vor dem Hintergrund des Universums sehen; und der Effekt ist, wie dieses Begreifen interpretiert wird und welche Auswirkungen es auf das Leben des Betrachters bis weit in die Zukunft hinein haben wird.

Neben diesem individuellen Effekt gibt es zusätzlich einen gesellschaftlichen Effekt. Da die Botschaft des Overviews die Gesellschaft zu durchdringen begonnen hat, haben wir global Veränderungen in Einstellungen und Verhalten beobachten können. Es scheint beispielsweise kaum Zweifel daran zu geben, dass die Apollo-Missionen einen enormen Einfluss auf die Umweltbewegung ausgeübt haben. Dies gilt insbesondere für das berühmte Earthrise-Foto, das bei der Apollo-8-Mission aufgenommen wurde. Während uns die Astronauten versichern, dass Fotos und Videos ihrer Erfahrung letztlich einfach nicht gerecht werden, so hatten die Apollo-Bilder doch einen weitreichenden Einfluss. Dies bedeutet möglicherweise, dass wir den Menschen nicht die volle Erfahrung des Overview-Effektes bieten müssen, um soziale Veränderungen zu bewirken.[1]

Wie wir den Overview-Effekt auf die Erde holen

Heute schließen sich viele Menschen weltweit dieser Bewegung an, die den Overview-Effekt auch auf der Erde erfahrbar machen möchte. Dies ist unsere Vision, die unsere Erwartung mit sich trägt, dass sich die Kultur des Planeten verändern wird, wenn die Weltsicht des Overview-Effektes zur Weltsicht der Welt wird. Das Planetary Collective produzierte einen Film namens *Overview*, der 2012 an der Harvard University uraufgeführt wurde. Er verzeichnet inzwischen mehr als acht Millionen Zuschauer auf Vimeo. Vor kurzem reiste ich zum Johnson Space Center in Houston, um einige Astronauten für die vierte Auflage meines Buches zu interviewen. Diese Interviews führten zu einer Videoserie mit dem Titel *Down to Earth*, die auf den Social-Media-Plattformen der NASA Tausende von Aufrufen erreichte.[2]

Zusätzlich zu der Möglichkeit, dass neben beruflichen Astronauten auch noch andere Personen die direkte Erfahrung machen werden, gibt es vielversprechende Initiativen, um den Overview-Effekt mit Virtual-Reality-Technologie zu simulieren. Diese Bemühungen reichen von der Möglichkeit, Menschen mit VR-Headsets, die Bilder der Erde aus dem Weltraum zeigen, in Flotationstanks zu platzieren, bis hin zu Meditationen in der virtuellen Realität.

Der Beginn einer neuen Ära

Aufgrund bedeutender technologischer Entwicklungen, die die Abwanderung des Menschen von unserem Heimatplaneten beschleunigen werden, werden wir Zeugen des Beginns einer neuen Ära der Raumfahrt. Die Privatisierung der Raumfahrt, ein schnell expandierendes Satellitengeschäft, die Wiederverwendbarkeit von Raketen, geplante Mondlandeprogramme und sogar menschliche Gemeinschaften auf dem Mars sind dauerhafte Themen in den Nachrichten. Dennoch ist die Technologie lediglich ein Teil der Geschichte, die sich heute entfaltet, denn Bewusstseinsveränderungen sind mit hoher Wahrscheinlichkeit viel entscheidender für unsere Vision.

Wir haben bereits Bewusstseins- und Gesinnungsverschiebungen als Resultat von Fotos und Videos aus dem Weltraum erlebt, ebenso wie durch die Berichte von Astronauten, die ihre Erfahrungen des Overview-Effektes mit uns geteilt haben. Aber dies ist erst der Anfang. Wir leben aktuell tatsächlich in einer planetarischen Zivilisation, doch sind wir uns dessen weder vollständig bewusst noch erkennen es alle unsere Institutionen an. Indem mehr Menschen die Erde verlassen und den Overview-Effekt durch virtuelle Realität oder auf andere Weise erfahren, haben wir die Möglichkeit, viel effektiver zusammenzuarbeiten, um globale Probleme zu lösen, so beispielsweise die Bedrohung durch den vom Menschen verursachten Klimawandel. Diese Angelegenheit ist jetzt von äußerster Dringlichkeit. Es ist nicht unwahrscheinlich, dass wir die Tragfähigkeit der Erde überschritten haben und in einen Modus geraten sind, den das Buch *Limits to Growth*[3] als „Overshoot" bezeichnet. Das bedeutet, dass die menschliche Zivilisation die Tragfähigkeit der Erde überschritten hat und dass wir das riskieren, was das Buch als „Collapse" bezeichnet. Ist dies tatsächlich der Fall, so können wir nicht einfach hier bleiben, weiter wachsen und eine irgendwie geartete Lebensqualität für den Großteil der Menschheit aufrechterhalten. Unsere technologische Zivilisation macht die Existenz auch für andere Lebensformen schwierig.

Das Überleben unserer Spezies sowie anderer könnte auf dem Spiel stehen. Einige von uns müssen vielleicht den Planeten verlassen, ohne ihn dabei komplett zurückzulassen. Aussterben ist ein ganz normales Schicksal vieler Spezies und die unsere verfügt über keine besondere Ausnahmeregelung, um diesem zu entgehen. Wir sollten jedoch nicht in die intellektuelle Falle tappen und die Erde als „fragil" bezeichnen. Dieser Planet existiert seit mehr als vier Milliarden Jahren und kann vermutlich alle Fehler überleben, die wir in den letzten Jahrhunderten begangen haben. Faktisch zeigt die aktuelle Pandemie die Unzulänglichkeit unserer sozialen Systeme, auf globale Herausforderungen zu reagieren.

Der Mensch im Weltraum

Zugleich sind diese Herausforderungen auch eine Chance. In meinem Buch *The Cosma Hypothesis: Implications of the Overview Effect* stelle ich folgende philosophische Frage: Was können wir dem Universum geben, so wie wir auch von ihm nehmen? Es könnte sein, dass unsere ökologische Funktion darin besteht, Leben, Intelligenz und Selbstbewusstsein in Teile des Kosmos zu bringen, wo diese nur in begrenztem Maße existieren. Dies ist eine neue Philosophie der Weltraumforschung, die nun im „Human Space Program" enthalten ist.[4]

Sie ist das Echo einer weiteren Vision, die unzählige Befürworter der Weltraumforschung beeinflusst hat. Obwohl diese Vision fiktiv ist, hat sie sich als machtvoll und einflussreich erwiesen. Ich beziehe mich auf die Vision des Star-Trek-Franchise, die seit mehr als 50 Jahren populär geblieben ist, vermutlich weil sie einen positiven und hoffnungsvollen Blick in die menschliche Zukunft bietet. Star Trek imaginiert einen vereinten Planeten Erde, auf dem Armut, Krieg und Krankheit weitgehend ausgerottet sind und wo die Menschen mit anderen intelligenten Spezies bei der Erforschung des Universums durch eine planetarische Föderation zusammenarbeiten. Die Besatzungen der Föderationsraumschiffe sind durch eine Oberste Direktive verpflichtet, Forschung ohne Ausbeutung zu betreiben und mehr zu geben, als zu nehmen. Sie sind angehalten, nicht in die Evolution außerirdischer Gesellschaften einzugreifen, was sie per definitionem daran hindert, diese sich entwickelnden Zivilisationen auszubeuten.[5]

Wenn wir heute bewusst handeln, können wir im Jahre 2046 ein bemanntes Raumfahrtprogramm und einen umfassenden Plan zur Erforschung und Entwicklung des restlichen solaren Ökosystems erstellen. Wir können uns eine Zukunft vorstellen, in der die Menschheit auf einer vereinten Erde lebt, zusammengeführt durch die Erfahrung des Overview-Effekts, der jetzt weltweit verbreitet wird. Wenn wir in dieser Zeit die richtigen Entscheidungen treffen, werden wir in 25 Jahren das solare Ökosystem nachhaltig, inklusiv und ethisch korrekt erforschen und entwickeln. Wir können uns eine stabile Wirtschaft im Low Earth Orbit, internationale Dörfer auf dem Mond, eine menschliche Gemeinschaft auf dem Mars und ‚O'Neill-artige' Lebensräume an einigen der Lagrange-Punkten vorstellen. Wenn wir erkennen, dass wir in der Tat alle im selben Boot sitzen, können wir große Fortschritte im Umgang mit wirtschaftlicher Ungleichheit und Rassenungerechtigkeit auf der Erde erzielen – und wir können uns dazu verpflichten, eine Wiederholung dieser Probleme im Weltraum zu vermeiden. Während wir uns ins Universum hinaus entwickeln, werden wir darauf achten, Fehler der Vergangenheit zu vermeiden und mit Hoffnung auf die Zukunft voranzuschreiten.

Die Zukunft gestalten

Diese Zukunftsvision wird jedoch nicht ohne ein nachhaltiges und fokussiertes Agieren in der Gegenwart Wirklichkeit werden. Es wurde schon oft gesagt, dass es auf dem Raumschiff Erde keine Passagiere gibt, sondern nur Besatzungsmitglieder. Wenn das wahr ist, so ist auch wahr, dass viele Besatzungsmitglieder am Steuer schlafen oder ihrer Arbeit einfach nicht nachgehen. In *The Overview Effect* weise ich zusätzlich darauf hin, dass es etwas anderes ist, die Zukunft zu erschaffen, als sie vorherzusagen. Wenn man etwas erschaffen möchte, muss man eine Verpflichtung eingehen. Schaffen ist aktiv, Vorhersagen ist passiv. Wenn wir diese Zukunft wollen, können wir nicht darauf warten, dass jemand anderes sie erschafft. Jeder auf der Erde kann heute einen Beitrag zu der Zukunft leisten, die wir morgen sehen wollen.[6]

Ich habe diejenigen, die diese Vision verstehen und verwirklichen wollen, „Terranauten“ genannt. Ein Terranaut ist ein Erdbewohner, der, ohne die Erde verlassen zu haben, ein Verständnis dafür entwickelt, was die Astronauten uns seit mehr als 50 Jahren zu sagen versuchen: Wir sind eine Spezies auf einem Planeten, mit einer Bestimmung. Wir haben jetzt die Möglichkeit, „Bürger des Universums“ zu werden, aber diese Staatsbürgerschaft wird uns nicht geschenkt – wir müssen sie uns verdienen. Ein altes chinesisches Sprichwort zitierend sagte Präsident John F. Kennedy einst: „Eine Reise von tausend Meilen muss mit einem einzigen Schritt beginnen.“ Lasst uns diesen ersten Schritt tun![7]

1 White, F., The Overview Effect: Space Exploration and Human Evolution, (4. Edition) AIAA, 2014.

2 https://vimeo.com/55073825; https://www.youtube.com/watch?v=DIkqs9_FK28

3 Meadows, D.; Randers, J.; Meadows, D., Limits to Growth: The Thirty-Year Update, Chelsea Green Publishing Company, White River Junction, VT., 2004.

4 White, F., The Cosma Hypothesis: Implications of the Overview Effect, Multiverse Publishing LLC, Denver, CO, 2019.

5 https://en.wikipedia.org/wiki/Prime_Directive

6 White, The Overview Effect, ebd.

7 https://libquotes.com/john-f-kennedy/quote/lbj3g4r

The Overview Effect

Frank White

Introduction

Visions of the future shape our actions in the present and that is why they are so very important. Even if you are unable to actualize your hopes and dreams during your own lifetime, sharing them widely can exert an extraordinary impact on the world in which your descendants live. For example, in 1963, Martin Luther King envisioned a society in which people were judged by "the content of their character, not the color of their skin." Today, the United States is still far from perfection when it comes to racial equality, but we are moving in King's direction.

For advocates of space exploration and development, there are many examples of how visions of the future have shaped worldviews and affected behavior. During the 1970s, Gerard K. O'Neill laid out a comprehensive vision of humanity living and working in space communities between the Earth and the Moon, and of an Earth recovering from centuries of environmental degradation. Today, Jeff Bezos, who has the means to make O'Neill's vision a reality, is investing much of his personal fortune in doing just that. A vision is, then, not some "pie-in-the-sky" dream; it is a perspective that guides action in the present to create a better future.

The Overview Effect

The Overview Effect leads us to just such a vision. It is a theory about the impact of seeing the Earth from space and in space, from Low Earth Orbit or on a lunar mission. It hypothesizes that people living permanently off of planet Earth would have an understanding about the unity and oneness of our world that surface dwellers have struggled for centuries to grasp. As a result, these "space people" would think and behave differently from those who had not had such an experience.

I first articulated the hypothesis as the result of an airplane flight, during which I spent hours looking down at the Earth and thinking about life in a permanent space community. After a while, it came to me: I thought, "They will have an Overview!" And then the term "Overview Effect" appeared spontaneously in my mind.

This happened many years ago, and of course, there were no space communities at that time. As a result, I began interviewing astronauts as proxies for those future people. These interviews validated that seeing the Earth from a distance would indeed communicate an understanding of its unity and wholeness. However, something else happened as I talked with these space travelers.

The Overview Effect takes on a different meaning for those who have been born and raised on the surface, then leave the planet and look back at the Earth, as well as out into the universe. I imagined that seeing the Earth in the sky from a space community would be an ordinary sight, somewhat like seeing the Moon from the surface of our planet. However, astronauts generally find the view to be extraordinary and somewhat shocking, especially early in their spaceflights. Seeing the planet in this way becomes more common for those who spend long periods of time on the International Space Station, but most of them also say it "never gets old."

As a result, we have come to see the Overview Effect as a "shift in worldview" experienced by astronauts when they see the Earth from a distance. It is likely that every space traveler experiences the shift, because they are seeing the home planet and the cosmos in a unique, unprecedented way. However, since they are individuals, how they process and describe the experience will vary. At the same time, there are common reactions among the people I have interviewed. For many astronauts, the experience of the Overview Effect manifests as a heightened environmental awareness, a greater desire for world peace, and an understanding that "we are all in this together." There is what we might call "the Overview," and what we might call "the Effect." The Overview is that moment of apprehension, of actually seeing the planet against the backdrop of the universe, and the Effect is how it is interpreted and the impact it has on the viewer's life far into the future.

Beyond the individual Effect, there is also a societal Effect. As the message of the Overview has begun to permeate society, we have started to see changes in attitudes and behavior globally. For example, there seems little doubt that the Apollo missions exerted an enormous influence on the environmental movement. This is especially true of the famous "Earthrise" photo taken on the Apollo 8 mission.

While astronauts tell us that photos and videos simply don't do justice to their experience, the Apollo images did have an impact on a broad scale. This means, perhaps, that we do not have to give people the full Overview Effect experience to bring social change.[1]

Bringing the Overview Effect down to Earth

Today, many people worldwide are joining the movement to "bring the Overview Effect down to Earth." This is our vision, which carries with it our expectation that the culture of the planet will shift if the "worldview of the Overview Effect becomes the worldview of the world." Planetary Collective produced a film called *Overview*, which premiered at Harvard University in 2012. It has now been viewed by more than eight million people on Vimeo. More recently, I traveled to Johnson Space Center in Houston to interview astronauts for the fourth edition of my book. These interviews led to a video series called *Down to Earth* that has had thousands of views on NASA's social media platforms.[2]

In addition to the possibility that people other than professional astronauts will have the experience directly, there are promising initiatives under way to simulate the Overview Effect with virtual reality technology. These efforts range from placing people in flotation tanks with VR headsets showing images of the Earth from space to meditations in virtual reality.

The dawn of a new era

We are witnessing the dawn of a new space era because of significant technological developments that will accelerate the human migration off of our home planet. Privatization of space travel, a rapidly expanding satellite business, reusability of rockets, planned Moon landing programs, and even human communities on Mars are frequently in the news. Nevertheless, the technology is only part of the story that is unfolding today. Changes in consciousness are likely to be far more important to our vision.

We have already experienced shifts in awareness and attitudes as a result of photos and videos from space, as well as the reports of astronauts who have shared their experiences of the Overview Effect with the rest of us. However, it is really only the beginning. We actually have a planetary civilization right now, but we are not fully aware of it, nor do all of our institutions recognize it. As more people leave the Earth and experience the Overview Effect through virtual reality and other means, we have the opportunity to do a much better job of collaborating to resolve global problems, like the threat of human-caused climate change. There is some urgency to this matter now. The case can be made that we have gone beyond the carrying capacity of the Earth into what the book *Limits to Growth*[3] calls an "overshoot" mode. This means that human civilization has exceeded the carrying capacity of the Earth and that we are risking what the book calls "collapse." If this is so, we simply cannot remain here, keep growing, and maintain any kind of quality of life for most of humanity. Our technological civilization is making existence difficult for other life forms as well.

The very survival for our species, and others, may be at stake. Some of us may well need to "leave the planet without leaving it behind." Extinction is a common fate of many species, and ours has no special dispensation for avoiding this outcome. However, we should not fall into the intellectual trap of calling the Earth "fragile." This planet has existed for more than four billion years and she can probably survive any mistakes we have been making over the past few centuries. In fact, the current pandemic demonstrates the inadequacy of our social systems to respond to global challenges.

Space exploration and human purpose

At the same time, these challenges are also an opportunity. In my book, *The Cosma Hypothesis: Implications of the*

Overview Effect, I ask the philosophical question, "What can we give to the universe as well as take from it?" It may be that our ecological function is to bring life, intelligence, and self-awareness to parts of the cosmos where those exist to only a limited degree. This is a new philosophy of space exploration that is now embodied in the "Human Space Program."[4]

It echoes another vision that has influenced countless advocates of space exploration. Although it is fictional, it is powerful and influential. I refer to the vision of the Star Trek franchise, which has remained popular for more than fifty years, probably because it offers a positive and hopeful view of the human future. Star Trek imagines a united planet Earth, in which poverty, war, and disease have been largely eradicated, and where humans cooperate with other intelligent species in the exploration of the universe through a planetary federation. The crews of Federation starships are bound by a Prime Directive to explore without exploitation, to give more than they take. They are enjoined from interfering in the evolution of extra-terrestrial societies, which, by definition, bars them from exploiting those evolving civilizations.[5]

In 2046, if we take conscious action today, we can create a Human Space Program and a comprehensive plan for exploring and developing the rest of the solar ecosystem. We can imagine a future in which humanity lives on a united Earth, brought together by the experience of the Overview Effect now being disseminated worldwide. If we make the right decisions at this time, we will be exploring and developing the solar ecosystem sustainably, inclusively, and ethically twenty-five years from now. We can envision a robust economy in Low Earth Orbit, international villages on the Moon, a human community on Mars, and O'Neill-style habitats at some of the Lagrange Points. Realizing that we are indeed "all in this together," we can make great progress on dealing with economic inequality and racial injustice on Earth – and we can commit ourselves to avoid replicating those problems in space. As we evolve outward into the universe, we will be careful to avoid mistakes of the past and move forward with hope for the future.

Creating the future

However, this vision of the future will not happen without sustained and focused action in the present. It has often been said that there are no passengers on Spaceship Earth, only members of the crew. If that is true, then it is also the case that many crew members are asleep at the wheel, or simply failing to do their jobs. In *The Overview Effect*, I also point out that creating the future is different from predicting it. If you want to be a creator, you must make a commitment. Creating is active, predicting is passive. If we want this future, we cannot wait for someone else to make it happen. Everyone on Earth today can make a contribution to the future we want to see tomorrow.[6] I have called those who understand and want to realize this vision "Terranauts." A Terranaut is an Earthling who, without having been off of planet Earth, has an understanding of what the astronauts have been trying to tell us for more than fifty years: we are one species, on one planet, with one destiny. We now have the opportunity to become "citizens of the universe," but this citizenship will not be given to us; we must earn it. Quoting an ancient Chinese proverb, President John F. Kennedy once said, "A journey of a thousand miles must begin with a single step." Let's take that first step![7]

1 White, F., The Overview Effect: Space Exploration and Human Evolution, (Fourth Edition) AIAA, 2014.

2 https://vimeo.com/55073825; https://www.youtube.com/watch?v=DIkqs9_FK28

3 Meadows, D.; Randers, J.; Meadows, D., Limits to Growth: The Thirty-Year Update, Chelsea Green Publishing Company, White River Junction, VT., 2004.

4 White, F., The Cosma Hypothesis: Implications of the Overview Effect, Multiverse Publishing LLC, Denver, CO, 2019.

5 https://en.wikipedia.org/wiki/Prime_Directive

6 White, The Overview Effect, ibid.

7 https://libquotes.com/john-f-kennedy/quote/lbj3g4r

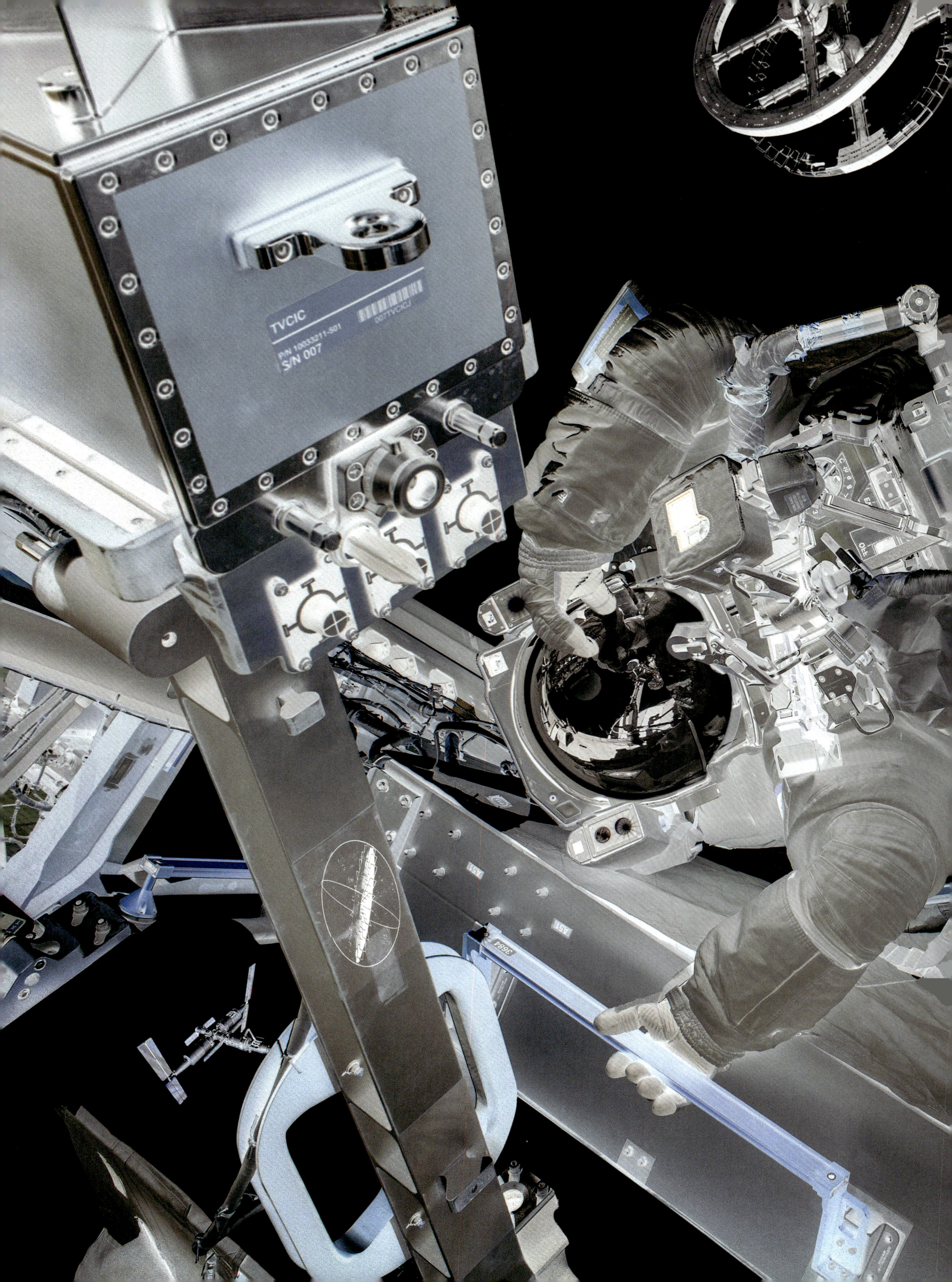
TVCIC
S/N 007

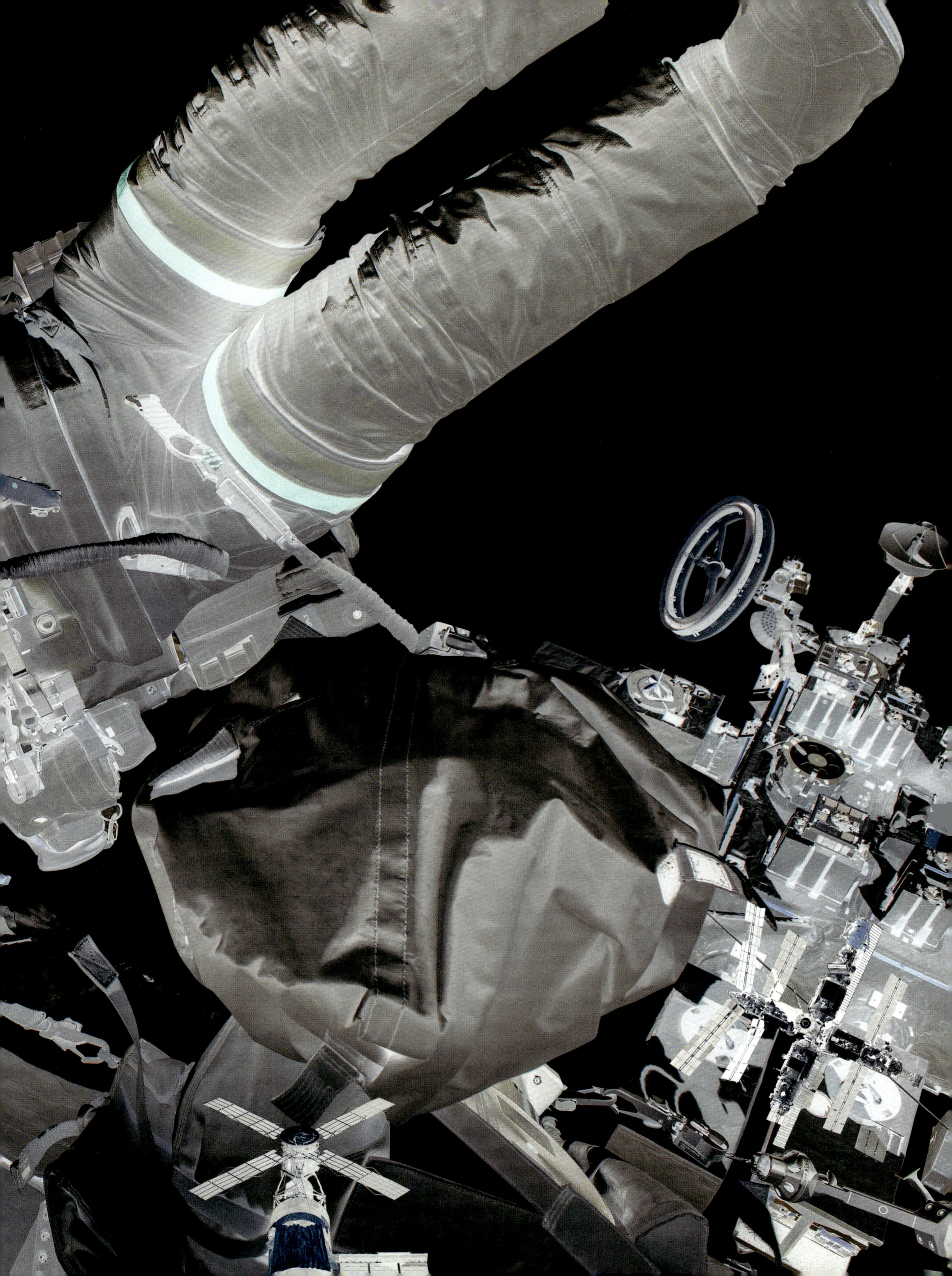

Die Zukunft der Raumfahrt

Richard Branson
Gründer Virgin Galactic

Es ist mein naturgegebener Instinkt, die Welt mit Optimismus und einem Gefühl unendlicher Möglichkeiten zu betrachten. Die ersten Bilder unseres Heimatplaneten aus dem Weltraum zu sehen und die Landung und ersten Schritte auf dem Mond mitzuerleben, hat mich sehr verändert. Die frühen Jahre der Fortschritte in der Raumfahrt erfüllten mich mit Neugier auf die Erde und einem tiefen Gefühl unbegrenzten Potenzials. Bis zum heutigen Tag ist es mein innerstes Bestreben, den Zugang zum Weltraum zu demokratisieren und andere dazu zu gewinnen, sich diesem Vorhaben anzuschließen.

Der Unternehmergeist spiegelt sich in der Art und Weise wider, in der wir Probleme betrachten. Unsere heutige Welt kann als ein Planet angesehen werden, der von Krieg, Konflikten und der zunehmenden Zerstörung der Umwelt heimgesucht wird. Aber neben den zahlreichen Bemühungen des Menschen, den Planeten in den Abgrund zu treiben, sind auch geradezu herkulische Leistungen zu verzeichnen, ihn zu erhalten und zu schützen sowie die Weltraumforschung voranzutreiben, um die Zukunftsaussichten unserer Spezies zu verbessern. Das Gefühl des Möglichen hat zu den aufregenden unternehmerischen Versuchen geführt, Asteroiden abzubauen, ein Raumschiff zum nächstgelegenen Sternensystem zu entsenden und die Menschen zu einer multiplanetaren Spezies zu machen.

Der Glaube daran, dass wir etwas Wichtiges erschaffen, eine Kraft des Guten, kann uns vereinen und befähigen, gegen zahlreiche Widrigkeiten anzugehen. Ebenso, wie eine grenzüberschreitende Kooperation im Weltraum erfolgen muss, wird die Zukunft eine stärkere Zusammenarbeit zwischen den einzelnen Ländern und auch zwischen Regierungen und Privatsektoren sehen. Es wird außerdem noch mehr Investitionsmöglichkeiten, diverse Transportmöglichkeiten und einen besseren Zugang zu Kommunikation und Informationsaustausch geben. Mit Hilfe dieser Bausteine von Investitionen, Zusammenarbeit der Regierungen und der nächsten Generation kluger Köpfe aus dem Bereich der STEM-Struktur – Wissenschaft (Science), Technologie (Technology), Ingenieurswissenschaften (Engineering) und Mathematik (Maths) – werden in Zukunft viele nachhaltige Raumfahrtunternehmen entstehen, die die Existenzgrundlagen verbessern, Gemeinschaften stärken und den Volkswirtschaften zu Wachstum verhelfen werden.

Bei Virgin Galactic sind unsere frühen Bausteine unser kommerzielles Raumfahrtprogramm und unser Transportsystem für Kleinsatelliten. Auch wenn wir uns aktuell auf die Bodentests unserer ambitionierten Projekte konzentrieren, sind wir uns stets der das große Ganze betreffenden Absicht bewusst und auch all dem, was als nächstes kommen möge. Wir haben Virgin Galactic gegründet, um den Zugang zum Weltraum zu erweitern und die Welt nachhaltig zu verändern. Auch nach fünf Jahrzehnten der Erforschung bleibt der Weltraum beinahe vollständig unerschlossen. Es haben mehr Menschen einen Nobelpreis gewonnen (900), als in den Weltraum geflogen sind (553). Die Satelliten sind zahlreicher geworden, aber wenn Sie einen zufälligen Fremden danach fragen würden, ist es äußerst unwahrscheinlich, dass seine Familie, Stadt, Universität oder Firma einen solchen produziert, betrieben oder zumindest gesehen hätte. Wir streben mit den Unternehmen, die wir gegründet haben – unsere kommerzielle Raumfahrtlinie Virgin Galactic, unser Transportsystem für Kleinsatelliten LauncherOne und unser Luft- und Raumfahrtunternehmen The Spaceship Company – eine Zugänglichkeit des Weltraums für mehr Menschen und aus allen 196 Nationen dieser Erde an.

Mit SpaceShipTwo werden wir den Overview-Effekt – ein faszinierendes Phänomen, bei dem Astronauten als veränderte Menschen zurück zur Erde kommen, mit einer gewandelten, weiterreichenden Perspektive auf den Weltfrieden, unser sich wandelndes Klima und die globale Entwicklung – mit weiteren Botschaftern verstärken. Sie werden andere genauso inspirieren können, wie diejenigen von uns, die lange und hart an diesem Projekt gearbeitet haben, vom Apollo-Programm inspiriert worden sind. Unsere zukünftigen Astronauten kommen aus beinahe 60 verschiedenen Nationen, von denen zwei Dutzend nie zuvor einen Astronauten ins All geschickt haben, mehr als ein Dutzend nie eine weibliche Astronautin. Nach ihren Flügen werden unsere Kunden mit einer starken Botschaft nach Hause zurückkehren, die sie mit all ihren Mitmenschen gleichermaßen teilen können, von Schulkindern bis lokalen Führungskräften.

SpaceShipTwo-Flüge werden außerdem einzigartige Daten liefern, um Schlüsselfragen verschiedener wissenschaftlicher Disziplinen zu beantworten. So können beispielsweise anonyme Gesundheits-Daten zu den körperlichen Reaktionen einer physisch sehr diversen Gruppe von Astronauten auf den Flügen erfasst oder autonome Forschungsexperimente geflogen werden, die von NASA-Laboren, Universitäten und Forschungsunternehmen entwickelt wurden.

LauncherOne wird es ermöglichen, noch größere Datensätze für noch andere Felder zu sammeln. Indem wir die Kosten für flexible und zuverlässige Flüge kleiner Satelliten in den Orbit senken, schaffen wir eine Öffnung für Satelliten aufstrebender Entwickler, die neue technische Möglichkeiten aufzeigen. Wir werden eine weitaus größere Zahl an Missionen ermöglichen, so zum Beispiel die Vernetzung der drei Milliarden noch nicht miteinander verbundenen Bewohner der Erde, die Verwendung von Wetterinstrumenten der nächsten Generation, um Wettervorhersagen zu präzisieren und unsere Klimamodelle mit neuen Daten zu speisen, sowie die Bereinigung der Erdumlaufbahn von deaktivierten Satelliten.

Die Wirkungsbreite dieser Dienste wird mit der Zeit zunehmen, wenn wir zusätzliche Raumschiffe bauen und die Missionen verfeinern und verbessern. Wie bei anderen Technologien werden wir mit zunehmender Praxis in der Lage sein, unsere Exkurse in den Weltraum kostengünstiger und häufiger zu gestalten und dabei die Leistung noch zu steigern. Gleichzeitig müssen wir über Häufigkeits- und Kostenaspekte hinausdenken. Wir untersuchen, wie wir den Zugang zum Weltraum sauberer gestalten können. Bereits in die Test- und Entwicklungsphase werden Biokraftstoffe und erneuerbare Energien sowie andere auf Nachhaltigkeit ausgerichtete betriebliche Praktiken integriert, um der Problematik der schwindenden natürlichen Ressourcen entgegenzuwirken. Dies ist einer der Gründe, weshalb wir daran arbeiten, erneuerbare Energien in die 747-Trägerraketen von LauncherOne zu integrieren. Ein gewissenhafter Umgang mit unserem Planeten ist Teil der Motivation, die unsere Expansion vorantreibt. Unser Ziel ist es, bewusst auf verantwortungsvolle Lösungen hinzuarbeiten und uns zunehmend weiter zu verbessern.

So wichtig und ambitioniert SpaceShipTwo und LauncherOne auch sind, sie sind kein endgültiges Ziel, sondern vielmehr ein weiterer Schritt. Um ehrlich zu sein, wissen wir noch nicht genau, wie SpaceShipThree oder LauncherTwo aussehen werden. Aber wir wissen, was unsere zukünftigen Raumgleiter tun sollen – und wir glauben, dass unser Beitrag zur Erforschung des Weltraums dabei helfen kann, unseren Planeten zu einem besseren Ort zu machen.

Wenn wir über unsere Zukunft nachdenken, können wir nicht anders, als gespannt zu sein. In dem festen Glauben an den ungeheuren Wert der Weltraumforschung freuen wir uns über den Erfolg sämtlicher Weltraumprogramme. Mit unserem talentierten Team die Produktionsstätten von Virgin Galactic zu besichtigen und Ideen für Flugzeuge, Raketen und Lebensräume der nächsten Generation zu entwickeln, ist ein wahr gewordener Traum. Die Technologie ist jedoch nahezu irrelevant, solange wir nicht all unser Tun auf unser Ziel ausrichten – die Zukunft der Erde zu sichern, das einzige Zuhause, das wir heute kennen, und mein Lieblingsplanet.

Im Jahr 2046, wenn meine Kinder, Enkelkinder und vielleicht sogar Urenkelkinder die Erde vom Weltraum aus betrachten werden – natürlich an Bord eines Virgin Galactic-Raumschiffes – werden sie vermutlich einen viel stärker vernetzten Planeten sehen als heute. Sie werden eine Welt sehen, in der jede einzelne Nation Männer und Frauen in den Weltraum geschickt hat, um ihn zu erforschen, zu entdecken und um andere zu inspirieren. Sie werden erkennen, dass Armut und Einkommensungleichheit durch Projekte, die Kleinsatelliten verwenden, um die Welt mit hoher Geschwindigkeit und zu niedrigen Preisen mit dem Internet zu verbinden, stark verringert wurden. Sie werden sehen, dass sowohl die grünen als auch die blauen Teile unseres Planeten – unsere Regenwälder, unsere Ozeane und vieles mehr – bewahrt worden sind Dank der Lehren, die wir aus der Nutzung der Satelliten gezogen haben und auch aus der Leidenschaft der Raumfahrer, die nach Hause zurückkehrten mit dem neu erwachten Wunsch, unseren Heimatplaneten zu schützen. Und ich hoffe, dass sie großen Stolz angesichts dessen empfinden werden, dass Virgin Galactic durch SpaceShipTwo, LauncherOne und alle Trägersysteme, die danach kommen werden, einen großen Einfluss auf die Ermöglichung all dieser Dinge genommen hat.

The Future of Space Travel

Richard Branson
Founder Virgin Galactic

My natural instinct is to look at the world with optimism and a sense of infinite possibility. Watching the first pictures transmitted from space of our home planet and witnessing the Moon landing and walk were transformational. The early years of advancements in space travel filled me with curiosity about Earth and a deep sense of unlimited opportunity. And to this day, it has kept me utterly consumed with the pursuit of democratising access to space and rallying others to join the cause.

The entrepreneurial spirit is reflected in how you see problems. The world today can be viewed as a planet ravaged by war, conflict, and environmental degradation. But despite man's efforts to run the planet into the ground, there are also Herculean efforts to preserve and protect it and advance space exploration to improve the prospects for our species' future. The sense of possibility has resulted in exciting entrepreneurial efforts to mine asteroids, send a spacecraft to the closest star system to our own and make humans a multiplanetary species.

The belief that we are creating something important – a force for good – can keep us united and going against the odds. Just as cooperation beyond borders must occur in space, the future will see greater cooperation among countries and across government and private sectors. There will be even more opportunities for investment, diverse modes of transportation and greater access to communication and information-sharing. Through the building blocks of investment, cooperation among governments, and the next generation of bright minds in pursuit of the STEM structure – science, technology, engineering, and maths – the future will see many sustainable space businesses that improve livelihoods, bolster communities, and grow economies.

At Virgin Galactic, our early building blocks are our human commercial spaceflight program and our small-satellite launch service. Even as we focus now on the ground tests of our ambitious projects, we are mindful of the greater purpose of it all, and of what might come next.

We created Virgin Galactic to open access to space to change the world for good. Even after five decades of exploration, space remains almost completely closed. More humans have won the Nobel Prize (900) than have flown in space (553). Satellites are more numerous, but if you were to ask a random stranger, it is extremely unlikely that their family, city, university, or company would have built, operated, or even seen one. We are striving to do our part to open space for more people and from all 196 nations through the companies that we have started – Virgin Galactic's commercial spaceline, our LauncherOne small-satellite launch service, and our aerospace manufacturing arm, The Spaceship Company.

With SpaceShipTwo, we will supercharge the Overview Effect – a fascinating phenomenon whereby space explorers come back to Earth as changed people, with a much greater perspective on world peace, our changing climate, and global development – with more ambassadors capable of inspiring others just as those of us who labored long and hard on the project were inspired by the Apollo program. Our Future Astronauts come from nearly sixty different nations, two dozen of which have never sent an astronaut to space and more than a dozen that have never sent a female astronaut before. After their flights, our customers will be able to return to their homes with a powerful message to share with schoolchildren and local leaders alike.

SpaceShipTwo flights will also contribute unique data to help answer key questions across scientific disciplines – such as anonymous health data about how a very physically diverse group of astronauts respond to their flights, or by flying autonomous research experiments built by NASA labs, universities and research companies.

LauncherOne will help collect even larger data sets for still other fields. By lowering the cost of flexible, reliable, and dedicated flights to orbit for small satellites, we are creating an opening for satellites from emerging designers that feature their fresh take on engineering

"We created Virgin Galactic to open access to space to change the world for good."

possibilities. We will enable many more missions such as connecting the three billion unconnected residents of Earth, using next-generation weather instruments to improve forecasts as well as to feed into models of our climate, and cleaning up deactivated satellites in Earth orbit. The impact of these services will grow with time as we build additional spaceships and refine and improve the missions. Like other technologies, with practice we will be able to make our forays to space cheaper and more frequent while increasing performance.

At the same time, we have to think beyond frequency and cost considerations: We are investigating how to make the way we access space cleaner. Even in the test and development phase, biofuels and renewables and other sustainability-focused operational practices will be integrated to address dwindling natural resources. This is one reason we are working on integrating renewables into LauncherOne's 747 air-launch vehicle ops. Being good stewards of our planet is partly what is fueling our expansion; our aim is to consciously work toward responsible solutions and to keep getting better.

As important and ambitious as SpaceShipTwo and LauncherOne are, they are not an endpoint but rather one step. To be honest, we don't yet know exactly what SpaceShip-Three or LauncherTwo will look like, but we do know what we want our future vehicles to do – and how we think our contribution to the exploration of space can help make our planet a better place to live.

As we think about our future, we can't help but be excited. As true believers in the value of space exploration, we cheer for the success of all space programs. Touring Virgin Galactic's manufacturing plants with our talented team and generating ideas for next-generation airplanes, rockets and space habitats is truly a dream come true. However, the technology is unimportant without ingraining everything we do with our purpose – ensuring the future of Earth – the only home we know today and my favorite planet.

In the year 2046, when my children, grandchildren, and perhaps even great-grandchildren look at the Earth from space – while onboard a Virgin Galactic spaceship, naturally – I think they will see a much more connected planet than we have today. They will see a world where every single nation has sent men and women into space to explore, discover, and inspire. They'll see physical signs that poverty and income inequality have been greatly reduced by projects that use small satellites to connect the world to the internet at high speeds and low prices. They'll see that both the green parts and the blue parts of our planet – our rainforests, our oceans, and more – have been protected both by the lessons we've learned from satellites and by the passion of space travelers who return home with a renewed desire to protect our home world. And I hope that they'll feel great pride that through SpaceShipTwo, LauncherOne, and the vehicles that come afterwards, Virgin Galactic has had a major and enabling impact on all of those things.

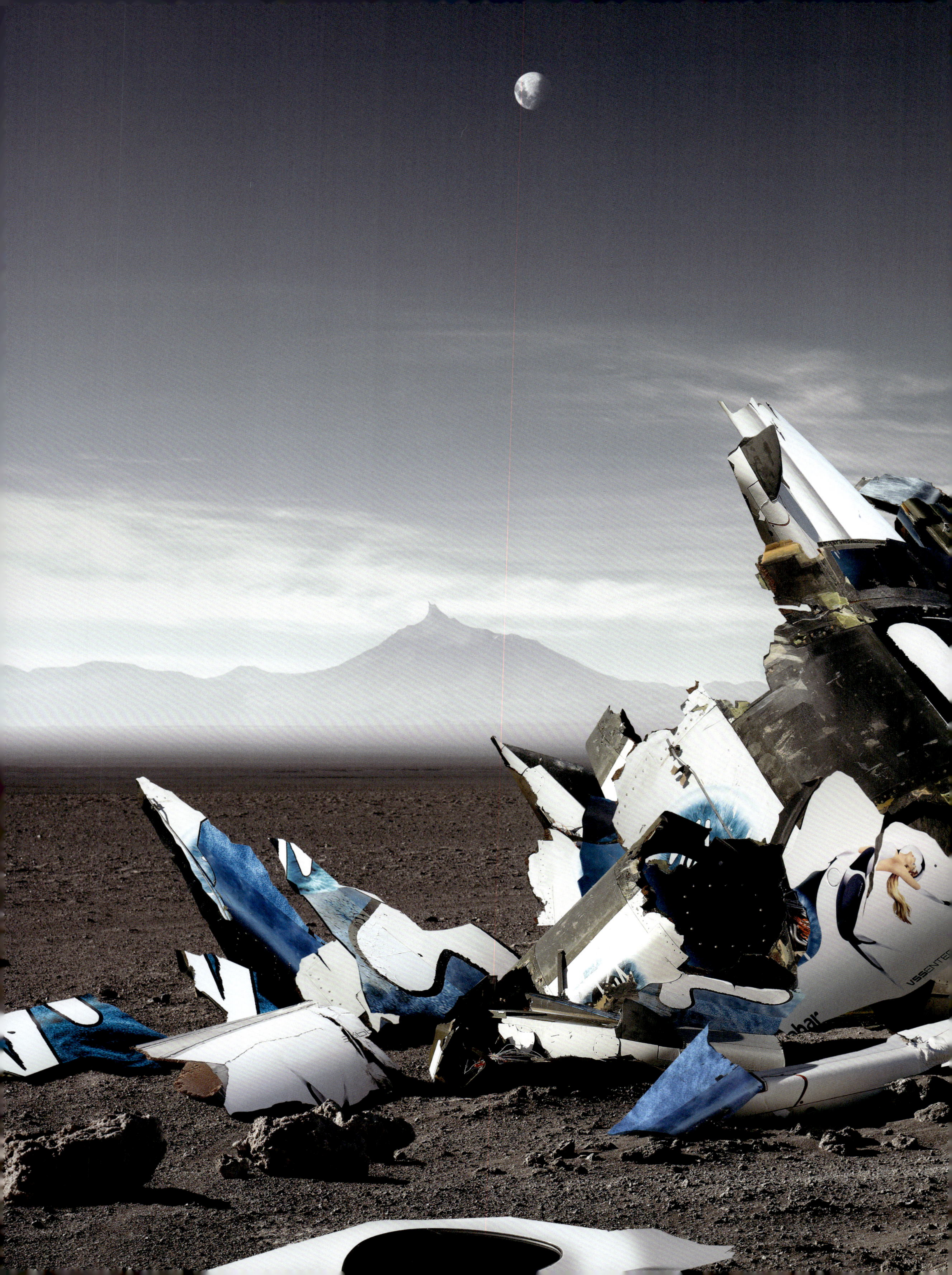

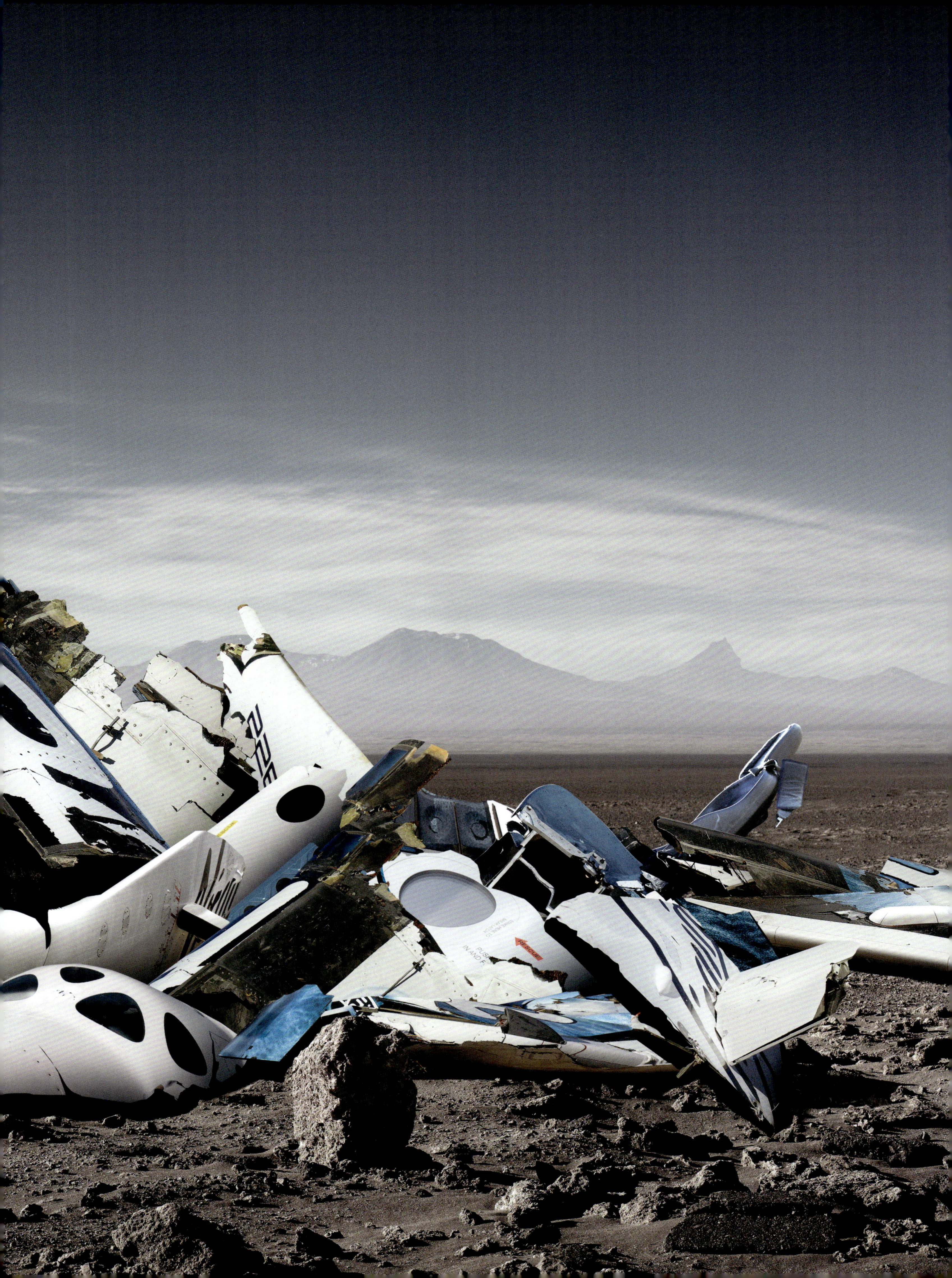

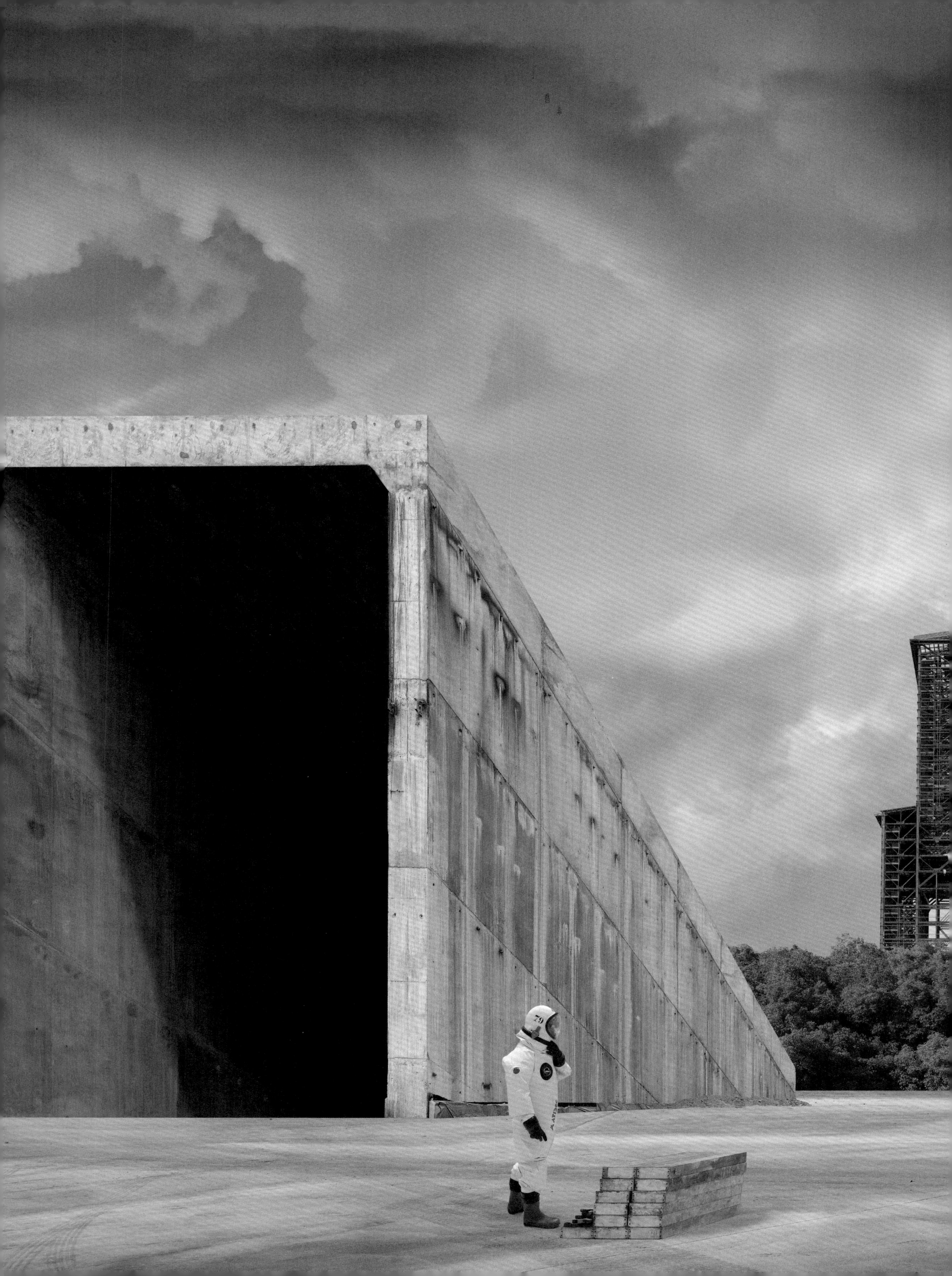

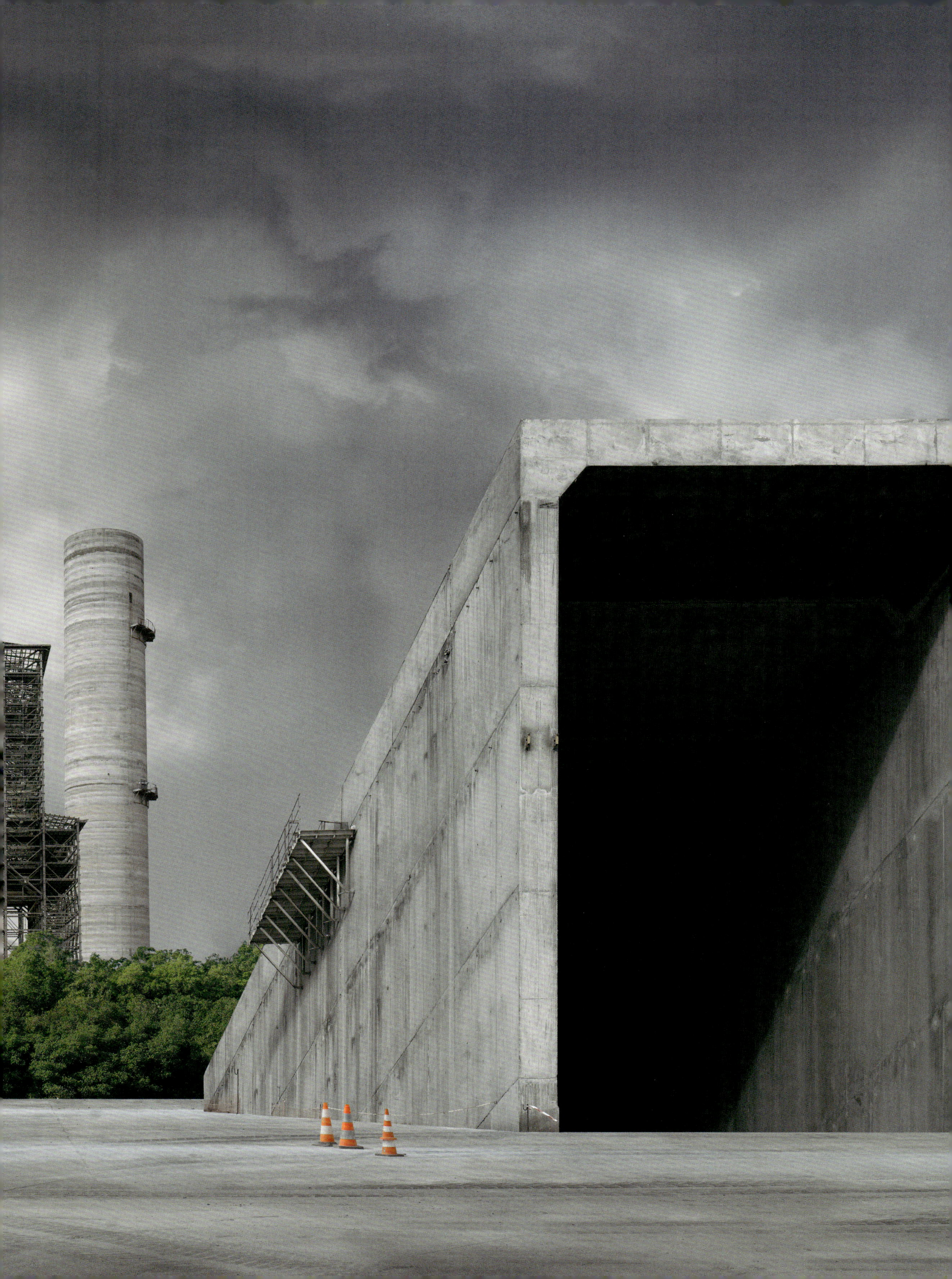

Space Renaissance

Hans Koenigsmann
Vizepräsident Produktion und Startzuverlässigkeit, SpaceX

Ich habe mir immer gewünscht, ich hätte an Apollo mitwirken können. Ich war sechs Jahre alt, als Apollo 11 auf dem Mond landete. Zu dieser Zeit waren viele SpaceX-Mitarbeiter noch nicht einmal geboren. Nun fühlt es sich so an, als würden wir die Erfahrung, mit einer neuen Rakete und einer neuen Technologie ins All zu fliegen, wiederholen. Genau so male ich mir die Emotionen der späten 1960er Jahre aus, besonders jetzt, nach dem ersten Raumflug von SpaceX mit menschlicher Besatzung. Tatsächlich bin ich Ingenieur geworden, weil ich weder Berufspilot noch Astronaut werden konnte.

Ich bin mir nicht sicher, wie man mit 19 Jahren Entscheidungen trifft, aber daran erinnere ich mich. Meine Augen waren damals nicht gut genug und die Möglichkeit einer LASIK-Behandlung bestand zu der Zeit noch nicht, sodass das Studium der Luft- und Raumfahrt in Berlin das war, was meinem Traum vom Pilotendasein am Nächsten kam. Ich hatte jedoch ein Talent für Physik und das Studium weckte meine Neugier. Ab einem gewissen Punkt begann ich mich für den Bau eines Satelliten zu interessieren, gemeinsam mit Studenten und mit kleinem Budget. Tatsächlich war bald darauf genau dies meine erste berufliche Aufgabe und wir haben schließlich einen kleinen Satelliten namens BremSat mit dem Space Shuttle starten können. Es war ein großer Erfolg! Ich verbrachte viel Zeit in Florida, habe in den USA zahlreiche Freundschaften geschlossen und wurde schließlich 1995 dazu eingeladen, in einer Firma in Los Angeles zu arbeiten. Microcosm hat mich in eine neue Welt des Arbeitens, des Lebens und der Raketen eingeführt. Ich habe es genossen, auf mich allein gestellt zu sein und neue Dinge zu erlernen.

Gerade als ich anfing, ruhelos zu werden, traf ich durch Zufall Elon Musk auf einem Amateur-Raketen-Wochenende. Ein paar Wochen später bat er mich, bei seiner neuen Firma, SpaceX, einzusteigen. Zu dieser Zeit war ich der vierte Ingenieur dort und ich war mir sicher, dies war der beste Ort, an dem ich nur sein konnte – es gab einen Investor mit ausreichend Ressourcen und den besten Mitarbeitern aus der Weltraumbranche. Wir hatten alles, was wir benötigten, um eine Rakete zu bauen und ein Unternehmen zu gründen. Ausreden gab es nicht.

Die treibende Kraft hinter SpaceX war und ist Elon Musk mit seiner Vision, den Mars zu kolonisieren. Heute klingt dies nicht mehr so weit hergeholt wie noch 2003. Ich war ursprünglich daran interessiert, eine Rakete mit einem Team von etwa 200 Mitarbeitern zu einem niedrigen Preis zu bauen und diese wiederverwendbar zu machen. Für SpaceX-Verhältnisse war dies ein nahezu bescheidenes Ziel – wir haben es innerhalb weniger Jahre erreicht! Und ich habe eine wichtige Lektion gelernt – stecke deine Ziele hoch, wirklich hoch! Was das Unternehmen von anderen unterscheidet, sind seine Vision (Mars!) und seine Mitarbeiter – es gibt nichts Wichtigeres für ein Unternehmen.

SpaceX hatte einen so hohen Standard, dass es in den Anfangsjahren nicht nur schwierig war, Leute zu finden, sondern auch, dass ich mich regelmäßig fragte, wieso ich eigentlich eingeladen worden war. Die Zusammenarbeit mit einem solchen Team ist sowohl eine Herausforderung als auch eine Inspiration – man tut sein Bestes, um mithalten zu können und seinen Beitrag zu leisten, und die Arbeit wird, nach der Familie, das Hauptaugenmerk.

Wenn es um Wiederverwendbarkeit geht, ist das klassische Beispiel das eines Passagierflugzeugs. Wenn jedes Flugzeug nach nur einem einzigen Flug entsorgt werden müsste, wäre der Flugverkehr längst nicht das, was er heute ist. (Da ich dies in den Zeiten von COVID-19 schreibe, sollte ich vielleicht eher sagen „das, was er bis vor ein paar Monaten war".) Es werden so viele Projekte unter der Prämisse gestartet und finanziert, ein Produkt durch eine verbesserte Version kostengünstiger zu machen. Einige Unternehmen argumentierten, dass die nächste Iteration kostengünstiger sein würde als die letzte, nur um nach mehreren Jahren staatlich finanzierter Arbeit festzustellen, dass diese sich als teurer herausgestellt hat. Es war evident, dass etwas Drastisches gesche-

„Ist es realistisch, dass Künstler in dieser Rakete um den Mond fliegen werden? Nun, sie wären sicherlich abenteuerlustige Künstler, aber warum nicht?"

hen musste, um die Startkosten wirklich zu senken. Die Wiederverwendbarkeit oder, präziser ausgedrückt, die wartungsfreie Wiederverwendbarkeit ist die offensichtliche, wenn auch schwierige Lösung dafür. Das amerikanische Space Shuttle war wiederverwendbar, aber nach jedem Flug wurde stets alles auseinandergenommen und inspiziert. Der Schlüssel liegt also darin, Trägerraketen so zu gestalten, dass eine angemessene Anzahl von Flügen mit minimalem Wartungsaufwand unternommen werden kann.

Wir brauchen Verbesserungen, Innovationen, um das Ziel von SpaceX weiterhin zu verwirklichen. Es ist schwer zu erklären, aber wir ruhen uns nicht auf dem Erreichten aus – wir müssen es besser machen. Wir haben die Satelliten-Starts zwar erheblich vergünstigt, aber wir werden nicht aufhören, bis ein Niveau erreicht ist, das dem des Flugverkehrs ähnelt. Wir haben eine enorme Anzahl von Menschen inspiriert und den Weltraum erneut interessant gemacht, indem wir unsere Starts in Webcasts gezeigt haben. Der erste Falcon Heavy-Webcast wurde von 26 Millionen Menschen gesehen und das Starman-Video, meiner Meinung nach das beste Video, das wir bisher produziert haben, erreichte weitere sieben Millionen Zuschauer. Ich glaube ernsthaft daran, dass wir mit unserem Erfolg eine Renaissance der Weltraum-Start-ups ausgelöst haben. Auf einem Drohnenschiff landen? – Das sieht einfach aus, machen wir das doch! Nicht zuletzt haben ehemalige SpaceX-Mitarbeiter ihre eigenen Weltraumunternehmen gegründet.

SpaceX wird auch im Artemis Moon-Programm der NASA eine große Rolle spielen, denn wir haben zwei Launcher, die für Artemis wichtig sind: Falcon Heavy und Starship. Mit ihnen verfügen wir über eine Lösung, die sowohl zuverlässig als auch innovativ ist. Ich hoffe, wir werden die Möglichkeit haben, Astronauten zum Mond zu fliegen, ähnlich wie wir jetzt Astronauten zur Raumstation fliegen. So viel wir mit Falcon 9 und Falcon Heavy auch erreicht haben, Starship treibt das Konzept noch weiter in Richtung vollständiger und schneller Wiederverwendbarkeit mit einer hohen Anzahl von Missionen. Es ist des Weiteren viel größer und für die Langstreckenraumfahrt ausgelegt. Der japanische Milliardär Yusaku Maezawa hat bereits einen gesamten Flug um den Mond auf dem Starship gebucht, den er mit einer handverlesenen Gruppe von Künstlern unternehmen möchte. Ist es realistisch, dass Künstler in dieser Rakete um den Mond fliegen werden? Nun, sie wären sicherlich abenteuerlustige Künstler, aber warum nicht? Unsere Raumschiffe sind autonom und können sowohl vom Boden aus als auch von der Besatzung gesteuert werden.

Mit Blick in die Zukunft scheint 2046 nicht so weit weg, aber das vergangene Jahr hat gezeigt, wie schwierig es ist, die Zukunft vorherzusagen. Nur wenige Dinge sind beschämender als völlig falsche Vorhersagen. So möchte ich unter Vorbehalt sagen, dass wir vielleicht eine Stadt auf dem Mars bauen werden, nachdem wir zunächst eine kleinere Station auf dem Mond gestartet haben. Es ist sehr wahrscheinlich, dass unsere Weltbevölkerung weiter wachsen und unser technologischer Fortschritt unsere ethischen, intellektuellen und pädagogischen Standards übertreffen wird. Autos werden elektrisch und fossile Brennstoffe auf wenige verbleibende Anwendungsbereiche beschränkt sein. Ich hoffe, wir können unsere Energie darauf richten, neue Welten zu schaffen, statt unsere alte zu zerstören – hier muss ich optimistisch sein. Ich hoffe, wir erforschen den Weltraum weiter, denn es ist so viel produktiver, sich auf Mond und Mars niederzulassen, als auf diese Chance zu verzichten. Der Weltraum ist unsere nächste Grenze und unsere besten Ressourcen und klügsten Köpfe sollten daran arbeiten, diese zu überwinden.

Space Renaissance

Hans Koenigsmann
Vice President of Build and Flight Reliability, SpaceX

I always wished I could have worked on Apollo. I was six when Apollo 11 landed, at a time that many SpaceXers hadn't even been born. Now, it feels like we're repeating the experience of going into space with a new vehicle and new technology. It feels like I imagine how it must have felt in the late 1960s. Especially now, after SpaceX's first human spaceflight. In fact, I became an engineer because I couldn't become a professional pilot or astronaut.

I'm not sure how you make decisions when you're nineteen years old, but that's what I remember. My eyes weren't good enough at the time, prior to LASIK, so studying aerospace in Berlin was the closest I could get to being a pilot. I did have a talent for physics, however, and it did trigger my curiosity – at one point I became interested in building a satellite with students on a shoestring budget. My first job was to do exactly that, and we actually launched a small satellite called Bremsat with the space shuttle. It was a great success! I spent a lot of time in Florida, made many friends in the US and in 1995 was invited to join a company in Los Angeles, Microcosm, which introduced me to a new culture of work, life, and rockets. I enjoyed having to do everything by myself and learning new things. And just when I started to get restless, by pure coincidence I met Elon Musk at an amateur rocket weekend and a few weeks later he asked me to join his new company, SpaceX. I was the fourth engineer at that time, and I thought this was the greatest place to be in – having an investor with plenty of resources, and only the best people in the business to work with. We had everything we needed to build a rocket and a rocket company and no excuses.

The driving force behind SpaceX was – and still is – Elon Musk and his vision to colonize Mars. Today, this doesn't sound as far-fetched as it did in 2003. I was initially interested in building a rocket with a team of about 200 people for a low price, and making it reusable. In SpaceX terms, this was almost a low goal – we achieved it within a few years! And I learned a good lesson – keep your goals high, really high. What makes the company different is its vision (Mars!) and its people (there's not much else important to a company, in my opinion). SpaceX had such a high standard, not only was it difficult to find people in the early years, it also made me frequently wonder why I got in. Working with such a team is both a challenge and an inspiration: you do your best to keep up and contribute, and it becomes – after your family – your prime focus.

When it comes to reusability, the classic example is that of a passenger aircraft – if each aircraft were discarded after just one flight, air travel wouldn't be what it is today. And since I'm writing this in a time of COVID-19, I should really say "what it was a few months ago." So many projects are started and financed under the premise that they make the product cheaper, by essentially being slightly better than the last version. Some launch providers argued that the next iteration would be cheaper than the last, only to have it turn out more expensive after several years of government-funded work. It was clear that something drastic had to happen to truly reduce launch costs, and reusability is the obvious, albeit hard, solution. To be precise: zero-maintenance reusability. The US space shuttle was reusable, but everything was torn apart and inspected after each flight. So the key is to design launchers such that you can do a reasonable number of flights with the very minimum of maintenance.

We need improvements – innovation – in order to do what SpaceX wants to do. It's hard to explain, but we don't rest on what we achieve – we need to make it better. We made launching satellites significantly cheaper, but we won't stop until it reaches a level that makes space travel similar to air travel. We inspired an enormous number of people and made space interesting once more by showing our launches on webcasts. The first Falcon Heavy webcast was watched by twenty-six million people, and the Starman video – the best video we've produced so far in my opinion – had another seven million viewers. Seriously, I believe we caused a renaissance of space startups with our success. Landing on a drone

> "Is it realistic that artists travel around the Moon in this vehicle? They would certainly be adventurous artists, but why not?"

ship? That looks easy, let's do that too. And, there are also several companies out there that are founded or run by former SpaceX employees.

SpaceX is also set to play a big role in NASA's Artemis Moon Program. We have two vehicles that are important to Artemis, Falcon Heavy, and Starship. With them we have a solution that's both reliable and innovative, and I hope we'll have the chance to fly astronauts to the Moon, similar to how we're now flying astronauts to the Space Station. As much as Falcon 9 and Falcon Heavy have achieved, Starship pushes the concept even further towards complete and rapid reusability with a high number of missions. It's also much larger and designed for actual space travel. The Japanese billionaire Yusaku Maezawa has already booked an entire flight around the Moon on Starship which he intends to take with a handpicked group of artists. Is it realistic that artists travel around the Moon in this vehicle? They would certainly be adventurous artists, but why not? Our vehicles are autonomous and can be controlled both from the ground and by the crew.

Looking into the future, 2046 isn't that far away, but the last year has shown how difficult it is to predict the future. Few things are more embarrassing than completely wrong predictions. So with all these disclaimers, I would think that we'll be building a city on Mars, after initially starting a smaller station on the Moon. It's likely that our world population will continue to grow, and that our technological progress will outstrip our ethical, intellectual, and educational standards. Cars will be electric, and fossil fuels limited to a few remaining applications. I hope we can direct our energy to developing new worlds instead of destroying our old one – I have to be optimistic here. I hope we explore space, and settling on Moon and Mars is so much more productive than not doing it. Space is our next frontier, and our best resources and brightest minds should work on conquering it.

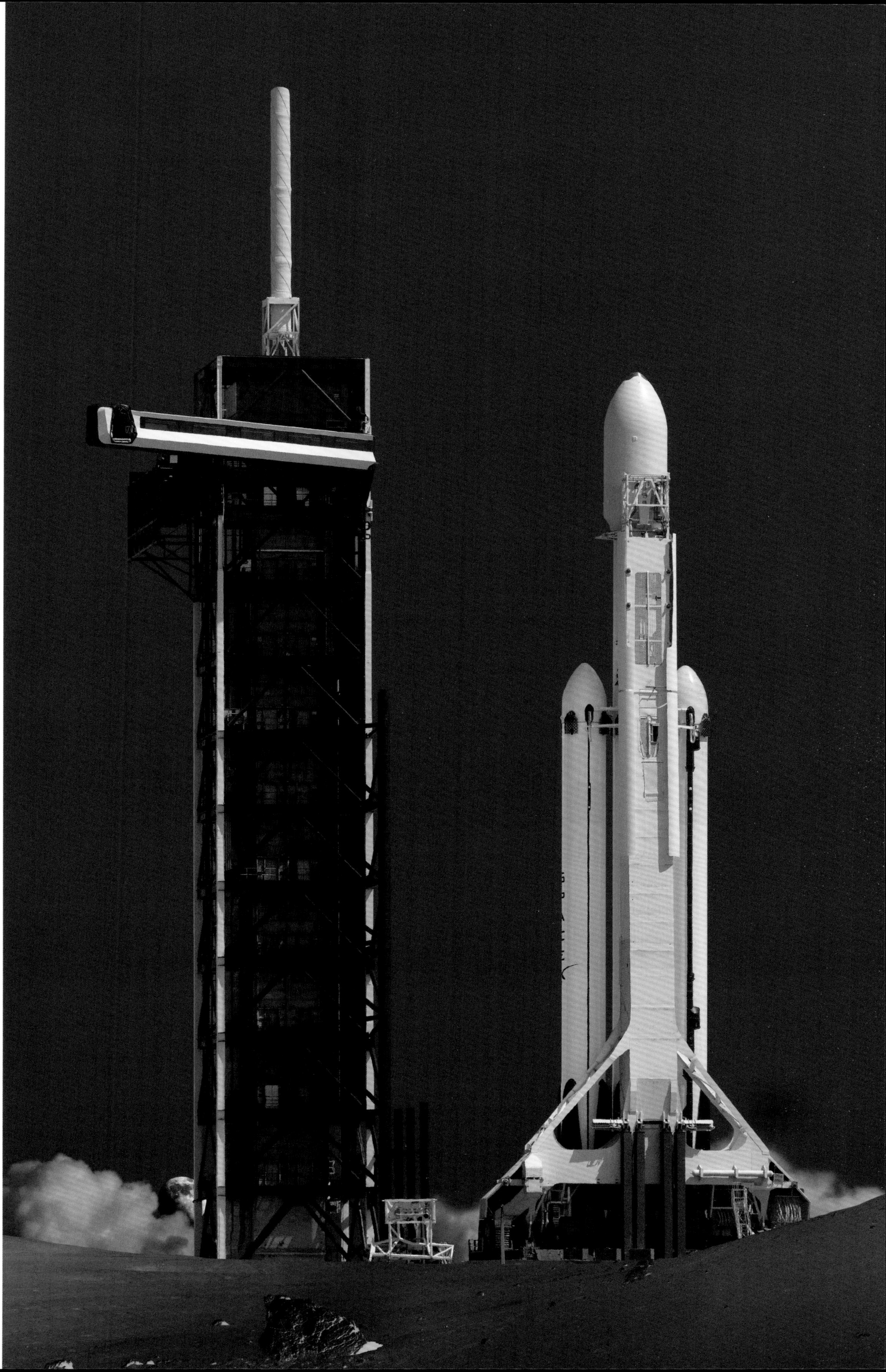

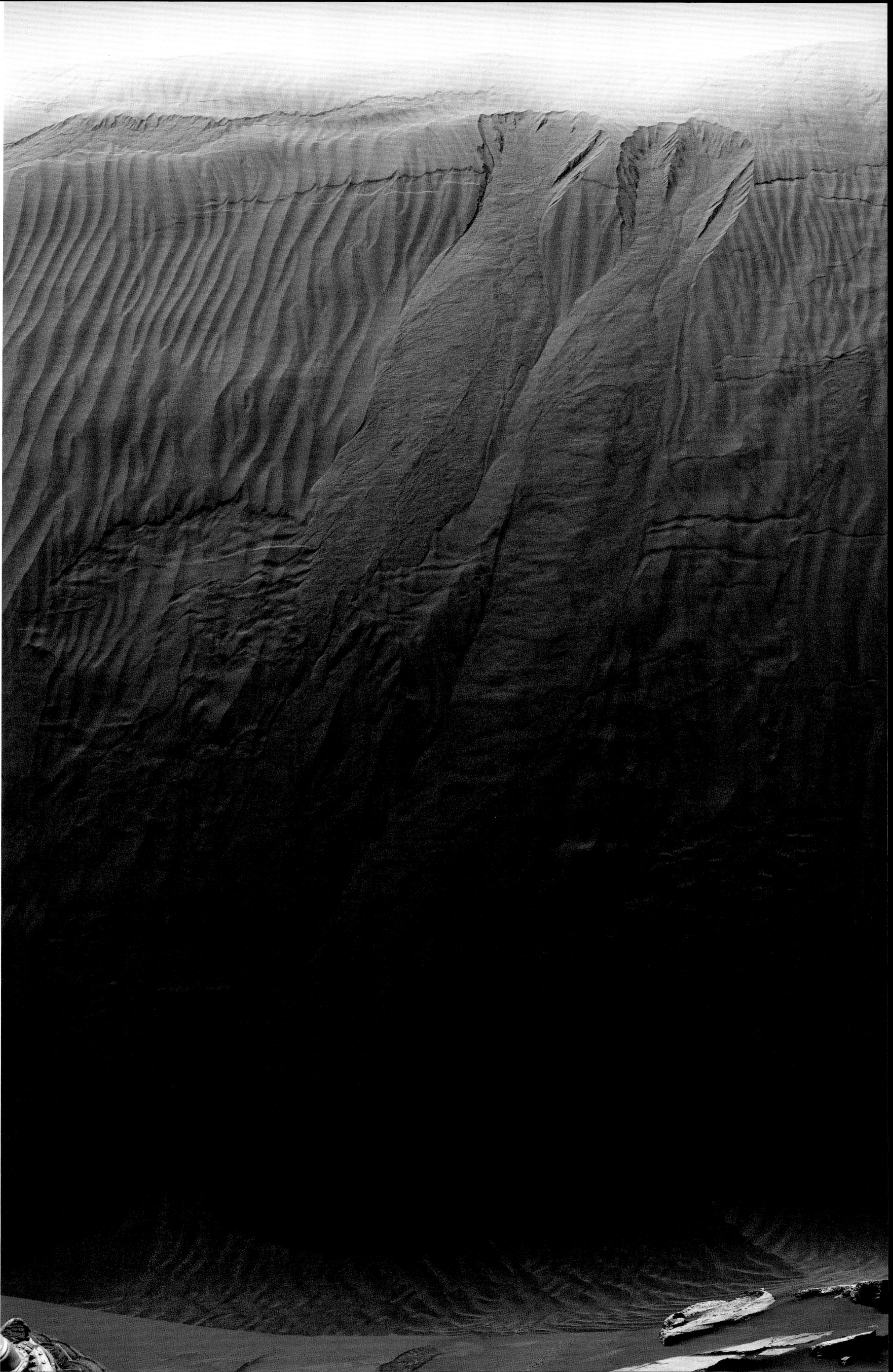

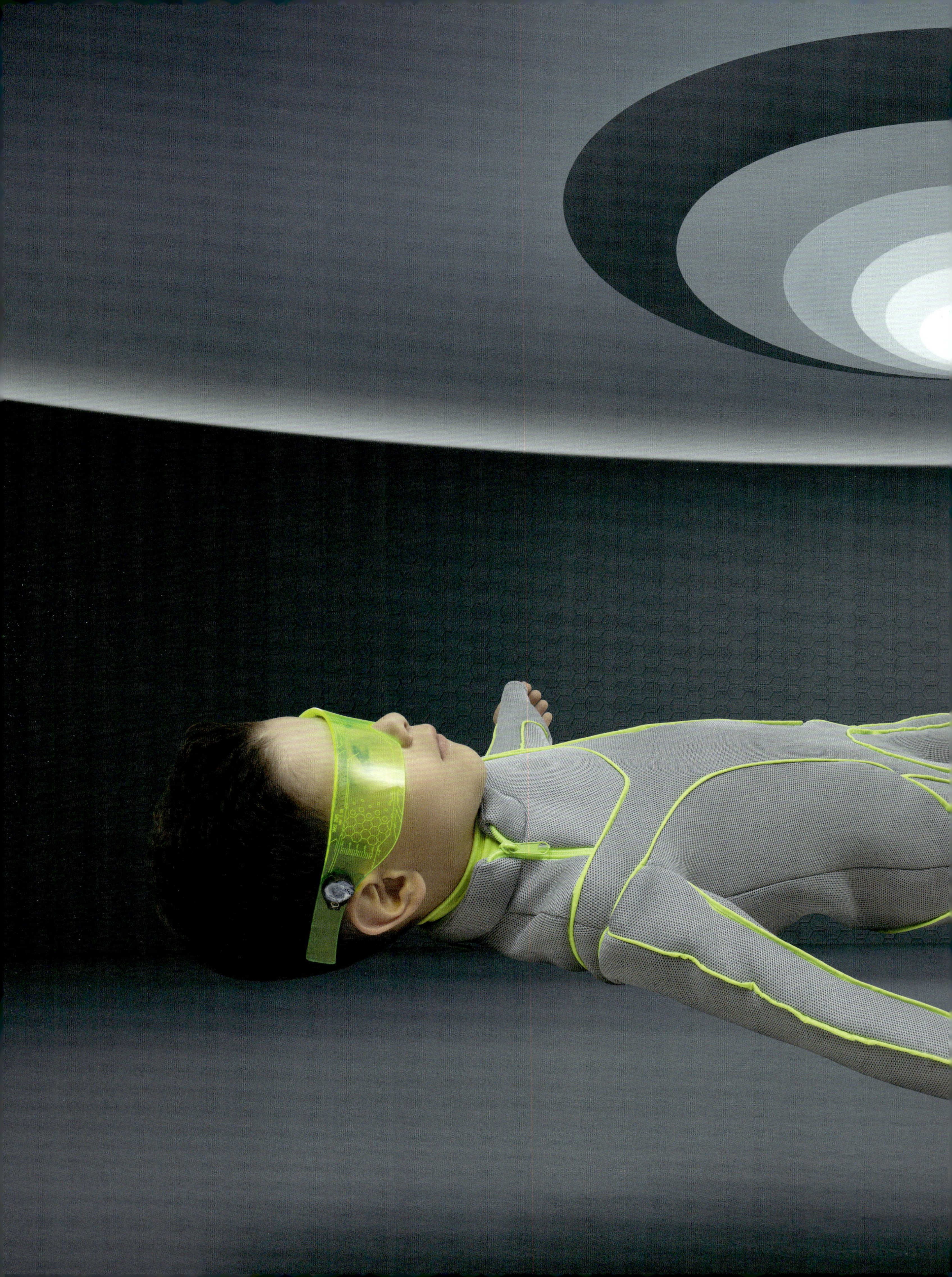

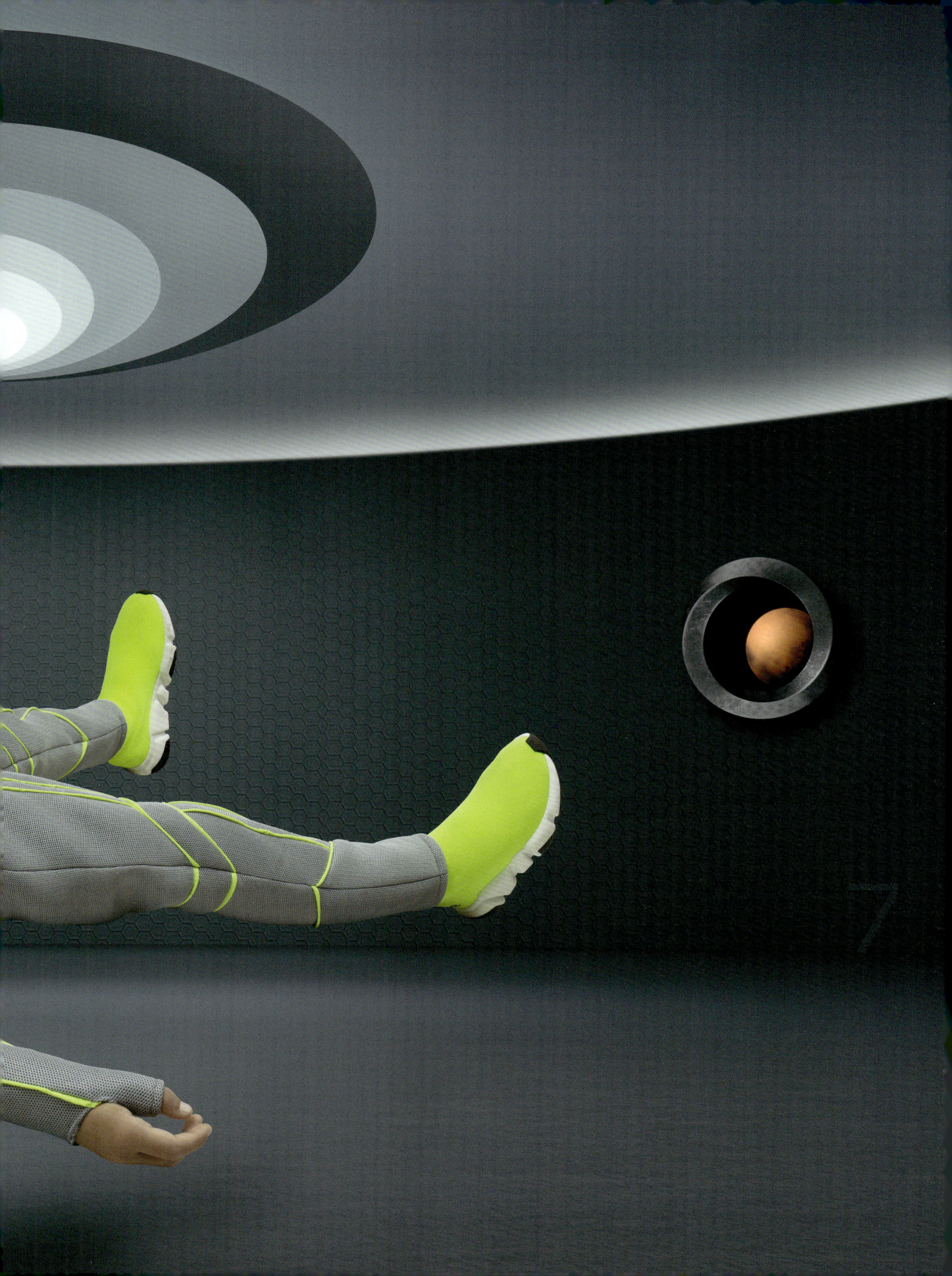
7

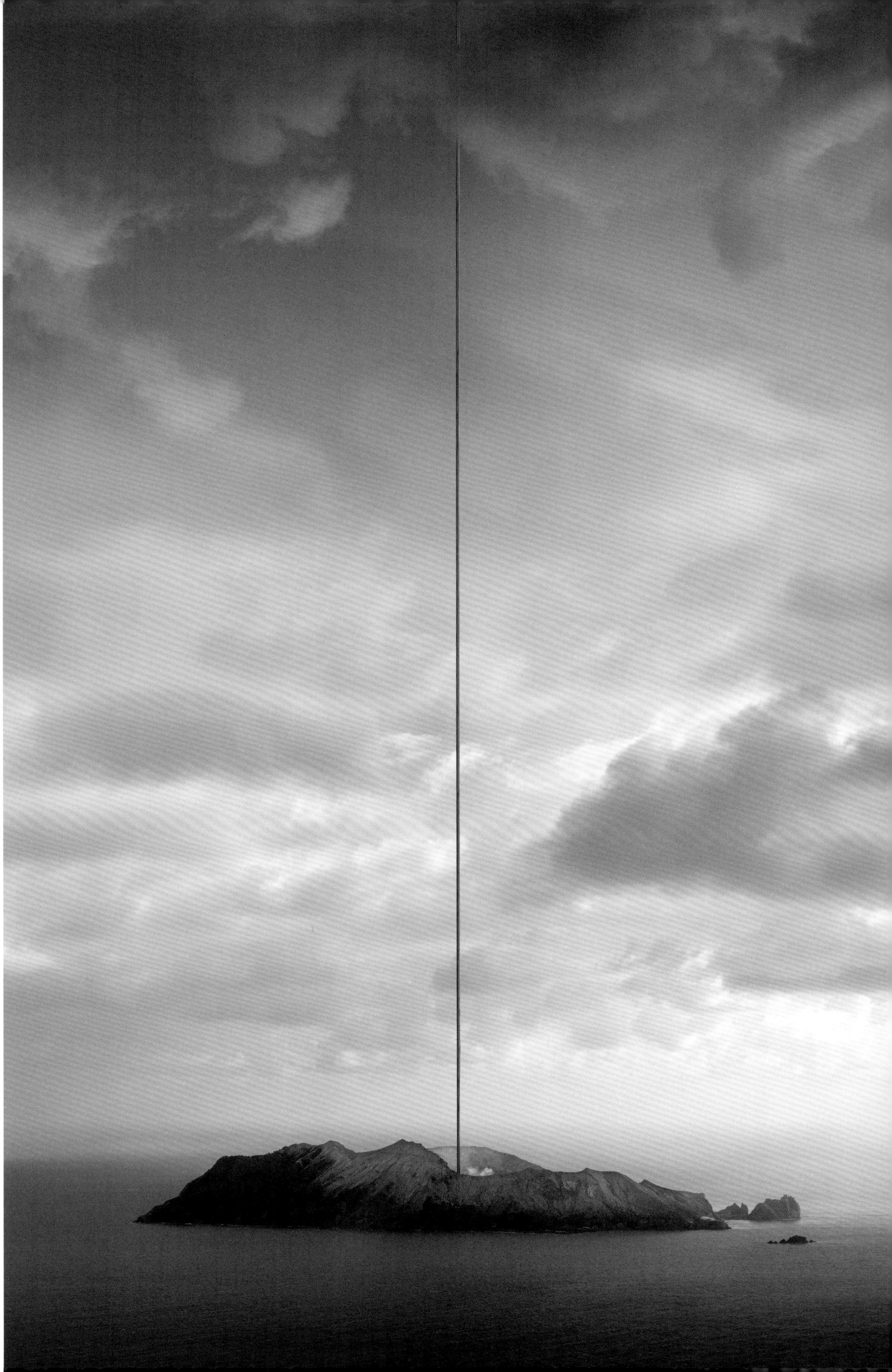

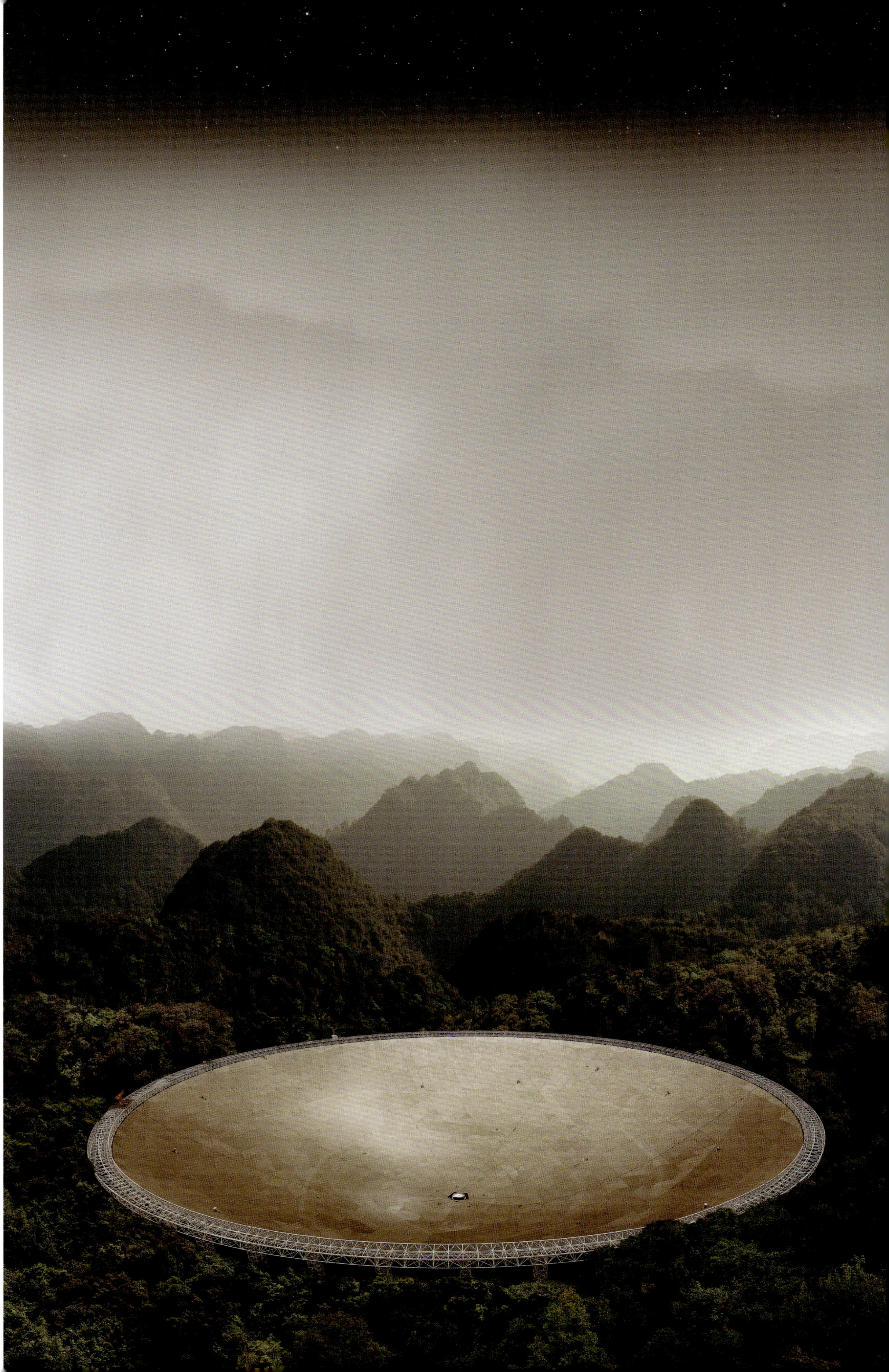

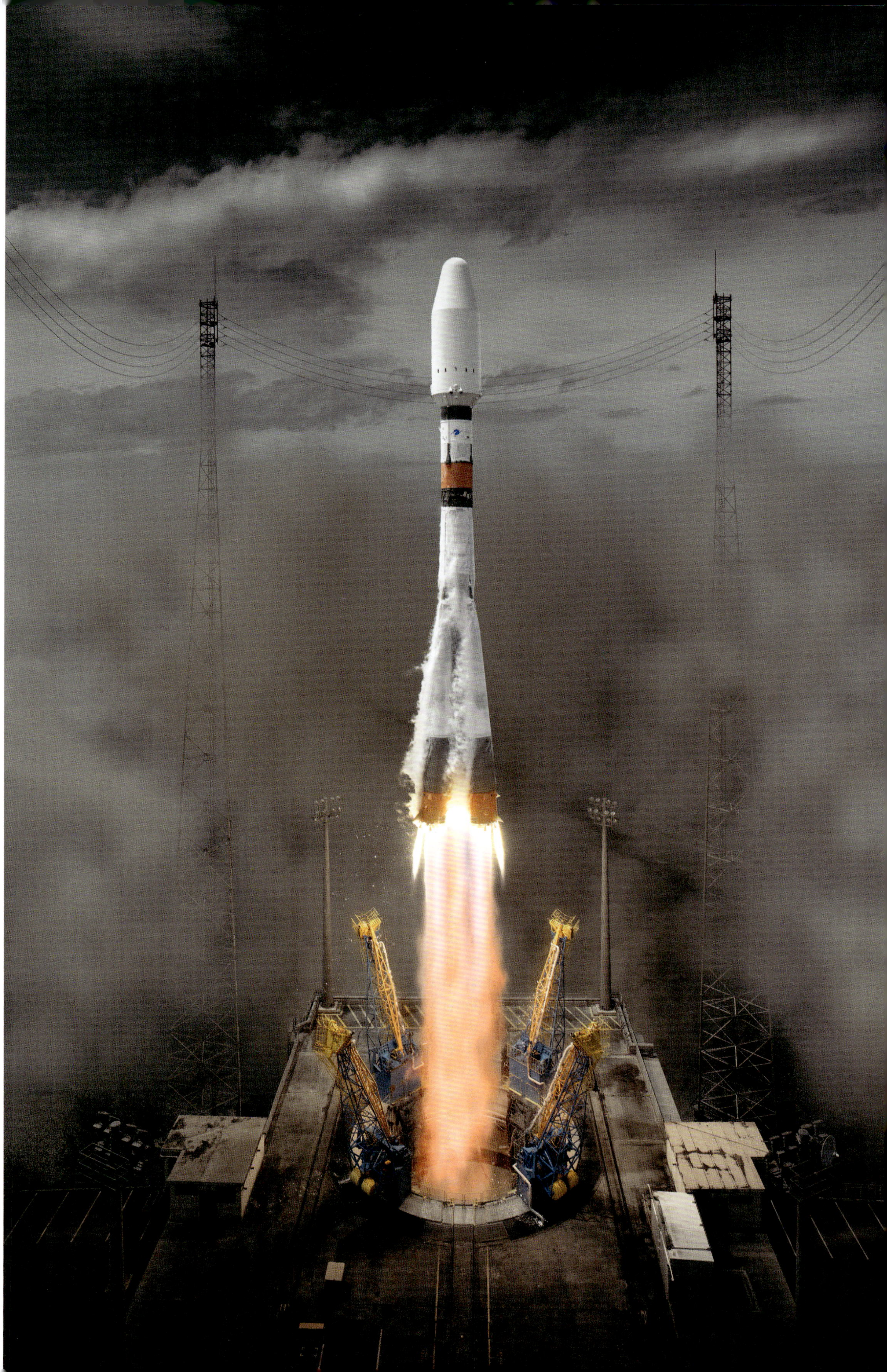

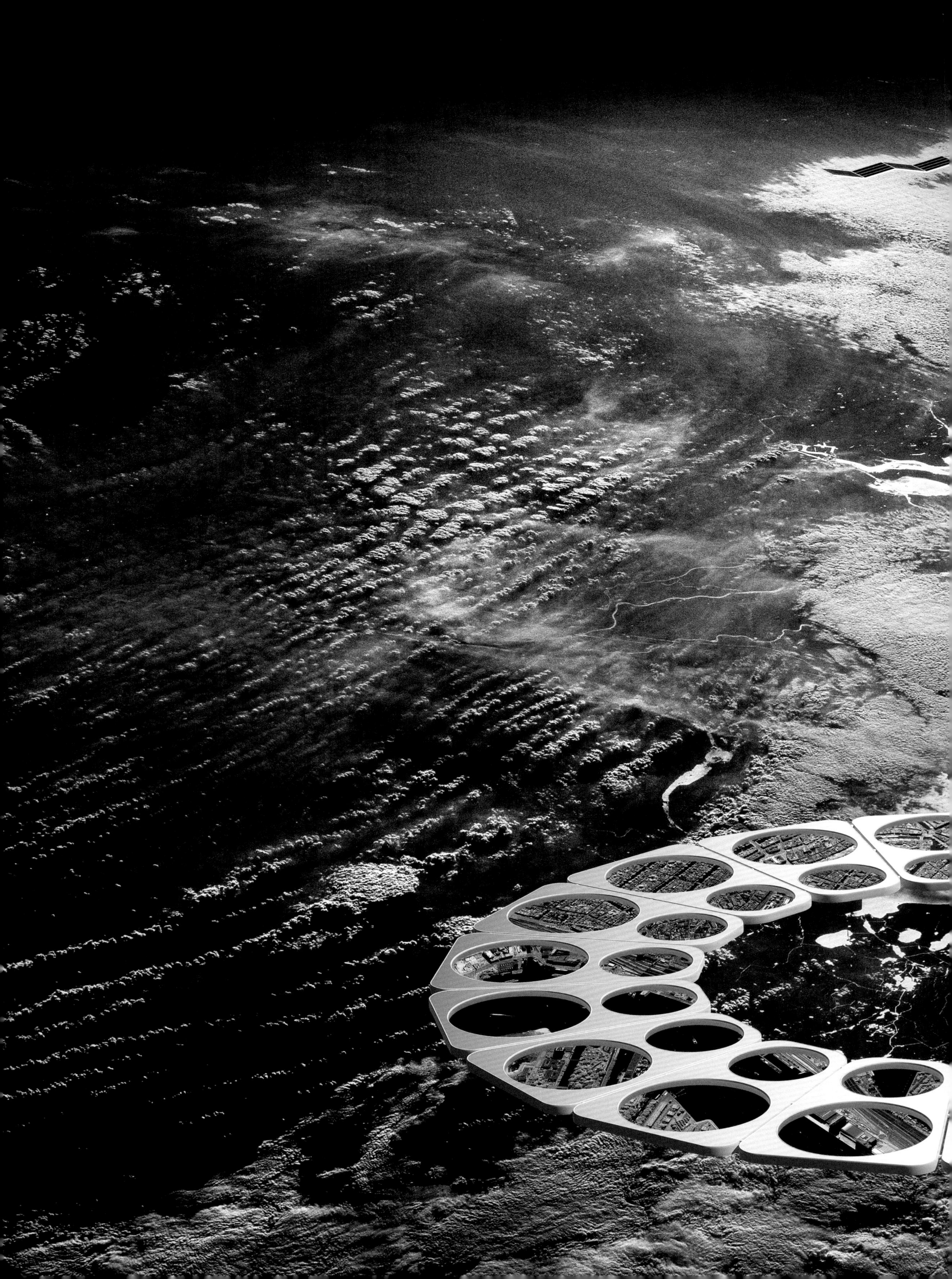

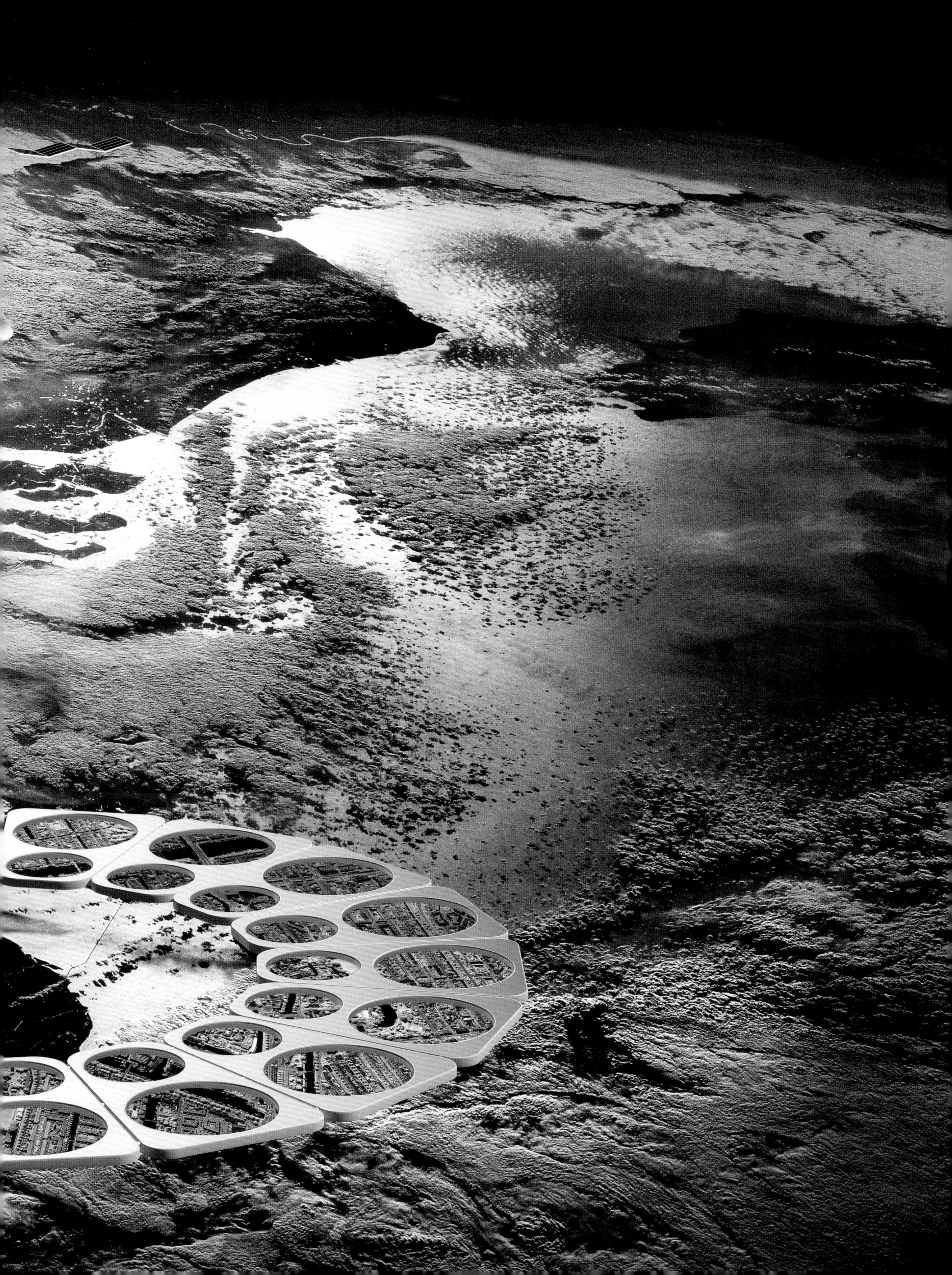

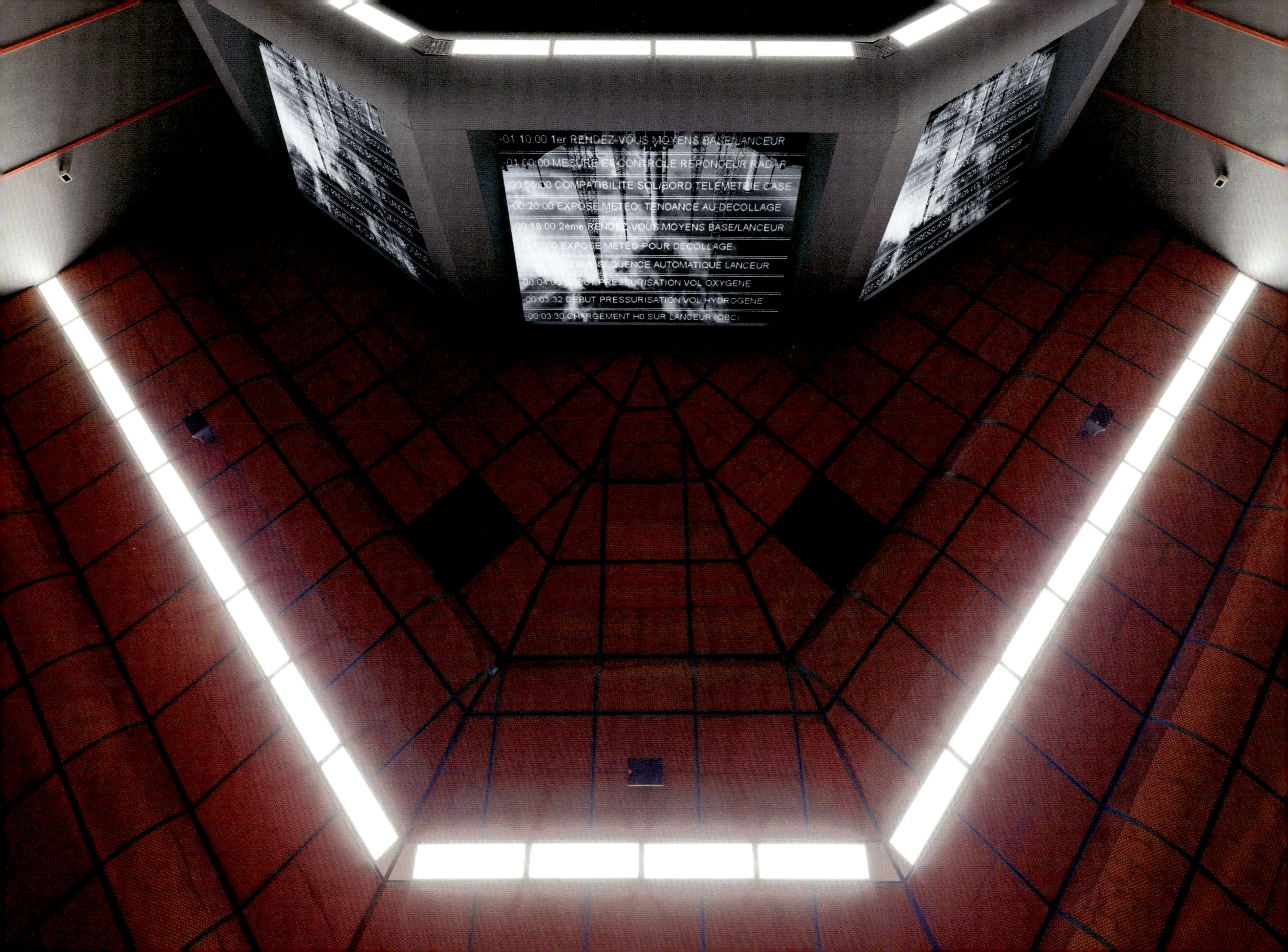

-01:10:00 1er RENDEZ-VOUS MOYENS BASE/LANCEUR
-01:00:00 MESURE ET CONTROLE REPONDEUR RADAR
-00:55:00 COMPATIBILITE SOL/BORD TELEMETRIE CASE
-00:20:00 EXPOSE METEO: TENDANCE AU DECOLLAGE
-00:18:00 2ème RENDEZ-VOUS MOYENS BASE/LANCEUR
EXPOSE METEO POUR DECOLLAGE
SEQUENCE AUTOMATIQUE LANCEUR
PRESSURISATION VOL OXYGENE
-00:03:32 DEBUT PRESSURISATION VOL HYDROGENE
-00:03:30 CHARGEMENT H0 SUR LANCEUR (OBC)

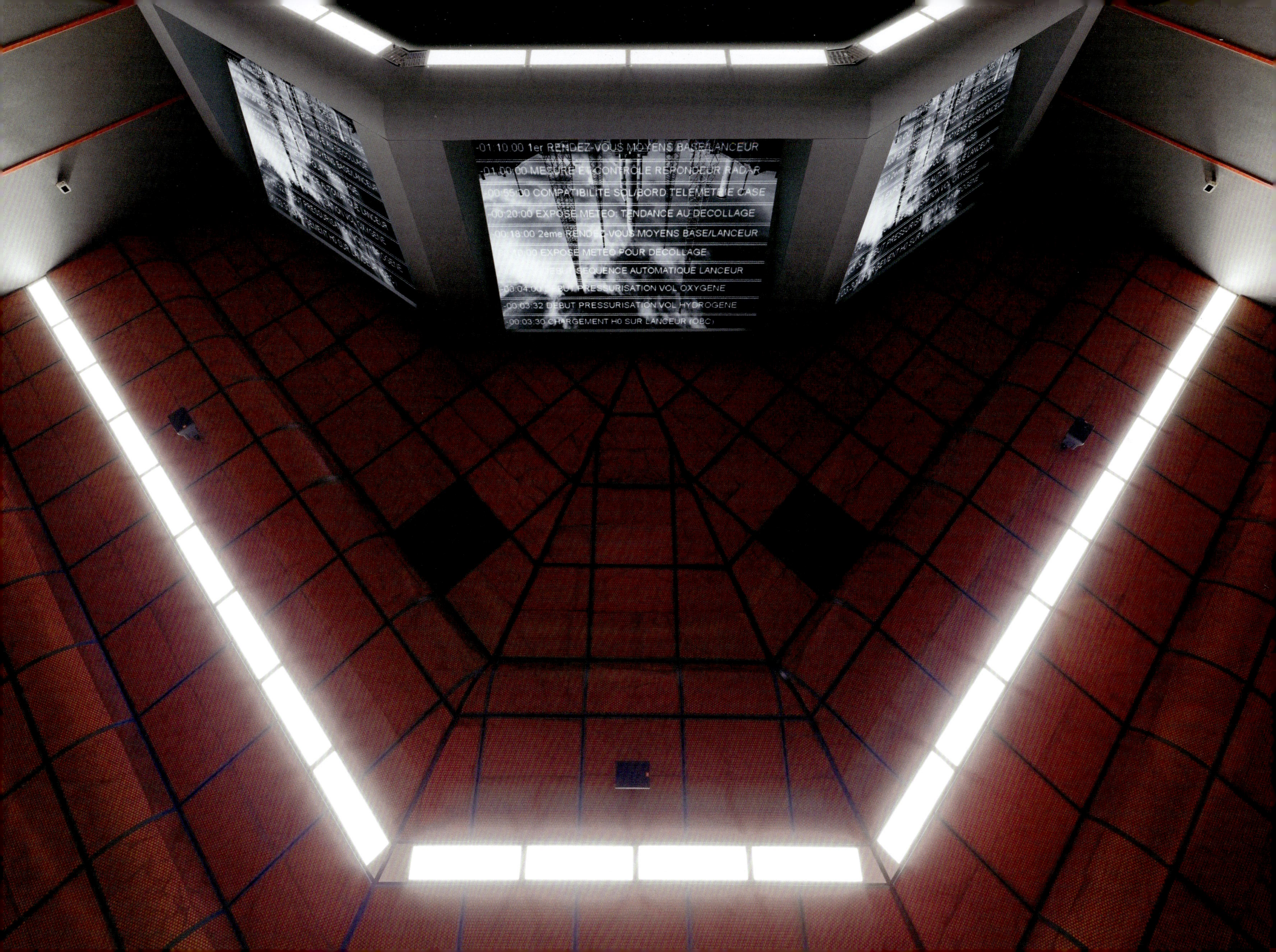
-01:10:00 1er RENDEZ-VOUS MOYENS BASE/LANCEUR
-01:00:00 MESURE ET CONTROLE REPONDEUR RADAR
-00:55:00 COMPATIBILITE SOL/BORD TELEMETRIE CASE
-00:20:00 EXPOSE METEO: TENDANCE AU DECOLLAGE
-00:18:00 2eme RENDEZ-VOUS MOYENS BASE/LANCEUR
EXPOSE METEO POUR DECOLLAGE
SEQUENCE AUTOMATIQUE LANCEUR
PRESSURISATION VOL OXYGENE
-00:03:32 DEBUT PRESSURISATION VOL HYDROGENE
-00:03:30 CHARGEMENT H0 SUR LANCEUR (OBC)

Die Zukunft der Raumfahrtindustrie

Stéphane Israël
Vorstandsvorsitzender Arianespace

Zur Geschichte des Unternehmens
Arianespace, das weltweit führende Unternehmen für Satellitenstarts, entstand aus einem Satellitenprogramm namens Symphonie. Zwei Satelliten, Symphonie A und B, waren direktes Resultat eines Vertrags, den der deutsche Bundeskanzler Konrad Adenauer und der französische Präsident Charles de Gaulle vor über 55 Jahren unterzeichneten. Dieser Vertrag läutete eine neue Ära in der deutsch-französischen Zusammenarbeit ein, die bis heute floriert. Im Jahr 1973 waren die beiden Satelliten startbereit. Die einzigen Raumfahrtnationen waren zu dieser Zeit jedoch die Sowjetunion und die USA. Eine sowjetischen Trägerrakete zu verwenden, war damals undenkbar, daher bestand die einzige Möglichkeit darin, von Cape Canaveral aus mit Delta/Thor zu fliegen. Symphonie A startete daraufhin im Dezember 1974, Symphonie B im darauffolgenden Jahr. Die beiden Satelliten waren die ersten, die ein dreiachsiges Stabilisierungssystem aufwiesen, das heute fester Bestandteil kommerzieller Telekommunikationssatelliten ist. Sie waren zudem die Vorläufer des weltberühmten Satellitenbusses „Spacebus" von Thales Alenia. Ihr Start war ein Weckruf für Europa, das erkennen musste, dass es hinsichtlich des Zugangs zum Weltraum vollkommen von anderen abhängig war.

Einige Jahre später unterzeichneten die Mitgliedstaaten der Europäischen Union in Paris ein Abkommen, dem der Bau der Ariane-Rakete folgte. Ursprünglich trug die Rakete den etwas merkwürdig anmutenden Namen L3S, aber der für das Programm zuständige Minister, Jean Charbonnel, war in der Klassik bewandert und wählte daher den Namen Ariane, die französische Bezeichnung für Ariadne. In der griechischen Mythologie war es Ariadne, die Theseus den Faden überreichte, der ihm letztlich half, aus dem Labyrinth des Minotaurus zu entkommen.

Diese neue Ariane war als dreistufige Rakete geplant und erst die zweite Rakete mit einer kryogenen Oberstufe. Wie ihre Namensvetterin aus der griechischen Mythologie sollte sie Europa die entscheidende Hilfe zukommen lassen, der Schwerkraft der Erde zu entfliehen. In der Zwischenzeit wurden Verträge für Ariane 1 unterzeichnet, die jedoch erst noch fliegen musste. Unser damaliger Konkurrent war das Space Shuttle, das ebenfalls noch nicht gestartet war. Am 24. Dezember 1979 wurde die Ära der kommerziellen Raumfahrt mit dem ersten Start von Ariane eingeläutet. Einige Monate später wurde Arianespace gegründet, das weltweit führende Unternehmen für kommerzielle Startdienste.

Als der Kalte Krieg Mitte der neunziger Jahre endete, traten Russland und China dem Markt bei und boten äußerst günstige Dienstleistungen auf kommerzieller Basis an. Parallel dazu war die DTH-Revolution (das Satellitenfernsehen) mit Unternehmen wie EchoStar und DIRECTV in den USA sowie ASTRA in Europa auf dem Vormarsch. Satellitenbasierte Anwendungen wurden immer beliebter, gewannen Millionen von Endnutzern und steigerten die Nachfrage auf dutzende Satellitenstarts pro Jahr. Dies war die Ära von Ariane 4, Proton und Long March.

In den späten 1990er Jahren entwickelten Unternehmen wie Motorola und Microsoft Pläne für massive Satellitenkonstellationen wie Iridium und Teledesic. Sie waren das Ergebnis der großen Begeisterung, die die Dotcom-Blase entfacht hatte. In Erwartung all dieser neuen Startunternehmen wurden, genau wie heute, neue Trägerraketen eingeführt. Bevor jedoch jemand von diesen Konstellationen profitieren konnte, brach der Markt zusammen. Es war eine sehr ernüchternde Zeit. Plötzlich gab es ein halbes Dutzend Schwerlast-Trägerraketen, aber keine Nutzlasten mehr. Es folgte ein langer, langsamer Weg aus der Krise, als sich die Situation mit einer Nachfrage nach etwa 25 großen Raumfahrzeugen pro Jahr stabilisierte. Diese Nachfrage blieb noch bis vor wenigen Jahren noch unverändert.

Der Boom der Nutzlasten: Von einzelnen Satelliten hin zu ganzen Konstellationen
Rechenleistung und Miniaturisierung treiben die Satellitentechnologie voran. Genau wie unsere persönlichen

„Die irdische Infrastruktur könnte ohne die Orbitalinfrastruktur nicht überleben."

Endgeräte mit viel höherer Funktionalität immer kleiner werden, profitieren auch Satelliten vom Mooreschen Gesetz. Tatsächlich sind einige Mikrosatelliten im Wesentlichen nichts anderes als Smartphones. Die Satellitenfähigkeit ist exponentiell gewachsen. Ein Satellit in der geostationären Umlaufbahn kann inzwischen genügend elektromagnetische Wellen auf die Erdoberfläche senden, um Millionen von Haushalten zu versorgen. Mit einer Steigerung ihrer Leistung und Kraft übernehmen Satelliten traditionelle Sendefunktionen und liefern exponentiell genauere Wettervorhersagen, Erdbeobachtung und andere wissenschaftliche Funktionen – allesamt aus einer Vielzahl von Umlaufbahnen.

Das Ziel vieler, wenn nicht all dieser Systeme ist jedoch „Big Data". Big Data wird als „Schwarzes Gold" bezeichnet, ein Begriff, der um die Jahrhundertwende für Öl verwendet wurde. Genau wie damals viele Unternehmen mit Öl betrieben wurden, wird nun Big Data, durch spezielle Algorithmen präzisiert, das Geschäft vorantreiben und expandieren. Die neue Herausforderung für Satelliten sind nun Konstellationen. Satellitenkonstellationen werden einen Multiplikatoreffekt erzielen, da vorhandene Anwendungen ubiquitär, leistungsfähiger und konstanter werden. Wir sind jetzt inmitten dieser Revolution – wir werden die erste Konstellation starten, die das Internet für den gesamten Planeten zugänglich machen wird. Diese Konstellation, OneWeb genannt, wird Hochgeschwindigkeitsverbindungen aus der niedrigen Erdumlaufbahn ermöglichen, was bisher völlig undenkbar war. Dies ist wiederum auf extreme technologische Fortschritte zurückzuführen, die es Konstrukteuren ermöglichen, äußerst leistungsfähige Nutzlasten in sehr kleinen Einheiten zu erstellen.

Der globale Ausblick

Am 23. Mai 1984 startete eine Ariane 1 vom Raumfahrtzentrum in Französisch-Guayana aus den Satelliten Spacenet-1 von GTE. Dieser Satellit war ein rein amerikanischer: Er wurde von RCA Astro in New Jersey gebaut und war Eigentum von GTE in Stamford, Connecticut. Es war jedoch unsere Beziehung zu einem anderen in Connecticut ansässigen Unternehmen, die den Satellitenmarkt für immer verändern sollte. Heutzutage fällt es leicht, zu vergessen, dass Unternehmen, die durch internationale Verträge gegründet wurden, vor nicht allzu langer Zeit einen Teil des Marktes für Satellitendienste innehatten. Obwohl Präsident Reagan 1984 einen Gesetzesentwurf unterzeichnet hatte, der besagte, dass ein größerer Wettbewerb auf dem Satellitenmarkt im nationalen Interesse liege, sah sich PanAmSat noch immer mit diversen Hindernissen beim Beitritt des Marktes konfrontiert. Rene Anselmo jedoch nahm die Herausforderung an, kaufte einen „White-Tail"-Satelliten und reservierte einen Start bei Arianespace. Es war ein stolzer Tag für uns bei Arianespace, als wir PanAmSats „Dog Spot"-Logo vor dem Start auf die Verkleidung unserer Trägerrakete gedruckt haben.

Diese Mission fiel mit einer neuen Phase unserer Starttechnologie zusammen. Es war der erste Start von Ariane 4 und das erste Mal, dass wir den SPELDA verwendeten, einen Nutzlastadapter, der den gleichzeitigen Start zweier Satelliten ermöglicht. Welch ein Meilenstein! Das weltweit erste Unternehmen für kommerzielle Startdienste, das den ersten privaten Satelliten um die Welt kreisen lässt! Es war der Beginn einer weiteren neuen Ära, einer Ära der kommerziellen Satelliten in Privatbesitz. Seitdem sind wir Ansprechpartner für nahezu jeden Satellitenbetreiber und -hersteller in den USA sowie für die US-Regierung. Häufig wird Europa gebeten, mit Hilfe von Arianespace wichtige Instrumente für die USA bereitzustellen, wissenschaftliche wie sicherheitsrelevante. So zum Beispiel das Erdbeobachtungsprogramm Copernicus, das im vergangenen Jahr maßgeblich dazu beigetragen hat, die Einsatzleute bei der Bekämpfung von Waldbränden in Kalifornien zu unterstützen.

Das ehrgeizigste Projekt der Zusammenarbeit ist jedoch noch nicht abgeschlossen. Es ist der Start des James Webb-Weltraumteleskops an Bord einer Ariane 5 im Jahr 2020. Über die Europäische Weltraumorganisation hat die NASA Arianespace mit dem teuersten und technologisch anspruchsvollsten Weltraumteleskop aller Zeiten betraut. Dieser Akt der Zusammenarbeit kennzeichnet die hervorragende Partnerschaft zwischen den USA und Europa.

Neue Raketen werden derzeit so zahlreich entwickelt wie nie zuvor. Aktuell sollen mehr als 100 kleine Trägerraketen in Arbeit sein. Es ist jedoch schwer zu sagen, wie viele sich davon qualifizieren werden. In einigen Jahren könnte zudem eine historisch große Anzahl von Schwerlastraketen verfügbar sein. Dies ist jedoch keine Neuigkeit für uns. Arianespace hat sich nie damit zufrieden gegeben, sich auf seinen Lorbeeren auszuruhen. Wir haben unsere Trägerraketen immer weiterentwickelt, um unseren Kundenstamm besser bedienen zu können. Dieser Prozess ist stets mit einer direkten Kundenrücksprache verbunden – schließlich ist es genauso ihre Rakete wie unsere. Arianespace hat seine industrielle Lieferkette optimiert und die Führungsstruktur gestärkt, um neue Trägerraketen zu bauen, die auf Heritage-Systemen basieren. Wir übernehmen stets das Gelungene und machen es noch besser und erschwinglicher. So futuristisch der Startservicemarkt auch sein mag, man muss wissen, dass die Basistechnologie, die unsere Branche antreibt – nämlich die mehrstufige Rakete mit flüssigem Brennstoff –, bereits vor über 100 Jahren patentiert wurde!

Auch die Wiederverwendbarkeit ist keine neue Erfindung. Das Konzept ist seit Jahrzehnten bei uns in Anwendung und wurde erstmals in der Shuttle-Ära verwirklicht. Jemand sagte einst, dass das Mooresche Gesetz nicht für Trägerraketen gelte. Trotzdem konnten wir Raketen entwickeln, die weitaus leistungsfähiger und erschwinglicher sind. Ariane 5 beispielsweise ist beinahe dreimal leistungsfähiger als Ariane 4. Die Kosten pro Kilogramm für die Lieferung einer Nutzlast in die Erdumlaufbahn sind heute wahrscheinlich um zwei Drittel niedriger als zu Beginn der neunziger Jahre. Was sich jedoch geändert hat und auch noch immer in Veränderung begriffen ist, insbesondere in den USA, ist der Regelungsrahmen in Verbindung mit der Verfügbarkeit von privatem Kapital für Neueinsteiger. Wie das Sprichwort in dem Buch *The Right Stuff* besagt: „No bucks, no Buck Rogers." Tatsächlich haben Investitionsgelder die Branche nachhaltig verändert. Kreditinstitute, die niemals in Erwägung gezogen hätten, in das Raumfahrtgeschäft zu investieren, überdenken dies nun und investieren ihr Geld in Betriebe wie Startunternehmen.

Irdisches Leben und himmlische Technologie – Eine engere Verknüpfung denn je

Die irdische Infrastruktur könnte ohne die Orbitalinfrastruktur nicht überleben. Man schaue sich nur die Navigation oder die Smartphone-Kommunikation mit bis zu vier verschiedenen GNSS-Konstellationen an: GPS, Galileo (von Arianespace gestartet), Beidou und Glonass. Auch simple Tätigkeiten, wie das Bezahlen von Benzin an einer Tankstelle, werden durch die satellitengestützte Infrastruktur ermöglicht. Diese wird noch relevanter werden mit Konstellationen wie OneWeb, die regelmäßige Echtzeit-Kommunikationsfunktionen für Orte bereitstellen, die noch nie zuvor eine zuverlässige Kommunikationsinfrastruktur hatten. Telemedizin, Fernunterricht, Wettervorhersagen, Umweltüberwachung – derartige Satellitenanwendungen werden Verbesserungen der Lebensqualität für alle Menschen ermöglichen, die in aufstrebenden Volkswirtschaften leben. Diese Anlagen sind relevanter denn je. Infolgedessen ist es heute immer wichtiger, weltraumbasierte Anlagen zu schützen und Schwachstellen aus diesen Systemen zu entfernen.

Vision 2046

Mehr Raumfahrtanwendungen für ein verbessertes Leben auf der Erde, Hotels im Weltraum, eine dauerhafte menschliche Präsenz auf dem Mond, die Nutzung von Weltraumressourcen für die Herstellung vor Ort und regelmäßige unbemannte Reisen zum Mars ... Die heutigen, noch nie dagewesenen Entwicklungen im Weltraumsektor lassen uns die aufregendsten Aktivitäten am Horizont für das Jahr 2046 vorstellen, wenn der Weltraum ein erweiterter Teil unserer Erde wird.

Bis 2046 werden Satellitenkonstellationen in niedrigen, mittleren und geostationären Erdumlaufbahnen einen massiven Beitrag zur globalen Internetverbindung leisten, da der Weltraum zur Erweiterung des Cyberspace dienen wird. Derzeit ist mehr als die Hälfte der Weltbevölkerung von der Internetverbindung ausgeschlossen. Das Satelliten-Internet verspricht mit seiner Zugänglichkeit von überall auf der Welt, insbesondere von Flugzeugen, Booten und Zügen, eine effektive und kostengünstige Antwort auf die Herausforderung, die digitale Kluft zu überwinden. Ein weiterer Gewinn des Weltraums für das Gemeinwohl werden die Satelliten sein, die der Überwachung und dem Schutz der Umwelt als Gegenmaßnahme zur alarmierenden Entwicklung des Klimawandels dienen. Neben der Klimaüberwachung wird die Zunahme von Erdbeobachtungssatelliten ein breites Spektrum von Aktivitäten abdecken, darunter Städteplanung, Landwirtschaft, das Management natürlicher Ressourcen, Sicherheit und Verteidigung. Der Weltraum – ein noch besser zugänglicher Weltraum – wird uns helfen, die Menschheit zu ernähren und zu schützen.

Angesichts eines Weltraummarktes, der sich in den nächsten 20 Jahren verdreifachen sollte, und einer stetig zunehmenden Anzahl von Raumfahrtunternehmern besteht kein Zweifel daran, dass der Weltraum der Erde näher kommen wird als je zuvor. Durch den günstigen Zugang zum Weltraum werden suborbitale Flüge für alle Realität. Der Weltraum wird „alltäglich" werden und es jedem ermöglichen, in weniger als einer Stunde den Zustand der Mikrogravitation zu erleben und sich mit jedem Punkt der Erde zu verbinden, so wie es sich manche Unternehmer heute erträumen. Es werden sogar Ausflüge zur Internationalen Raumstation (ISS) möglich sein, die dann ein Weltraummuseum oder ein Weltraumhotel sein könnte, da sich ihre Mission im Jahr 2025 durch die Neuausrichtung der NASA auf die Mondoberfläche ändern wird. Es wird ein kooperativerer und friedlicherer Weltraum.

In diesem Post-ISS-Kontext werden Institutionen weiterhin eine zentrale Rolle bei der Zugänglichkeit zum Weltraum spielen. Die nationalen Weltraumagenturen konzentrieren sich jetzt auf den Mond, ein ideales Ziel für die Verfolgung eines der wichtigsten Aspekte der Weltraumerschließung: Die nationalen Regierungen sollen Hand in Hand agieren, um Großes für alle Menschen zu erreichen. Der Weltraum kennt keine nationalen Grenzen und erfordert immer Kooperation – er ist gemeinsames Eigentum. Aus diesem Grund wird die ESA neben den USA, Russland, Japan und Kanada am Ausbau des Lunar Orbital Platform Gateway (LOPG) teilnehmen, einer Orbitalstation, die sich im cislunaren Orbit bewegt, um Astronauten, Hardware und Zubehör zum Mond zu liefern.

Die NASA hat kürzlich den ehrgeizigen Plan ihres Artemis-Programms für die Rückkehr zum Mond im nächsten Jahrzehnt vorgestellt, während die ESA auf die Implementierung einer Mondbasis drängt, um die natürlichen Ressourcen des Mondes zu nutzen. Zu diesen Ressourcen gehört insbesondere das Mondgestein, aus dem nicht nur Wasser und Sauerstoff gewonnen werden können, um eine autonome menschliche Präsenz auf dem Mond zu ermöglichen, sondern aus dem auch der Treibstoff produziert werden kann, der für weiter entfernte Erkundungsmissionen zum Mars und darüber hinaus erforderlich ist. Bis 2046 wird die Menschheit mehrere Reisen – höchstwahrscheinlich mit Robotern – zum Roten Planeten unternommen haben, um Weltraumtechnologien und andere wissenschaftliche Zwecke zu erproben. Die Wissenschaftler werden dann ihren Fokus auf weit entfernte Ziele wie die natürlichen Monde der Riesenplaneten unseres Sonnensystems richten, welche alle Rohstoffe enthalten, die für die Erhaltung extraterrestrischer Lebensformen erforderlich sind. Im Jahr 2022 wird die ESA JUICE Raumsonde den Weg ebnen, indem sie zu den eisigen Monden des Jupiter abhebt und den Planeten im Jahr 2030 erreichen wird.

Der Weltraum wird außerdem noch europäischer werden. Es ist eindeutig, dass Europa eine zentrale Rolle in der Weltraumlandschaft der Zukunft spielen wird. Europa besitzt alles Notwendige – die Technologie, die Erfahrung und die Motivation –, um eines Tages einen europäischen Astronauten vom europäischen Raumfahrtzentrum in Französisch-Guayana aus ins All fliegen zu sehen! Nach mehr als zwei Jahrzehnten erfolgreicher Nutzung wird Ariane 6 im Jahr 2046 angepasst und schrittweise in eine „Ariane Next“ für zukünftige Märkte umgewandelt. Diese nächste Iteration wird noch wettbewerbsfähiger sein und neue Leichtbauwerkstoffe für eine bessere Leistung aufweisen, außerdem Technologien, die den Weg für Motoren ebnen, die noch viel weniger kosten werden als die kostengünstigsten Motoren von heute, sowie die Möglichkeit, Raketenelemente mehrfach wiederzuverwenden. Der Weltraum ist eine großartige Gelegenheit, um ein besseres Leben auf der Erde zu schaffen. Meine Vision vom Weltraum ist nicht die eines „Wilden Westens“, als den manche Akteure ihn vielleicht betrachten. Was ich mir vorstelle, ist ein Raum der Nachhaltigkeit, in dem niemand Schmutz zurücklässt und jeder daran arbeitet, eine unberührte Weltraumumgebung zu schaffen, die eine nachhaltige Zukunft auf der Erde, dem Blauen Planeten, unserem gemeinsamen Zuhause, ermöglicht.

The Future of the Space Launch Industry

Stéphane Israël
CEO Arianespace

Company history

Arianespace – the world's leading satellite launch company – originated from a satellite program called Symphonie. Two satellites, Symphonie A and B, were the direct result of a treaty signed by German Chancellor Konrad Adenauer and French President Charles de Gaulle over fifty-five years ago. This treaty signaled a new era in Franco-German cooperation, one which is still thriving today. In 1973 the two satellites were ready for launch. However, the only space-faring nations at that time were the Soviet Union and the US. Using a Soviet launch vehicle was unthinkable then so the only option was to fly on Delta/Thor from Cape Canaveral. Symphonie A was launched in December 1974 and Symphonie B the following year. These satellites were the first to use a three-axis stabilization system which is now a regular feature of commercial telecommunications satellites. They were also the forerunner to Thales Alenia's world-renowned "Spacebus" satellite bus. Their launch was a wake-up call to Europe which realized that it was totally dependent on others for its access to space.

Several year later, European Union member states signed an agreement in Paris that led to the creation of the Ariane rocket. Originally, the rocket went by the rather awkward name of L3S, but the minister in charge of the program, Jean Charbonnel, had a background in classics, and he chose the name Ariane, the French rendering of Ariadne. In Greek mythology it was Ariadne who gave Theseus the thread that helped him escape from the Minotaur's labyrinth. This new Ariane was planned as a three stage rocket and it was the second only rocket to have a cryogenic upperstage. Like its mythical namesake, it was destined to give Europe the means of escaping the Earth's gravity. In the meantime, contracts for Ariane 1 were being signed, though it had yet to fly. Our competitor at the time was the space shuttle which had also not yet flown. On December 24, 1979, the era of commercial spaceflight began with the first Ariane launch. Several months later, Arianespace, the world's first commercial launch services company, was born.

As the Cold War ended in the mid-1990s, Russia and China entered the marketplace, offering extremely cheap services on a commercial basis. In parallel, the DTH (satellite TV) revolution was underway with companies like EchoStar and DIRECTV in the US, and ASTRA in Europe. Satellite-based applications became wildly popular, gaining millions of end-users and driving demand for dozens of launches each year. This was the era of Ariane 4, Proton, and Long March. In the late 1990s, companies like Motorola and Microsoft hatched plans for massive constellations like Iridium and Teledesic, products of the enthusiasm generated by the dotcom bubble. In anticipation of all the new launch business – just like today – you had new launch vehicles materializing. Only before anyone could profit from these constellations, the market collapsed. It was a very sobering time; suddenly you were left with half a dozen heavy-lift launch vehicles and no payloads. There was a long slow climb-out, as things stabilized with a demand for about twenty-five large spacecraft per year, a demand that lasted until just a few years ago.

The boom in payloads: from solitary satellites to whole constellations

Computing power and miniaturization drive satellite technology. Just as our personal devices are getting ever smaller with much higher functionality, satellites are also benefiting from Moore's law. In fact some microsats are in essence just hardened smart phones. Satellite capability has grown exponentially. One satellite in geostationary orbit can now bathe the face of the planet with enough electromagnetic waves to bring broadcasts to millions of homes. With a hike in both their power and performance, satellites are handling traditional broadcast functions while delivering exponentially more accurate weather forecasts, Earth observation, and other scientific functions – all from a variety of orbits. But the goal of many, if not all, of these systems is "big data." Big data is called "black gold" the term used for oil at the turn of the last century. Just as oil powered or lubricated many enterprises, big data, refined as it were by special algorithms,

"Terrestrial infrastructure couldn't survive without orbital infrastructure."

will now drive business and expand new markets. And the new frontier for satellites happens to be constellations. Constellations of satellites will prove to have a multiplier effect as existing applications become ubiquitous, more powerful and constant. And we are now in the middle of this revolution – we will be launching the first constellation to bring the internet to the entire planet. This constellation, called OneWeb, will provide high-speed connectivity from low Earth orbit, something that up to now was completely unthinkable. But again, this is due to massive technological advances that allow designers to create hugely powerful payloads in very small packages.

The global outlook

On May 23, 1984 an Ariane 1 launched GTE's Spacenet-1 satellite from the spaceport in French Guiana. This was an all-American satellite: built by RCA Astro in New Jersey and owned by GTE in Stamford, Connecticut. It was our relationship with another Connecticut-based business, however, that changed the satellite market forever. Nowadays it's easy to forget that not so long ago companies created by international treaties had a corner of the satellite services market. Even though President Reagan signed a bill into law in 1984 that stated that greater competition in the satellite market was in the national interest, PanAmSat still faced multiple barriers to entry. Nevertheless, Rene Anselmo leveraged them all, purchased a "white-tail" satellite and ordered a launch from Arianespace. It was a proud day for us at Arianespace when we stenciled PanAmSat's "Dog Spot" on to the fairing of our launch vehicle before lift-off. This mission coincided with a new stage in our launch technology. It was the first Ariane 4 launch, and the first time we had used the SPELDA, a payload adapter that allows us to launch two satellites at the same time. What a milestone moment – the world's first commercial launch services company orbiting the world's first privately owned satellite! It was the dawning of yet another new era, that of privately owned commercial satellites. Ever since then, we've been a resource to nearly every satellite operator and manufacturer in the United States, as well as to the United States government. Through Arianespace, Europe is often called upon to deliver important instruments for the US – both scientific and security-related – like Copernicus which was also instrumental in helping crews combat wildfires in California last year. Yet the most ambitious act of cooperation is still ongoing – it's the launch of the James Webb Space Telescope aboard an Ariane 5 in 2020. Through the European Space Agency, NASA has entrusted Arianespace with the most expensive – and technologically sophisticated – spacecraft ever. This act of cooperation typifies the best of partnerships between the US and Europe.

New vehicles are now under development like never before. More than 100 small launch vehicles are said to be in the works right now. But it's hard to say how many of these will make the grade. In a few years' time, there could also be an historic number of heavy lift vehicles available. But this is no new situation for us. Arianespace has never been content to rest on its laurels. We've always refined our launch vehicles to better serve our customer base, a process that has always involved direct customer input – after all, it's their rocket as much as it's ours. Arianespace has streamlined its industrial supply chain and firmed up its governance structure to support new launch vehicles based on heritage systems. We are taking what we've done well and making it even better and more affordable. As futuristic as the launch market is, it's shocking to reflect that the basic technology that drives our industry, namely the multi-staged liquid fueled rocket, was patented over 100 years ago. Reusability isn't a recent thing either – the concept has been with us for decades and was first put to use during the shuttle era. Someone once said that Moore's Law doesn't apply to launch vehicles. Despite all that, we've been able to design rockets that are far more capable and affordable. For example, Ariane 5 is nearly three times more capable than Ariane 4. The cost per kilogram for delivering a payload to orbit is probably 2/3 less today than what it was in the early 1990s. However, what has changed, and is still changing now, especially in the US, is the regulatory environment in concert with the availability of private capital for new entrants. As the saying in Tom Wolfe's 1979 novel *The Right Stuff* goes, "No bucks, no Buck Rogers." And indeed, the arrival of investment dollars has changed the industry indelibly. Lending institutions who would never have thought about investing in the space business, are rethinking things, and putting their money into enterprises like launch companies.

Terrestrial life and celestial technology – ever closer linkage

Terrestrial infrastructure couldn't survive without orbital infrastructure. Just look at navigation or smart phone communications with as many as four different GNSS constellations: GPS, Galileo (which Arianespace launched), Beidou, and Glonass. Other simple tasks, like paying for gas at a filling station, are made possible through the satellite-based infrastructure. And it will only get even more relevant with constellations like OneWeb that provide regular real-time communications capabilities to places that have never had any kind of reliable communications infrastructure. Telemedicine, distance learning, weather forecasting, environmental monitoring – such satellite applications will make life better for everyone living in emergent economies, not just for people in developed countries. These assets are more important than ever. Consequently, there is now more concern than ever about protecting space-based assets, and removing vulnerabilities from these systems.

Vision 2046

More space applications for improved life on Earth, hotels in space, a permanent human presence on the moon, utilization of space resources for in-situ manufacturing and regular unmanned round voyages to Mars... today's unprecedented developments in the space sector allow us to imagine the most exhilarating activities on the horizon of 2046 when space will become an extended part of our mother Earth. By 2046, satellite constellations in low, medium, and geostationary Earth orbits will be making a massive contribution to global internet connectivity – as space will serve to expand cyberspace. More than half of the world's population at present is deprived of the Web. Accessible anywhere in the world, especially on planes, boats, and trains, satellite internet promises to respond effectively and at low cost to the challenge of bridging the digital divide and quenching our deep thirst for internet on connected devices. Yet another benefit of space for the common good will be the multiplication of satellites dedicated to the monitoring and protection of the environment in response to the alarming trends shown by climate change. However, in addition to climate monitoring, multiplied Earth observation satellite data will also serve a broad range of activities including urban planning, agriculture, natural resource management, security, and defense. Space will help us feed and protect humanity.
An even more accessible space.

With a space market that should triple in the next twenty years and an increased number of space players, there is no doubt that space will become closer than ever to Earth. Cheap access to space will make suborbital flights a reality for everyone. Space will become "commonplace," allowing anyone to experience microgravity and connect to any point of Earth in less than one hour, like some entrepreneurs dream about today. Trips to the International Space Station (ISS) will even be possible which might then be a space museum or space hotel since its mission will change in 2025 as NASA turns its attention to the lunar surface. An even more cooperative and peaceful space.

In this post-ISS context, institutions will still play a central role in providing access to space. National space agencies are now focused on the moon, an ideal target for the pursuit of one of the most meaningful parts of the conquest of space: national governments working hand-to-hand to achieve great things for all people. Space has no frontier or borders and always requires cooperation: space is common property. This is why the ESA will participate, alongside the USA, Russia, Japan, and Canada, in the build-out of the Lunar Orbital Platform Gateway (LOPG), an orbital station revolving in cislunar orbit to deliver astronauts, hardware, and supplies to the moon. NASA recently unveiled the ambitious roadmap of its Artemis program to return to the moon during the next decade, while the ESA is pushing towards implementation of a moon base to take advantage of lunar natural resources. In particular, such resources include lunar regolith ore from which it is possible not only to extract water and oxygen, thus enabling an autonomous human presence on the moon, but also to produce the fuel necessary for more distant exploratory missions to Mars and beyond. By 2046 humanity will have undertaken several trips – most likely robotic – to the Red Planet to test space technology and for other scientific purposes. Scientists will then have their eyes focused on far more distant targets such as the natural moons of the giant planets of our solar system which contain all the raw materials needed to sustain extra-terrestrial forms of life. In 2022, the ESA JUICE space probe will pave the way by lifting off for the icy moons of Jupiter, reaching the planet in 2030.

An even more European space. It's very clear Europe will play a central role in tomorrow's space landscape. Europe possesses everything needed – the technology, the experience, and the drive – to see a European astronaut flying into space one day from the European spaceport in French Guiana! In 2046, after more than two decades of successful use, Ariane 6 will be adapted and progressively turned into "Ariane Next" for future markets. This next iteration will be even more competitive, boasting new lightweight materials for better performance, technologies that open the way for engines that cost much less than the lowest-cost engines of today, and the ability to reuse rocket elements multiple times. Space is a great source of opportunity for creating a better life on Earth. My vision is not that of an outer space "Wild West" as some actors may view it. What I envision is a space of sustainability where no player leaves debris behind, and each works to create a pristine space environment supporting a sustainable future on Earth, the blue planet, our common home.

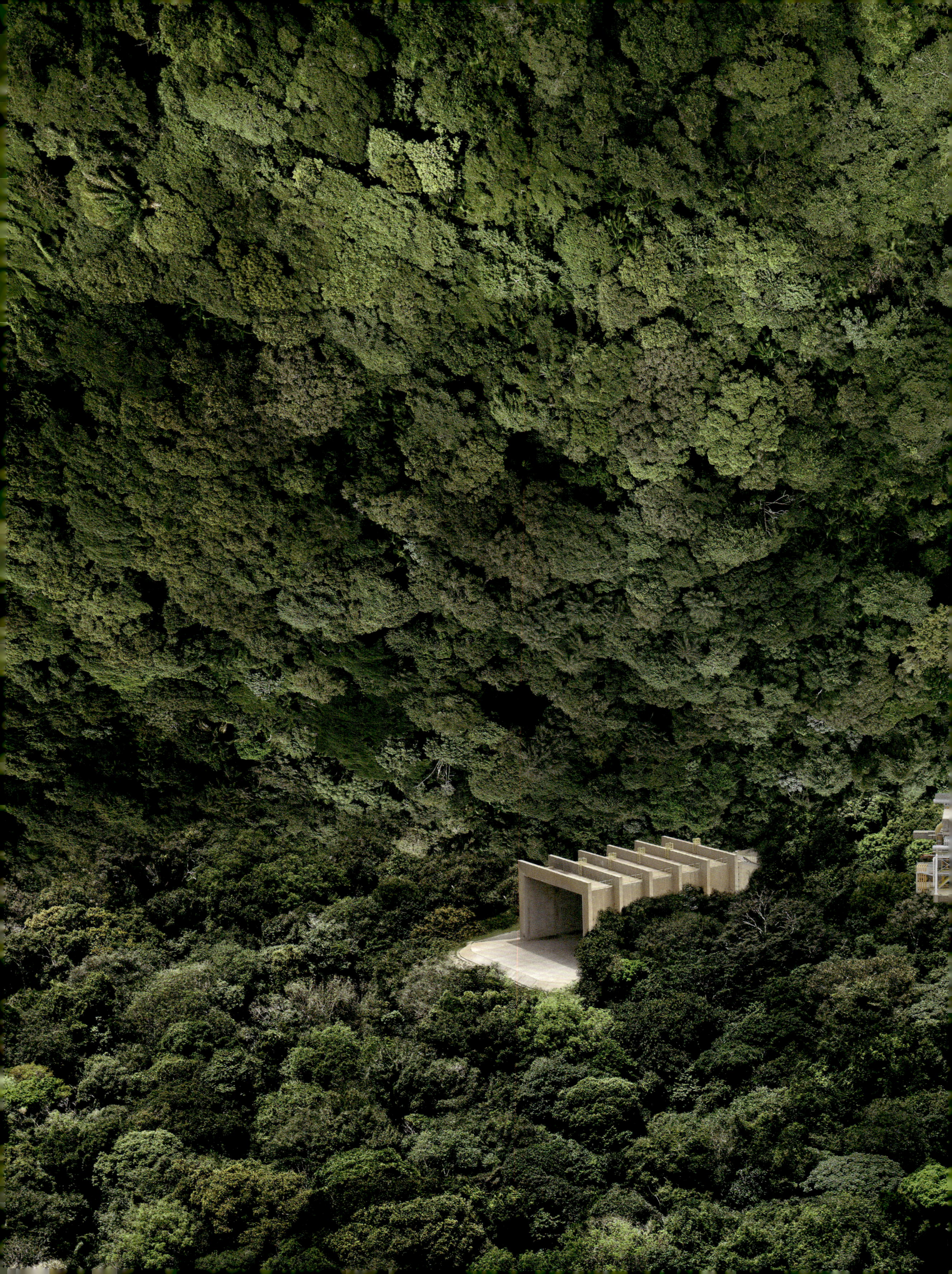

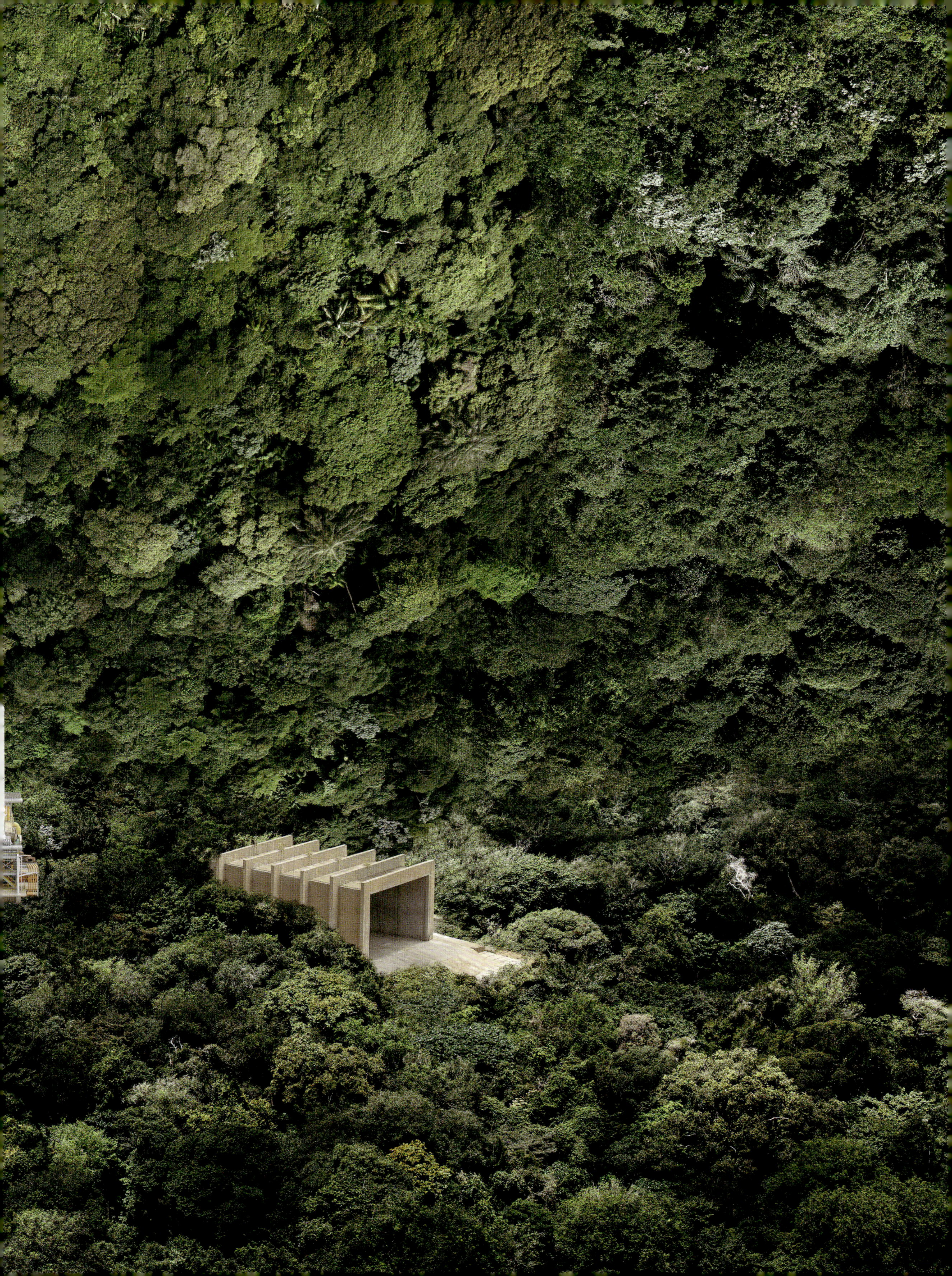

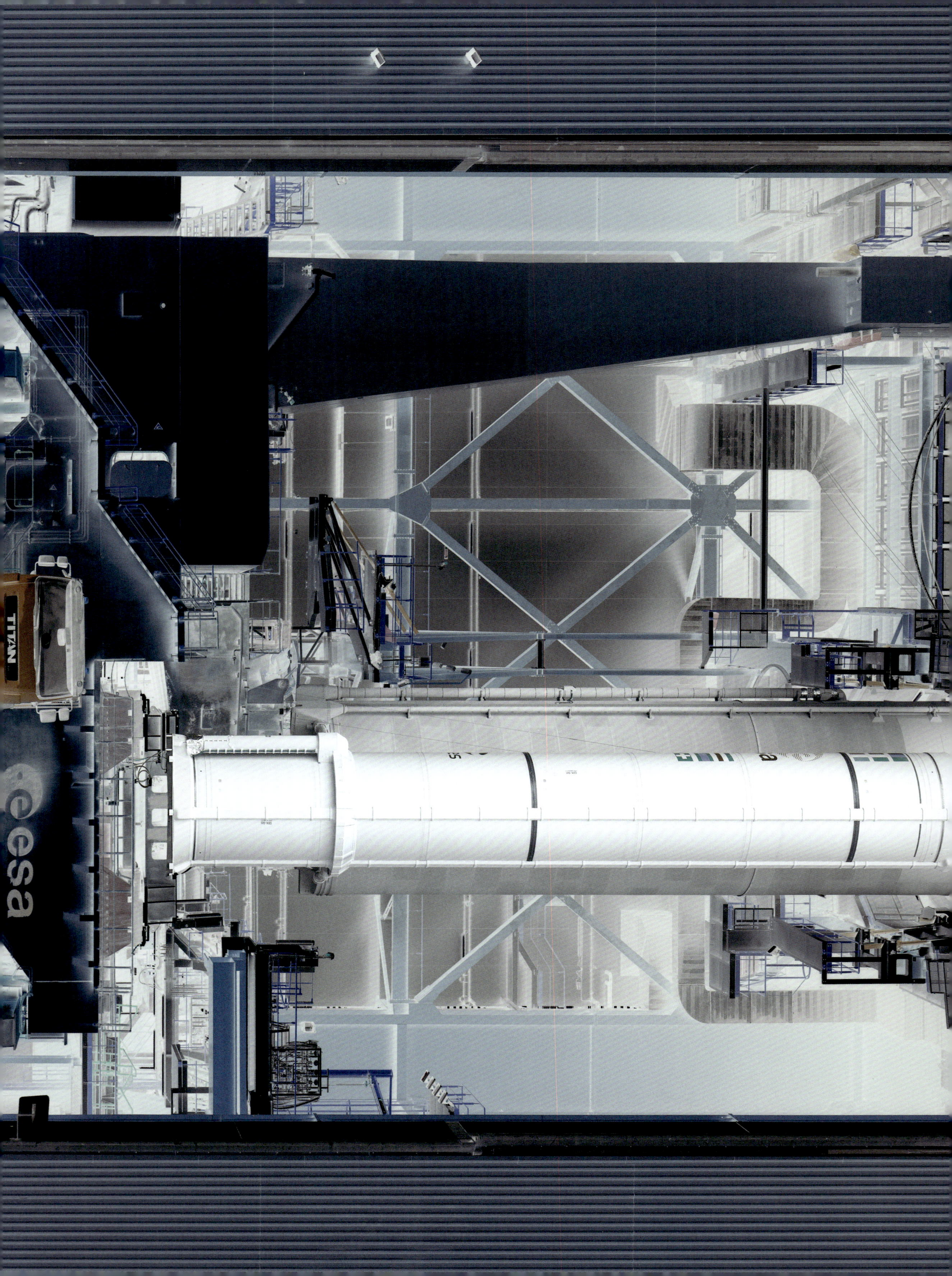
esa
TITAN

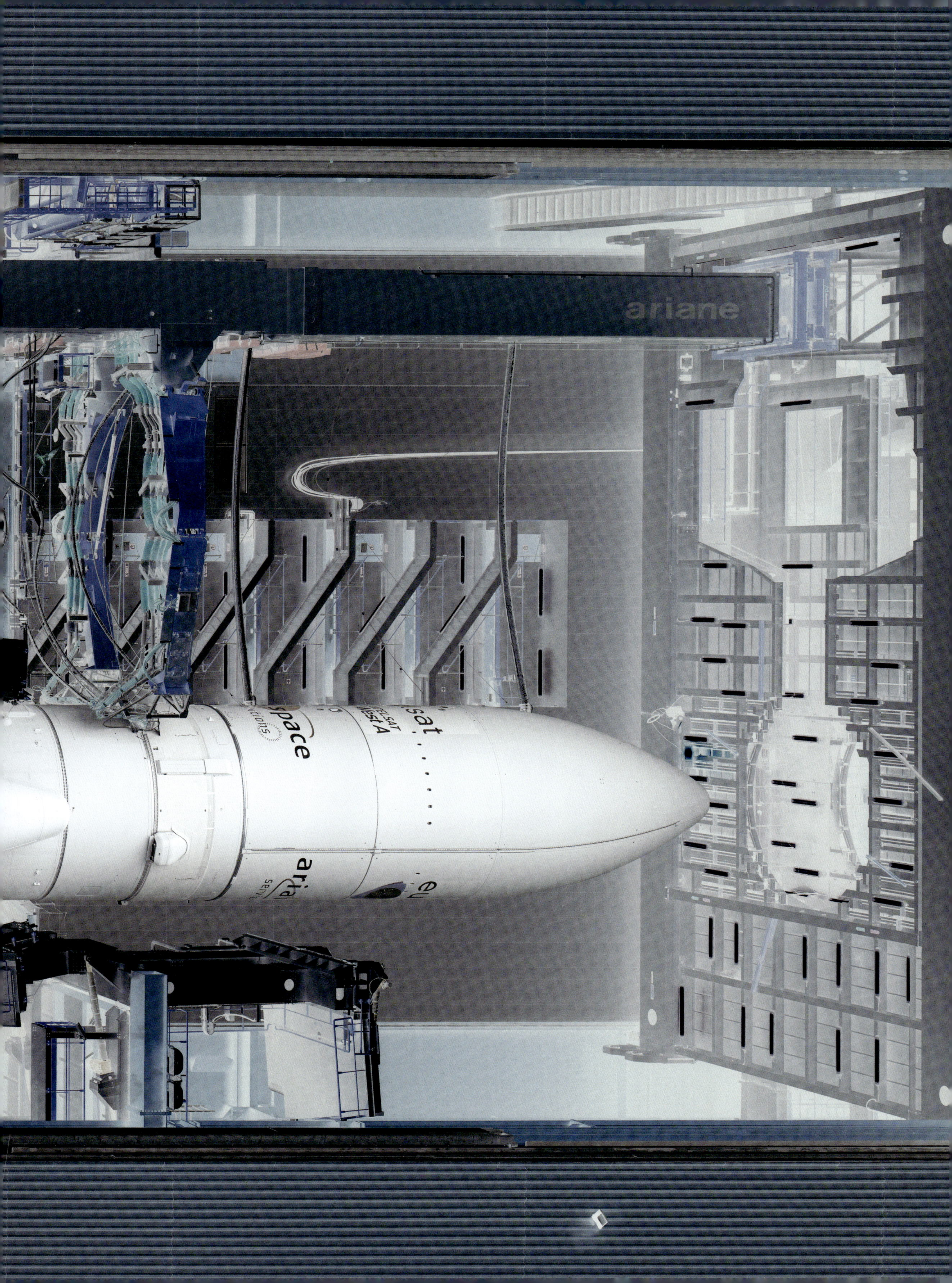
ariane

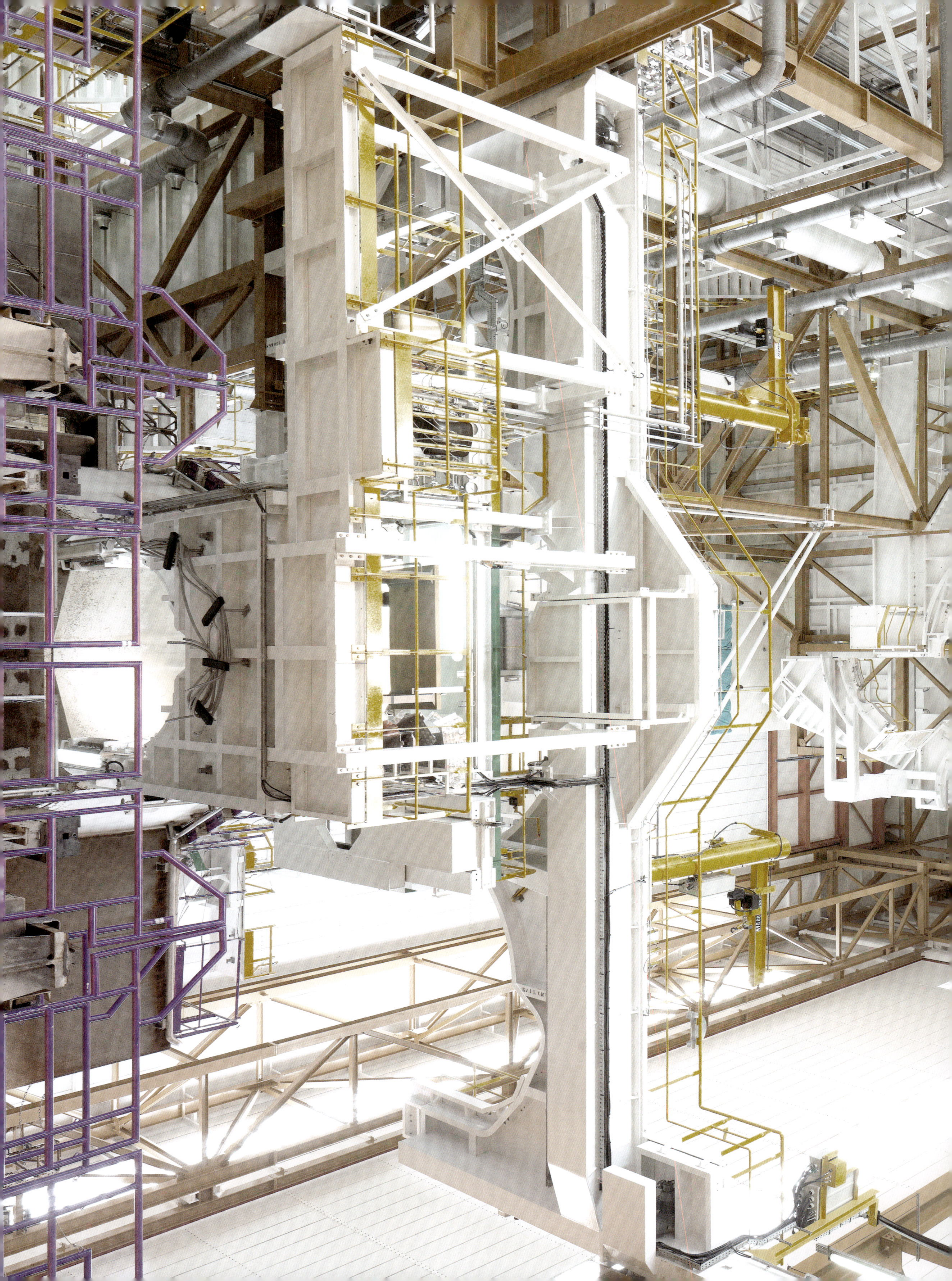

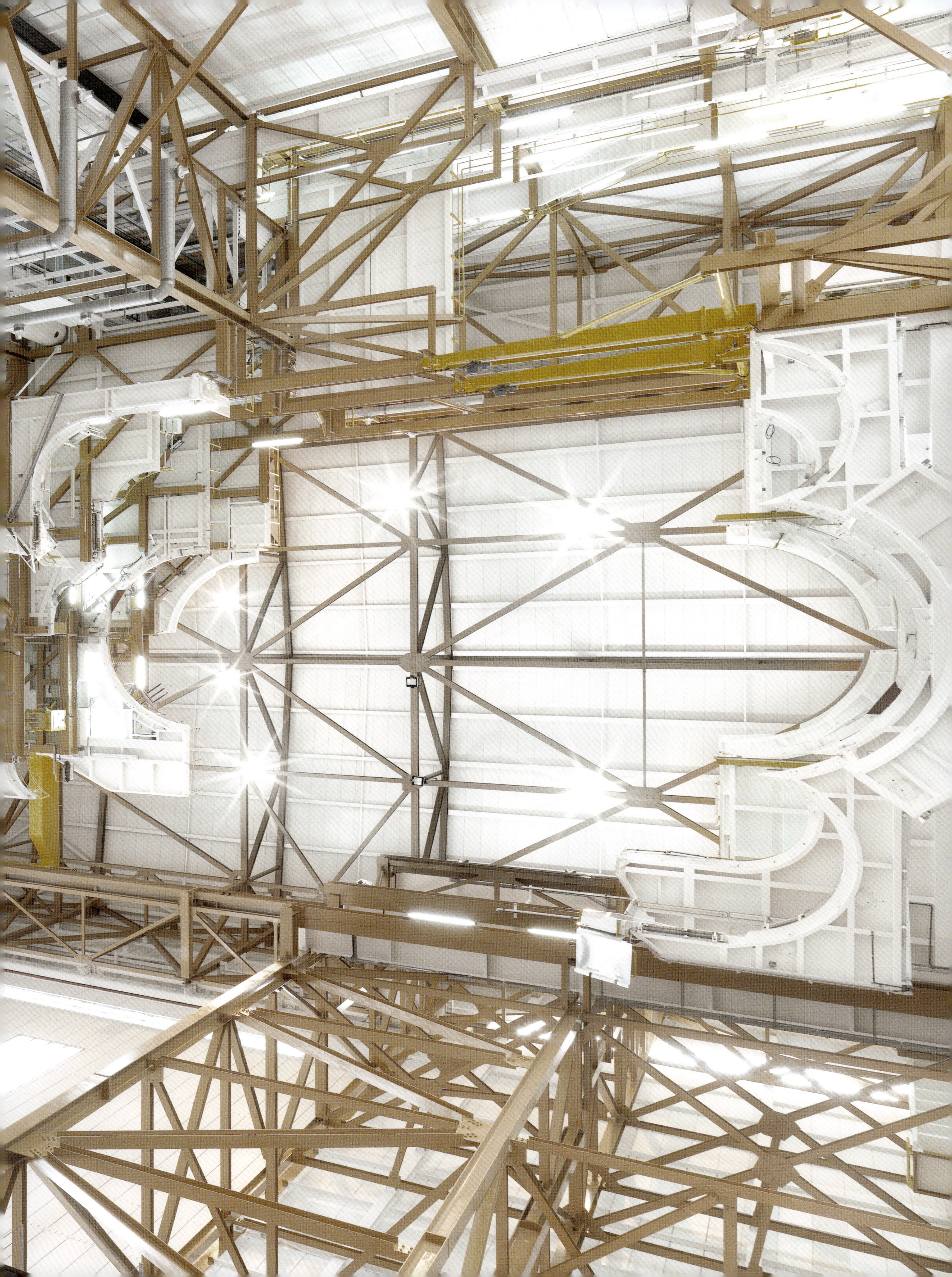

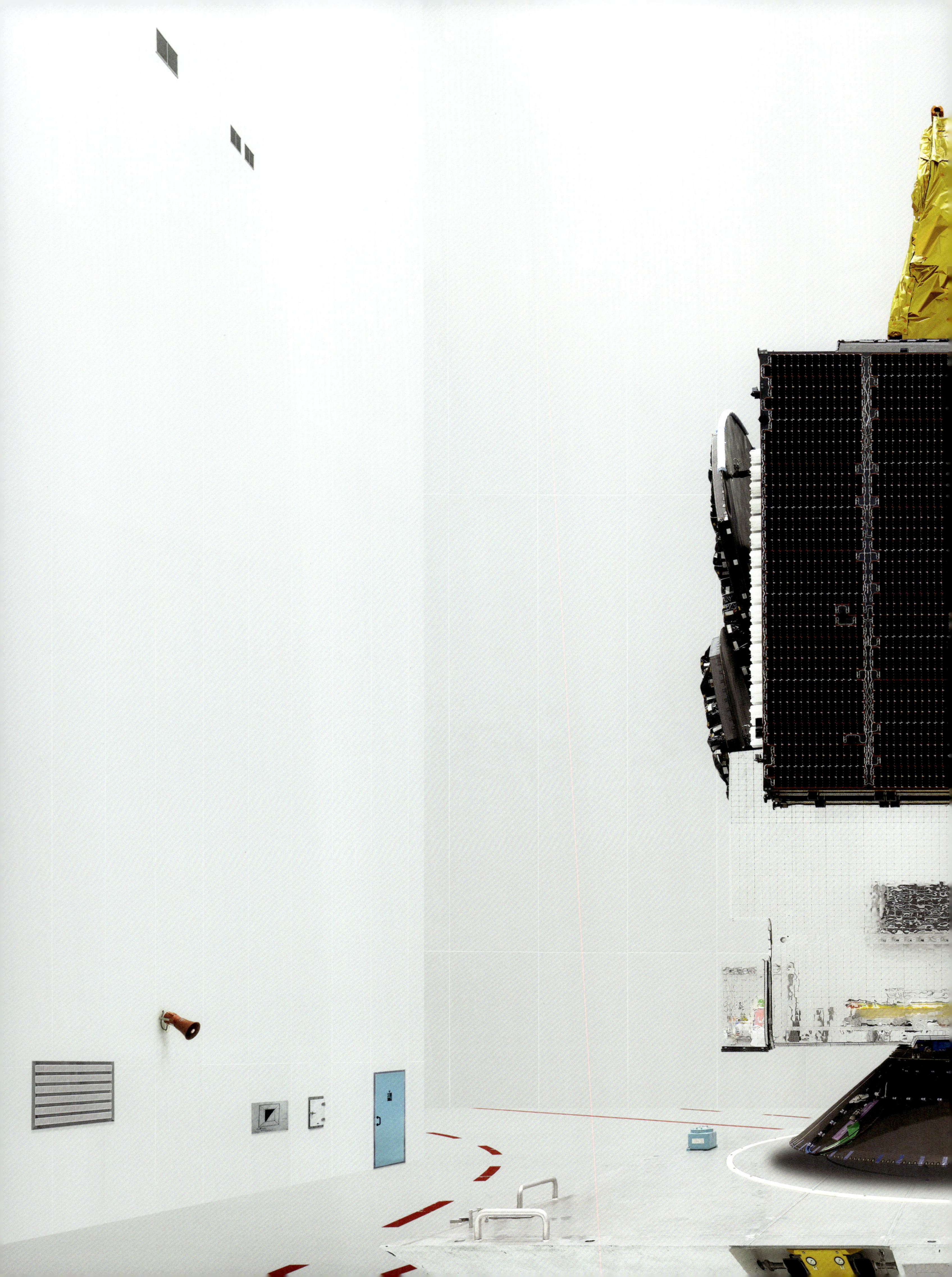

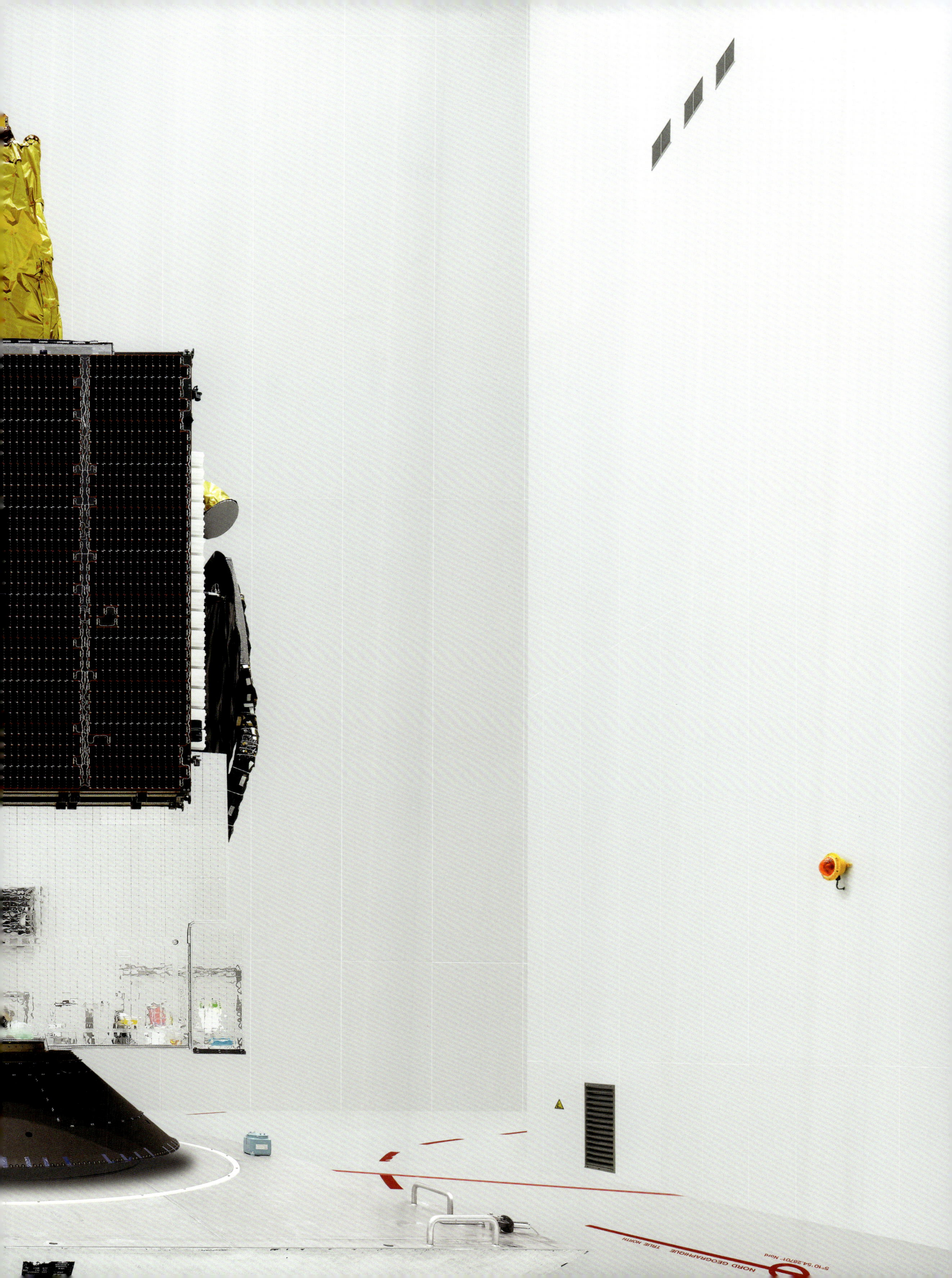
NORD GEOGRAPHIQUE
TRUE NORTH

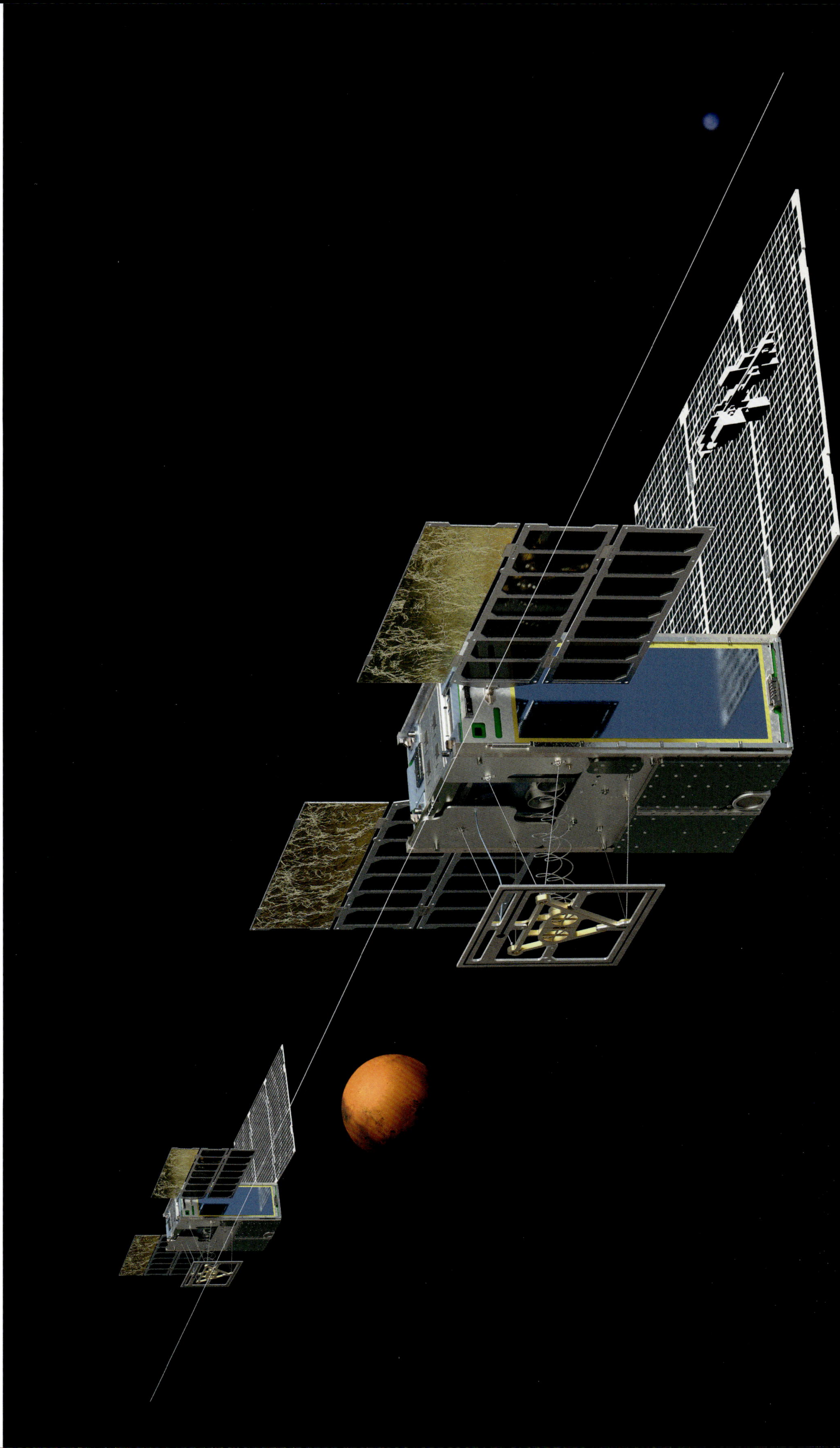

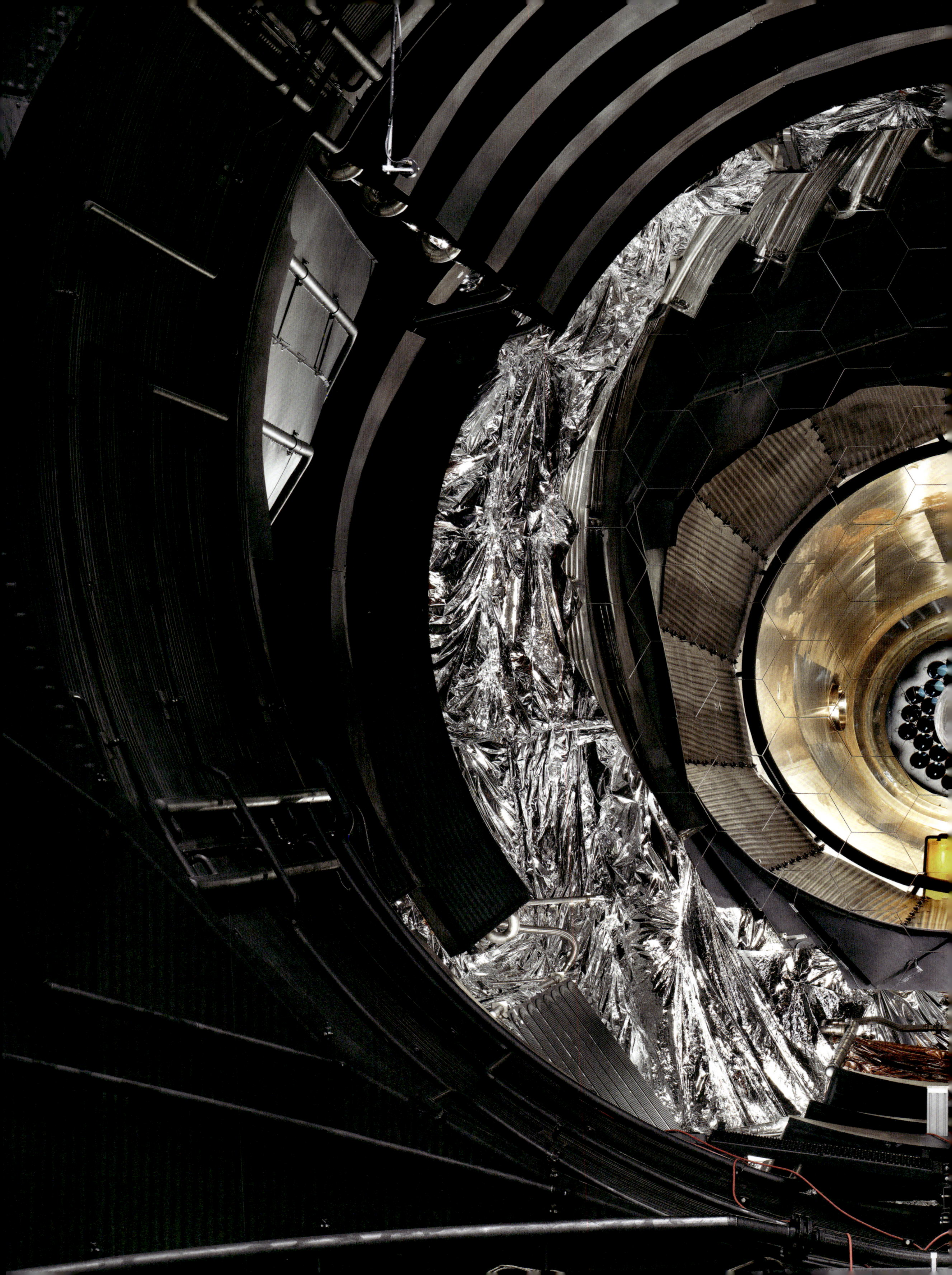

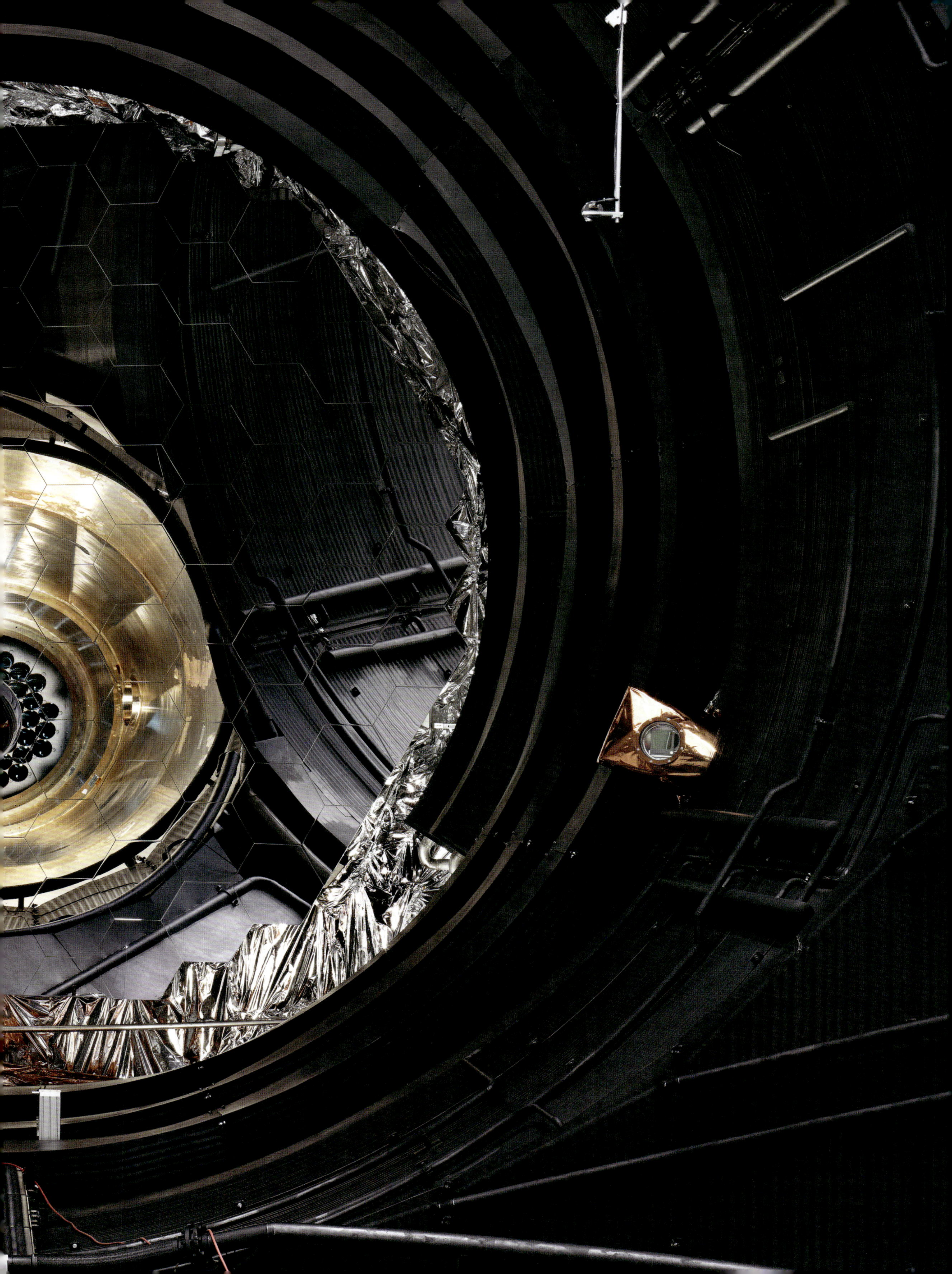

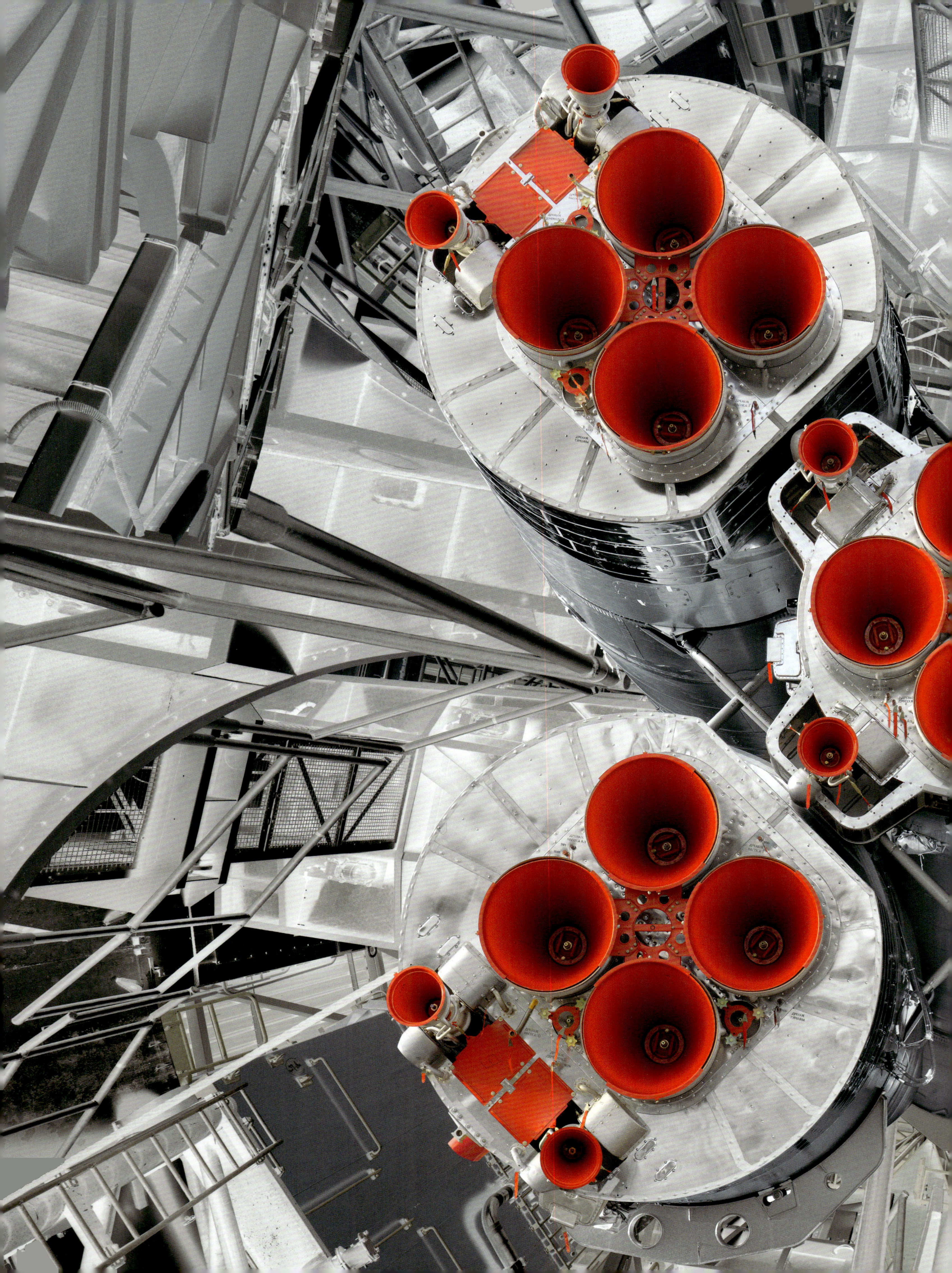

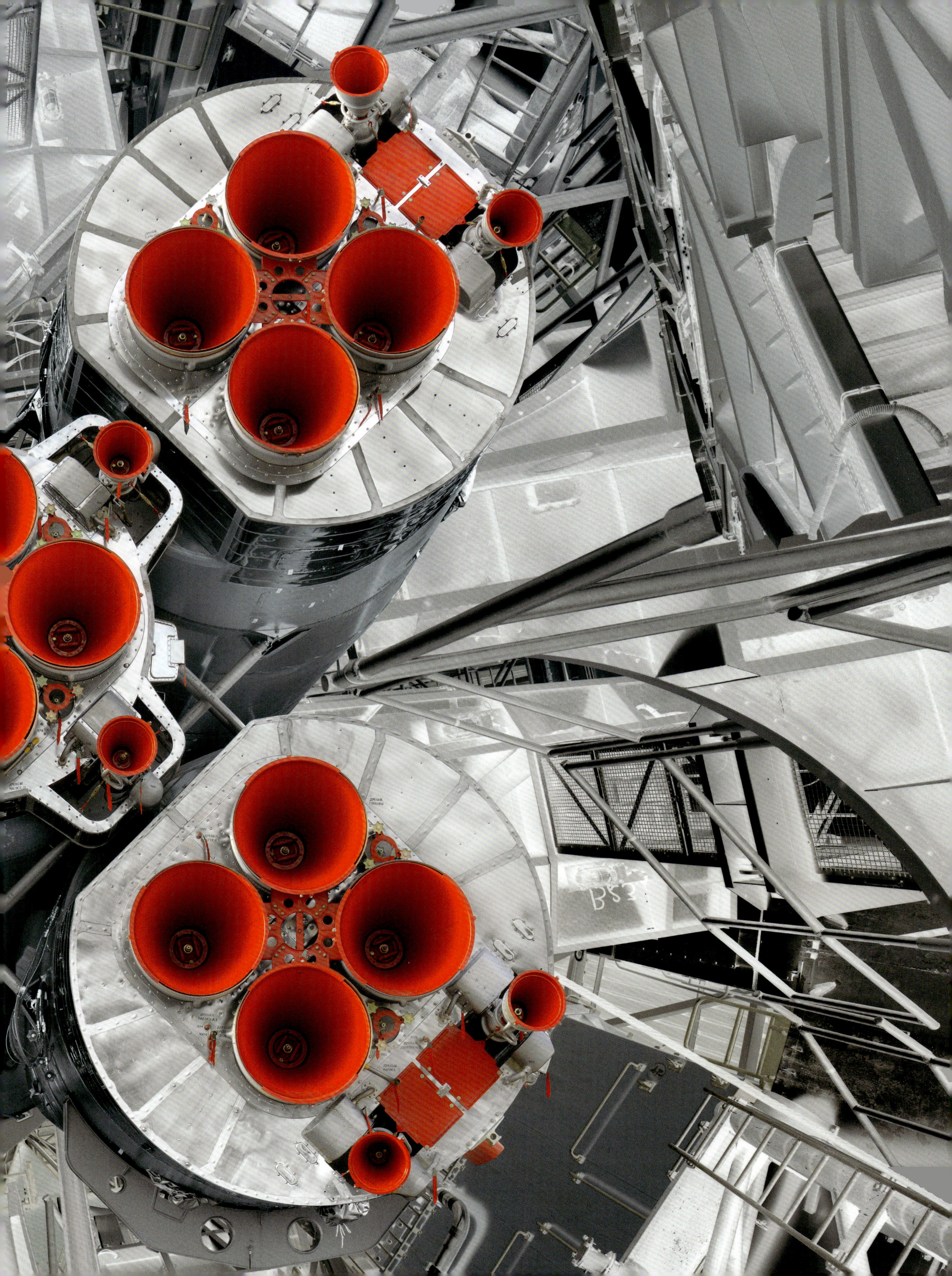

Architektur, Natur und der Weltraum

Ma Yansong
Architekt

Unsere Vorstellung vom Weltraum ist äußert begrenzt und unzureichend. Die Darstellung der Marslandschaft und des außerirdischen Lebens in der Science-Fiction ist erst seit kurzem auch in Kultur und Geschichte verankert. Sie ist ein Teil der Moderne, die allerdings, verglichen mit der langen Spanne der menschlichen Geschichte, lediglich eine kurzzeitige Periode ist. Die Moderne stellt Funktion und Effizienz in den Vordergrund, schließt jedoch die Natur aus ihrem Diskurs aus. Deshalb sind unsere Vorstellungen von außerirdischen Welten und auch vom Kosmos selbst eingeschränkt. Warum also sollten wir nicht nach einem Weg suchen, wie wir uns den Weltraum differenzierter und organischer vorstellen können?

Nach 17 Jahren Praxis in architektonischem Design setze ich mich nun mit der Frage auseinander, wie die Sprache des Designs unsere Gegenwart präzise zum Ausdruck bringen und den Abdruck unserer aktuellen Zivilisation manifestieren könnte, um eine Brücke zwischen Vergangenheit und Zukunft zu schaffen. Die Zukunft des Designs basiert stark auf der Beziehung zwischen Menschheit und Natur, die eine lange Kulturgeschichte hat, welche jedoch in der heutigen Zeit zunehmend verloren geht.

Bei der Gestaltung des Quzhou-Sportparks stellten wir uns eine alternative Anordnung vor, in der sich Architektur und logistische Funktionen in eine weitläufige Landschaft einfügen. Die Architektur verschmilzt mit der Landschaft in einem Tribut an die Natur, der auch das menschliche Verhalten respektiert. Die architektonische Struktur, die üblicherweise mit Kapital und technologischem Fortschritt assoziiert wird, verwandelt sich in einen spirituellen Ort, der eine emotionale Verbindung zwischen Mensch, Natur und Architektur schafft. Der Yuecheng-Kindergarten verwandelt den historischen Pekinger Innenhof in ein schwebendes rotes Dach, von dem behauptet wird, es erinnere an eine Marslandschaft. Meine ursprüngliche Inspiration jedoch nahm ich von den roten und goldenen Dächern des kaiserlichen Peking. Ich wollte die königliche Farbe in die Form der Zukunft für jedes Kind verwandeln. Wenn die Kinder auf dem Dach umherlaufen, erweckt dies ein Gefühl von Freiheit und Gleichheit aller Menschen in ihnen, das ihre Fantasie anregt. Das Fenix Museum of Migration in Rotterdam verfügt über eine doppelte Wendeltreppe, die eine emporhebende Kraft und eine schwebende Geste erzeugt. Die Treppe windet sich spiralförmig durch das Bauwerk in die Höhe und verleiht der Glasdecke mit ihrem Vortex eine neue Form. Die charakteristische Möwe, die auf dem Dach des Museums thront, symbolisiert neues Land, das Menschen mit Migrationshintergrund an ihre Zeit auf hoher See erinnert. All diese Elemente spiegeln ihre Identität innerhalb eines bestimmten Kontextes wider und positionieren sich an der Schnittstelle von Vergangenheit und Zukunft.

Ich betrachte Architektur nie getrennt von den anderen Künsten. Architektur wurde in der Vergangenheit als Gesamtkunst anerkannt. Ihre verflochtene Beziehung zur Kunstgeschichte spiegelt unsere Zivilisation über die Zeit hinweg wider. Heutzutage wird die Rolle der Kunst immer noch durch die Reflexion über Ästhetik, Emotion und Menschlichkeit definiert. Architektur ist jedoch umstritten, wenn ihr Diskurs mit politischen Überlegungen aufgeladen wird. Ich stehe einer solchen Abweichung in Richtung politischer Instrumentalisierung eher misstrauisch gegenüber und möchte bevorzugt die Bedeutung der Ästhetik betonen. Ich glaube, dass die Zukunft der Architektur in der Beziehung zwischen Mensch und Natur liegt. Eine wachsende Zahl von Architekten und Wissenschaftlern plädiert für Energieeffizienz und

„Architektur im Weltraum lädt uns dazu ein, in einem größeren Kontext über Schwerkraft, Klima und Kommunikation nachzudenken."

Nachhaltigkeit als Antwort auf Umweltbelange. Auch hier sollten wir über die reinen technologischen Möglichkeiten hinaus denken, zugunsten einer tieferen Bedeutung. In der chinesischen Tradition wird die Natur mit dem spirituellen Leben assoziiert. Literatur, Malerei, Kalligraphie und der akademische Lebensstil orientieren sich an den Grundwerten der Erweiterung der menschlichen Vorstellungskraft, der Vision und Empfindungen.

Der Raum ist ein gängiges Konzept in der Architektur, gewinnt aber eine gänzlich andere Bedeutung, wenn wir über die Erdatmosphäre hinausgehen. Dabei spielt es keine Rolle, ob sich das Narrativ um die Zukunft der Raumfahrt oder die Kolonisierung anderer Monde und Planeten dreht. Wir dürfen nicht vergessen, dass der Mensch immer der Ausgangspunkt unseres Denkens bleibt. Im Jahr 2046 wird die Menschheit mit vielen verschiedenen Möglichkeiten auf dem Gebiet der Weltraumforschung konfrontiert sein. Es stellt sich daher die Frage, wie man den Weltraum und den irdischen Raum miteinander verbinden kann; dies allerdings in unterschiedlichen Maßstäben hinsichtlich der Entfernung und der Ökosysteme. Der Weltraum muss als ein erweiterter Lebensraum betrachtet werden, der durch seine schiere Ausdehnung und die Zeit, die benötigt wird, um ihn zu erreichen und zu durchqueren, definiert ist. Architektur im Weltraum lädt uns dazu ein, in einem größeren Kontext über Schwerkraft, Klima und Kommunikation nachzudenken. Wie beziehen sich diese zentralen Konzepte auf die Menschheit und gestalten unser Selbstverständnis innerhalb dieses riesigen Raum-Zeit-Kontinuums neu?

Architecture, Nature, and Outer Space

Ma Yansong
Architect

The way we imagine outer space is very limited and inadequate. The depiction of Martian landscape and extra-terrestrial life in science fiction has only recent roots in culture and history. It is born out of modernism, which, however, is a short-lived period when compared to the long span of human history. Modernism prioritizes function and efficiency but excludes nature from its discourse. This is why our ideas of extra-terrestrial worlds and the cosmos itself are restricted. Why not let us start searching for a way to imagine outer space that is more diversified and organic?

After seventeen years practice in architectural design, I am now reflecting on how the language of design could accurately articulate our present time and leave the imprint of our current civilization, creating a bridge between past and future. The future of design is strongly based on humanity's relation to nature which has a long cultural history but which is increasingly being lost in the present time.

When designing Quzhou Sports Park, we imagined an alternative set-up in which architecture and logistical functions are submerged in a sweeping landscape. Architecture blends with the landscape in a tribute to nature that also respects human behavior. Architectural structure usually associated with capital and technological progress transforms itself into a spiritual place that evokes emotional engagement between people, nature and architecture. The Yuecheng Kindergarten transforms the historical Beijing courtyard into a floating red rooftop that many people think resembles a Martian landscape. But my original inspiration came from the red and gold roofs in imperial Beijing. I wanted to transform the royal color into the shape of the future for every child. When they are running about on the rooftop, it gives them a sense of freedom, stimulating their imaginations with a sense that everyone is equal. The Fenix Museum of Migration in Rotterdam features a double spiral staircase that creates an uplifting force and a floating gesture. The staircase spirals up through the structure and reshapes the glass ceiling in its vortex. The signature seagull perched on the museum's roof symbolizes new land that reminds migrants of their time spent on the high seas. All of these elements reflect their identities within a specific context, and situate themselves at the intersection of past and future.

I never consider architecture separately from the other arts. Architecture was recognized as a total art in the past. Its intertwined relationship with art history reflects our civilization across time. Nowadays, the role of art is still defined by reflecting on aesthetics, emotion and humanity. However, the form of architecture becomes controversial when its discourse is loaded with political considerations. I am suspicious of such deviation in the direction of political instrumentalisation and would rather emphasize the importance of aesthetics. I believe that the future of architecture lies in the relationship between humankind and nature. An increasing number of architects and scientists advocate energy efficiency and sustainability in response to environmental concerns. Again, we should think beyond the pure technological possibilities in favour of a deeper meaning. Nature is associated with spiritual life in the Chinese tradition. Literature, paintings, calligraphy, and the scholarly lifestyle are all oriented to the core values of expanding human imagination, vision, and sensations.

Space is a common concept in architecture, but gains a very different meaning when we go beyond the Earth's atmosphere. It doesn't matter if the narrative unfolds

“Architecture in outer space invites us to think about gravity, climate, and communication within a larger context.”

around the future of space travel or the colonization of other moons and planets. We must not forget that the human being is always the starting point of our thinking. By 2046 humanity will be confronted by many different possibilities in the field of space exploration. So the question is: how to connect outer space and earthly space but on different scales in terms of distance and ecosystems. Outer space has to be considered as an extended living area defined by its sheer expanse, and the time needed to reach and cross it. Architecture in outer space invites us to think about gravity, climate, and communication within a larger context. How do these pivotal concepts relate to humanity and reshape our understanding of ourselves in the vast space-time continuum?

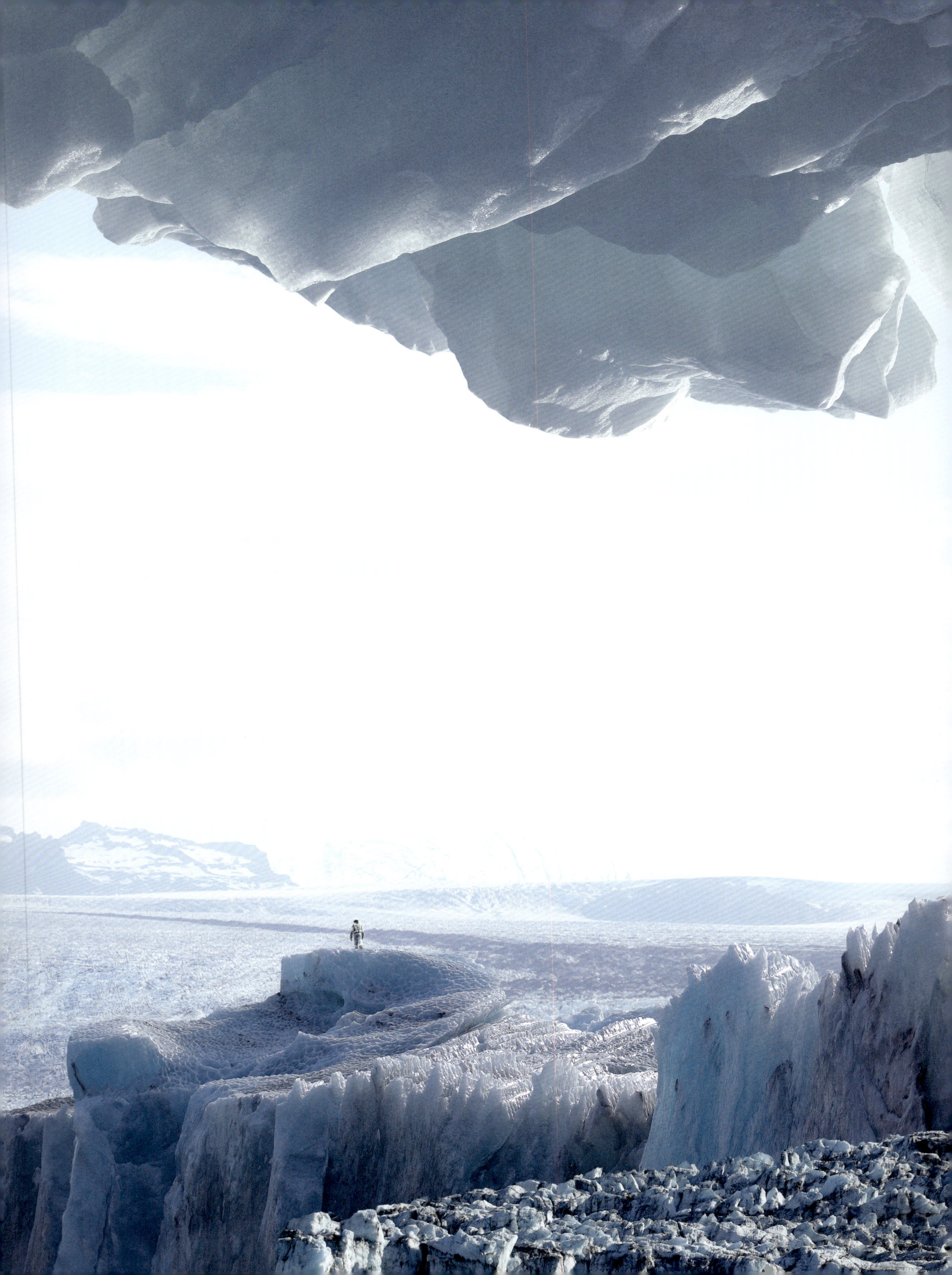

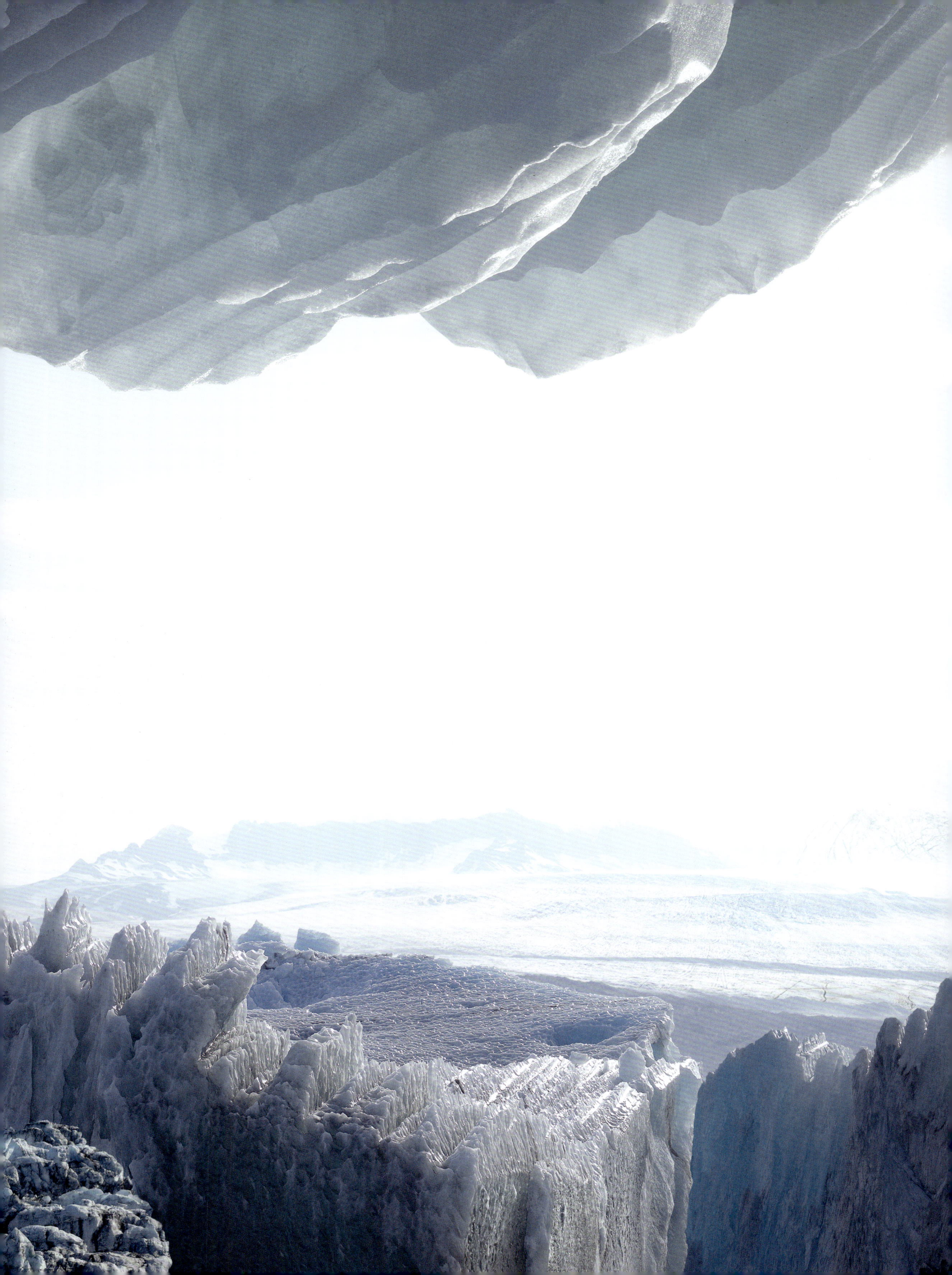

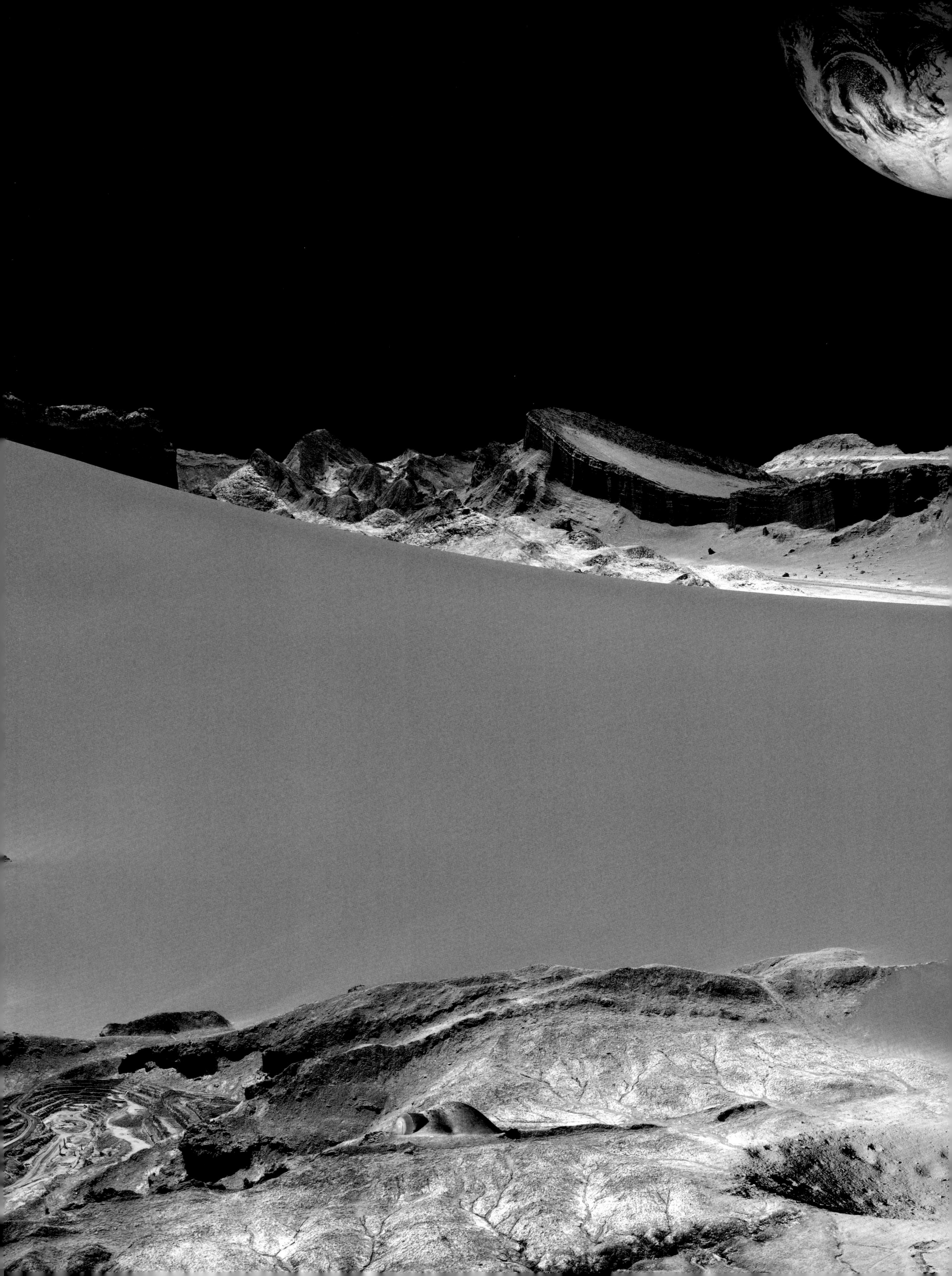

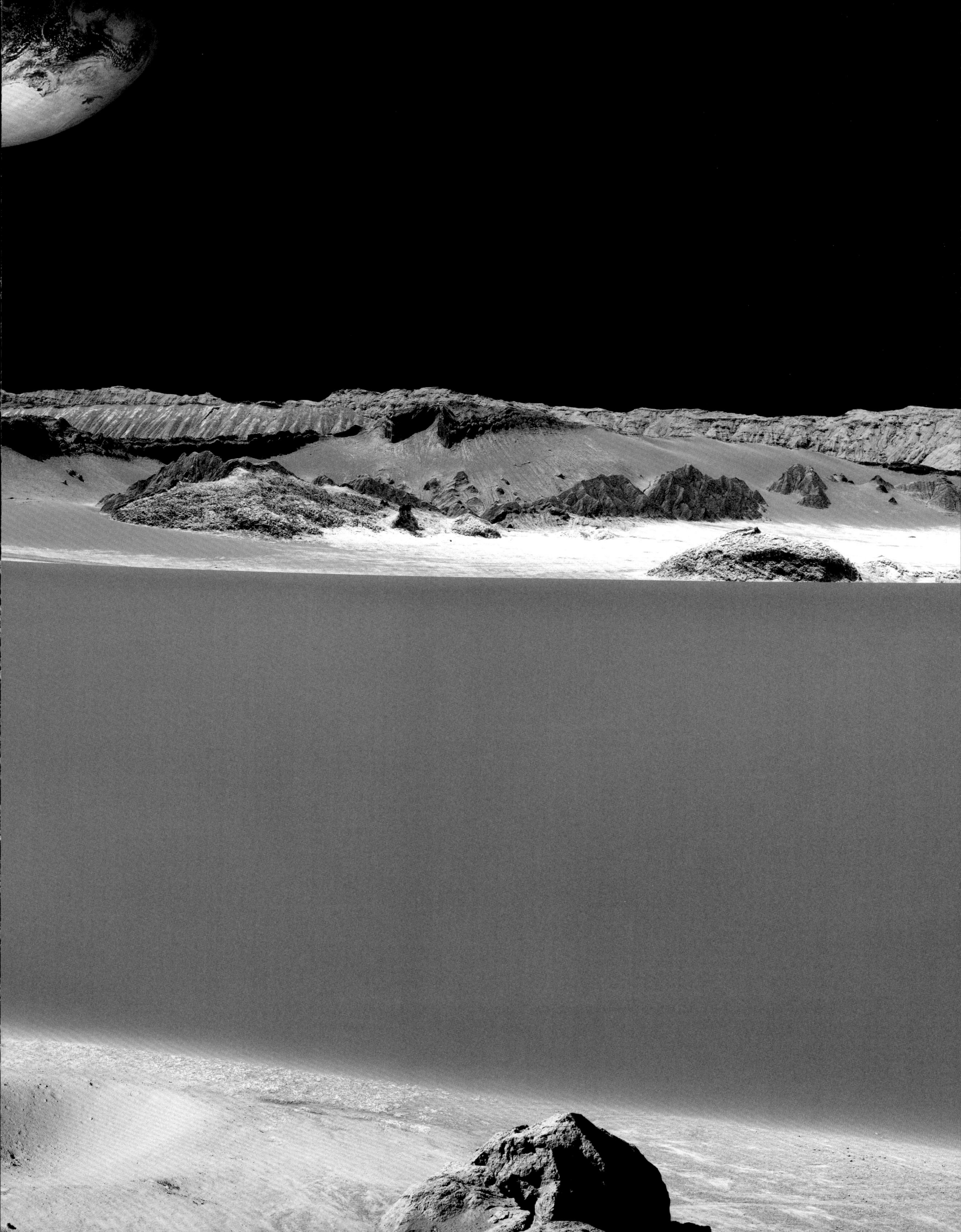

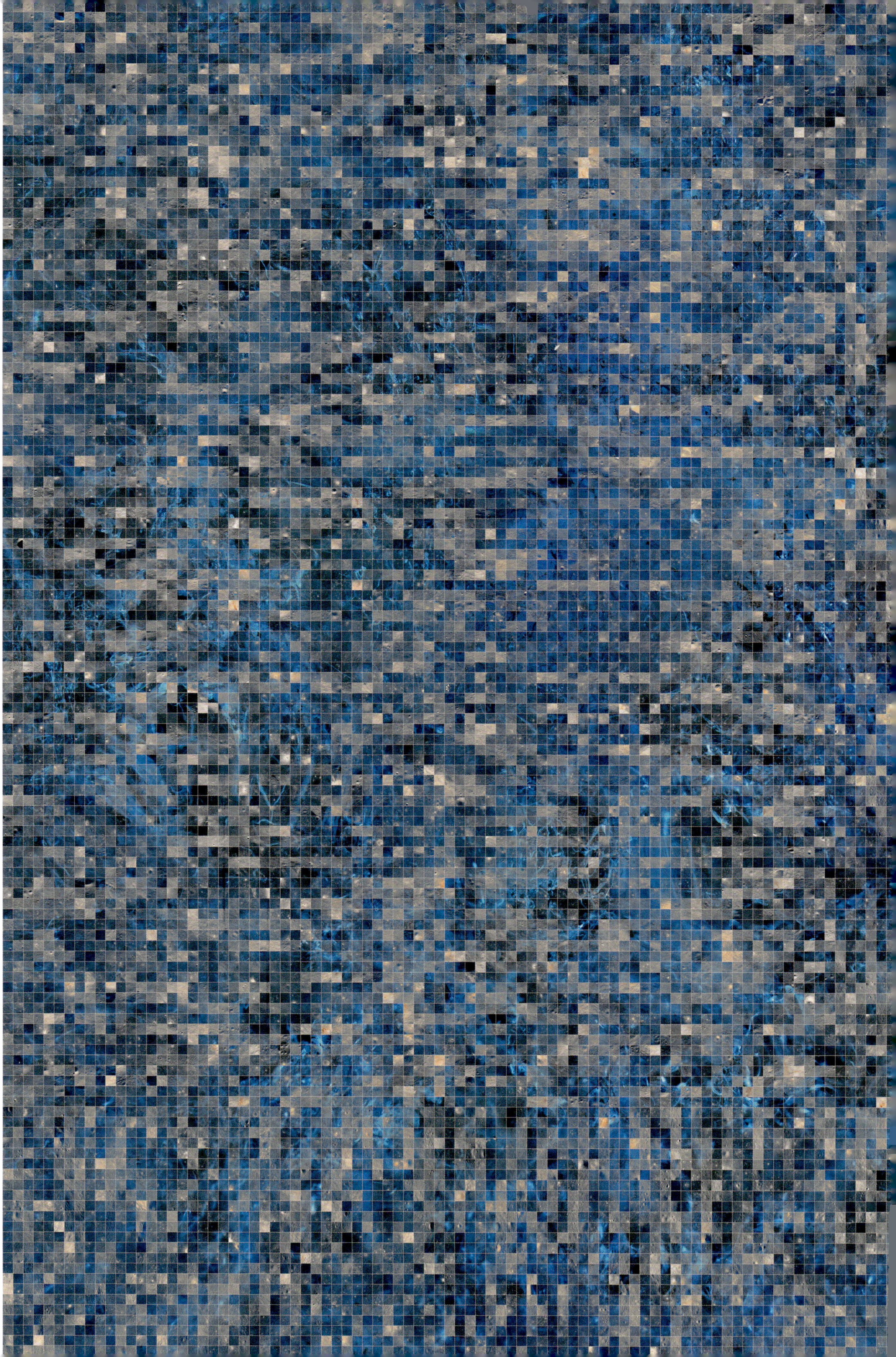

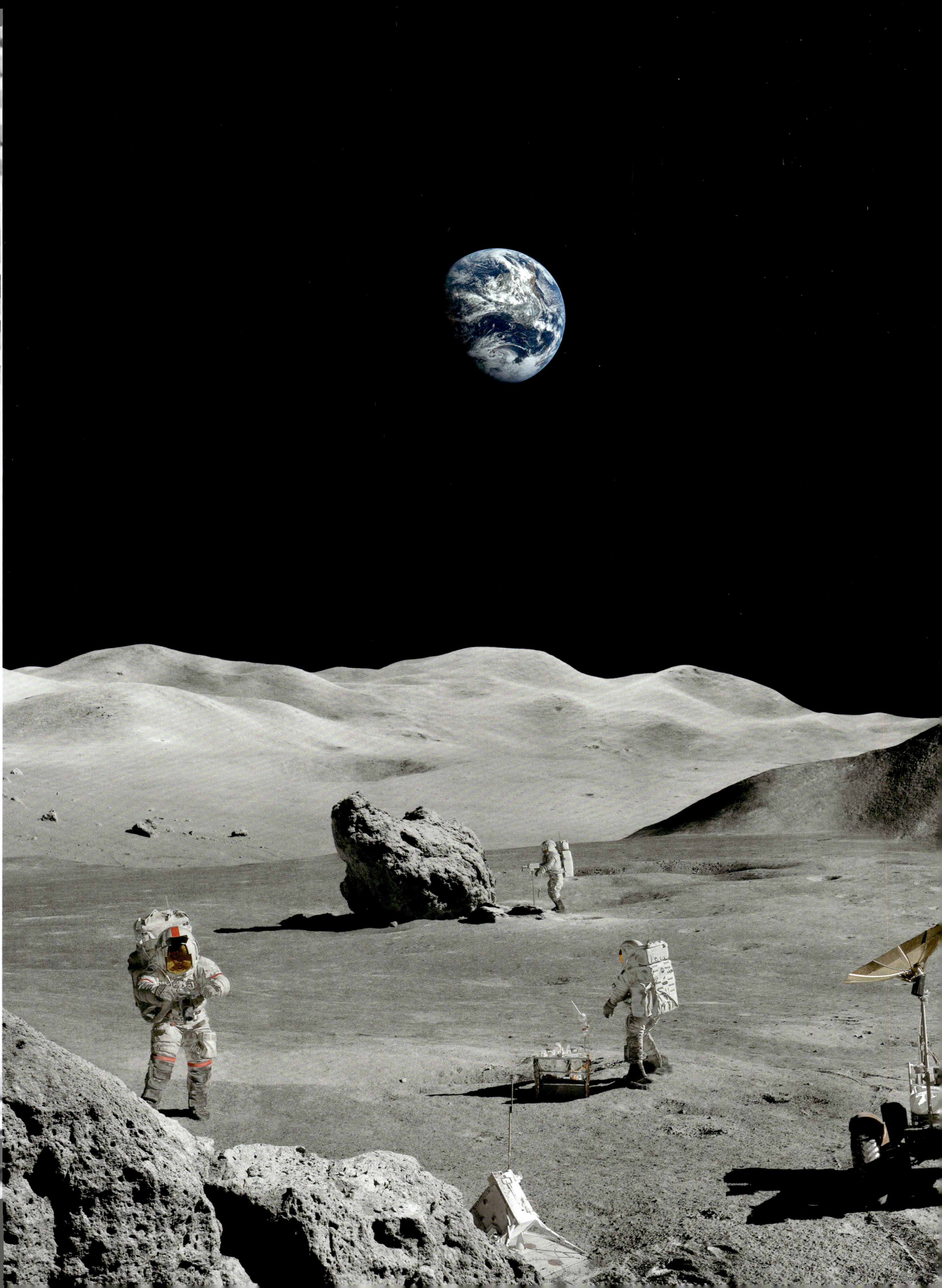

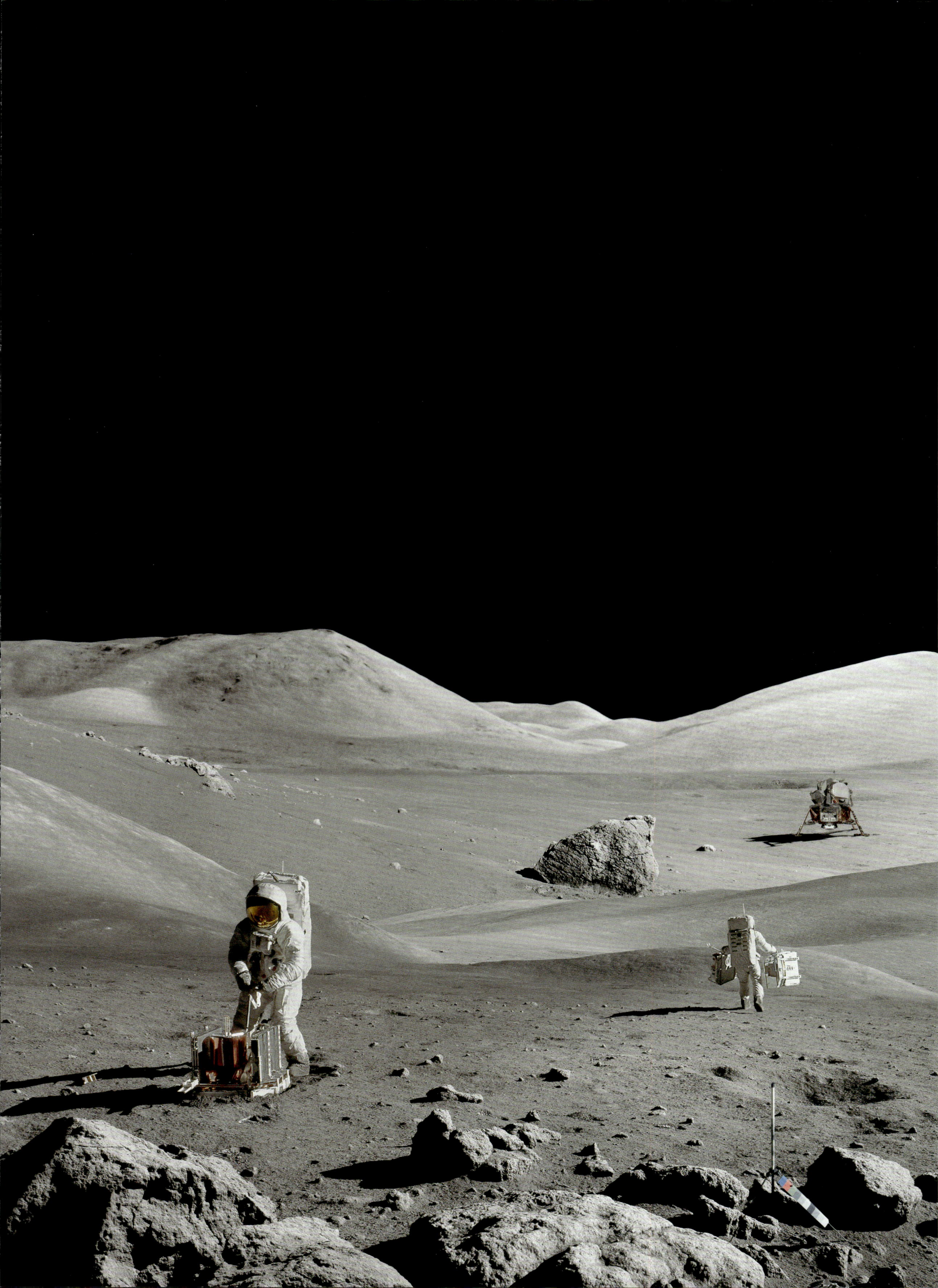

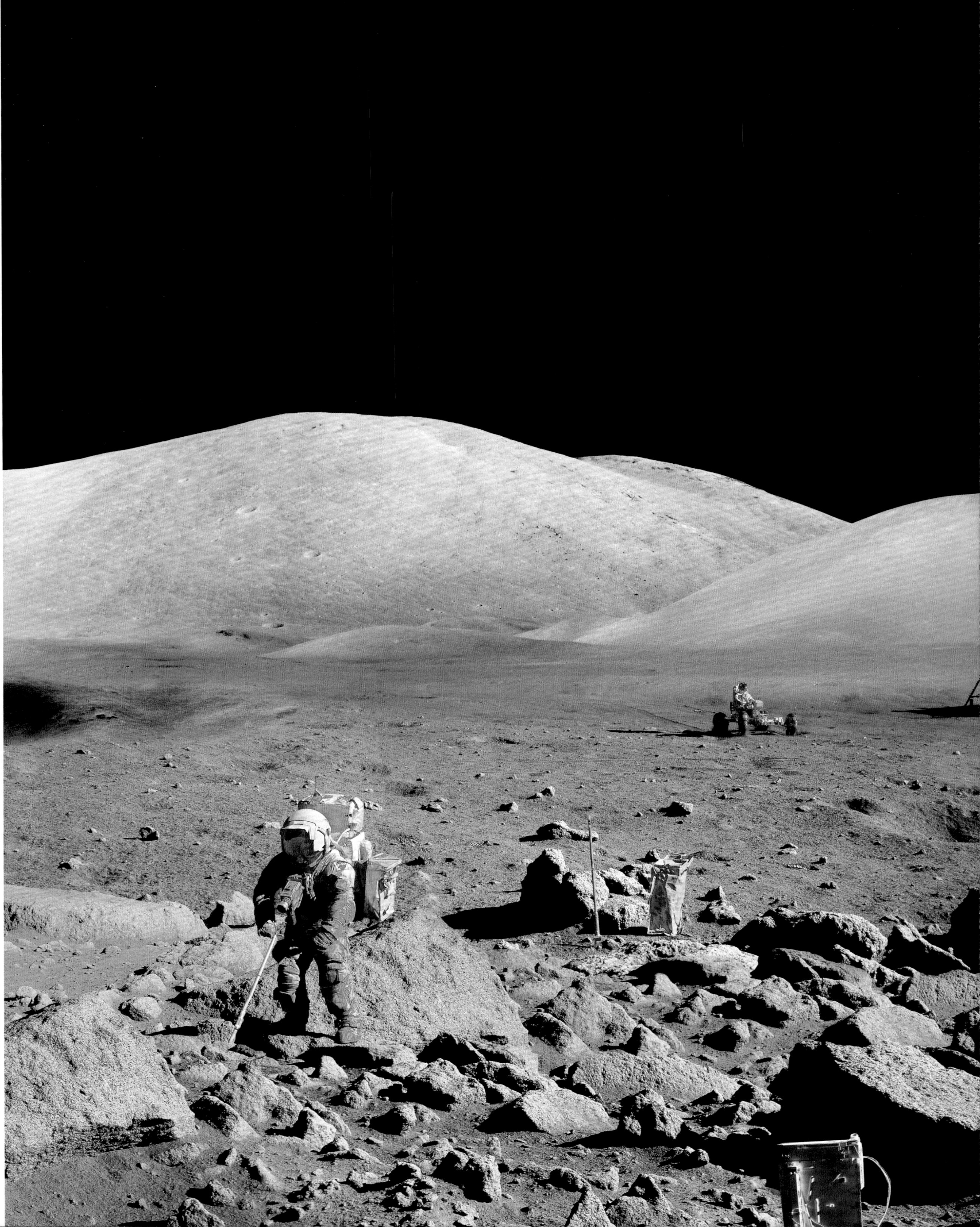

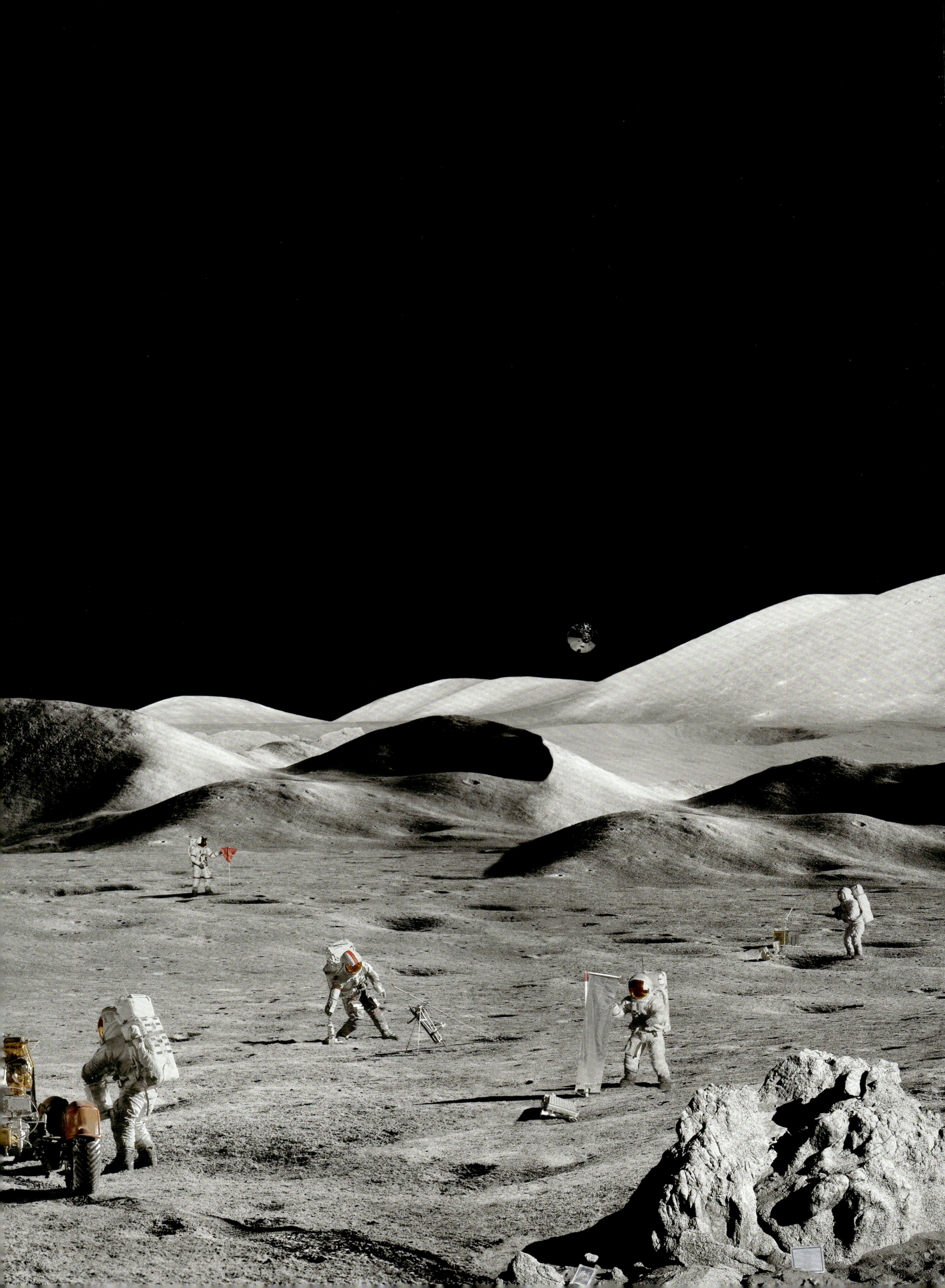

Robotik im Weltraum

Sethu Vijaykumar
Direktor Edinburgh Centre for Robotics

Es ist eine der Visionen eines führenden Unternehmens unserer Generation, der National Aeronautics and Space Agency (NASA), uns zu einer Zwei-Planeten-Spezies zu machen. Neben der Befriedigung schierer menschlicher Neugier und dem Wusch zu verstehen, was jenseits liegt, gibt es viele wirtschaftliche, soziale und politische Rechtfertigungen für dieses Vorhaben. Wir befinden uns an verschiedenen Fronten des Planeten Erde an den Grenzen der Nachhaltigkeit. Dies betrifft die Energieversorgung, seltene Erdmaterialien sowie eine gesicherte Lebensmittel- und Wasserversorgung, ganz zu schweigen von den Auswirkungen des globalen Klimawandels. Es gilt, verschiedene technologische Herausforderungen zu bewältigen, um diese Vision zu verwirklichen. Die offensichtlichen sind diejenigen, die Antriebs- und Raketentechnologien, Materialien sowie Herstellungstechniken betreffen, die auch in feindlichen Umgebungen lebensfähig sind. Des Weiteren alle Technologien, die erforderlich sind, um das Leben auf einem anderen Planeten zu ermöglichen – Lebensraum, Lebensmittelproduktion, Transport, Konstruktion und Abfallentsorgung.

Als Robotiker gibt es für mich jedoch noch ein weiteres wesentliches Potenzial, auf das sich meine Forschung konzentriert: den Einsatz von Robotertechnologie. Diese ist entscheidend für die Vorinstallation von Hardware auf einem anderen Planeten, für die Wartung und Reparatur von Einrichtungen sowie für die Ermöglichung einer Zusammenarbeit von Hilfsrobotern. Diese sind für verschiedene Elemente der Mission nötig, einschließlich interplanetarer Reisen, Reisen auf der Oberfläche des Planeten und auch an Zwischenstationen wie der ISS. Welche wirtschaftlichen Interessen werden mit der Entwicklung derartiger Roboterfähigkeiten verfolgt? Die Antwort darauf liegt in einem spannenden Projekt, das wir für die zukünftigen Marsmissionen entwickeln.

Die wissenschaftlichen Herausforderungen, die es zum Erreichen dieses Ziels zu bewältigen gilt, lassen sich in drei Kategorien unterteilen: (1.) widerstandsfähige und dichte Sensorik und Wahrnehmung, (2.) Bewegungsplanung für unübersichtliche und dynamische Umgebungen und (3.) zuverlässige Betätigung, die die vorgegebenen Bewegungen ausführen lässt. Diese Herausforderungen sind besonders groß für Roboterplattformen ohne fixierte Basis, wie beispielsweise solche, die sich mit Rädern, oder mit einem zwei- oder vierfüßigen Antrieb fortbewegen. Die verschiedenen Arten der Fortbewegungsmodalitäten sind für unterschiedliche Aufgaben geeignet. So eignen sich zum Beispiel Geländeräder für den Transport auf relativ flachen Planetenoberflächen, vierfüßige Antriebe für felsiges und sehr unebenes Terrain und zweifüßige Antriebe für Arbeiten in Umgebungen, die als menschlicher Lebensraum konzipiert wurden.

Eine der Schlüsselfragen beim Einsatz solcher Roboterwerkzeuge ist das Maß an Autonomie, das den Maschinen gegeben werden muss. Die Teleoperation ist die bevorzugte Betriebsart für die meisten robotergesteuerten Aufgaben, die in den aktuellen Weltraummissionen anfallen. Es handelt sich dabei typischerweise um einen Roboter, der präzisen Bewegungssequenzen folgt, die über eine Benutzeroberfläche kinästhetisch vorgegeben werden. Die Teleoperation ist stark von den Fähigkeiten des Bedienenden abhängig und dies kann aufgrund möglicher Qualifikationslücken ein erhebliches Hindernis für eine breitere Adaption der Robotik darstellen. Nicht jeder kann die Roboter effektiv bedienen, auch wenn deren technisches Design eigentlich Erstaunliches ermöglicht.

Ein weiterer einschränkender Aspekt sind die erheblichen Signalübertragungsstörungen, die notwendigerweise auftreten, wenn die Missionen in größerer Entfernung stattfinden. Deshalb muss die Roboterplattform über ein hohes Maß an Autonomie verfügen, damit autonome Reaktionen ohne eine kontinuieNrliche Überwachung oder Eingabe möglich sind. Auf der anderen Seite gibt es viele Forschungsprojekte, die Technologien für vollständig autonome Roboteroperationen anstreben. Viele weltweit führende Teams, einschließlich unseres eigenen, haben an der Lösung dieses Problems gearbeitet. Vollständige Autonomie beinhaltet mehrere Komponenten, einschließlich der Fähigkeit, ein „Optimalitätskriterium“ oder „Gütekriterium“ zu definieren. Dies ist in vielen Fällen intuitiv und auch machbar, doch darüber hinaus muss der Roboter Absichten definieren und generieren. Das Generieren von Absichten sowie das Testen, ob diese in das erwartete Verhalten resultieren, können für komplexe Roboterplattformen äußerst schwierig sein.

Gibt es also einen direkten Mittelweg, auf dem die Robotik diese Herausforderungen bewältigen kann, ohne darauf warten zu müssen, das Problem der vollständigen Autonomie zuverlässig zu lösen? Wir können uns ein Konzept vorstellen, das möglicherweise schon jetzt umsetzbar und vielleicht auch sozial deutlich akzeptabler ist. Dieses Konzept ist ein Paradigma, das das Beste aus beiden Welten verbindet: Die Präzision und Genauigkeit von Robotern und die kontextbezogene Entscheidungsfähigkeit der Menschen. Ich möchte dies als „Gemeinsame Autonomie“ bezeichnen. Diese verleiht der Maschine eine bedeutende Autonomie, während gleichzeitig menschlichen Benutzern die wichtigen Entscheidungen zufallen. Die zentrale Herausforderung besteht darin, Systeme zu schaffen, mit denen sich die Autonomieniveaus je nach Aufgabe und sogar innerhalb einer Aufgabe zu unterschiedlichen Zeitpunkten nahtlos anpassen lassen. Das Hauptaugenmerk liegt nun darauf, wie die kognitive Belastung der für eine Aufgabe verantwortlichen Person verringert werden kann und wie Roboter einige dieser Aufgaben trotz erheblichen Verzögerungen, Lärm und Kommunikationsproblemen „idiotensicher“ machen können. Das Valkyrie-Roboter-Projekt der NASA befasst sich mit exakt diesen Herausforderungen im Kontext dieses neuen Paradigmas.

Ich bin davon überzeugt, dass wir massive Fortschritte machen und Lösungen finden werden, die auf den Weltraum und unser Sonnensystem ausgerichtet sind, um einige der Herausforderungen zu bewältigen, denen wir uns heute auf der Erde gegenübersehen. Die interaktive Robotik und das Paradigma der gemeinsamen Autonomie werden zweifellos eine wichtige Rolle bei der Bereitstellung von Lösungen spielen.

Das Valkyrie-Roboter-Projekt der NASA an der Universität von Edinburgh

Die NASA-Valkyrie ist ein humanoider Roboter mit einer ungefähren Größe von 170 cm und einem Gewicht von etwa 120 kg. Er verfügt über 44 bewegliche Gelenke oder Freiheitsgrade (in Robotersprache) und ist anthropomorph – das bedeutet, dass er ein sehr ähnliches Maß an Geschicklichkeit aufweist wie ein Mensch. Er ist mit einer Reihe von Sensoren ausgestattet, darunter Stereokameras, Berührungssensoren, Drehmomentsensoren und ein LIDAR, eine Art Scanlaser. All dies wird verwendet, um die Welt in Tiefe, Farbe und Kräften zu erfassen. Er ist bipedisch, kann sich also auf zwei Beinen fortbewegen. Dies macht ihn sehr beweglich, aber auch schwierig zu kontrollieren. Alle Gelenke werden mit sehr leistungsstarken Elektromotoren angetrieben und er verfügt über eine Batterie mit hoher Dichte sowie über drei hochmoderne Computer, die ein völlig autonomes Verhalten ermöglichen. Die an Bord befindlichen Computer werden verwendet, um alle Sensorinformationen zu empfangen, zu verarbeiten und Entscheidungen über den nächsten Schritt zu treffen, den der Roboter ausführen soll. Die Befehle werden an die einzelnen Gelenke gesendet. Dieser Roboter ist einer der wenigen Humanoiden der Welt, die vollständig drehmomentgesteuert sind.

Der Valkyrie-Roboter ist das Ergebnis einer Zusammenarbeit der NASA mit der Universität von Edinburgh an einem sehr ehrgeizigen futuristischen Projekt. Die NASA plant, humanoide Roboter einzusetzen, um unbemannte Robotermissionen zum Mars zu entsenden. Die Idee ist es, bemannte Missionen durch den Einsatz humanoider Roboter, die bereits vorab wichtige Aufgaben auf der Marsoberfläche erledigen, deutlich kostengünstiger, sicherer und effizienter machen (Inspiration zu den nötigen Aufgaben finden Sie im Film *Der Marsianer* [2015]). Andere weltraumbezogene Ziele umfassen zudem Roboter, die in der Raumstation zusammenarbeiten und sich wiederholende sowie risikoreiche Aufgaben (z. B. Weltraumspaziergänge) von Astronauten übernehmen. Warum ist dies nötig? Neben dem Vorhaben, die Möglichkeit einer multiplanetaren Spezies zu erproben, finden sich im Weltraumbereich bereits jetzt verschiedene Funktionsgebiete der Roboter, so zum Beispiel die Reparatur der ISS bei ständig wachsendem Weltraummüll und die Fähigkeit, Satelliten in die Umlaufbahn zu bringen und zu verwalten – Funktionen also, die unseren Alltag entscheidend beeinflussen (vgl. GPS-Navigation, Wettervorhersage).

Robotics in Space

Sethu Vijaykumar
Director Edinburgh Centre for Robotics

One of the visions of a leading organisation of our generation, National Aeronautics and Space Agency (NASA), is to make us a two-planetary specie. Besides feeding the sheer curiosity of mankind to understand what lies beyond, there are many economic, social and political justifications to this quest. We are at the limits of sustainability on various fronts on planet Earth: energy, rare earth materials, food security and water, notwithstanding the issues with global climate change. There are several technological challenges to realize this vision. The obvious one's are those that involve propulsion and rocket technology, materials and manufacturing techniques that are viable in hostile environments and all the technology required to sustain life on another planet – habitat, food production, transportation, construction, and waste disposal.

However, as a roboticist, there is one other essential capability that my research has been focusing on – the use of robotic technology for pre-deployment of assets on another planet, maintaining and repairing facilities as well as creating capability that allows co-working robotic helpers for various elements of the mission including interplanetary travel, on the surface of the planet as well at intermediate stations like the ISS. What is the economic case for developing such robotic capabilities? This is reflected in an exciting project we are developing for future missions to Mars.

If we look at the scientific challenges that one needs to solve to achieve this goal, it can be broken down into three categories: (i) robust, dense sensing, and perception, (ii) motion planning under clutter and dynamic environments and (iii) reliable actuation that realizes planned movements. These are particularly challenging for non-fixed base robotic platforms, i.e., things that locomote using either wheels, quadruped, or bipedal actuation. Different kinds of locomotion modalities are suited to different tasks, e.g., all terrain wheels for transportation on relatively flat planetary surfaces, quadruped for rocky and extremely uneven terrain and bipedal for working in environments built for human habitation.

One of the key questions in deployment of such robotic tools is the level of autonomy that one needs to afford to the machines. Teleoperation has been the preferred mode of operations for most of the robotics driven tasks involved in current space missions – this typically involves a robotic manipulator precisely following a sequence of movements that are kinaesthetically demonstrated through some user interface. Teleoperation heavily relies on the skills of the operator and this can be a significant barrier to more widespread adoption of robotics due to the skill gap – in other words, not everybody can effectively operate the robots, even if the engineering design is amazing.

Another limiting aspect is that missions to farther out reaches necessarily suffers from significant signal transmission delays. Therefore, significant autonomy has to be built in to the platform such that it can react autonomously without the need for continuous monitoring or input. On the other extreme, many robotics research agendas are striving to develop technologies for fully autonomous robot operations – "look ma, no hands." Many world leading groups, including our own, have been working on this problem. Full autonomy has several components including being able to define an "optimality" or "goodness criterion" – which is intuitive and doable in many cases but in addition, the robot must define and generate intentions. Generating intent and testing whether they result in an expected behavior can be extremely hard for complex robotic platforms.

So is there an immediate middle ground where robotics can address these challenges without waiting to reliably solve the full autonomy problem? We can think of a concept that is perhaps deployable now and also perhaps socially much more acceptable. This is a paradigm that marries the best of both worlds: precision and accuracy of robots and contextual decision making capabilities of the humans — one I would like to call "shared autonomy." This is a paradigm that devolves significant autonomy to the machine while still having humans in the loop as key

"The use of robotic technology is essential for pre-deployment of assets on another planet..."

decision makers. The key research challenge is to create systems that have the ability to seamlessly change the levels of autonomy depending on the task and even within a task at different moments in time. The main emphasis now shifts to how to reduce the cognitive load on the person in charge of a task and how robots can make some of these task "idiot proof" in the presence of significant delays, noise and communication challenges. The NASA Valkyrie robot project exactly addresses these challenges in the context of this new paradigm.

It is my belief that we will make massive strides in creating solutions that look to space and the outer realms of our world to address some of the challenges we face on Earth today. Interactive robotics and the shared autonomy paradigm will undoubtedly play a significant role in providing solutions.

University of Edinburgh's NASA Valkyrie robot project

The NASA Valkyrie is a humanoid robot, about 170 cm tall, weighing around 120 kg. It has forty-four movable joints or degrees of freedom (in robot speak) and is anthropomorphic – meaning it has very similar levels of dexterity as a human being. It is equipped with a range of sensors including stereo cameras, touch sensors, torque sensors and a LIDAR – a kind of scanning laser. All of these are used to sense the world in depth, color, and forces. It is bipedal – capable of walking on two legs, which makes it very agile as well challenging to control. All its joints are driven with very powerful electric motors and there is an on-board high density battery and three state of the art computers – making it capable of fully autonomous behaviours. The computers on board are used to receive all the sensor information, process it and make decisions about the next step the robot should take – sending commands to the individual joints. This robot is one of the few humanoids in the world that is fully torque controlled.

The Valkyrie robot is a result of collaboration between NASA and the University of Edinburgh on a very ambitious futuristic project. NASA plans to use humanoid robots to send un-manned robotic missions to Mars. The idea is that it would make manned missions much cheaper, safer, and efficient if we could use humanoid robots to pre-deploy essential capabilities on the surface of Mars – ahead of the manned mission (see the movie *The Martian* [2015] for inspiration about capabilities needed). Other space related goals also include robots co-working in the space station and taking over repetitive as well as high risk (e.g. space walks) tasks from astronauts. Why do we need this? Besides the goals of exploring the capability of being a multiplanet specie, there are several existing functionalities in the space domain, e.g. repairing the ISS in the presence of ever growing space debris and the capabilities to put and manage satellites in orbit, that crucially affect our everyday life (c.f. GPS navigation, weather forecasting).

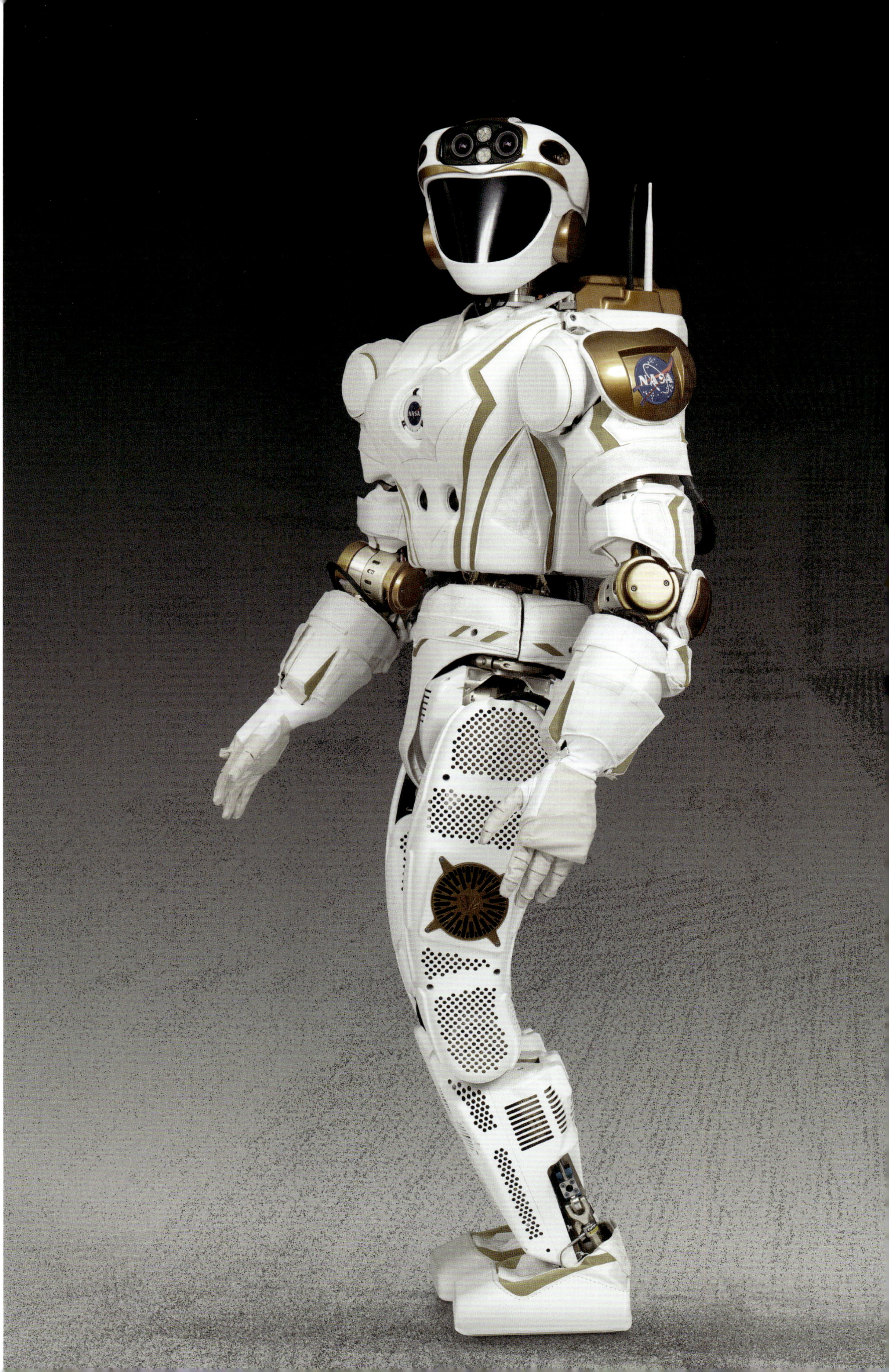
NASA

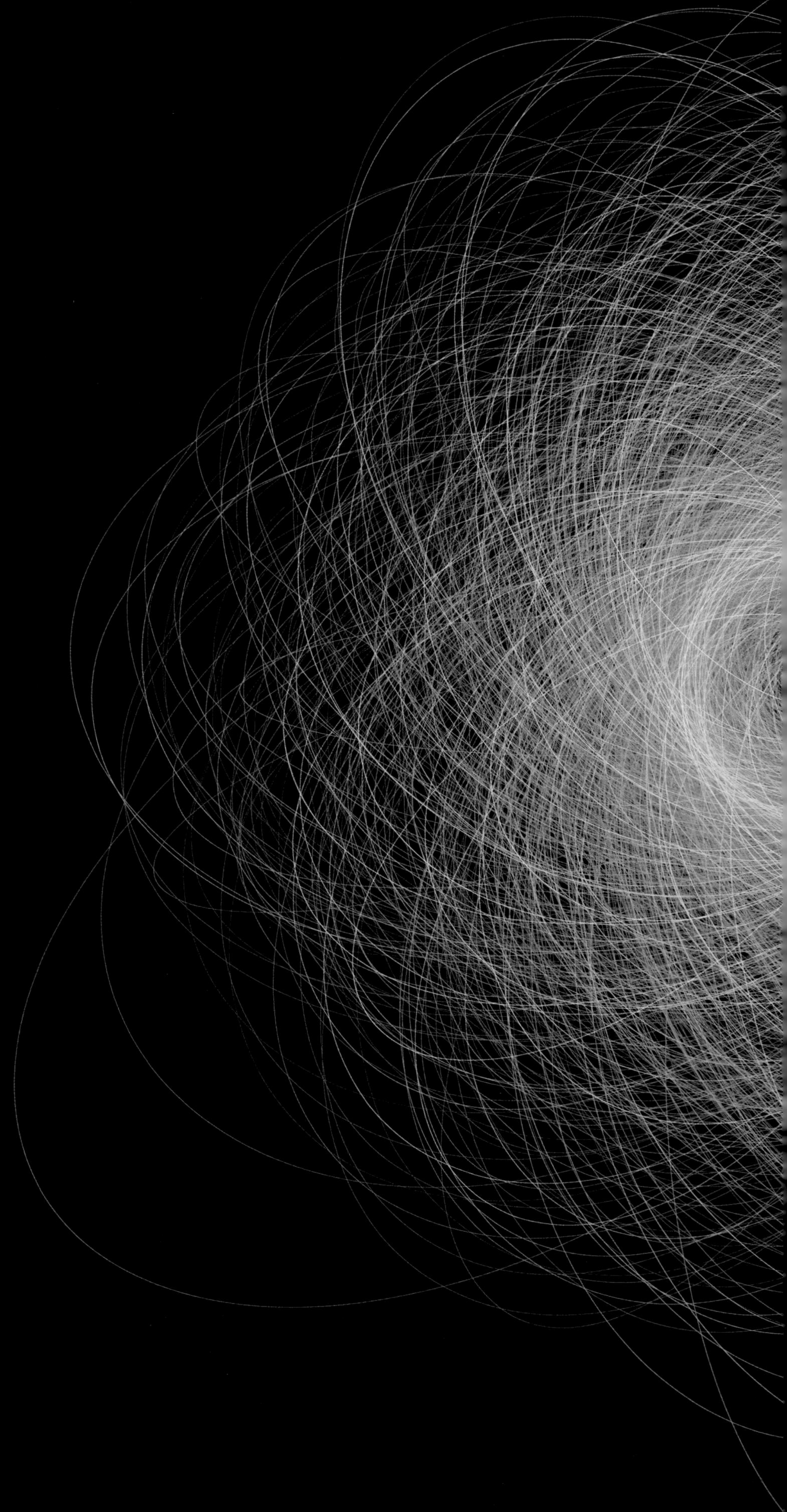

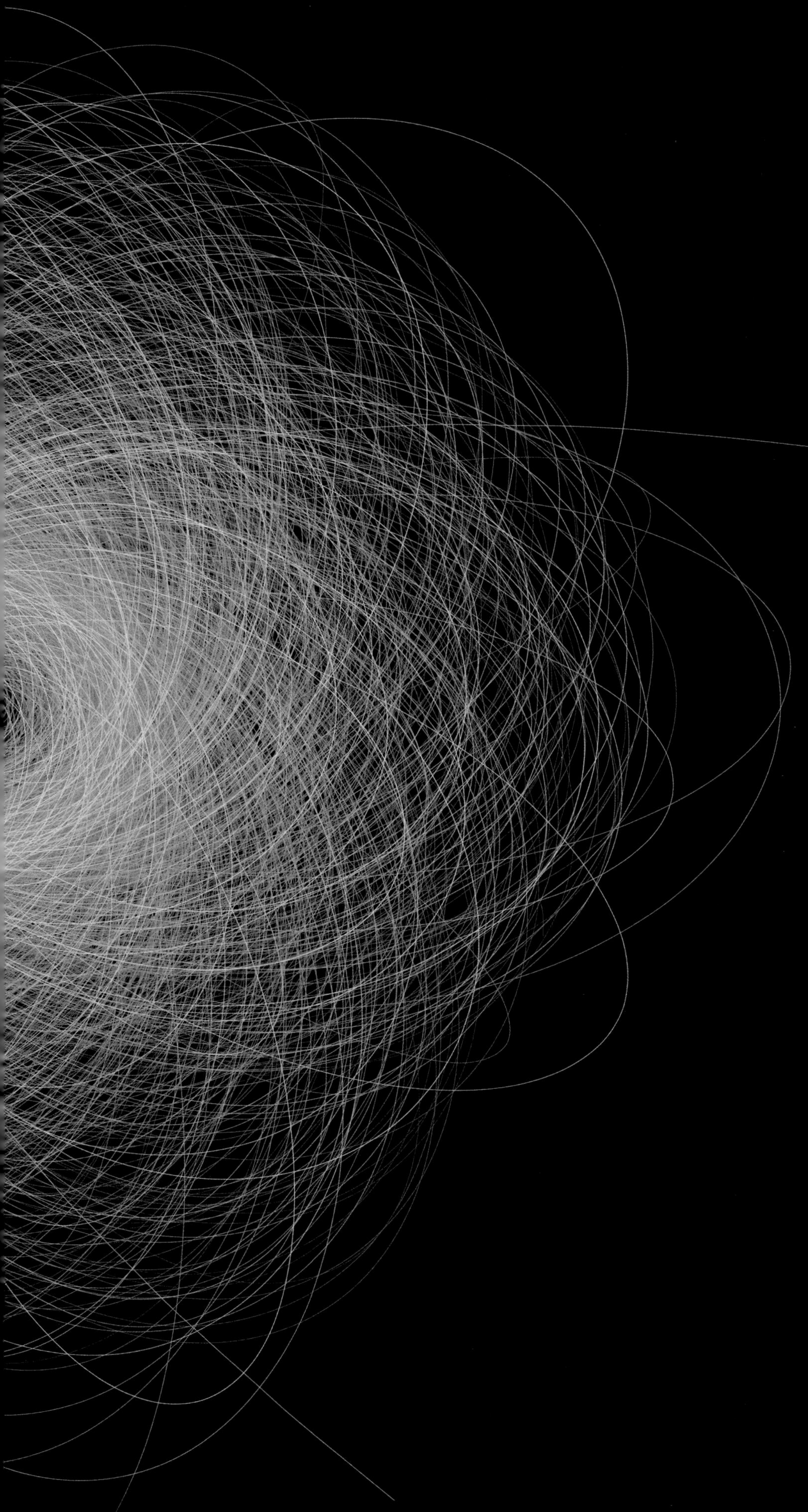

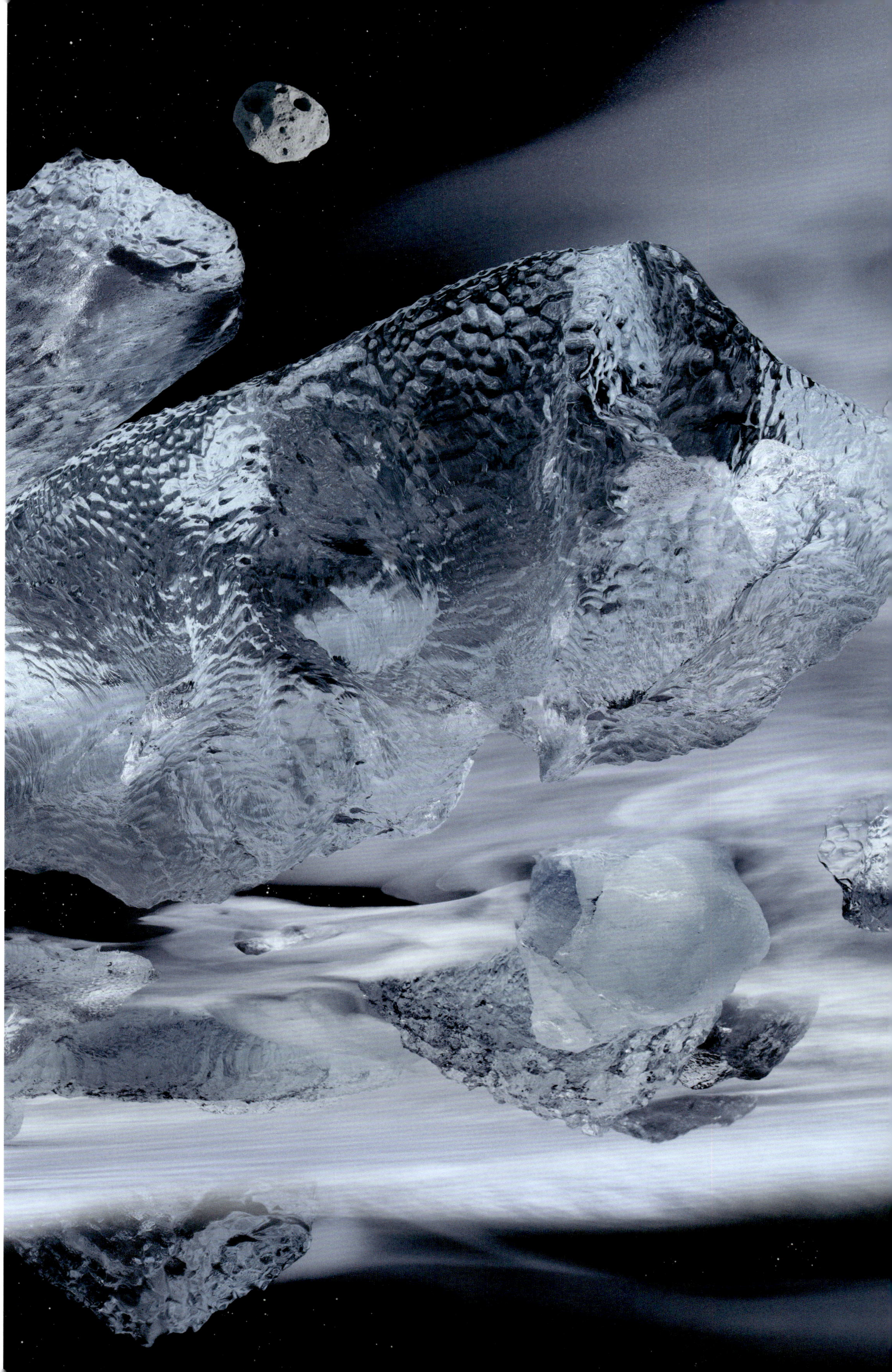

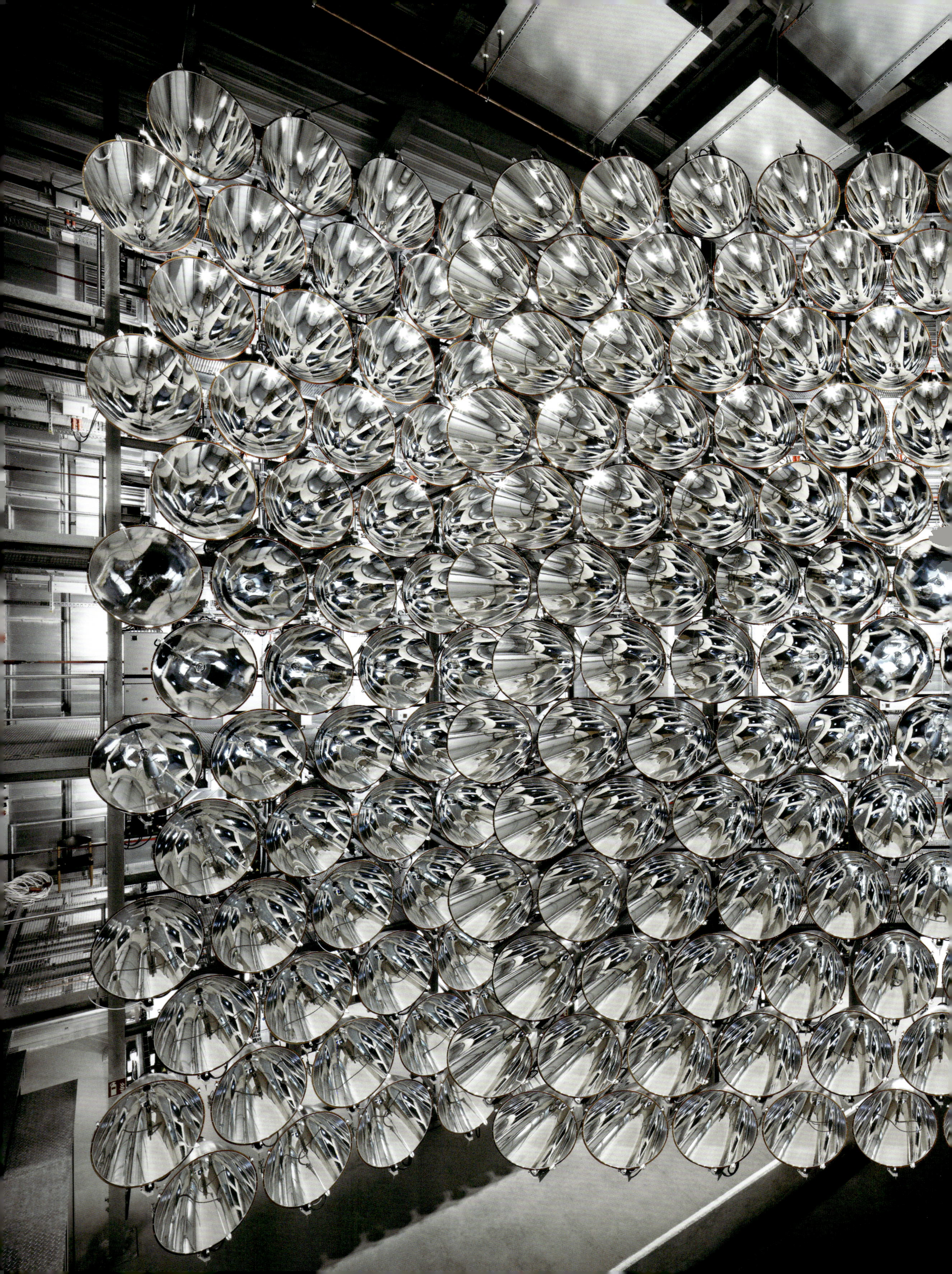

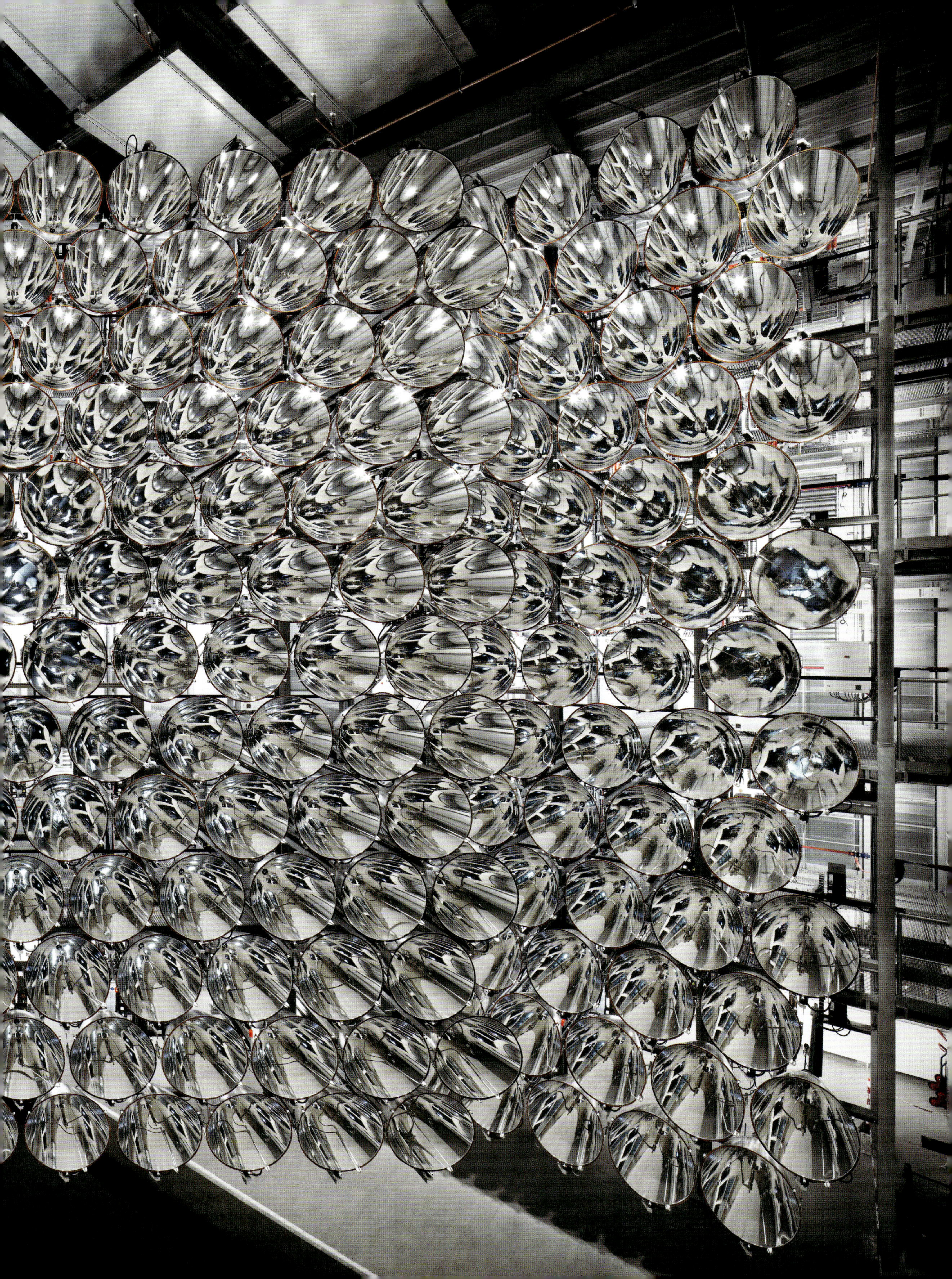

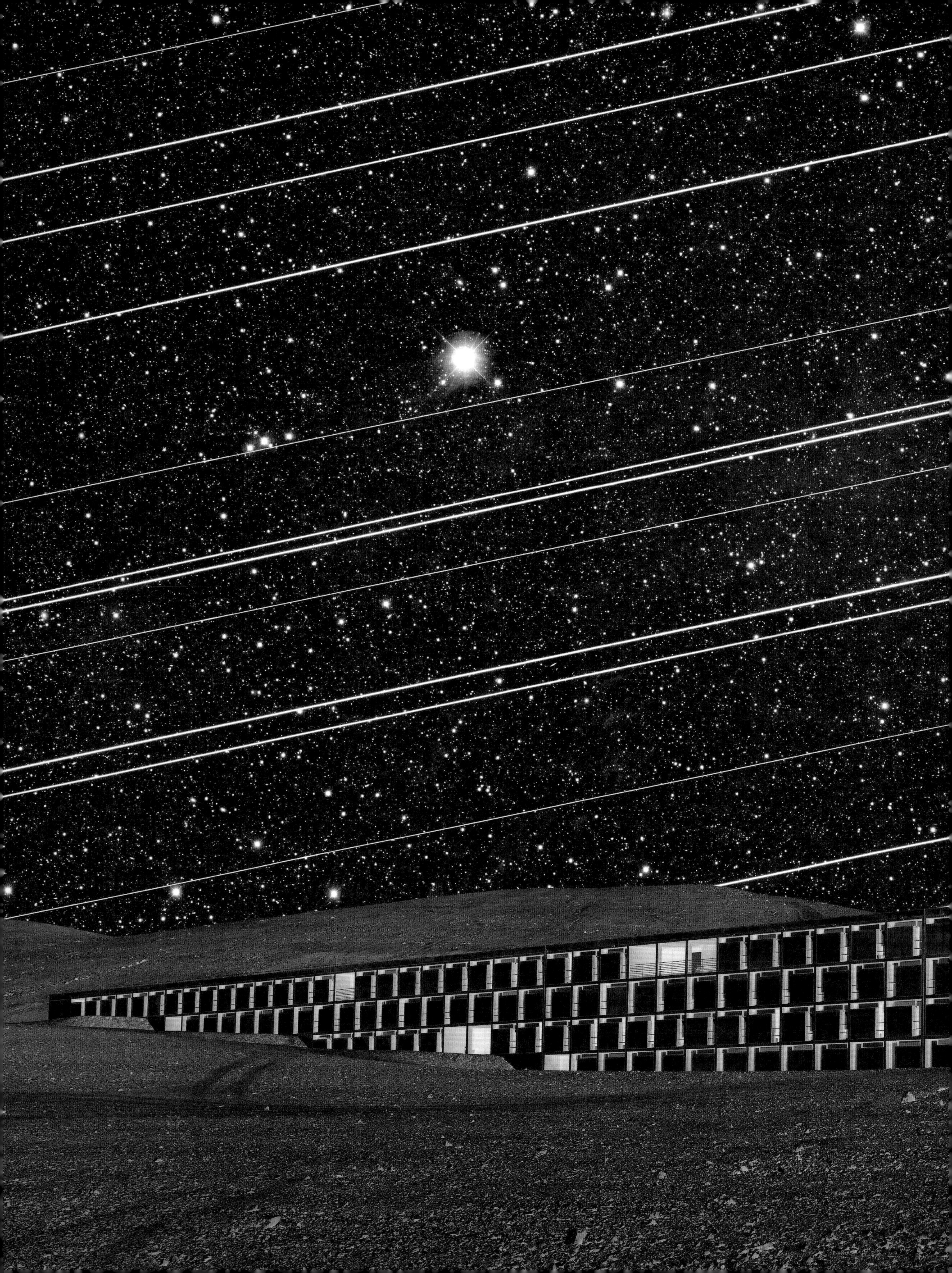

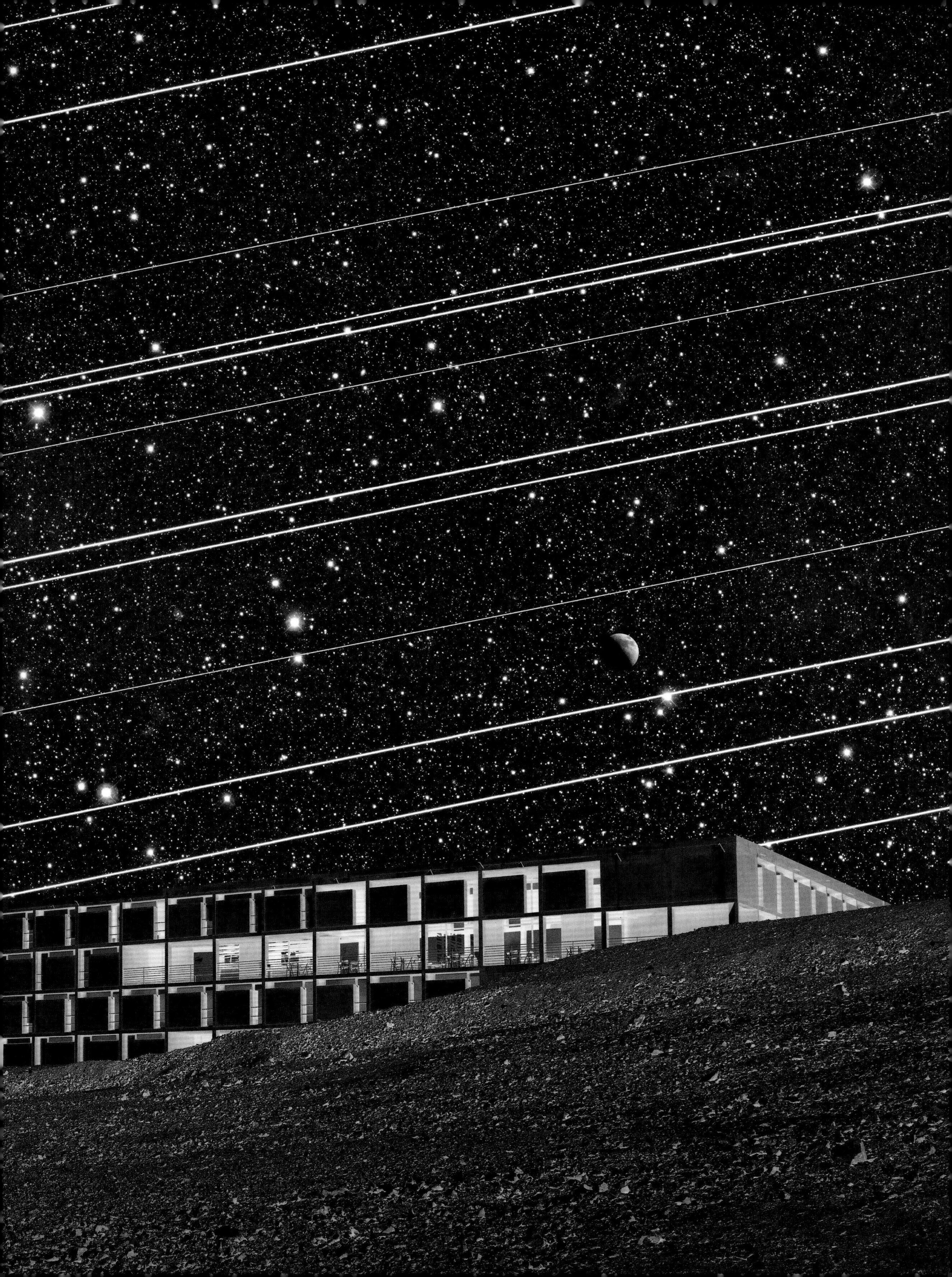

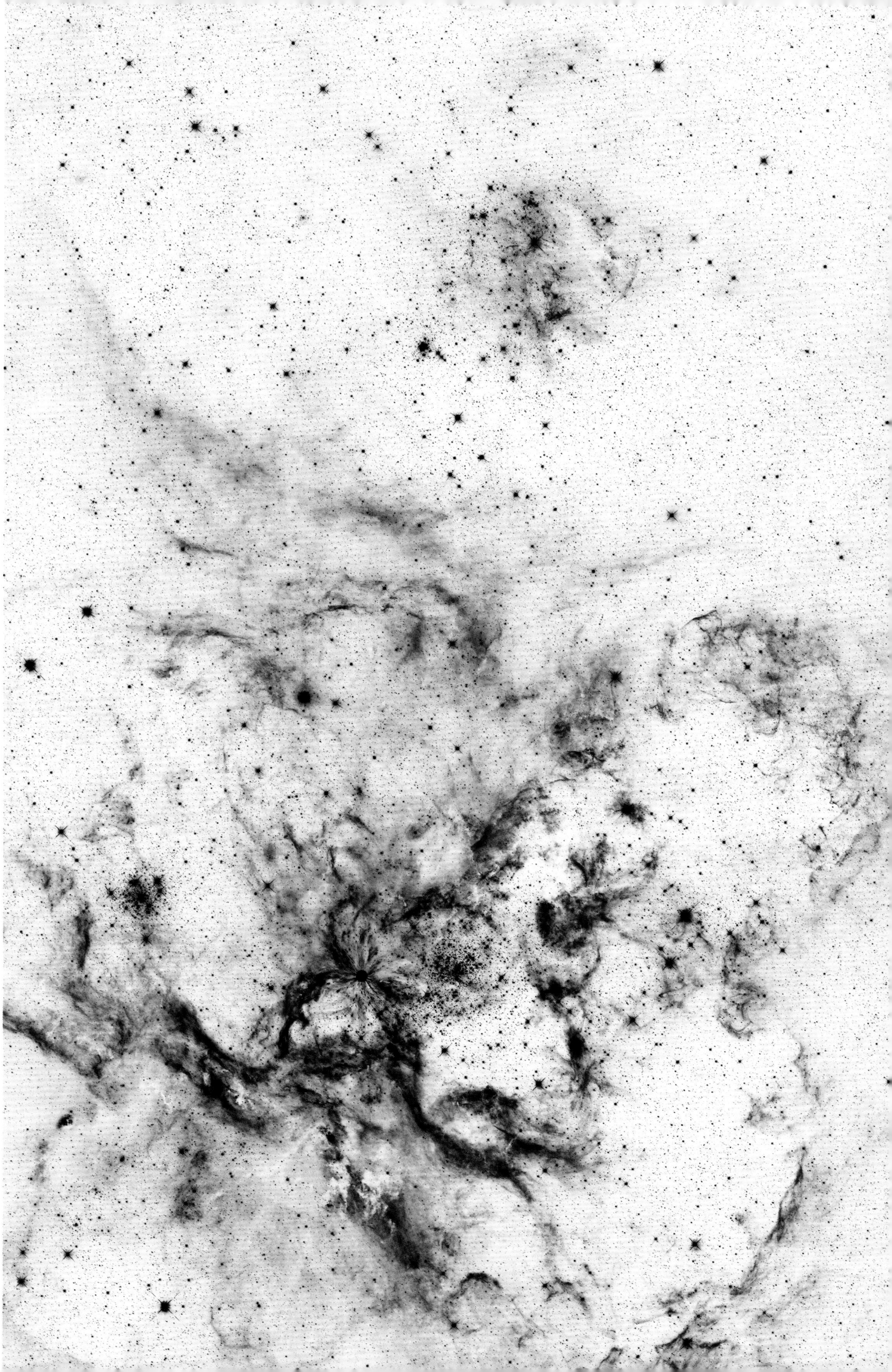

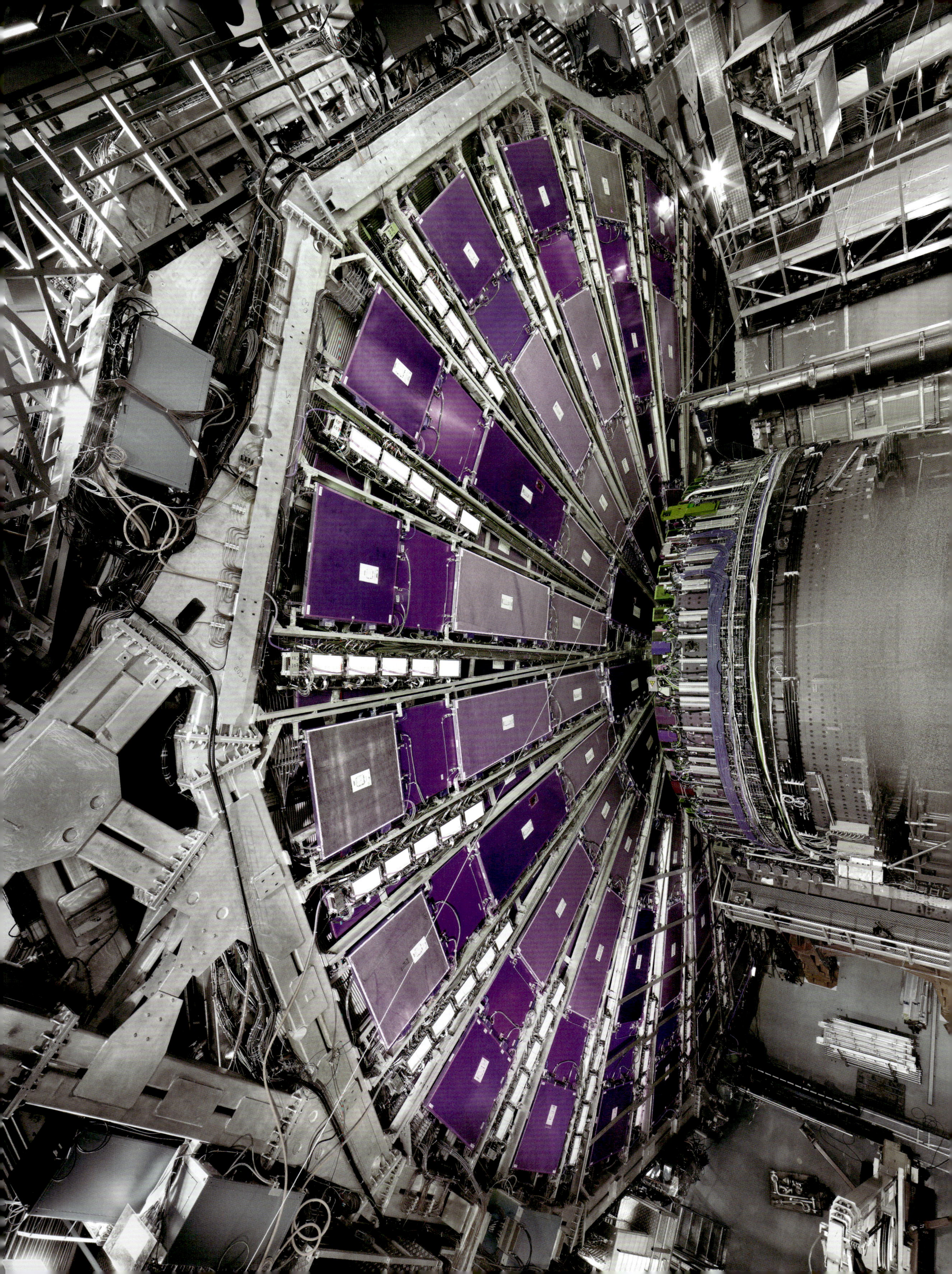

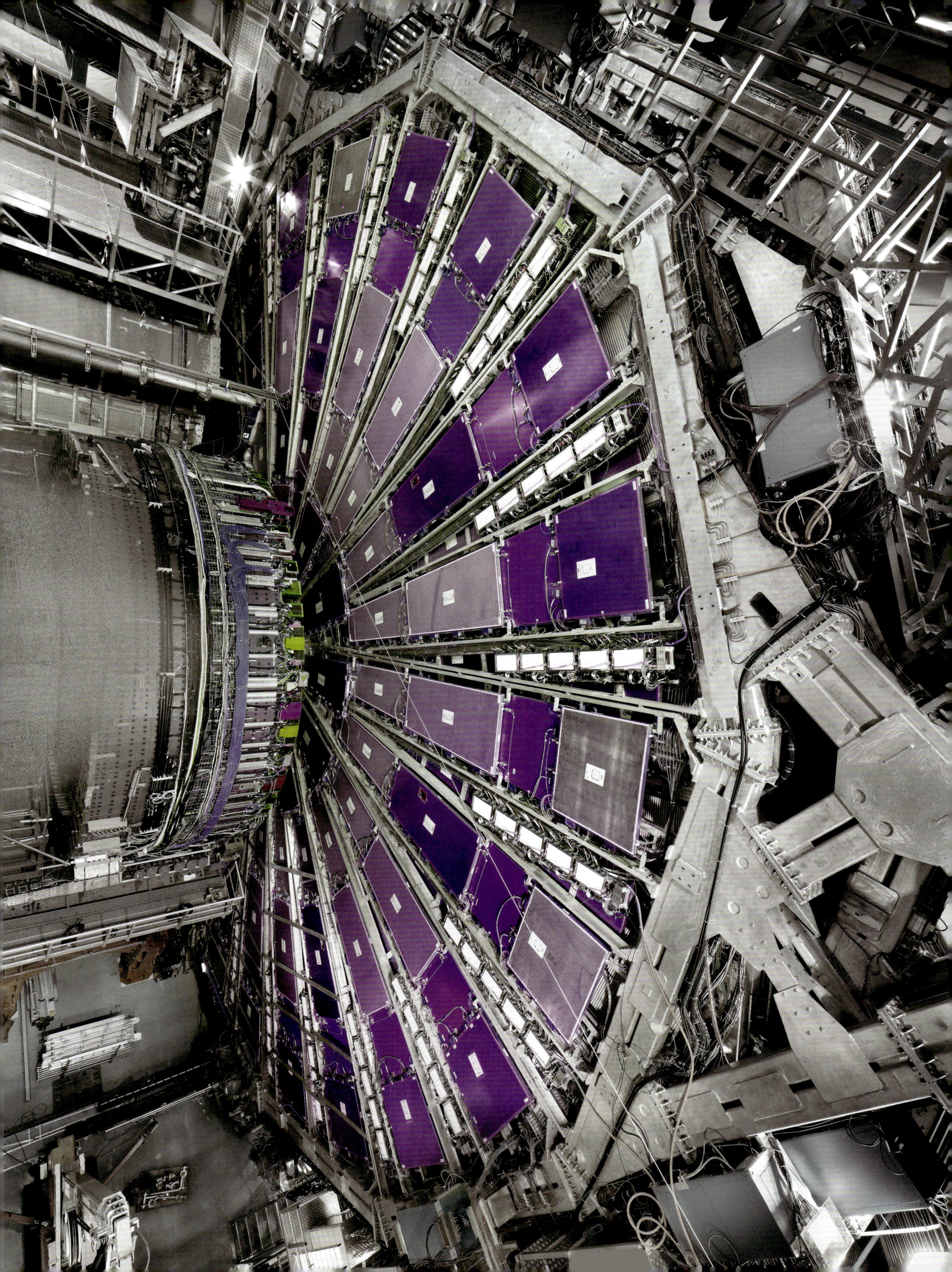

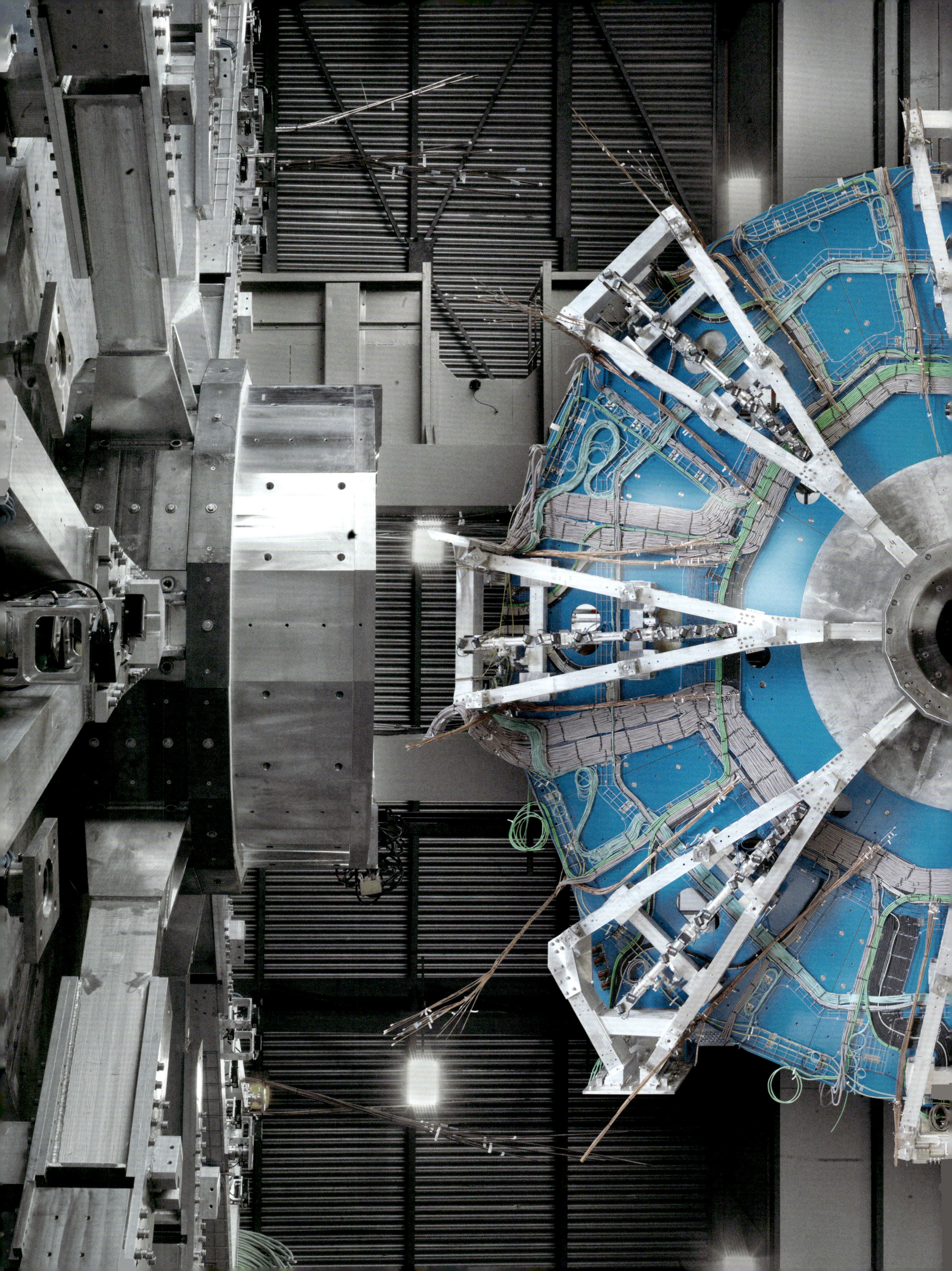

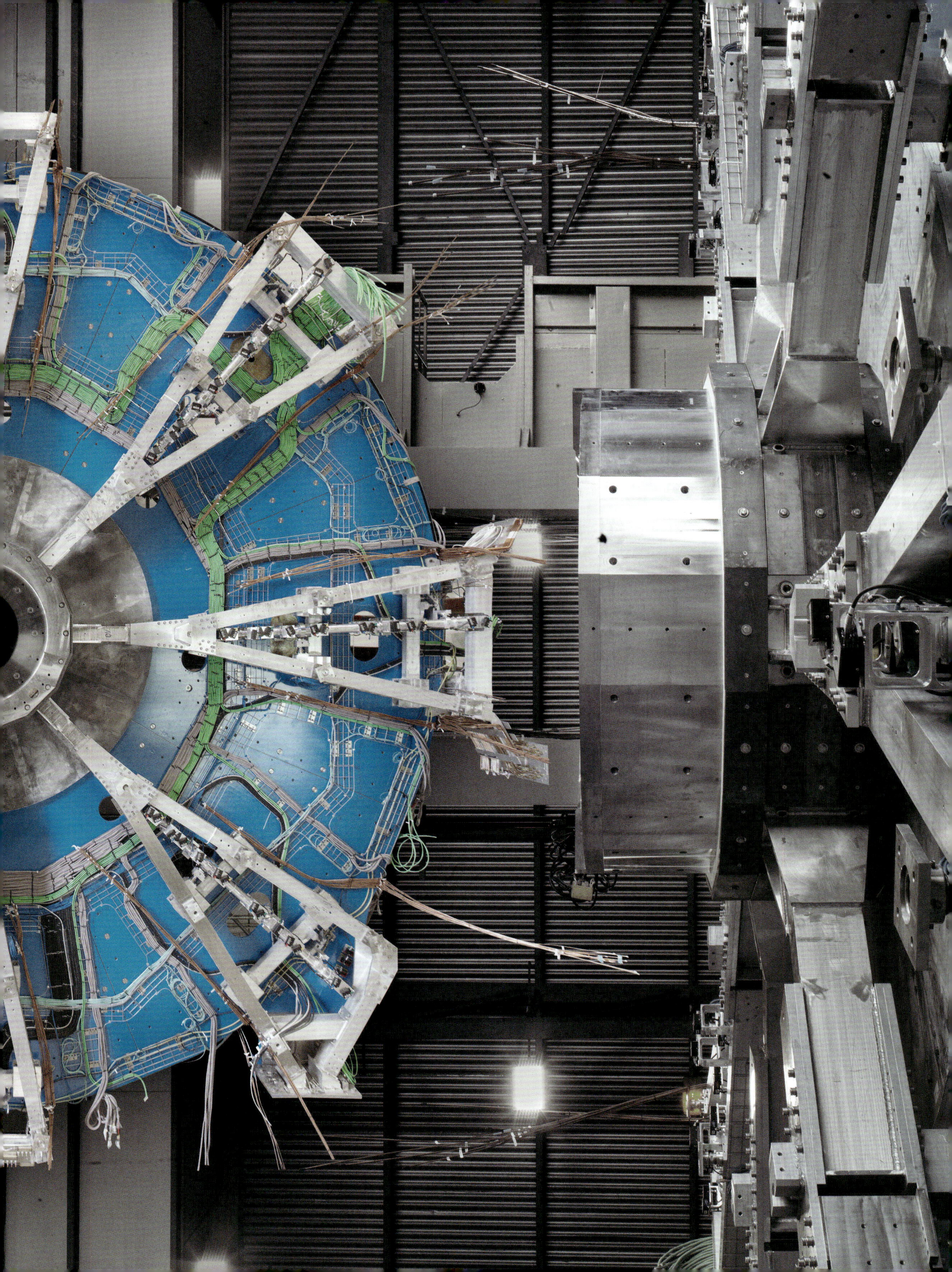

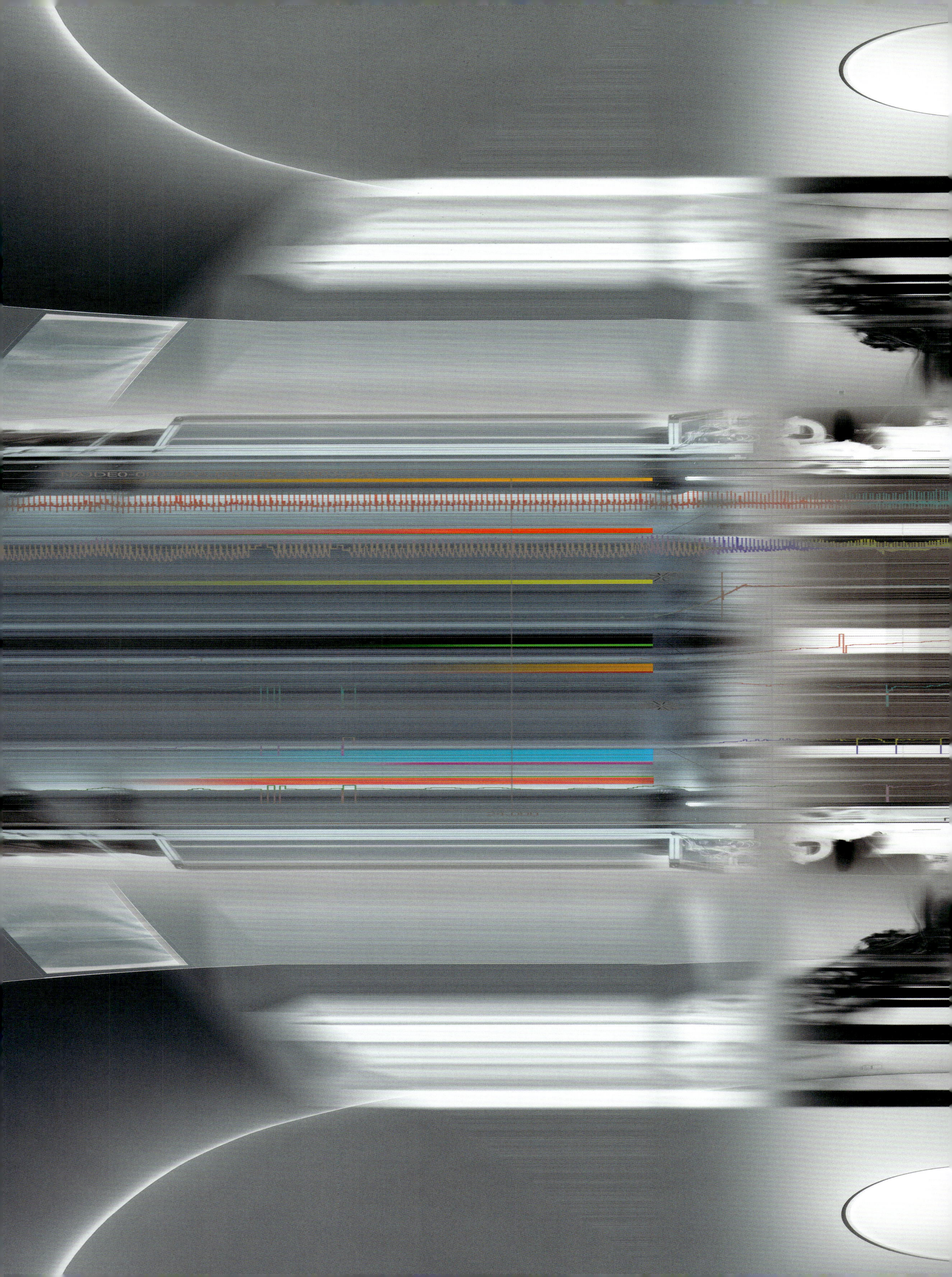

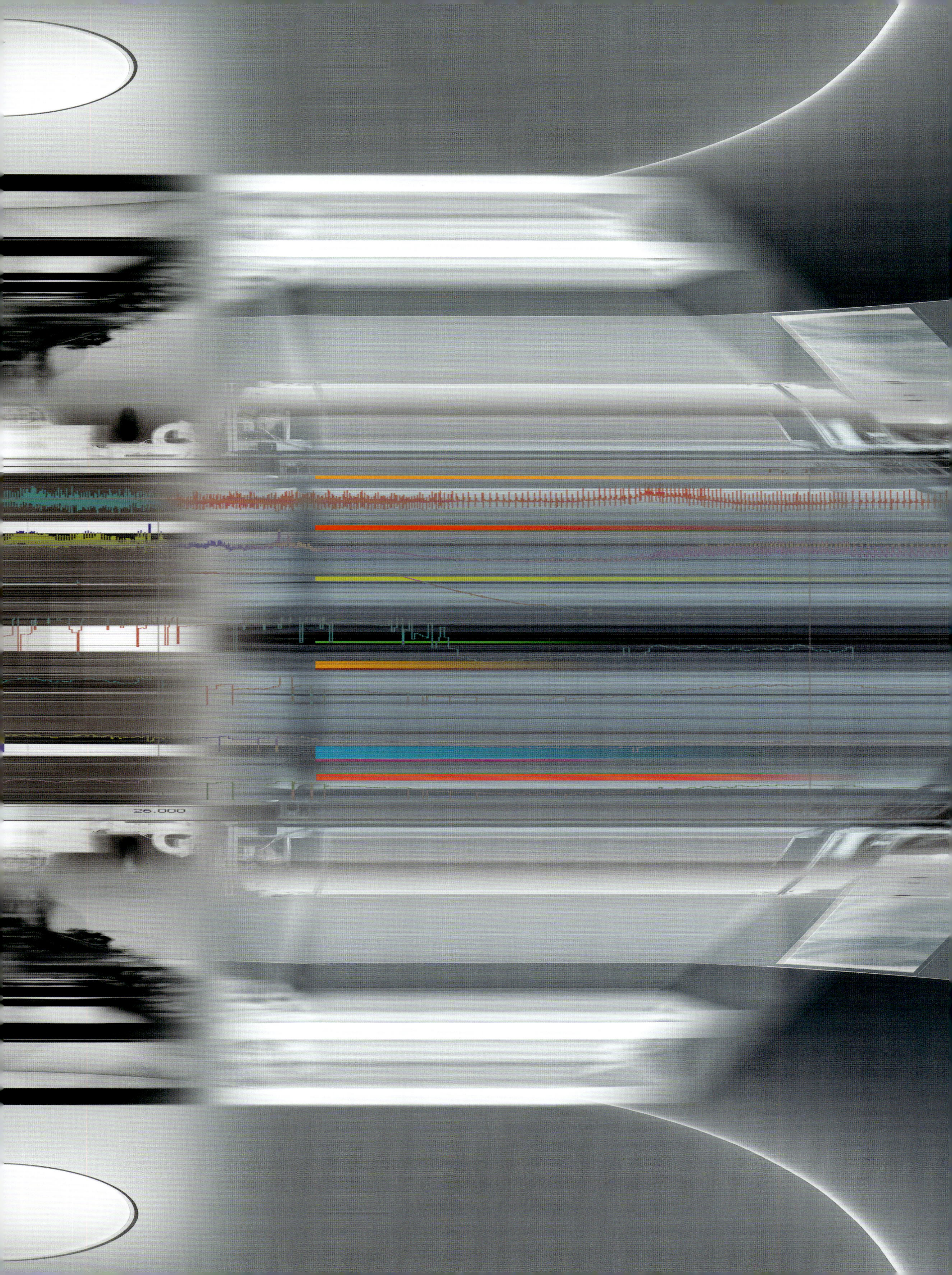
26.000

Die Rolle von Erdbeobachtungssatelliten

Marco Fuchs
Vorstandsvorsitzender OHB SE und OHB System AG

Die Erfolgsgeschichte außergewöhnlicher Unternehmen beginnt nicht selten in Garagen in Kalifornien – oder auch in einer Werkstatt im Bremer Ortsteil Hemelingen. Da ist die kleine Firma Otto Hydraulik Bremen, kurz OHB, angesiedelt, als meine Mutter, Christa Fuchs, 1981 eine neue Herausforderung sucht. Die Kinder sind aus dem Haus und die gelernte Kauffrau voller Tatendrang. Zunächst ist ein Wollladen im Gespräch, doch dann kommt es zu einer schicksalhaften Begegnung mit der Familie Otto, die einen Nachfolger für ihren kleinen Betrieb OHB sucht. Zu der Zeit sind dort fünf Mitarbeiter beschäftigt, die elektrische und hydraulische Schiffssysteme für die Bundeswehr reparieren. Mutig steigt die Tochter eines Maschinenbauunternehmers zunächst als Teilhaberin ein, um ein Jahr später die unternehmerische Führung zu übernehmen. Sie stellt erste Ingenieure und Fachleute ein und die Weichen auf Wachstum. Der Grundstein für eines der heute bedeutendsten europäischen Raumfahrtunternehmen, die OHB SE, ist gelegt.

Mein Vater, Manfred Fuchs, ist ein äußerst erfolgreicher Manager bei MBB ERNO (heute Airbus), als er Mitte der 1980er-Jahre in das Unternehmen seiner Frau wechselt. Er kennt das Raumfahrtgeschäft wie kaum ein anderer, denn er hat es im Norden Deutschlands maßgeblich mit aufgebaut. Der Raumfahrtpionier wagt den Schritt in die Selbstständigkeit, weil er Nischen sieht, die er mit einem kleineren und flexibleren Unternehmen besser besetzen kann. Als ein Großteil der Fachwelt noch davon überzeugt ist, dass nur große und teure Satelliten und Raumfahrtsysteme leistungsfähig sind, glaubt mein Vater an das genaue Gegenteil. Seine Ideen und Visionen: Bauteile und Technologien werden immer kleiner und effizienter, warum nicht also auch die Satelliten bei verbesserter Leistung wesentlich kleiner und kostengünstiger anbieten?

OHB etabliert sich als Raumfahrtzulieferer

Heute kennen wir derartige Ansätze unter dem Begriff New Space: kleine, leichte Satelliten, die als sogenannte Konstellationen in niedrigen Orbits um die Erde fliegen und den Planeten beobachten oder schnelles Internet zur Verfügung stellen. Mein Vater hat diesen Markt Mitte der 90er Jahre schon vorausgesehen. Damals waren wir allerdings ein kleines, aufstrebendes Familienunternehmen, das in der Branche zu den Zulieferern für große Systemhersteller zählte, etwa in der astronautischen Raumfahrt und in der Mikrogravitationsforschung.

Durch den stetig wachsenden Mitarbeiterstab wurden die Räumlichkeiten in der Garage Bremen-Hemelingen bald zu klein, sodass OHB 1988 das erste neu errichtete Gebäude am heutigen Firmenstandort in der Nähe der Universität Bremen bezog. 1994 machte sich die zielstrebige Aufbauarbeit bezahlt und die Vision von Manfred Fuchs wurde in die Tat umgesetzt: Mit Brem-Sat startete der erste von OHB gefertigte Kleinsatellit und erbrachte den Beweis, dass leistungsfähige Satelliten tatsächlich auch klein und günstig sein können. Der Ausbau des Raumfahrtgeschäfts brachte Mitte der 1990er-Jahre auch mich dazu, in das Unternehmen meiner Eltern einzusteigen. Ich arbeitete damals in New York und Frankfurt als Anwalt.

Durchbruch als Raumfahrtsystemhaus

Der Sprung in die Königsklasse gelang dann in dem Jahr, in dem OHB an die Börse ging: 2001. Mit dem Gewinn des Großprojektes SAR-Lupe, einem Satellitenaufklärungssystem für die Bundeswehr, erhielten wir erstmals die Gelegenheit, uns als Systemlieferant zu beweisen. Mit 320 Millionen Euro war das Auftragsvolumen zehnmal höher als der damalige Jahresumsatz. OHB ließ sich davon nicht einschüchtern, stellte zusätzliche Mitarbeiter ein, entwickelte neue Organisationsstrukturen und setzte das Projekt erfolgreich um. Als 2006 der erste Satellit startete, hatte sich das Gesicht von OHB stark verändert: Aus dem Fünfmannbetrieb war ein Raumfahrtsystemhaus geworden.

Heute ist OHB der drittgrößte Anbieter von Raumfahrtsystemen in Europa und *das* deutsche Raumfahrtunternehmen. Aktuell beschäftigt der Konzern weltweit

„Der tiefere Sinn der Raumfahrt besteht im Fall der Beobachtung der Erde vom All aus darin, dass sie die Analyse von Veränderungen auf dem Planeten großflächiger machen kann."

knapp 3.000 Mitarbeiter aus 40 verschiedenen Nationen und ist dabei trotzdem ein Familienunternehmen geblieben. 2018 überstieg die Gesamtleistung erstmals die Grenze von einer Milliarde Euro. Die Aktivitäten des Konzerns verteilen sich auf drei Geschäftsfelder: Space Systems, Aerospace & Industrial Products und Digital. Zugpferd ist dabei nach wie vor der Bereich Space Systems. So wurde OHB unter anderem mit der Entwicklung von 34 Satelliten für das europäische Navigationssystem Galileo beauftragt und liefert gemeinsam mit Thales Alenia Space die dritte Generation der Meteosat-Wettersatelliten an die europäische Betreiberorganisation EUMETSAT. Die von OHB entwickelten und gebauten Systeme umfassen alle Größenklassen und decken neben den erwähnten auch alle anderen Anwendungsfelder von Satellitentechnik ab. Hinzu kommen Aktivitäten in den Bereichen Human Space Flight, sowie Wissenschaft und Exploration. So wurde OHB als Systemführer für die Asteroidenabwehr-Mission Hera ausgewählt und leistet damit im Auftrag der ESA einen aktiven Beitrag zum Schutz der Erde.

Im Kern geht es darum, die Nützlichkeit von Raumfahrt zu demonstrieren

OHB SE ist heute zwar ein etabliertes Unternehmen in der Raumfahrtbranche geworden, doch in unserer Selbstwahrnehmung sind wir immer noch eine Firma, die Dinge vorhat, die wir zuvor noch nicht gemacht haben. Auch Dinge, die vorher vielleicht noch niemals gemacht wurden. Insofern ist OHB eine innovative, dynamische Firma. Wir haben immer darauf geachtet, dass wir Raumfahrtanwendungen und nützliche Raumfahrt machen können.

Die Grundidee unserer Philosophie lautet: Raumfahrt ist unsere Kernkompetenz im Bereich Systemgeschäft. Damit zusammenhängende Dienste und Anwendungen verschaffen uns aber eine größere Relevanz und transportieren die Botschaft der Nützlichkeit von Raumfahrt. Und darauf wird es künftig ankommen. Raumfahrt – und dass der Mensch sich im All bewegt – wird in Zukunft nur dann eine Rechtfertigung erfahren, wenn die Nützlichkeit dieser Aktivitäten für die Allgemeinheit nachgewiesen wird.

Die Nützlichkeit wird jedem Menschen sofort klar, der unseren Planeten einmal von oben gesehen hat. Vom All aus sieht man die ganze Verletzlichkeit dieses kleinen blauen Punktes im Universum. Dazu kommt das durch die bemannte Raumfahrt geschärfte Bewusstsein dieser Verletzlichkeit – und damit einhergehend die Notwendigkeit, die Veränderungen auf der Erde noch besser und genauer zu beobachten. Die Satellitentechnologie ist für diesen Zweck unverzichtbar. Mehr noch: sie macht es überhaupt erst möglich, über das Sammeln von Daten und Fakten zu neuen Erkenntnissen über den Zustand der Erde zu kommen. Erdbeobachtung führt in diesem Sinn dazu, dass wir mehr über die Erde erfahren und somit vielleicht besser und schneller herausfinden, wohin sie sich entwickelt.

Aus diesem Grund bin ich auch sehr sicher, dass der Bereich Umwelt einschließlich Wetter und Klima langfristig enorm an Bedeutung gewinnen wird. Die Umweltüberwachung aus dem Weltraum wird ein Ausmaß annehmen, das wir uns im Moment noch gar nicht vorstellen. Sie wird eine Permanenz und Vielschichtigkeit bekommen, die sie von allen anderen Bereichen deutlich unterscheidet. Bei der Aufklärung geht es um drei, vier abbildende Sensoren, zum Beispiel hochauflösende elektronische Optik, Radar oder Infrarot. Für die Umwelt gibt es deutlich mehr. Und zwar in der Form, dass ich überzeugt bin, wir werden in Zukunft möglicherweise über Sensoren reden, die eine eigene Satellitenkonstellation notwendig machen.

Erdbeobachtung liefert der Politik eine bessere Entscheidungsgrundlage

In diesem Sinn bin ich auch sehr froh, dass wir bei OHB über unsere Expertise in der Erdbeobachtungstechnologie einen Beitrag leisten können, die Erde langfristig zu schützen und zu erhalten. Die Raumfahrt nimmt für sich ja insgesamt in Anspruch, dass sie Gutes für die Erde leistet. Für die Überwachung der Umwelt nehmen wir natürlich auch in Anspruch, dass die Erde damit bewahrt werden soll. Den unmittelbarsten Nutzen für das tägliche Leben liefern übrigens Wettersatelliten. Das ist das Alltäglichste, das man heute als Information bekommen kann. Und viele Ältere erinnern sich noch daran, dass die Wettervorhersage lange Zeit mehr mit Wahrsagerei als Empirie zu tun hatte. Heute ist das völlig anders. Wettervorhersagen sind verlässlich geworden. Es ist eine Naturwissenschaft geworden, die präzise Vorhersagen liefert. Kurzum: Das Wetter ist die alltäglichste Frage, die jeden umtreibt. Jeder Mensch, in allen Kulturen, in allen Lebenslagen, interessiert sich für das Wetter.

Der tiefere Sinn der Raumfahrt besteht im Fall der Beobachtung der Erde vom All aus darin, dass sie die Analyse von Veränderungen auf dem Planeten großflächiger machen kann. Daraus kann sie große Autorität ableiten. Denn am Ende geht es immer darum, Prognosen oder Theorien glaubhaft zu machen. Dazu muss man beobachten und Fakten sammeln. Bei Umwelt und Klima trifft das auf jeden Fall zu. Globaler Klimaschutz ist aus diesem Grund ohne technische Hilfe aus dem Weltall gar nicht mehr denkbar. Die Raumfahrt nimmt hier eine Schlüsselrolle ein. Denn es geht auch darum, zu messen, ob Klimaschutzmaßnahmen den gewünschten Effekt haben. Nach einer Erhebung der ESA können mehr als 50 Prozent der wichtigen Klimavariablen nur durch Technologien der Raumfahrt gemessen werden. Es ist kaum vorstellbar, wie viele Sensoren nötig wären, um all diese Daten an Messpunkten auf der Erde zu erhalten. Die Betrachtung aus dem Orbit ist somit auch eine sehr zuverlässige Datengrundlage für politische Entscheidungen.

Die europäische Erdbeobachtungsmission „Copernicus" hat auf der ESA-Konferenz „Space19+" im November 2019 ein Budget von rund EUR 1,8 Mrd. für die nächsten drei Jahre erhalten, allein EUR 520 Mio. davon kommen aus Deutschland. Das ist deutlich mehr, als ursprünglich erwartet worden ist. Mit diesem Geld können alle sechs geplanten Copernicus-Missionen umgesetzt werden – sie werden einen sehr wichtigen Beitrag leisten, mehr über die Veränderungen der Umwelt und des Klimas auf unserem Planeten zu erfahren. Dieses Wissen wird uns in die Lage versetzen, besser und vor allem schneller auf die Veränderungen zu reagieren. Anders ausgedrückt: Durch das Bekenntnis für Copernicus hat Europa deutlich gemacht, wie ernst es den ESA-Staaten damit ist, dem gefährlichen Wandel des Klimas und der Umwelt nicht tatenlos zuzusehen.

Die Raumfahrt erlebt eine grundlegende Neuausrichtung

Verschiedene Missionen sollen im Rahmen des EU-Raumfahrtprogramms neue Erkenntnisse liefern: Die CO2-M-Mission soll es ermöglichen, Regionen mit starken CO2-Emissionen zu entdecken, sie kann dadurch maßgeblich zur Überwachung der Klimaziele von Paris beitragen. Die Mission „Land Surface Temperature Monitoring (LSTM)" wird die Veränderung der Oberflächentemperatur der Erde messen und dabei vor allem die Küstenregionen im Blick haben. Viele weitere interessante Missionen stehen im November in Sevilla zur Entscheidung und aus Sicht von OHB und der gesamten deutschen Raumfahrtbranche ist es erfreulich, dass die deutsche Delegation bereits angekündigt hat, sich in der Erdbeobachtung in diesem Jahr besonders zu engagieren. Ich bin davon überzeugt, dass die Umweltüberwachung eine Permanenz und Vielschichtigkeit bekommen wird, die sie von allen anderen Bereichen deutlich unterscheidet und dass die deutsche Regierung hier voranschreitet, denn was nur wenige wissen: Der Staat ist dabei der entscheidende Treiber. Der Grund ist einfach: Der Staat ist der größte Akteur in der Raumfahrt, spielt er doch auf beiden Seiten des Spielfelds mit. Einerseits ist er ein wichtiger Kunde, der den Menschen wichtige Raumfahrtanwendungen zur Verfügung stellt, so zum Beispiel die Satellitennavigation oder die satellitengestützte Wetterbeobachtung. Andererseits fördert der Staat die Raumfahrt mit Technologieprogrammen, um wichtige Fähigkeiten in diesem Bereich zu erhalten, auszubauen oder aufzusetzen.

Wir erleben derzeit eine grundlegende Neuausrichtung der gesamten Raumfahrtindustrie. Neue Marktteilnehmer treten auf den Plan, neue Geschäftsmodelle entstehen. Der Markt verändert sich rasant. Das erfordert neue Technologien, neue Prozesse und neue Produktionsverfahren. Zwar werden Staaten immer eine zentrale Rolle für die Raumfahrt spielen, vor allem als Aufsicht, als Initiator von Projekten und als Betreiber öffentlicher Infrastrukturen wie etwa dem Navigationssystem Galileo. Aber rund um diese klassische Raumfahrt werden sich neue Märkte bilden, in denen private Investoren große Chancen haben werden. Kurzum: die alten Grenzen werden sich in den kommenden Jahren mehr und mehr auflösen. Dadurch entstehen neben ganz neuen kommerziellen Bereichen auch Chancen für Mischmodelle von privaten und öffentlichen Beteiligten.

Diese neuen Mischmodelle werden aber auch eine neue Form von Kontrolle benötigen. Es muss trotz der verlockenden Perspektiven eines neuen Wirtschaftsraums in einer neuen Dimension verhindert werden, dass sich im All eine Art Wildwest-Manier etabliert. Deshalb wird es im Jahr 2046 ein Reglement geben, mit dem Satelliten und Raumschiffe zentral verkehrsüberwacht werden. Zu dieser Zeit werden auch relevante Dinge vom Erdorbit aus permanent gemessen und online überwacht werden können. 2046 werden vielleicht auch schon Internetdienstleister Satellitenbilder in Echtzeit online anbieten. Es wird einen Kartenservice geben, mit dem ein Lieferdienst oder ein Makler den Livezustand eines Gebietes überprüfen kann. Mit den Daten von Erdbeobachtungssatelliten werden also in den kommenden Jahren eine Reihe neuer Geschäftsmodelle entstehen – nicht zuletzt deshalb, weil die Daten des europäischen Erdbeobachtungssystems Copernicus bereits jetzt frei für alle Nutzer verfügbar sind.

2046 wird es auch eine lunare Infrastruktur geben, es wird ein Mondprogramm geben, das vor allem von der NASA vorangetrieben wird. Mit großer Wahrscheinlichkeit werden wieder Astronauten gelandet sein, und es gibt vielleicht die ersten Mondstationen. Woran ich auch im Jahr 2046 nicht recht glaube, ist, dass man auf Mond oder Mars etwas anderes als Forschung und Wissenschaft betreiben kann. Es ist doch für Menschen vor Ort nicht wirklich schön und angenehm, was soll man da privat machen? Grundsätzlich wird meiner Meinung nach bei all den Diskussionen um die Erforschung des Weltraums ein Aspekt immer gravierend unterschätzt: Der Handlungsrahmen im All ist viel begrenzter, als viele denken! Die Gründe dafür sind die Biologie und die Gesetze der Physik. Menschen leben nun mal zurzeit nur maximal um die 100 Jahre, irgendwann vielleicht mal 200 Jahre, und die vorstellbaren Technologien lassen uns Menschen in kosmischen Dimensionen gesehen quälend langsam vorankommen. Das wird sich in Anbetracht unserer physikalischen Gesetze auch nicht grundlegend ändern. Deshalb werden Sonden auf unser Sonnensystem und Astronauten auf Mond, Mars, eventuell irgendwann auch Venus und Merkur, in zukünftigen Jahrhunderten vielleicht sogar Jupiter- und Saturn-Monde beschränkt bleiben. Wir Menschen werden auch im Jahr 3000 keine anderen Ziele haben, das ist die nüchterne Wahrheit. Aber vielleicht liege ich ja auch falsch...

The Role of Earth Observation Satellites

Marco Fuchs
CEO OHB SE and OHB System AG

The success story of an exceptional company can start in a garage in California — but also in a workshop in the Hemelingen district of Bremen. This is where the small company Otto Hydraulik Bremen — or OHB for short — was located in 1981 at a time when my mother was looking around for a new challenge. The kids had left home and the erstwhile business woman was eager to launch out into something new. She was thinking of opening a wool shop until her fateful encounter with the Otto family who were searching for a successor for their small company OHB. At that time it had a staff of five who repaired electrical and hydraulic marine systems for the German Federal Armed Forces. Taking a leap in the dark, this daughter of an engineering company owner joined the firm as a joint partner. Then a year later she took over operational management, hiring the first engineers and specialists and setting the company on a course for growth. The foundations for what is now one of Europe's leading aerospace companies, OHB SE, were laid.

My father, Manfred Fuchs, was an extremely successful manager at MBB ERNO (today's Airbus) when he switched over to his wife's company in the middle of the 1980s. He knew the aerospace business inside out because he was one of the first movers who established it in northern Germany. This aerospace trailblazer took the courageous step of going into business on his own because, aside from other reasons, he recognized market niches that a smaller and nimbler company would be superbly well equipped to fill. At a time when the majority of experts agreed that only huge expensive satellites and aerospace systems were capable of doing the job, my father had a different idea. His vision was that since components and technologies were steadily becoming more compact and efficient, why couldn't he offer satellites that were also smaller, more efficient, and more affordable?

OHB establishes itself as an aerospace supplier

Today such approaches are known as New Space: constellations of small lightweight satellites flying in low orbit around the Earth, observing the planets or providing ultra-rapid internet connectivity. In the mid-1990s my father already had a pretty good premonition of what this market could become. Even so, at that time we were just a small ambitious family company, one of many suppliers for major system providers in human space travel and microgravity research.

The garage in Bremen-Hemelingen soon became too small to hold our growing workforce and in 1988 we moved to our new and freshly built premises on the same site our company still occupies today close to the University of Bremen. In 1994 all the hard development work paid dividends and the vision of Manfred Fuchs finally became reality. With the launch of Brem-Sat, the first small satellite manufactured by OHB went into orbit – providing incontrovertible evidence that high-performance satellites really can be compact and affordable. In the mid-1990s expansion of the aerospace business also brought me on board my parents' company. At the time I was a practicing attorney in New York and Frankfurt.

Breakthrough as an aerospace systems company

The move into the top league happened in 2001, the year in which the company was successfully floated on the stock market. With the acquisition of a major contract for SAR Lupe, a satellite reconnaissance system for the German Federal Armed Forces, we now had the first opportunity to prove our mettle as a systems provider. At 320 million euros, the order was ten times bigger than our annual turnover at that time. But OHB wasn't intimidated – we took on new staff, developed new organizational structures, and delivered on time. In 2006, when the first satellite was launched, the face of the company was totally changed and a five-man business had become an aerospace systems company.

Today OHB is Europe's third largest supplier of integrated space systems and the No 1 aerospace company in Germany. Globally the group has a workforce of around 3000 employees from forty different countries and yet is still a family company. In 2018, overall revenue passed the billion euro mark for the first time.

"In the case of observing the Earth from space, the deeper sense of space flight is that it can put analysis of the transformation of the planet on a much larger scale."

The activities of the group are structured in three divisions: Space Systems, Aerospace & Industrial Products, und Digital. Space Systems still remains the lead division with, for instance, an order for development of thirty-four satellites for the European Navigation System Galileo. And working together with Thales Alenia Space, it was Space Systems that delivered the third generation of Meteosat weather satellites to European operators EUMETSAT. The systems developed and built by OHB comprise all orders of magnitude and cover all the other application fields of satellite technology besides those already mentioned. On top of this come the activities in the field of human space flight, science, and exploration. For instance, OHB was selected as systems leader for the asteroid defence mission Hera and so, on behalf of the ESA, the company also plays an active role in defending planet Earth.

Basically, it's about demonstrating the usefulness of space travel

OHB SE might now be seen as an established company in the space industry, yet we still see ourselves as a company that's ready to do things we've never done before. And even things that nobody's ever done before. In other words, OHB's an innovative on-the-move company. We've always been concerned with making space applications and space flight useful.

The basic idea behind our philosophy is that space flight is our key competence in the systems business. Yet the services and applications that come with this make us even more relevant and carry the message of the usefulness of space flight. And this will be the whole point in times to come. Space travel – and the ability of humans to travel in space – in future will only be justified when the usefulness of such activities for the majority of people can be proven.

Their usefulness is immediately apparent to anyone who has viewed our planet from space where the amazing fragility of this small blue dot in the universe becomes clear. There is also the heightened awareness of this fragility that comes from crewed space missions – and the associated need to take better and closer account of changes to the Earth. And here satellite technology is indispensable. But even more than that – satellite technology with its collection of data and facts is what first makes it possible for us to gain new insights into the condition of the Earth. In this sense earth observation is what leads us to learn more about the Earth and perhaps also to gain a better and quicker understanding of the way it is developing.

This is why I'm absolutely convinced that the environment, also including the weather and the climate, will become even more critically important in the long-term. Environmental monitoring from space will be on a scale that's unimaginable at present. It will have a permanence and a complexity that clearly sets it apart from all other sectors. Reconnaissance uses three or four types of imaging sensors such as high resolution electronic optics, radar and infrared. When it comes to the environment there's a great deal more, and in such forms that I'm convinced that in the future we may well be talking about sensors that need their own dedicated satellite constellations.

Earth observation gives policy-makers better grounds on which to make their decisions

So I'm also very happy that we at OHB, with our expertise in earth observation technology, are able to make a contribution to the long-term protection and preservation of the planet. Space travel in general can indeed lay claim to doing good for the Earth. Obviously when we're monitoring the environment we're doing this with the intention of preserving the planet. Yet the most immediate benefits for everyday life come from weather satellites. This is the most day-to-day routine information that we can get. And many of the older people among us will remember that for a long time the weather forecast had more to do with divination than empirical facts. Today that's completely changed. Weather forecasts have become reliable. It's become a natural science that delivers precise forecasting. In short, the weather is the most commonplace issue that everyone's concerned with. Every single person, no matter what their cultural background might be or what age they are, is interested in the weather.

In the case of observing the Earth from space, the deeper sense of space flight is that it can put analysis of the transformation of the planet on a much larger scale. This can endow it with great authority. Because at the end of the day the whole point is make forecasts or theories that are credible. And so we need to observe and gather facts. This is certainly the case in terms of the environment and climate. This is why global climate protection would now be unthinkable without technical assistance from space. And this is where aerospace now plays a key role. Because it's now no longer a question of measuring whether climate protection measures are having the desired effects or not. As a survey by the ESA shows, over 50 percent of the key climate variables can only be measured by aerospace technology. It's almost impossible to imagine the immense number of sensors that would be needed to receive all this data at measuring points on Earth. So this makes observation from space orbit a highly reliable basis from which to make political decisions.

At the ESA "Space19+" conference in November 2019, the European Earth Observation Mission "Copernicus" was given a budget of some 1.8 billion EUR for the next three years, 526 million of which came from Germany alone. This is clearly much more than was originally expected. With this funding, all six of the planned Copernicus missions can be realized – and will play an essential role in teaching us more about the changes to the environment and climate of our planet. This knowledge will arm us to respond better and, above all else, much more quickly to such transformation. Or to put it another way: with their commitment to Copernicus, Europe has clearly demonstrated just how seriously ESA states take their own commitment not to stand idly by and watch the dangerous changes to the climate and environment.

The aerospace industry is undergoing fundamental realignment

The EU Space Programme includes a variety of missions designed to garner a broad range of new data. The CO2 Monitoring Mission will identify regions with heavy CO2 emissions and thus play a leading role in monitoring compliance with the climate goals of the Paris Agreement. The Land Surface Temperature Monitoring (LSTM) Mission will measure changes to the surface temperature of the Earth with a particular focus on coastal regions. A slew of other interesting missions are on the agenda of the November meeting in Seville, and OHB and the whole of the German aerospace industry is very pleased to see that the German delegation has already announced its strong support for earth observation programmes this year. I am absolutely convinced that environmental monitoring is set to assume a permanence and complexity that will clearly set it apart from all other sectors And that the German government is forging ahead with this because – and this is something only few people know – in the aerospace industry it's the state that is the decisive mover. The reason's simple enough – the state is the biggest player in aerospace because the government is a player on both sides of the field. On the one hand it's a major customer that provides people with vital aerospace applications like satellite navigation and satellite-assisted weather observation. And on the other hand, the state funds aerospace with technology programmes in order to maintain, expand, or establish key abilities in this area.

At the moment we are witnessing a fundamental realignment of the entire aerospace industry. New market players are entering the game, new business models are emerging. The market is rapidly changing. This calls for new technologies, new processes, and new methods of production. And even though governments will always play a central role in aerospace especially as supervisory instances, as project initiators and operators of public infrastructures like the Galileo navigation system, new markets are now growing around this core area which hold great opportunities for private investors. In short, in the years ahead the old border lines are going to become increasingly blurred. And this will give rise not just to new markets but also opportunities for hybrid models of private and public investment.

However, these new hybrid models are going to require new forms of control. In spite of all the alluring perspectives of a new economic area in a new dimension, we have to prevent the rise of a kind of Wild West free-for-all in space. This is why by the year 2046 there will be regulations for the centralized supervision of all satellite and space ship traffic in space. By this time everything relevant will also be permanently measured and monitored online from Earth orbit. By 2046, internet services providers may well also offer real-time satellite images online too. There'll be a ticket service with which a delivery service or broker will be able to check the actual condition of a region. In the coming years the data streams of earth observation satellites will also provide opportunities for a series of new business models – not least of all because the data of the European earth observation system Copernicus are already now offered for free to all users.

In the year 2046 there will also be a lunar infrastructure and a moon program mainly advanced by NASA. In all likelihood astronauts will once again have landed on the moon and perhaps there'll be the first moon stations there. What I really can't quite believe is that even in 2046 we'll be able to do anything but research and science on the moon or on Mars. After all, the conditions for people living there aren't really pleasant and comfortable — and what about private life? Basically I think that all the discussions about exploring space still seriously underestimate one key aspect — that in space our ability to move and act is much more limited than many would imagine! The reasons for this have to do with biology and the laws of physics. At present people can live for 100 years at the most, perhaps at some future point for 200 years and in cosmic terms the technologies we can imagine only allow for painfully slow progress. Given the physical laws we're governed by, none of this will essentially change. This is why we'll remain limited to probes to our solar system and astronauts on the moon, Mars, and possibly at some future point Venus and Mercury and even in coming centuries to the moons of Jupiter and Saturn. Even in the year 3000 we humans might not have any other goals, that's the sober truth. But perhaps I could be mistaken...

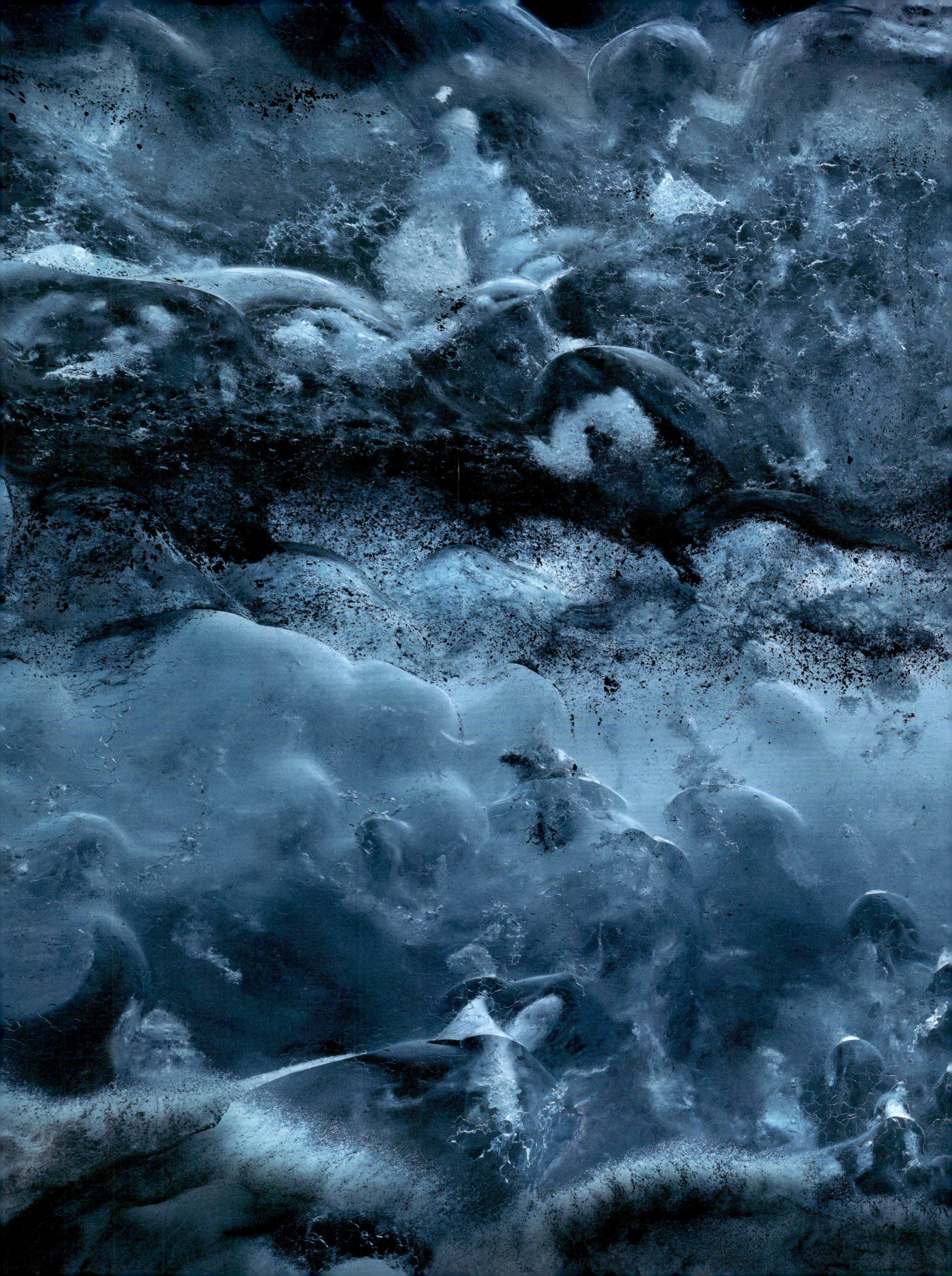

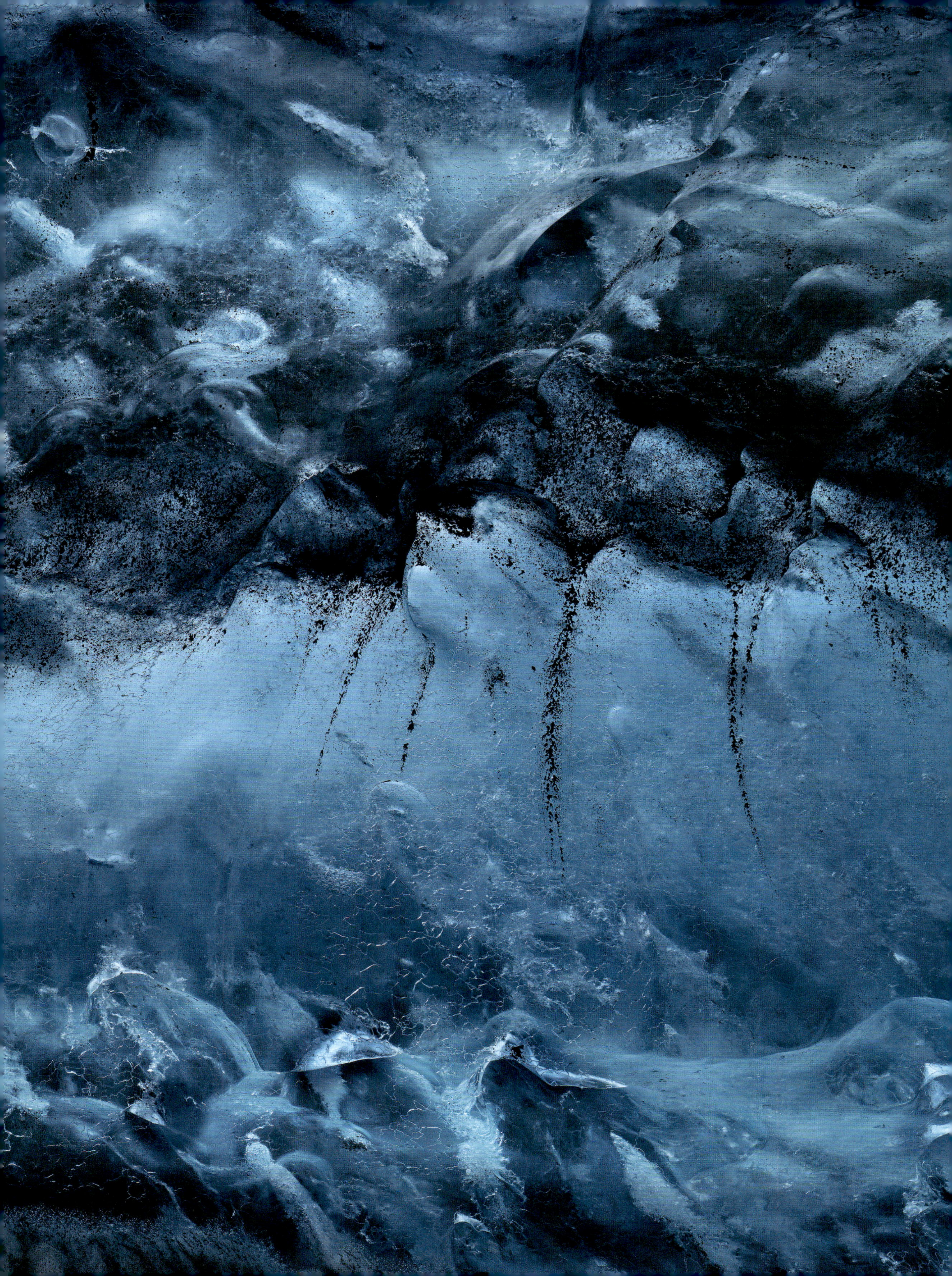

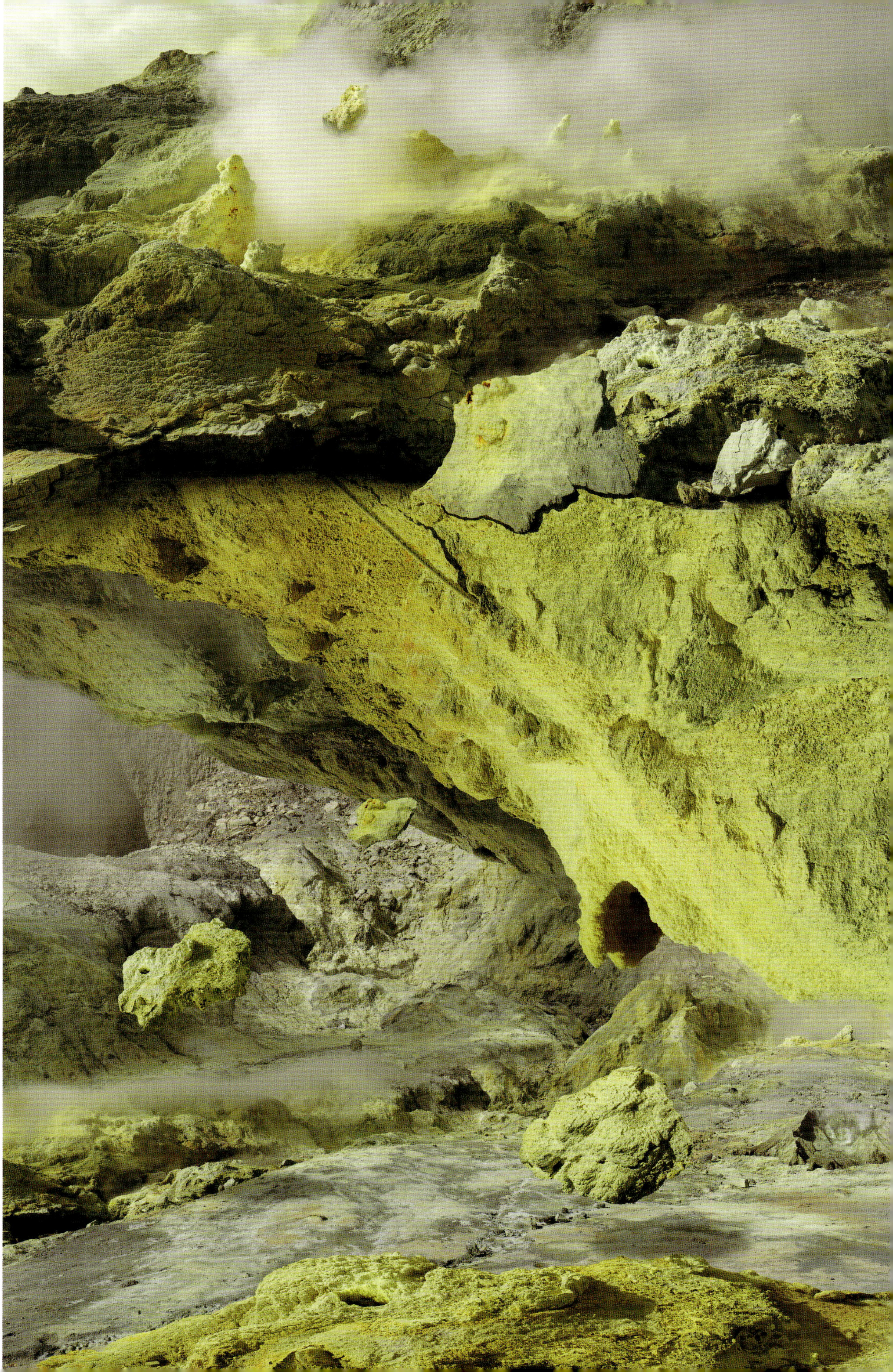

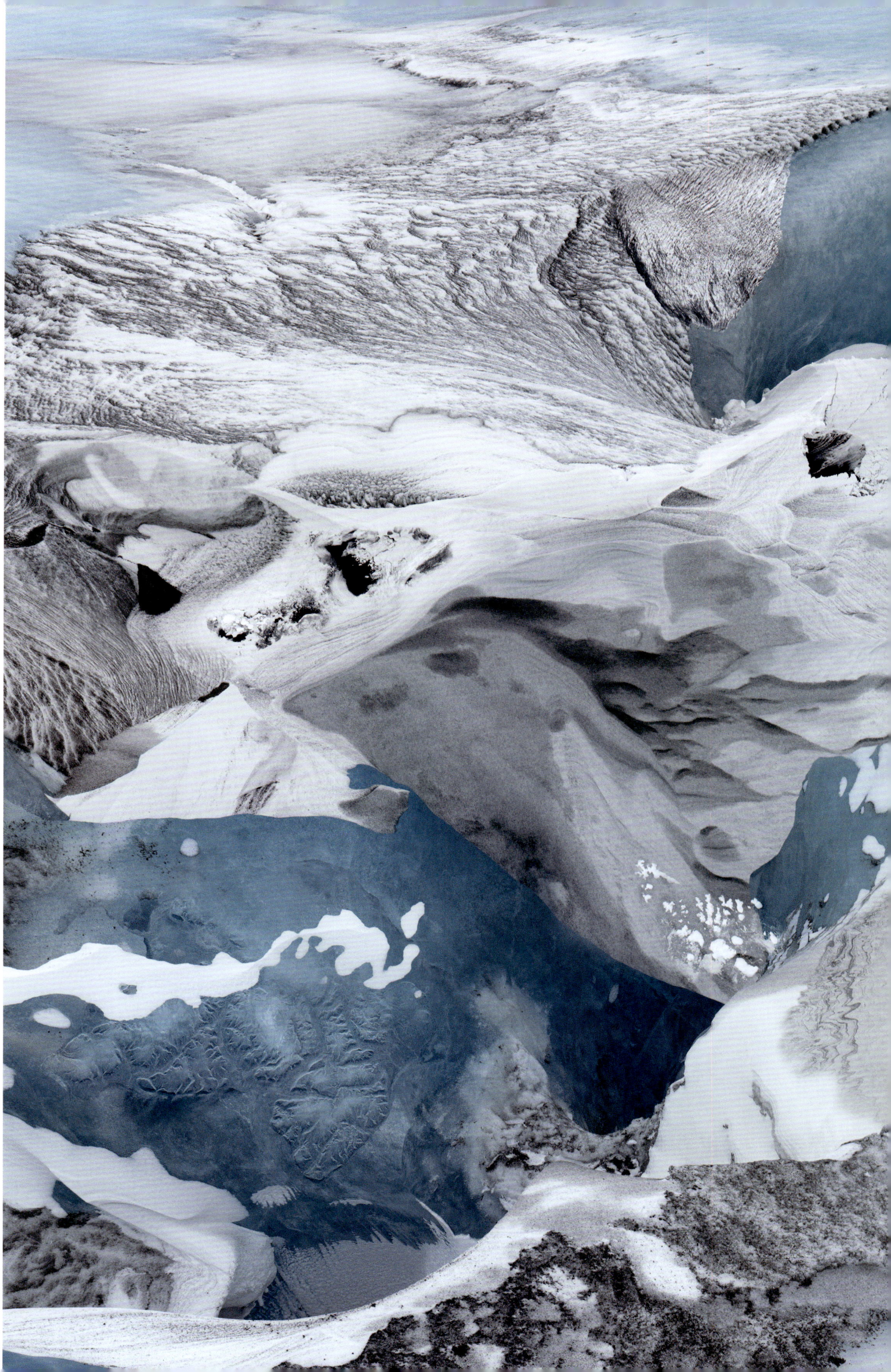

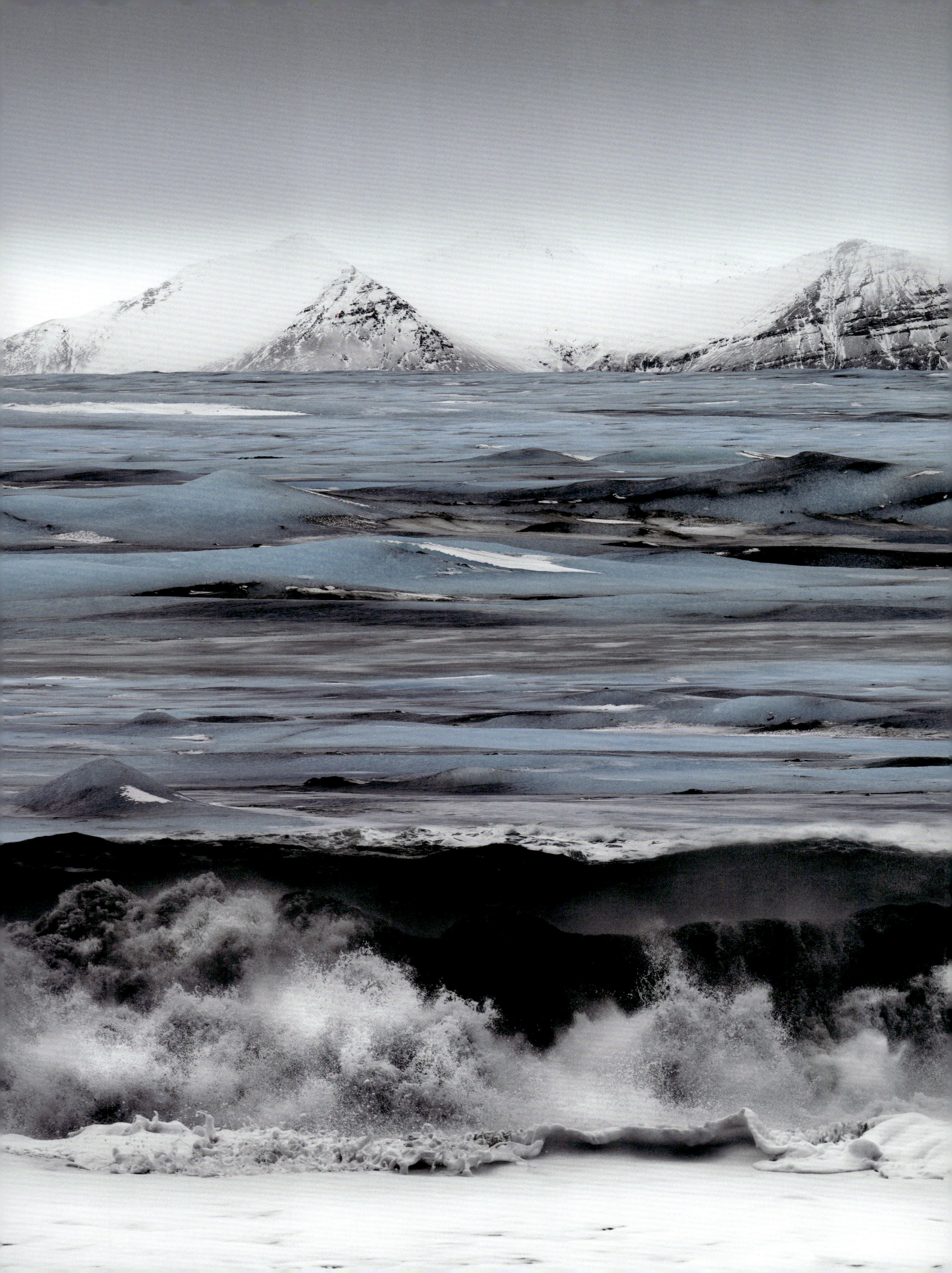

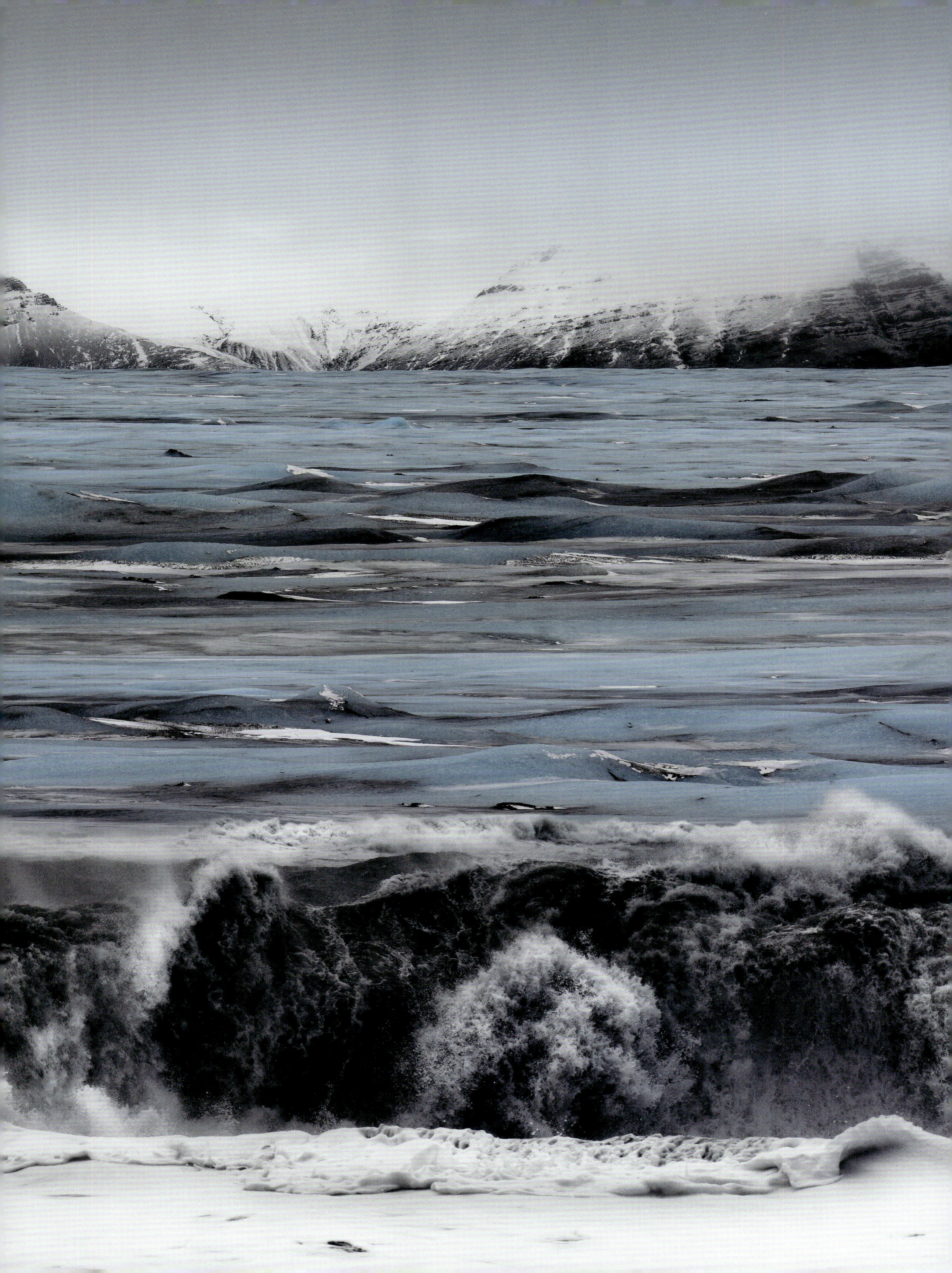

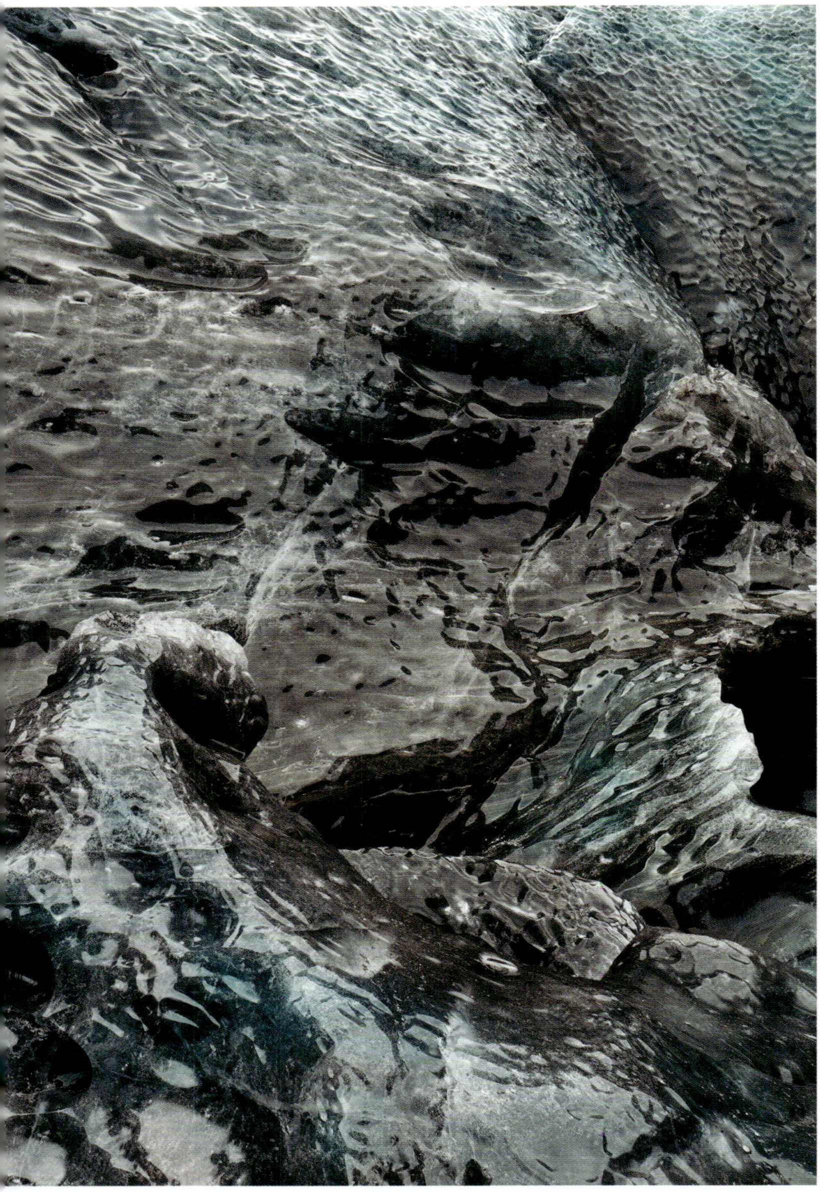
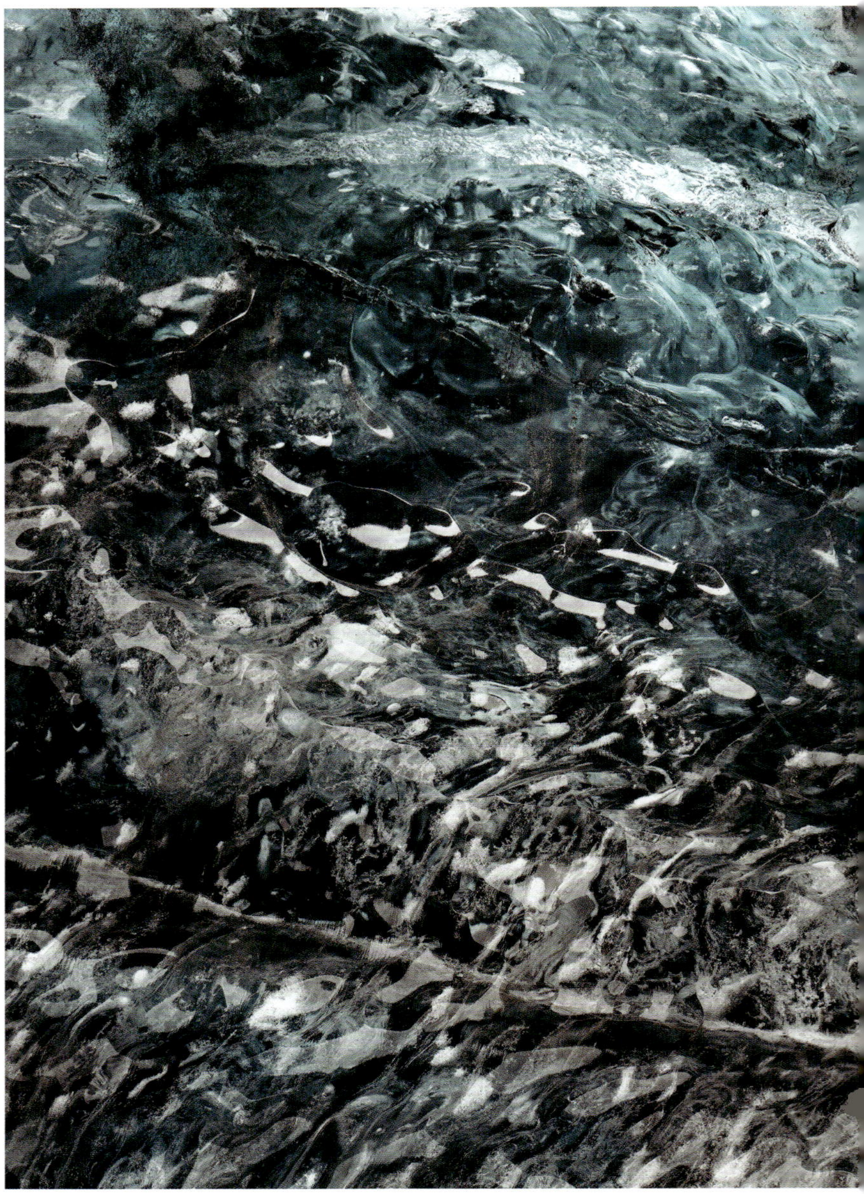

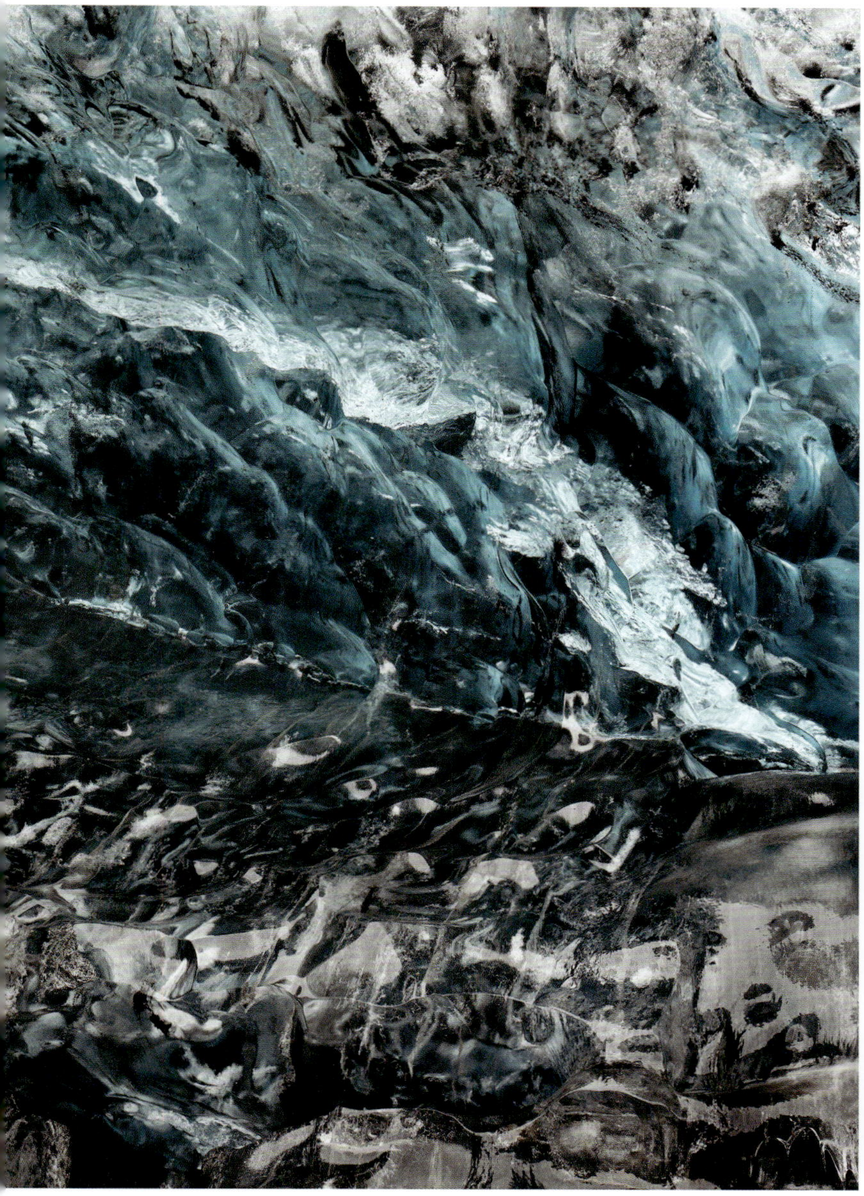

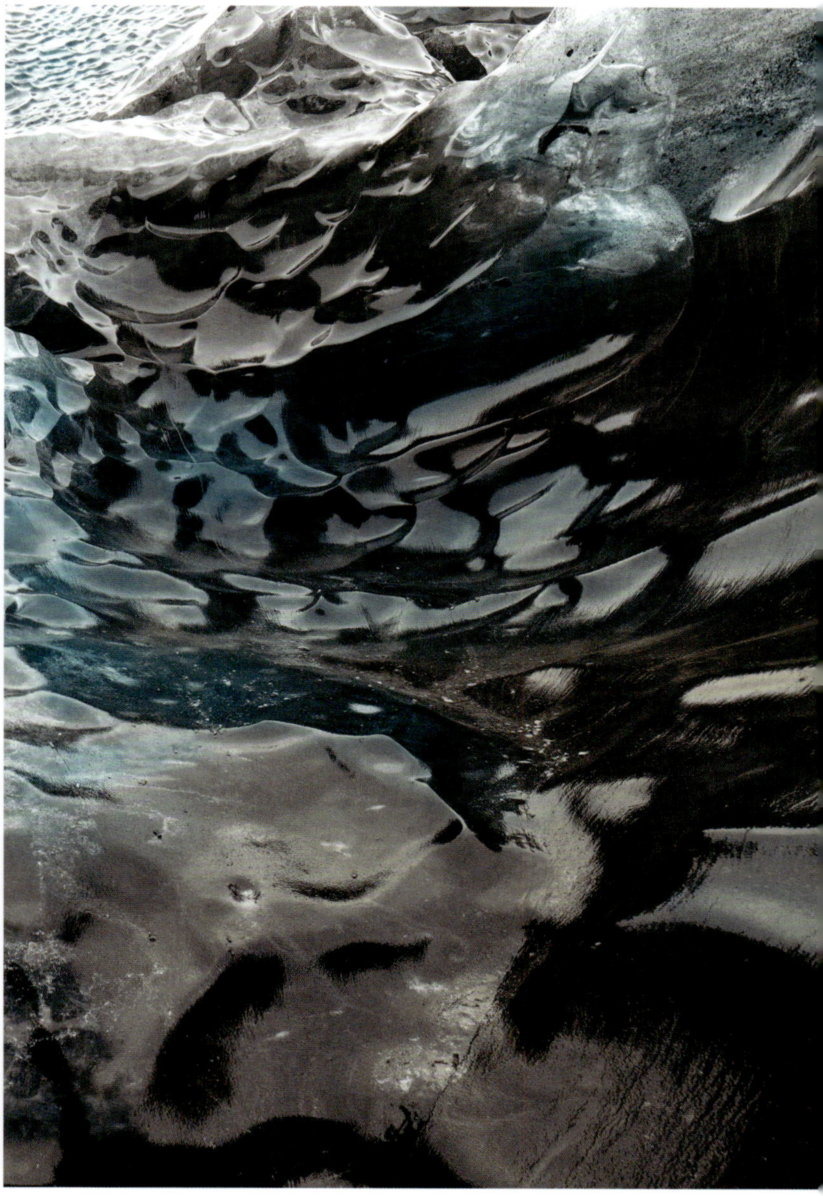

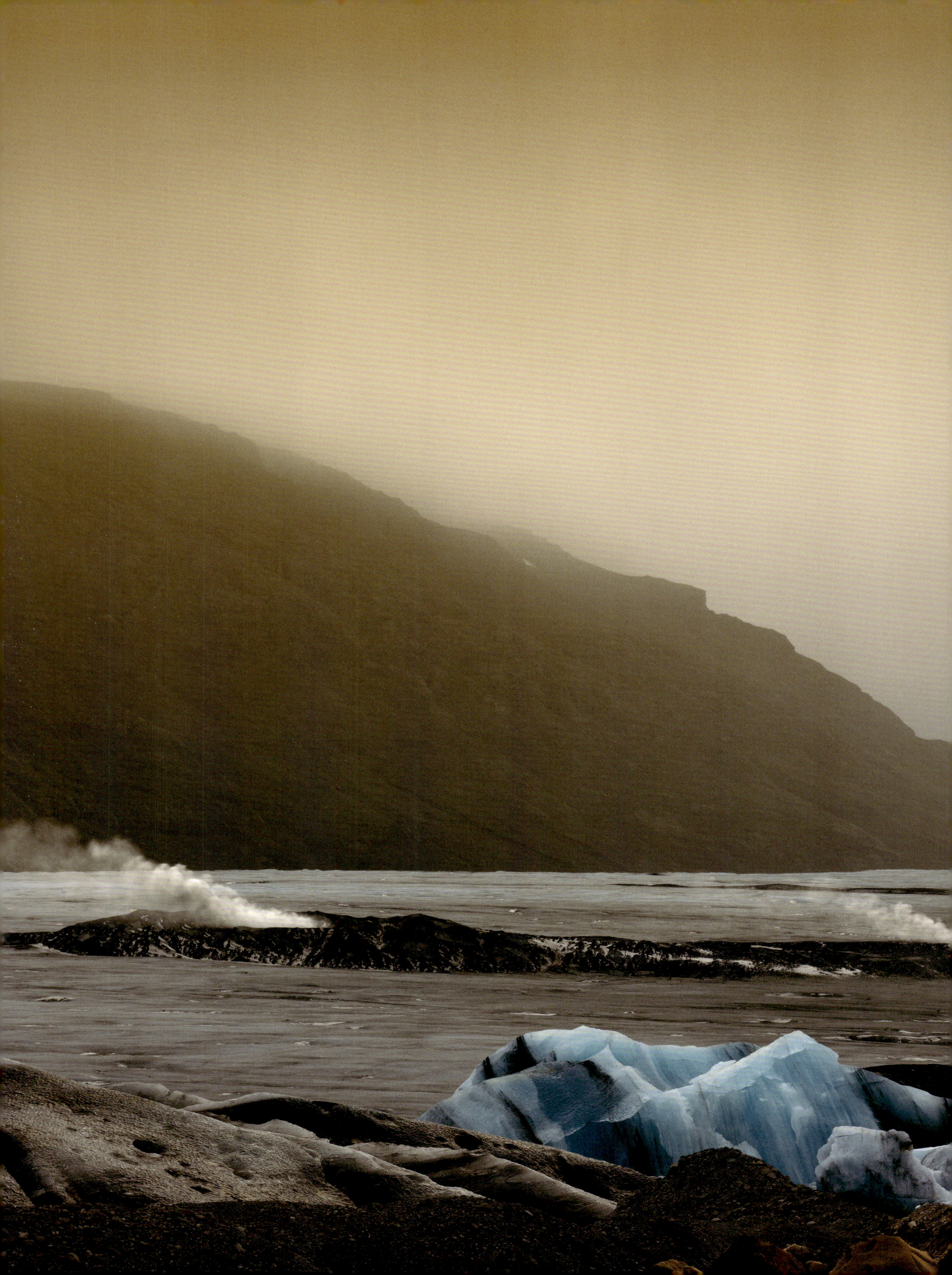

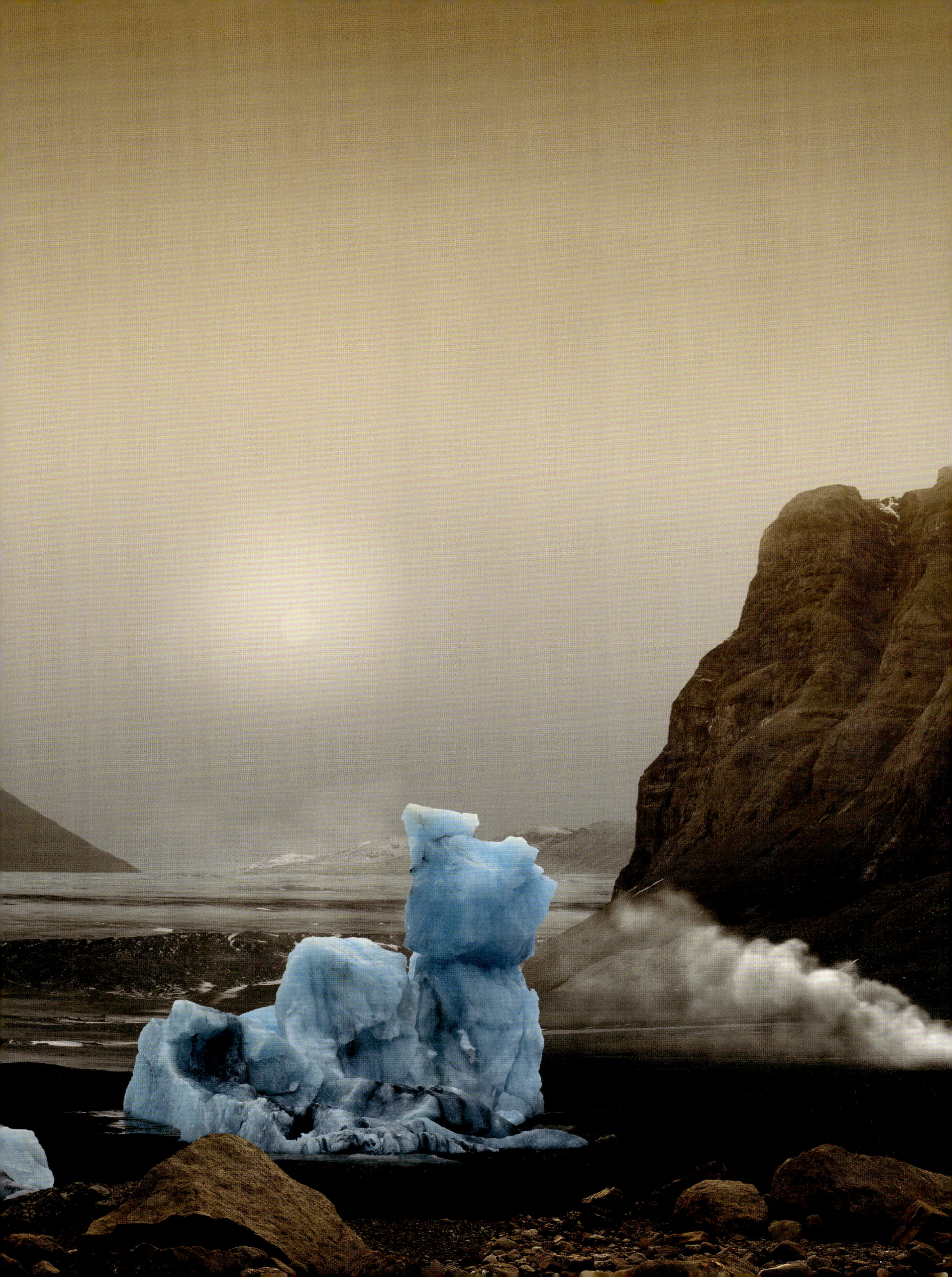

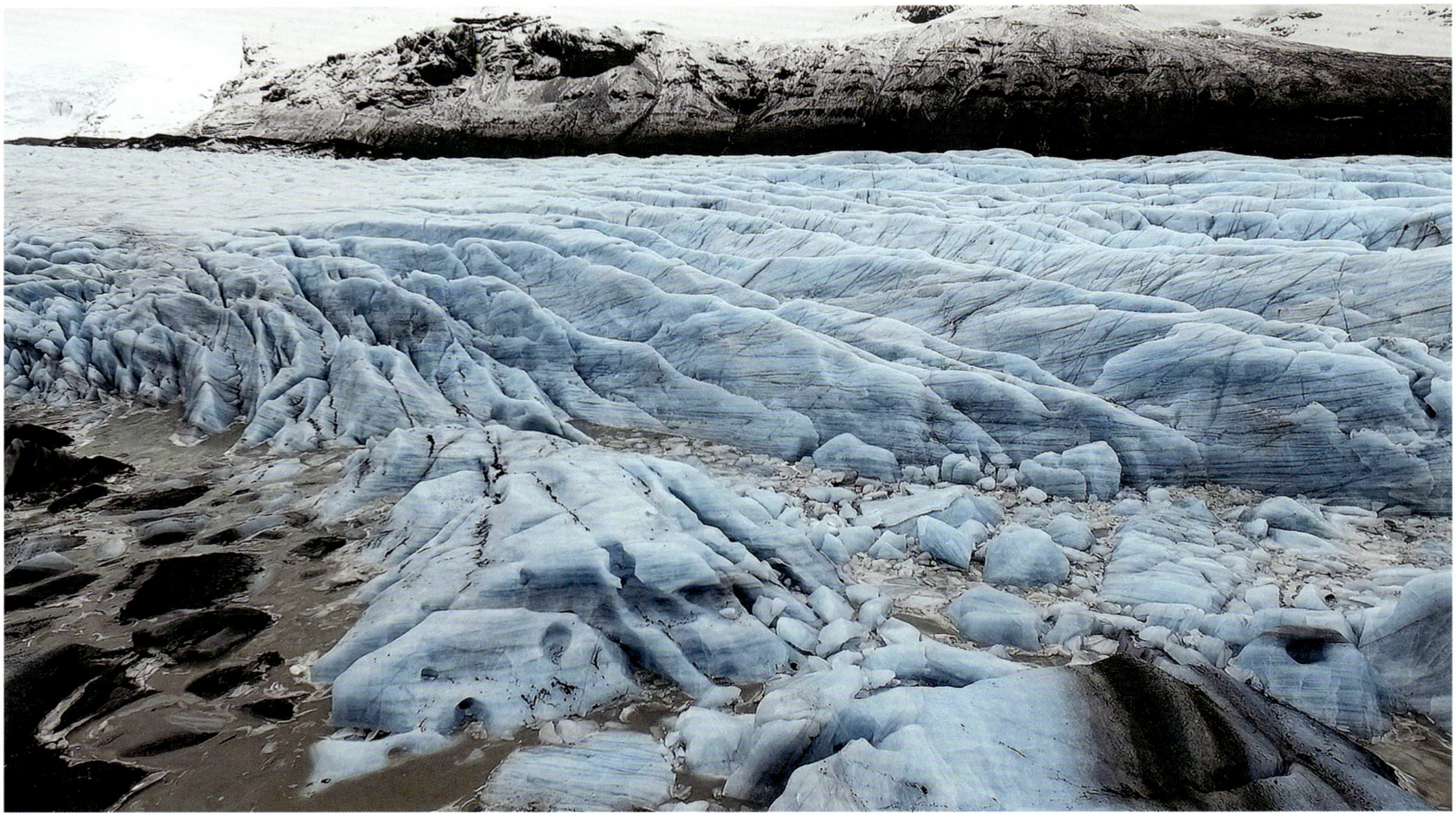

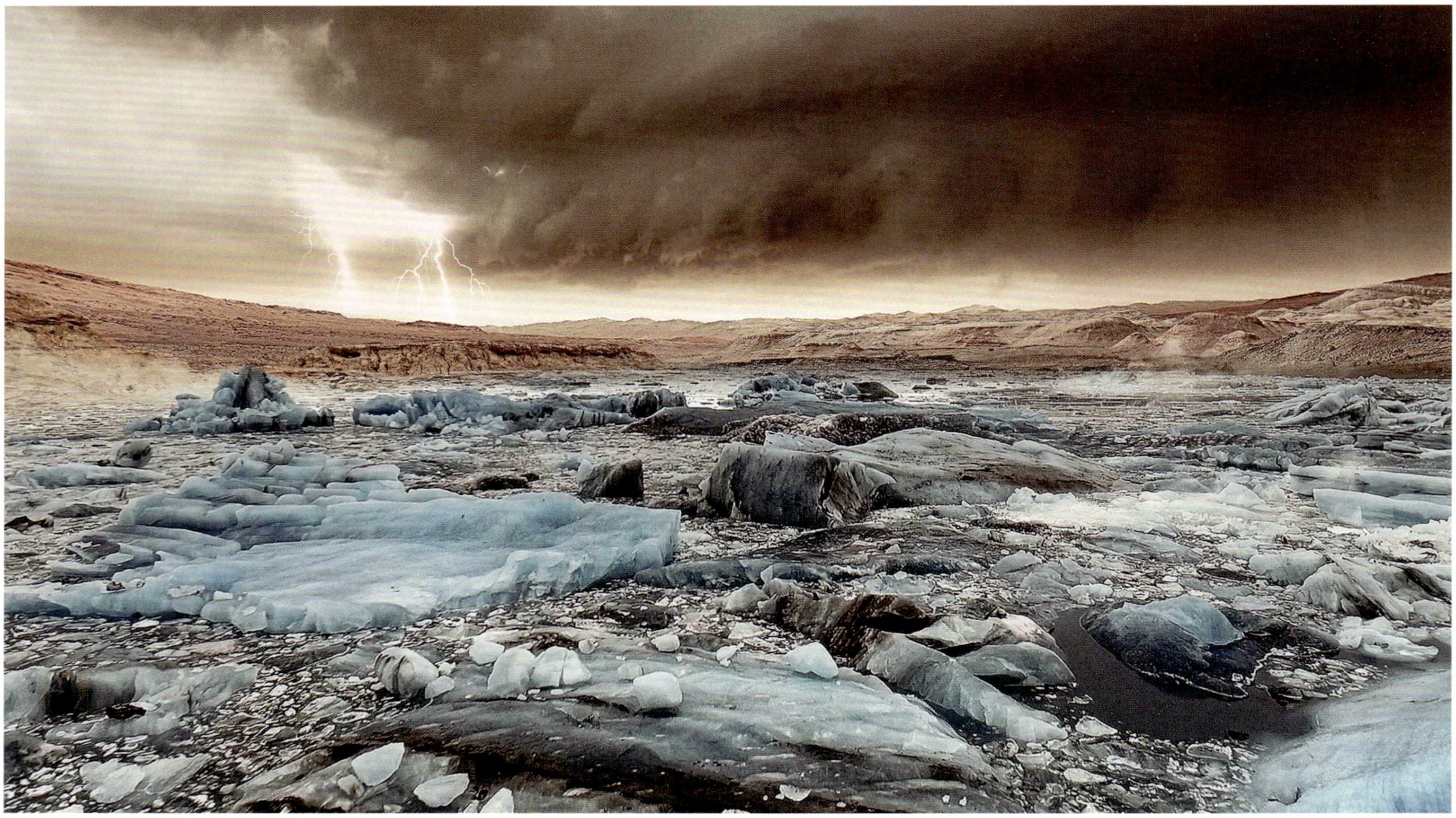

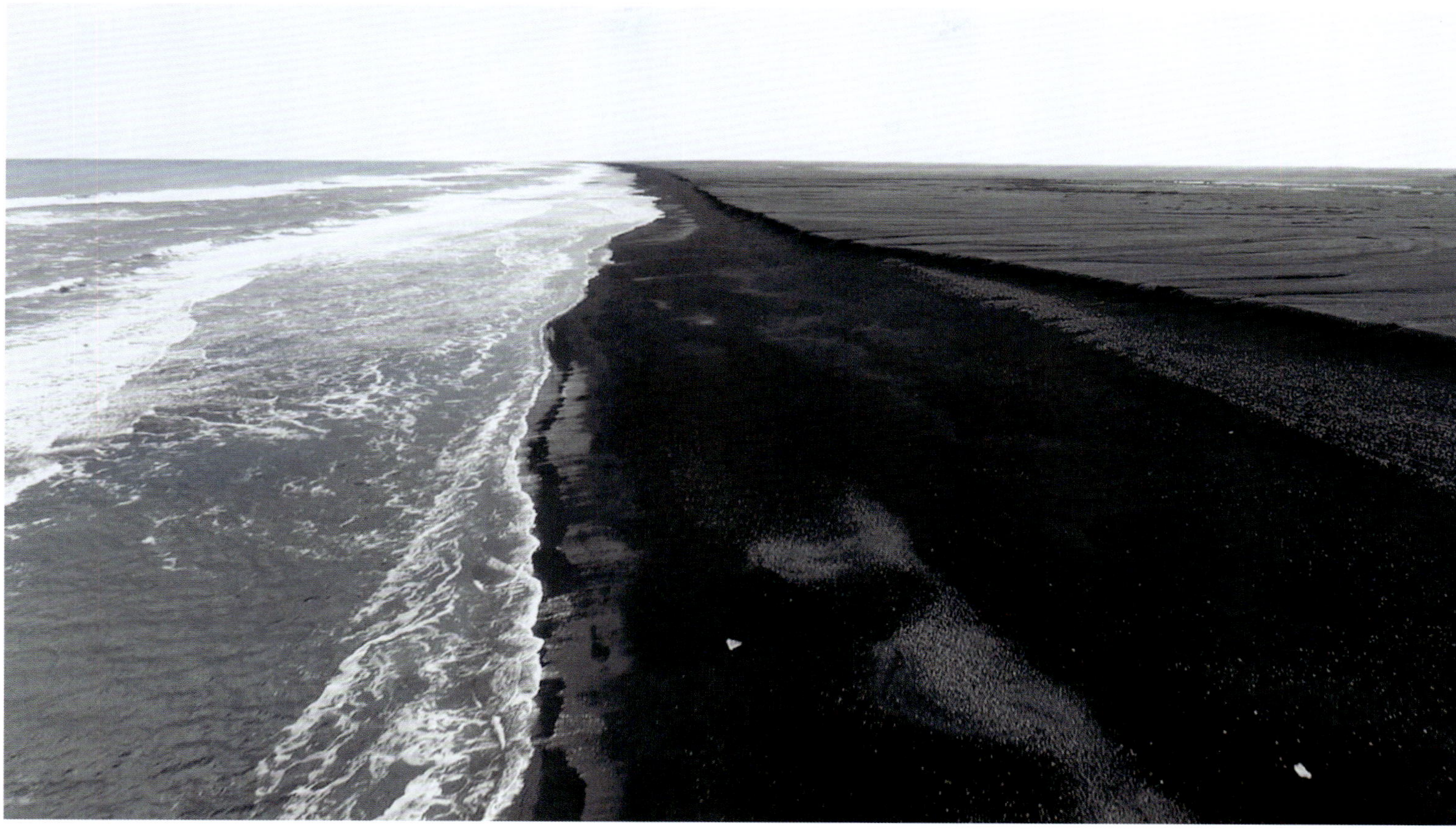

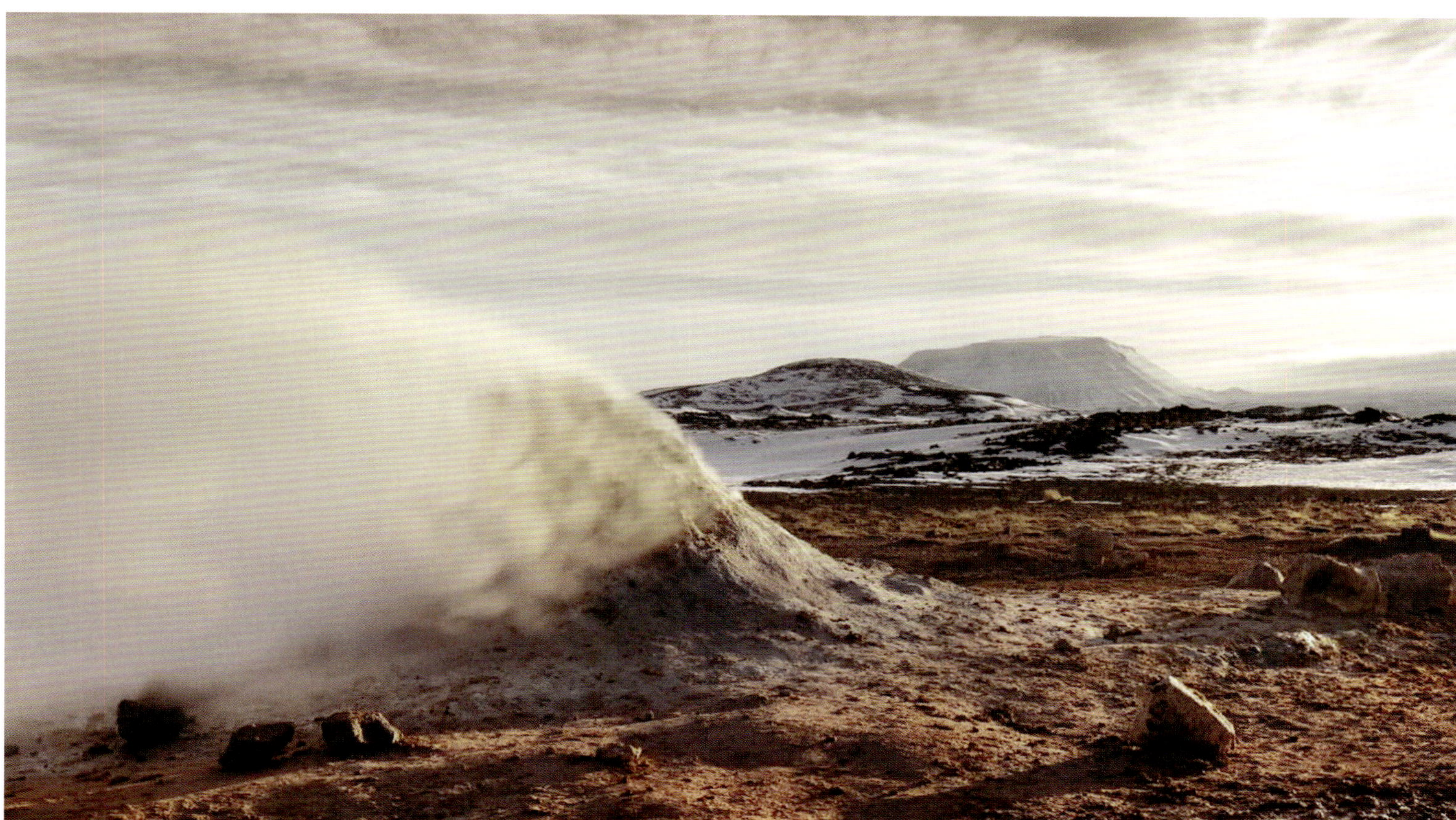

Video stills

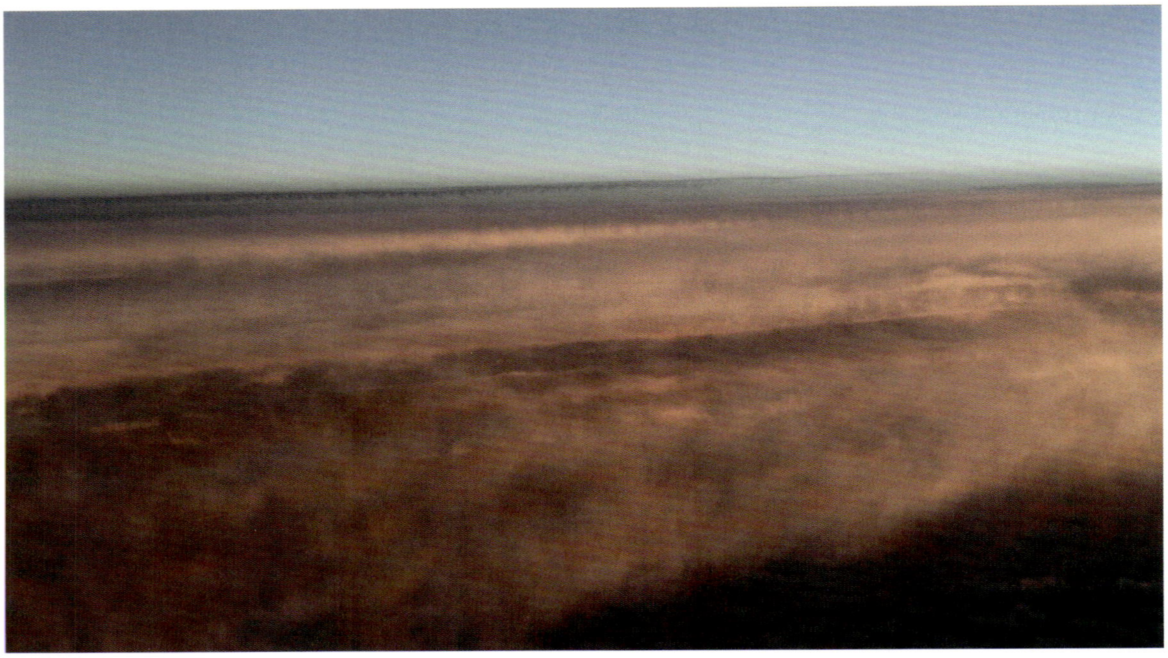

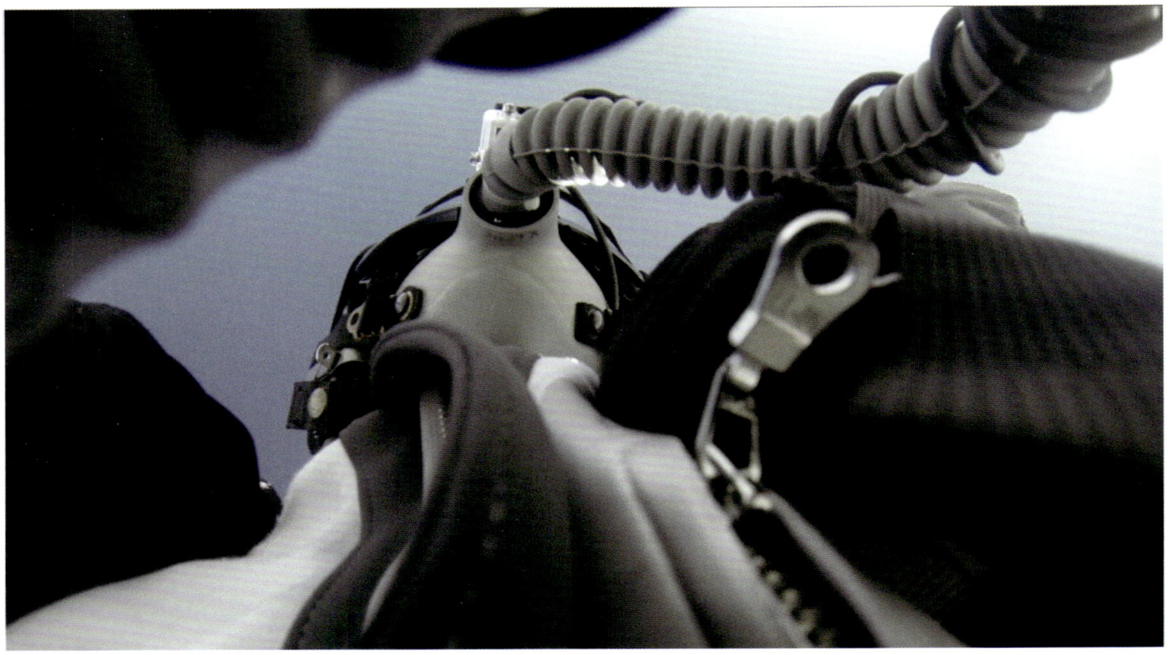

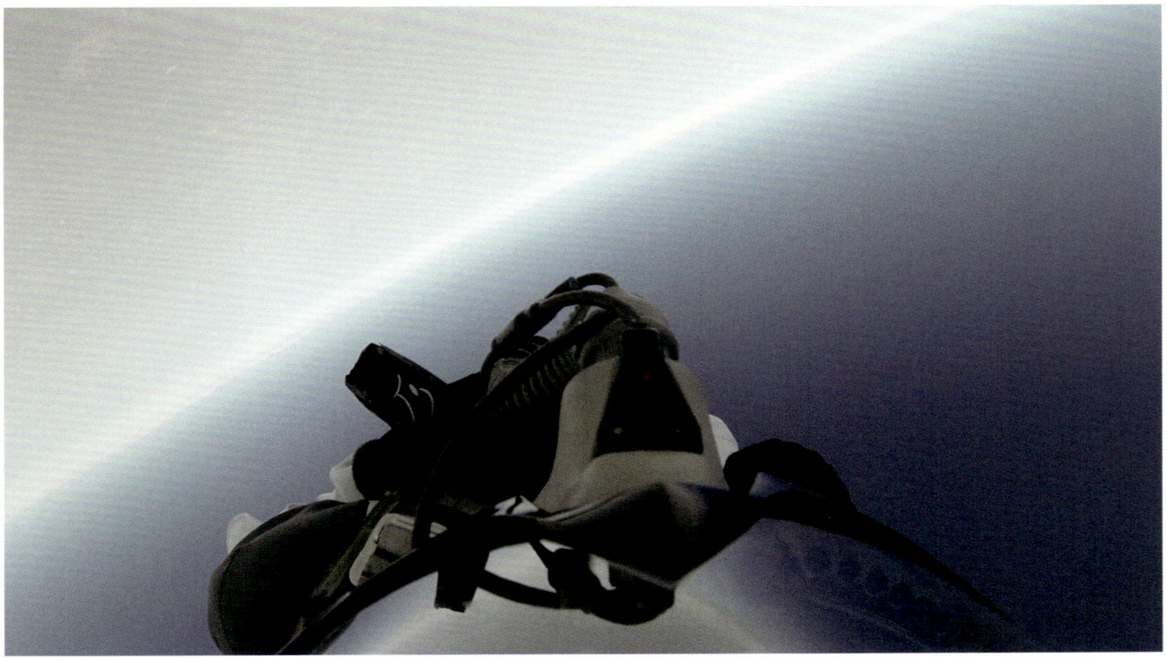

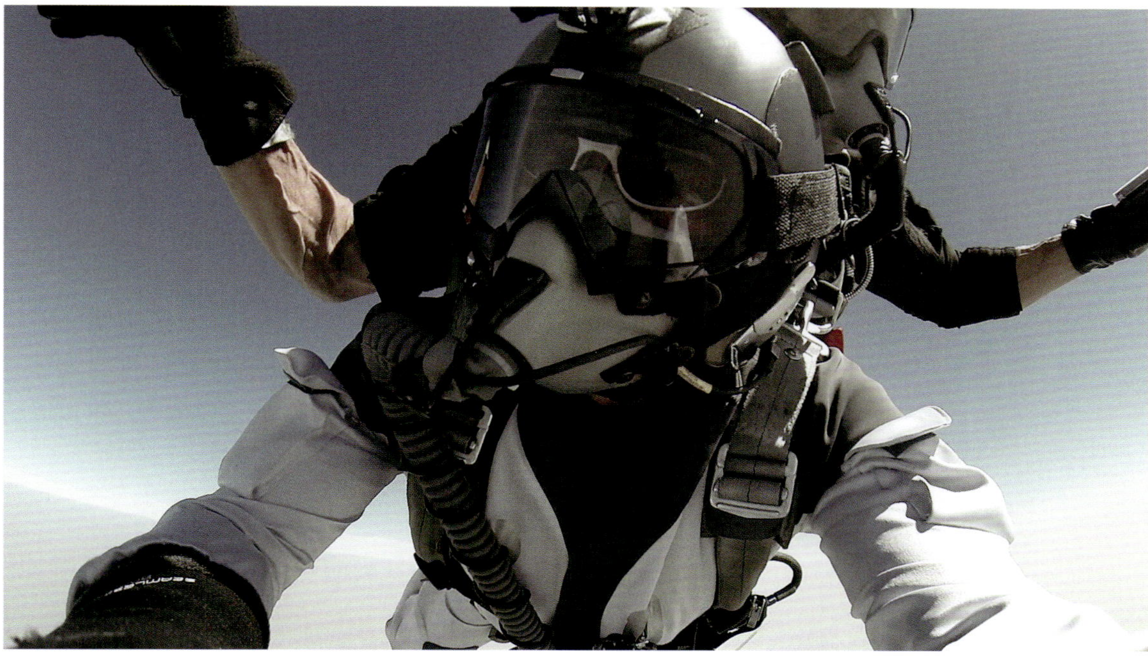

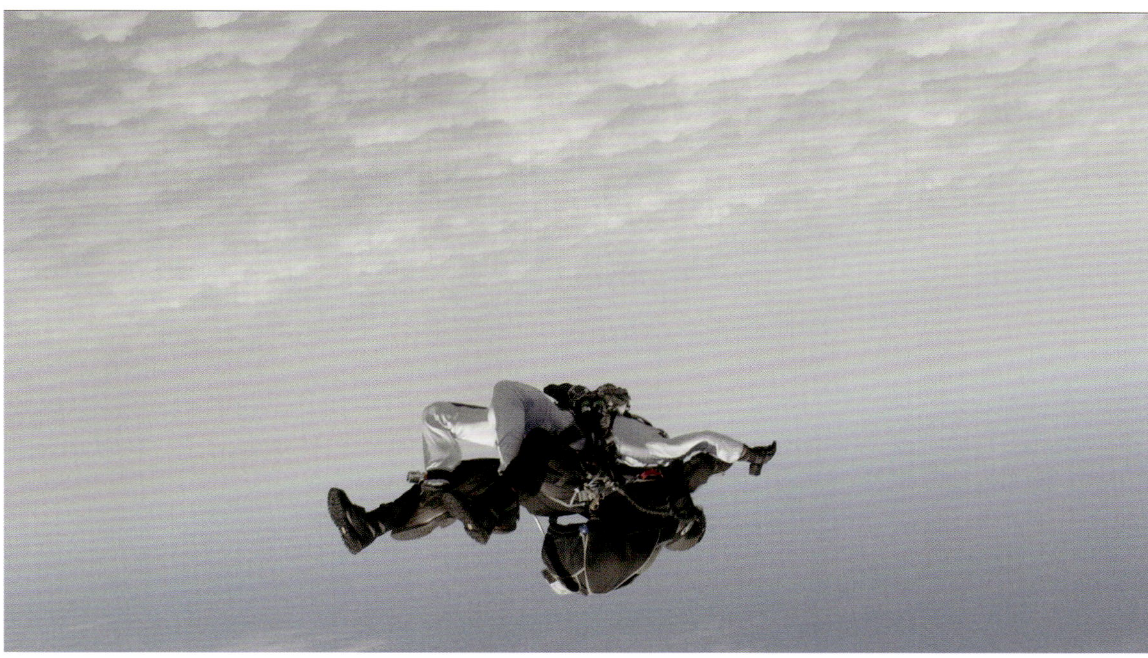

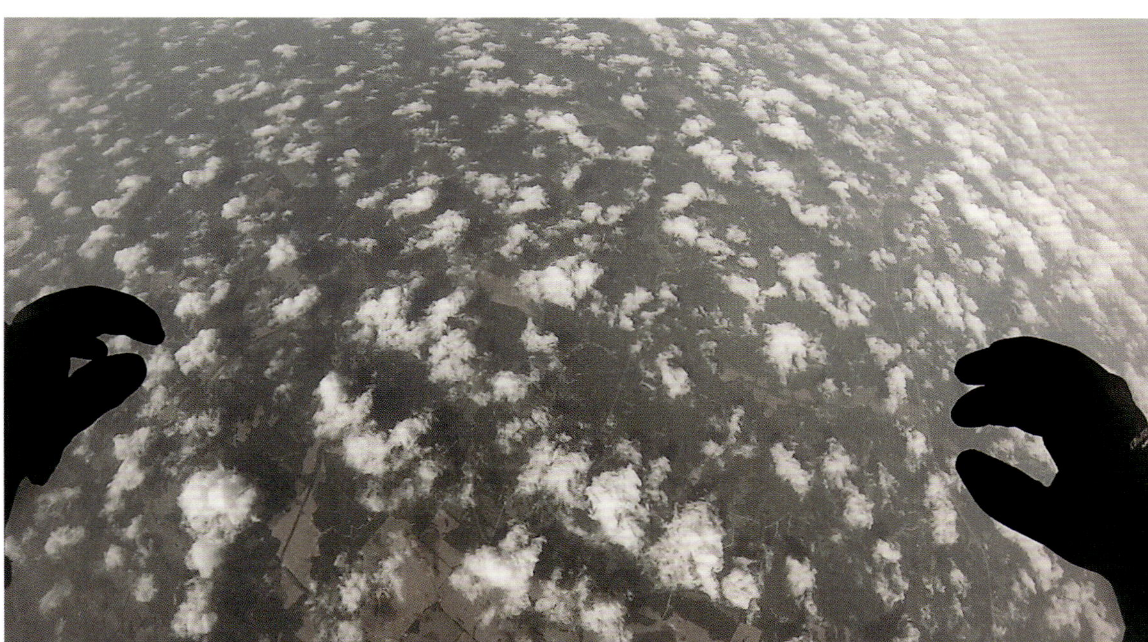

Video stills

Installationsansichten
Installation Views

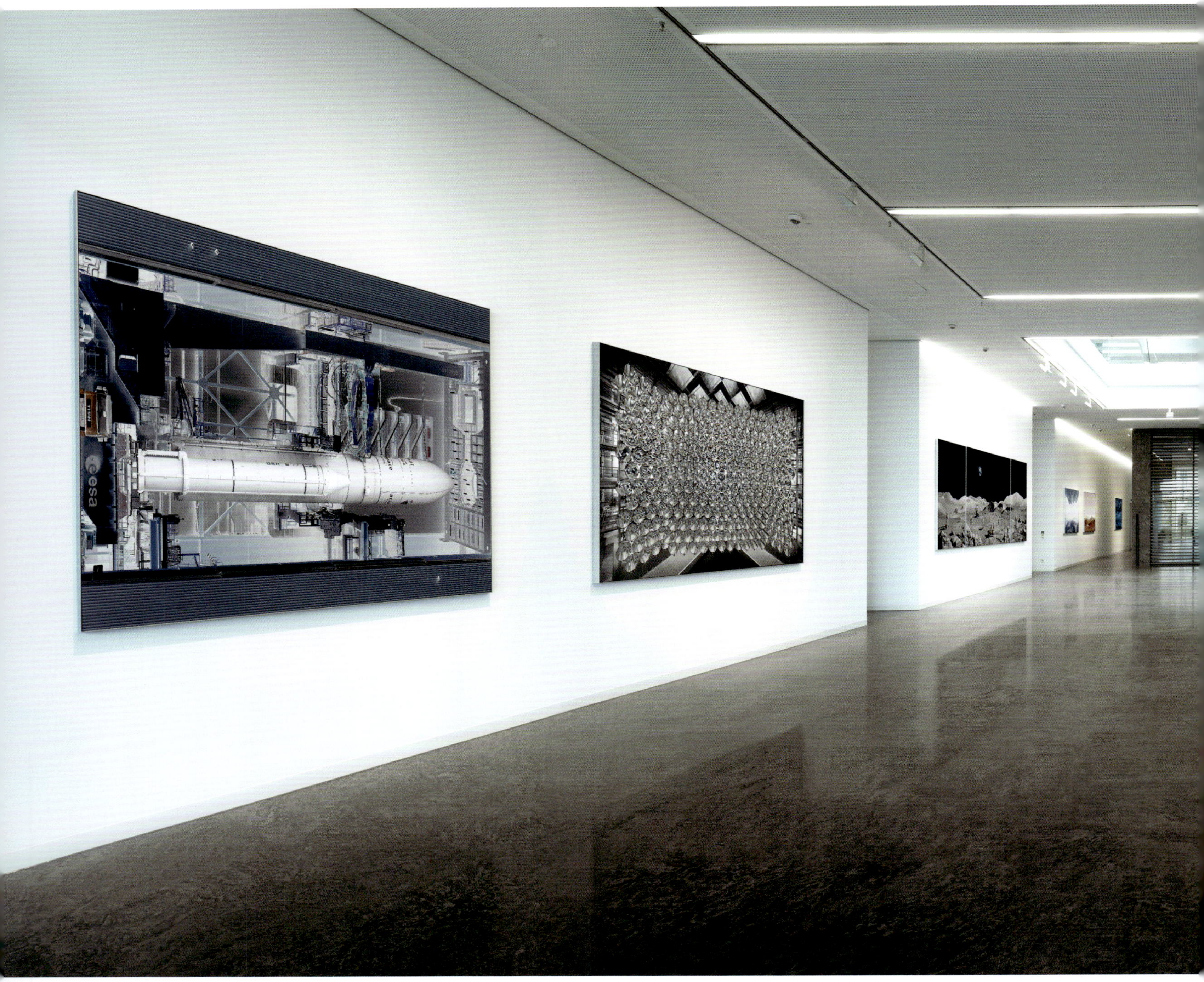

Installationsansicht/Installation view, Wittenstein Innovation Factory, Igersheim, 2019/2020

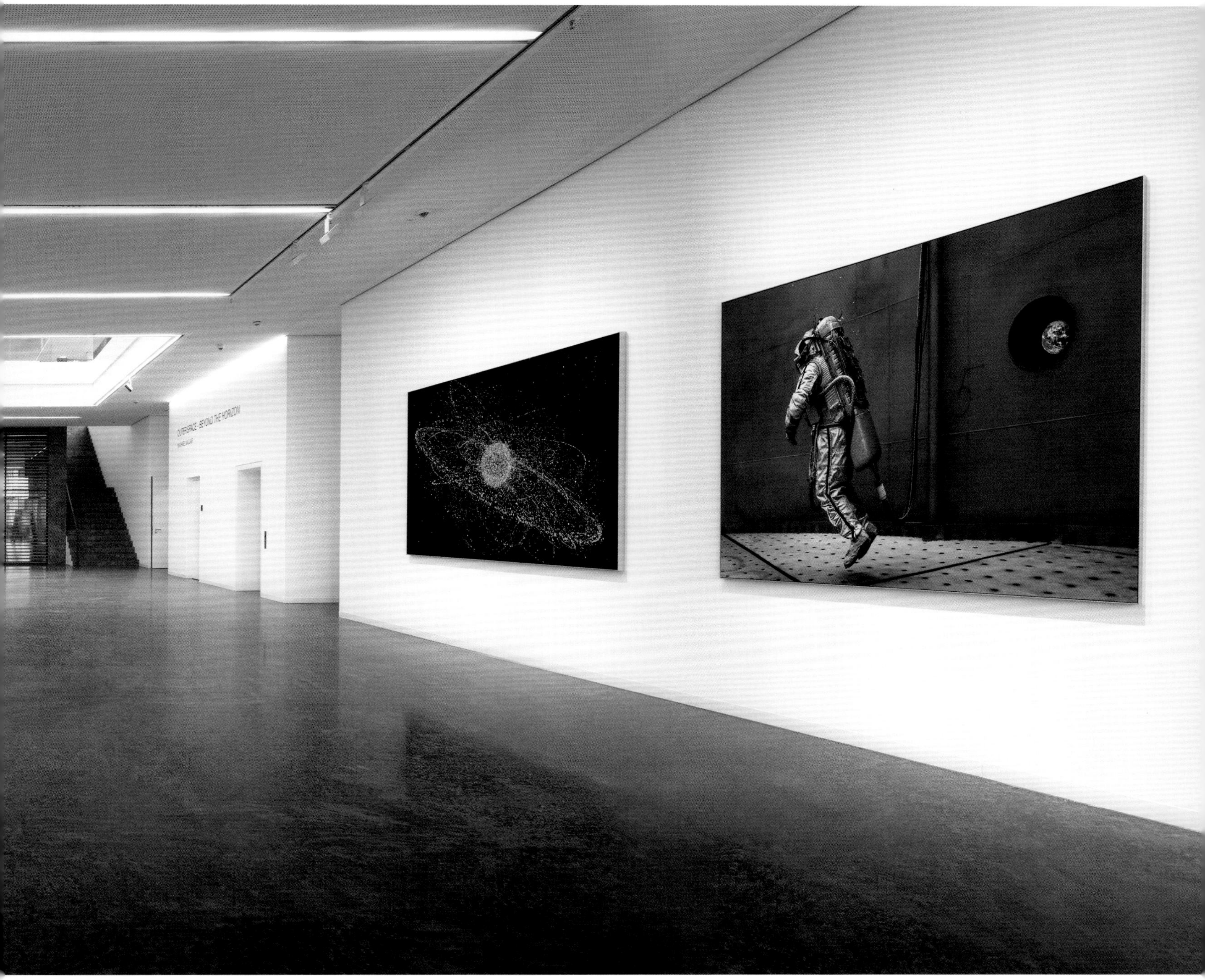
OUTERSPACE - BEYOND THE HORIZON

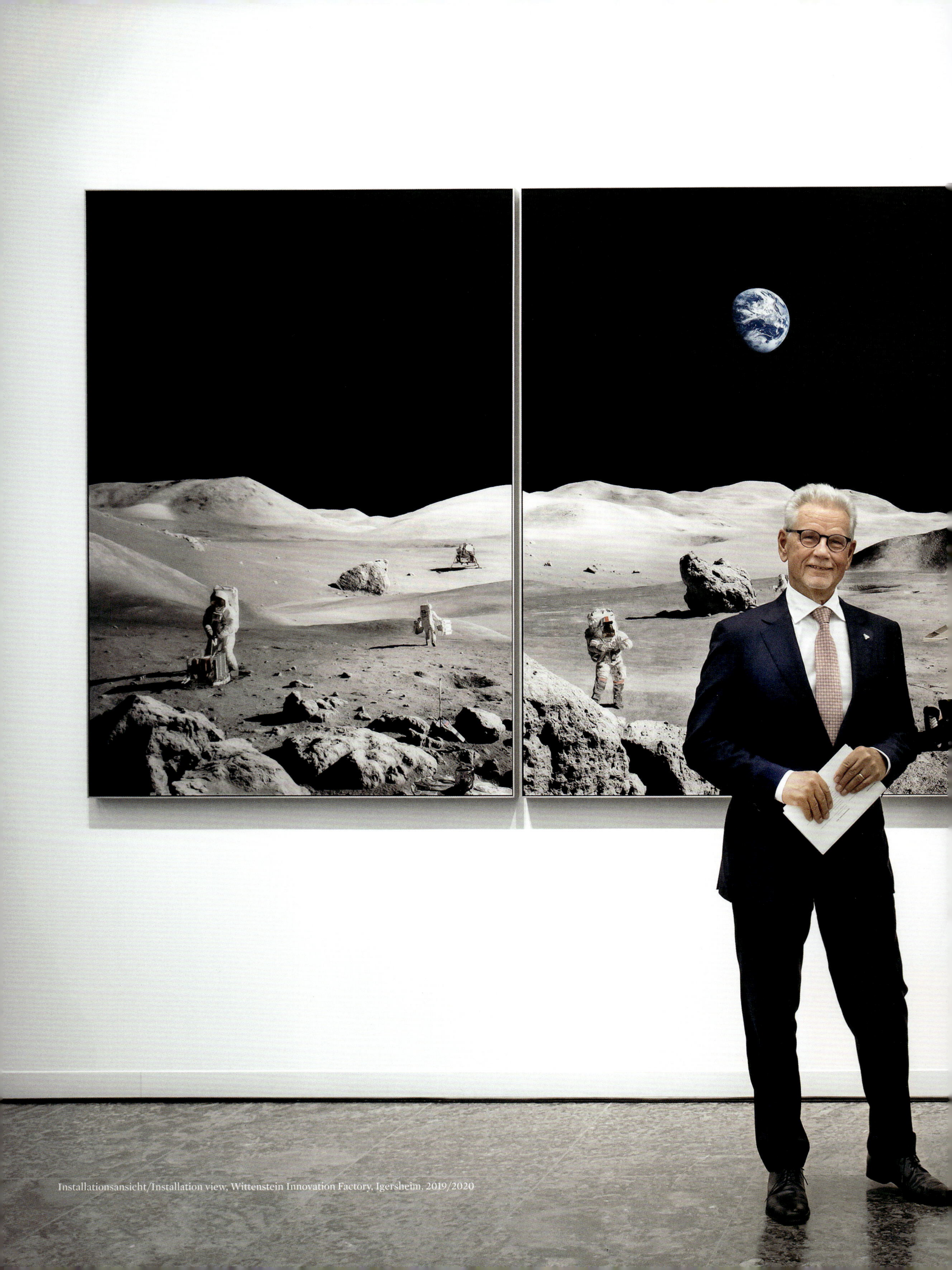

Installationsansicht/Installation view, Wittenstein Innovation Factory, Igersheim, 2019/2020

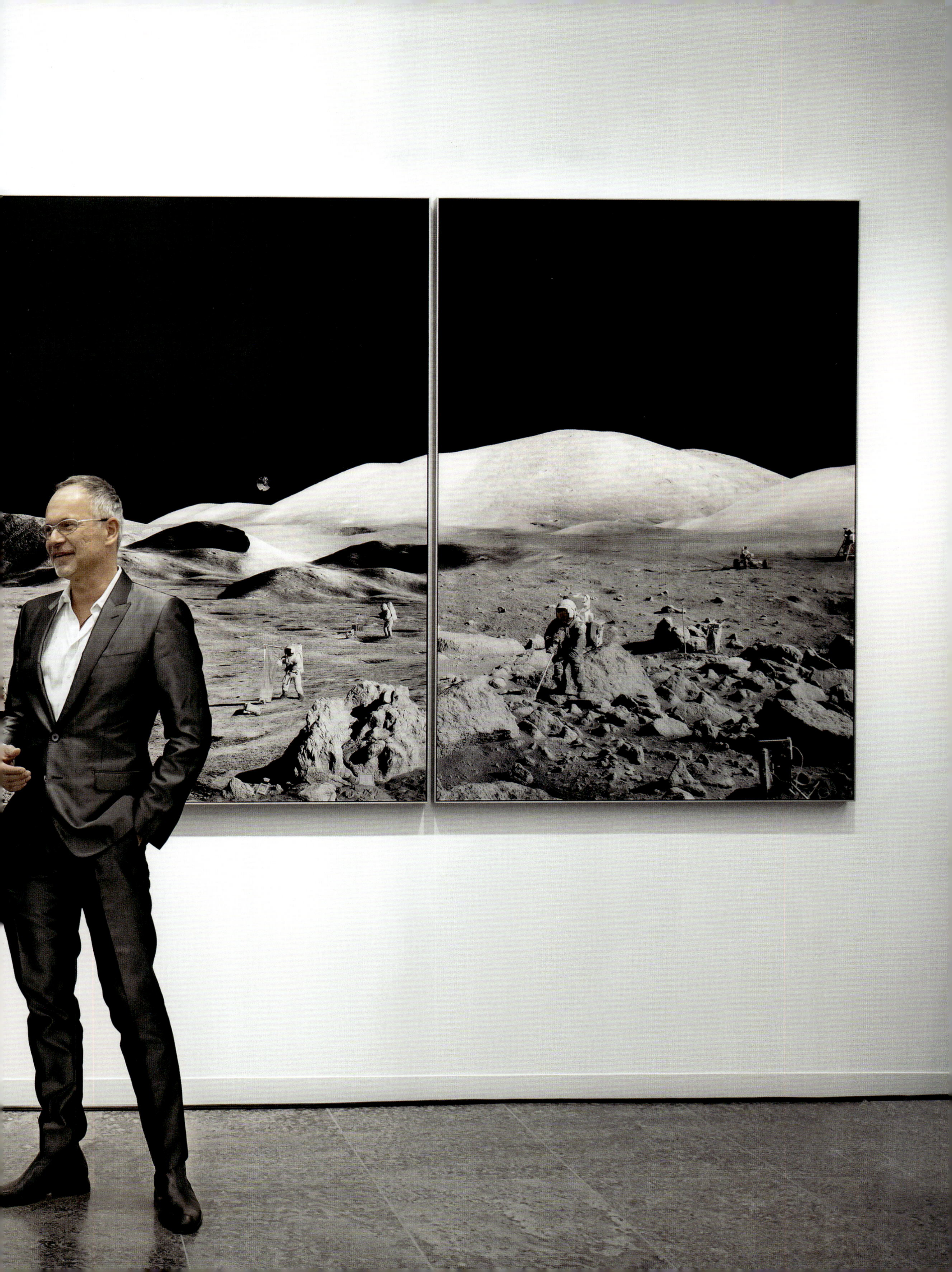

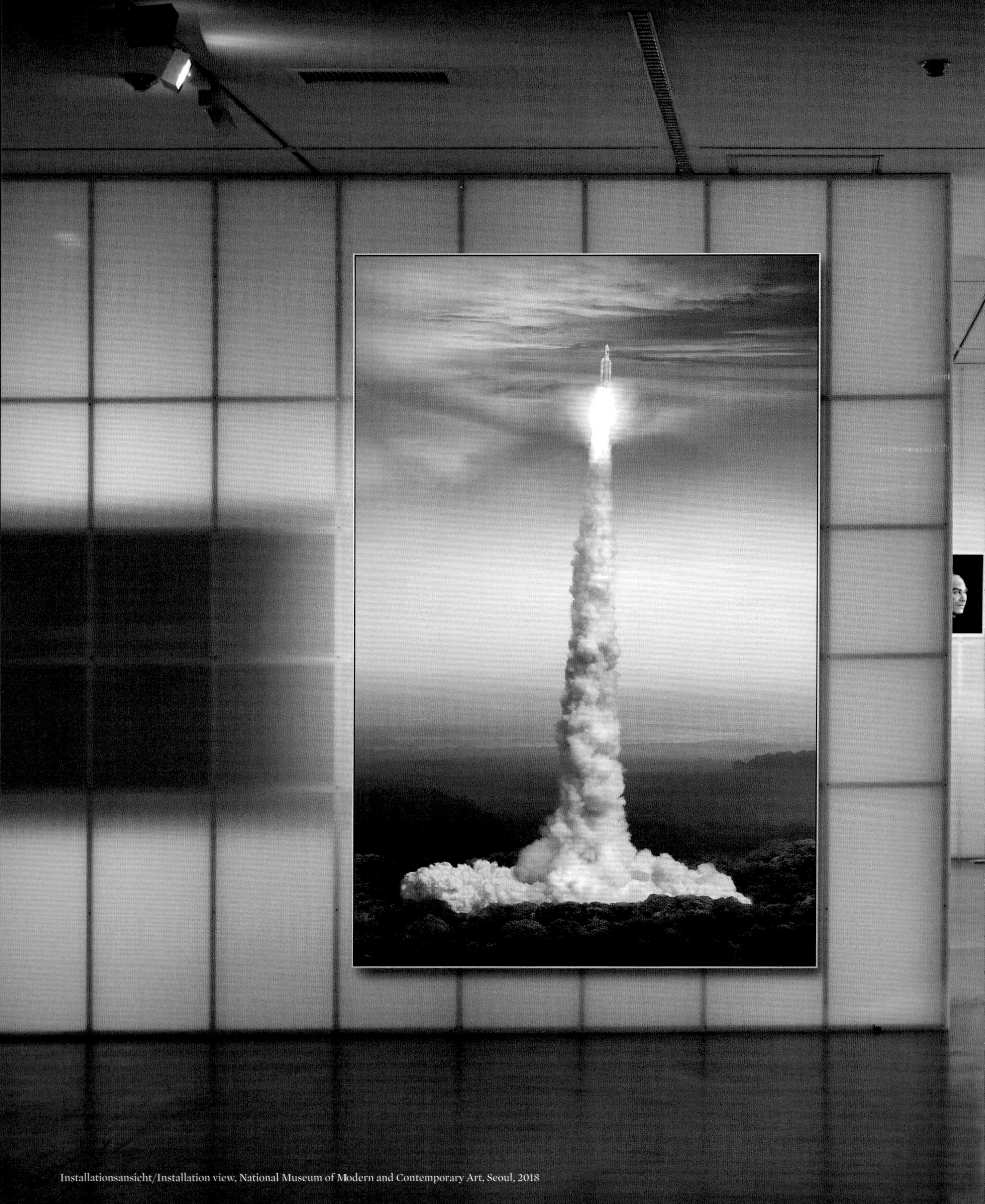

Installationsansicht/Installation view, National Museum of Modern and Contemporary Art, Seoul, 2018

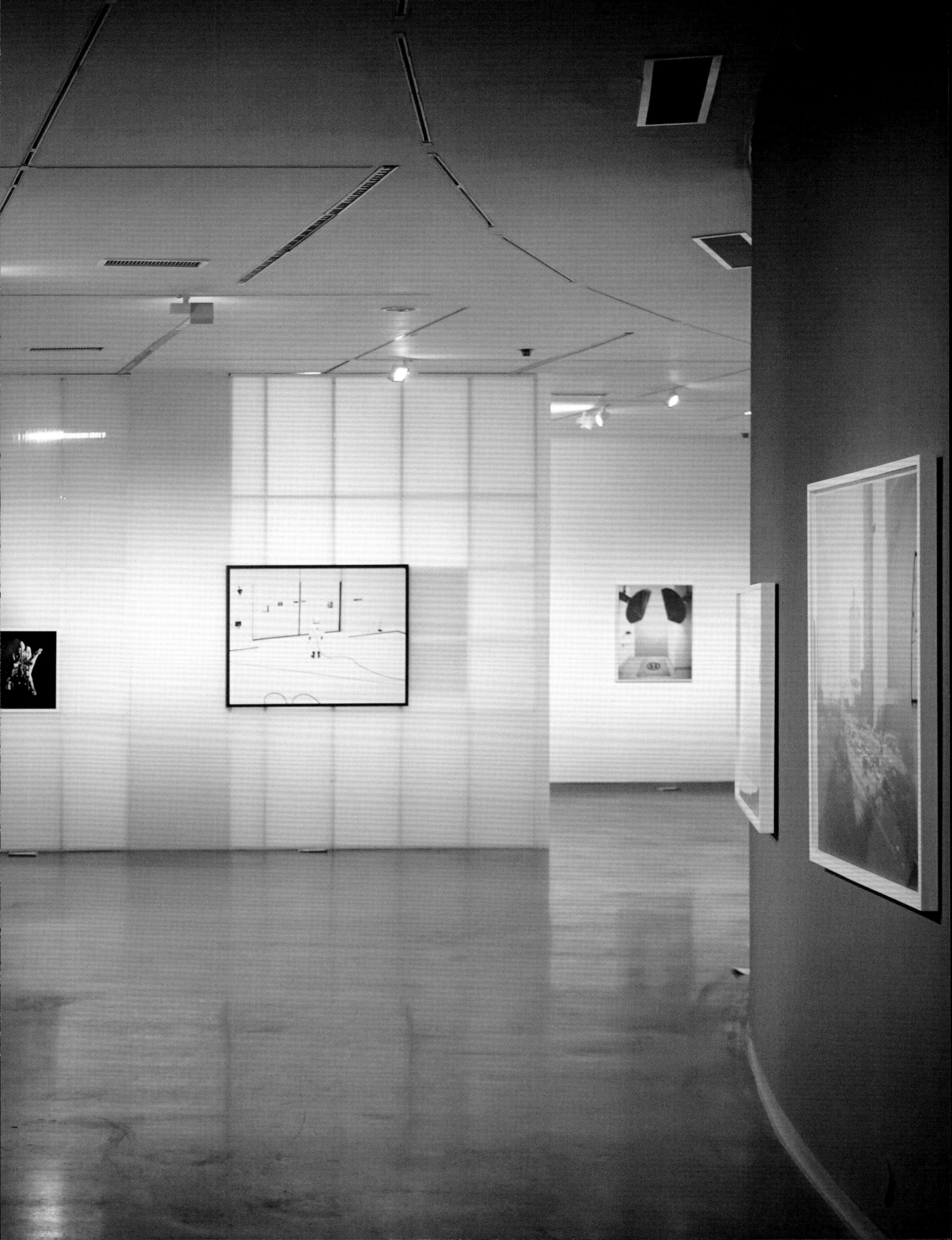

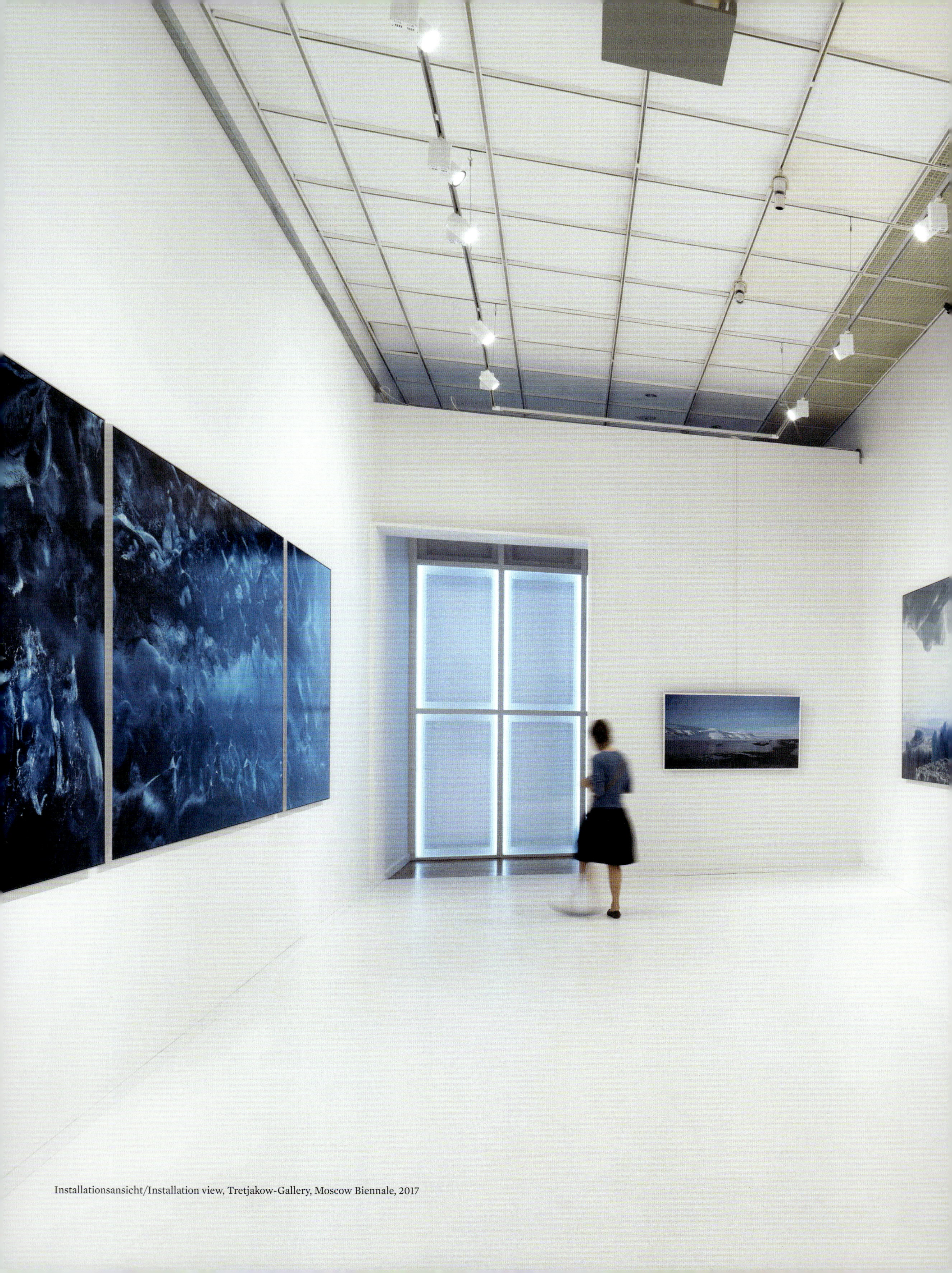

Installationsansicht/Installation view, Tretjakow-Gallery, Moscow Biennale, 2017

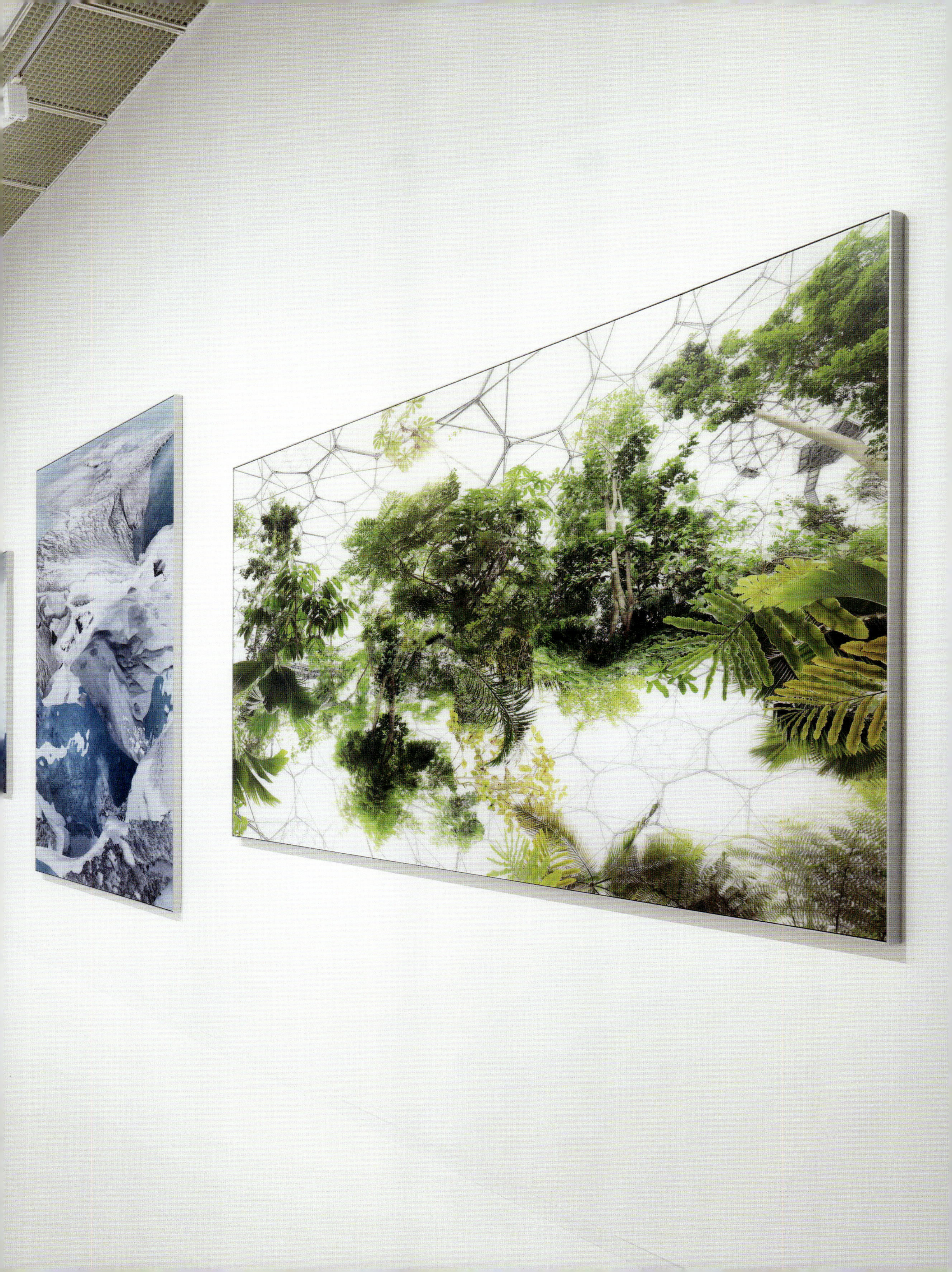

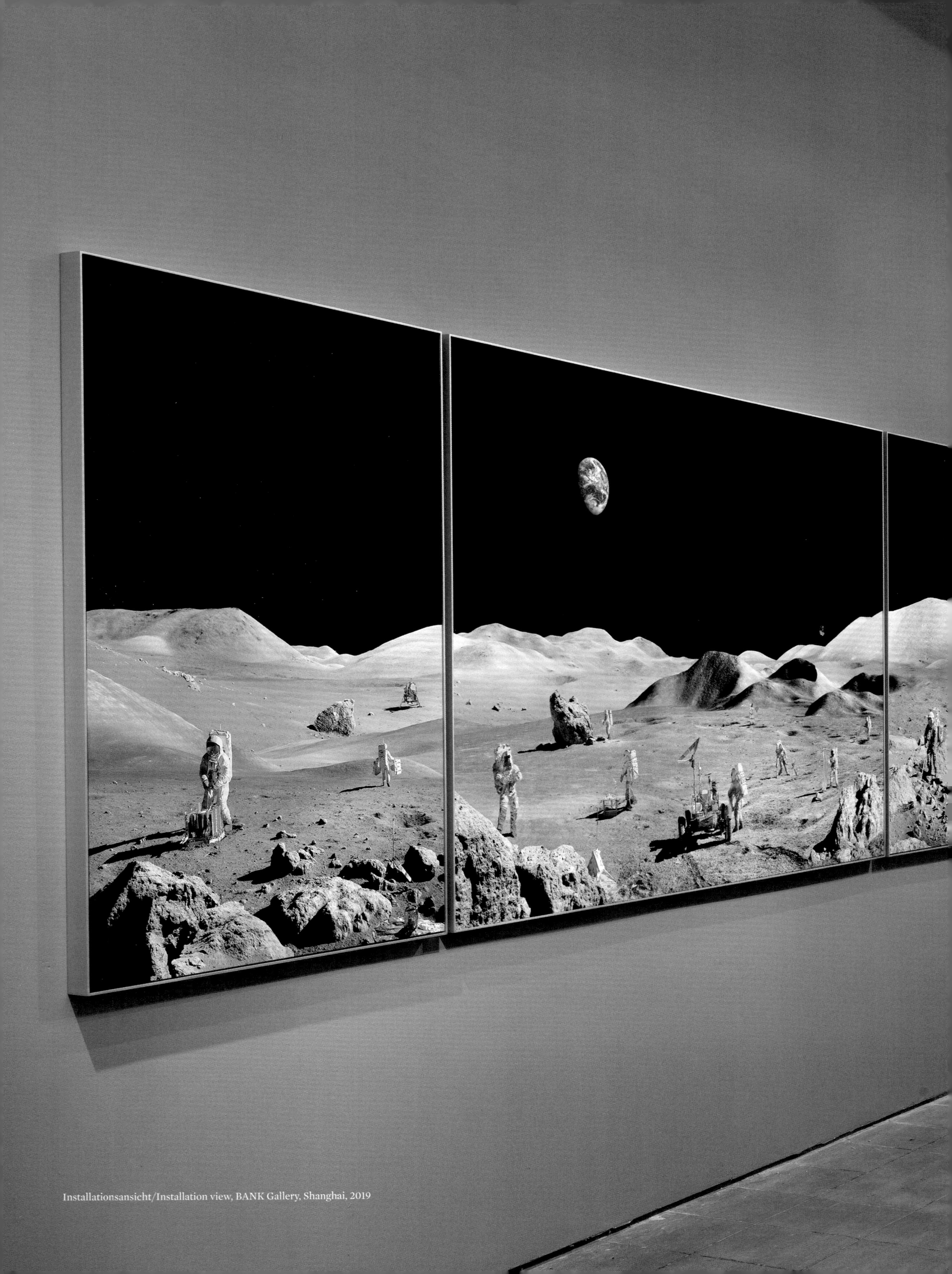

Installationsansicht/Installation view, BANK Gallery, Shanghai, 2019

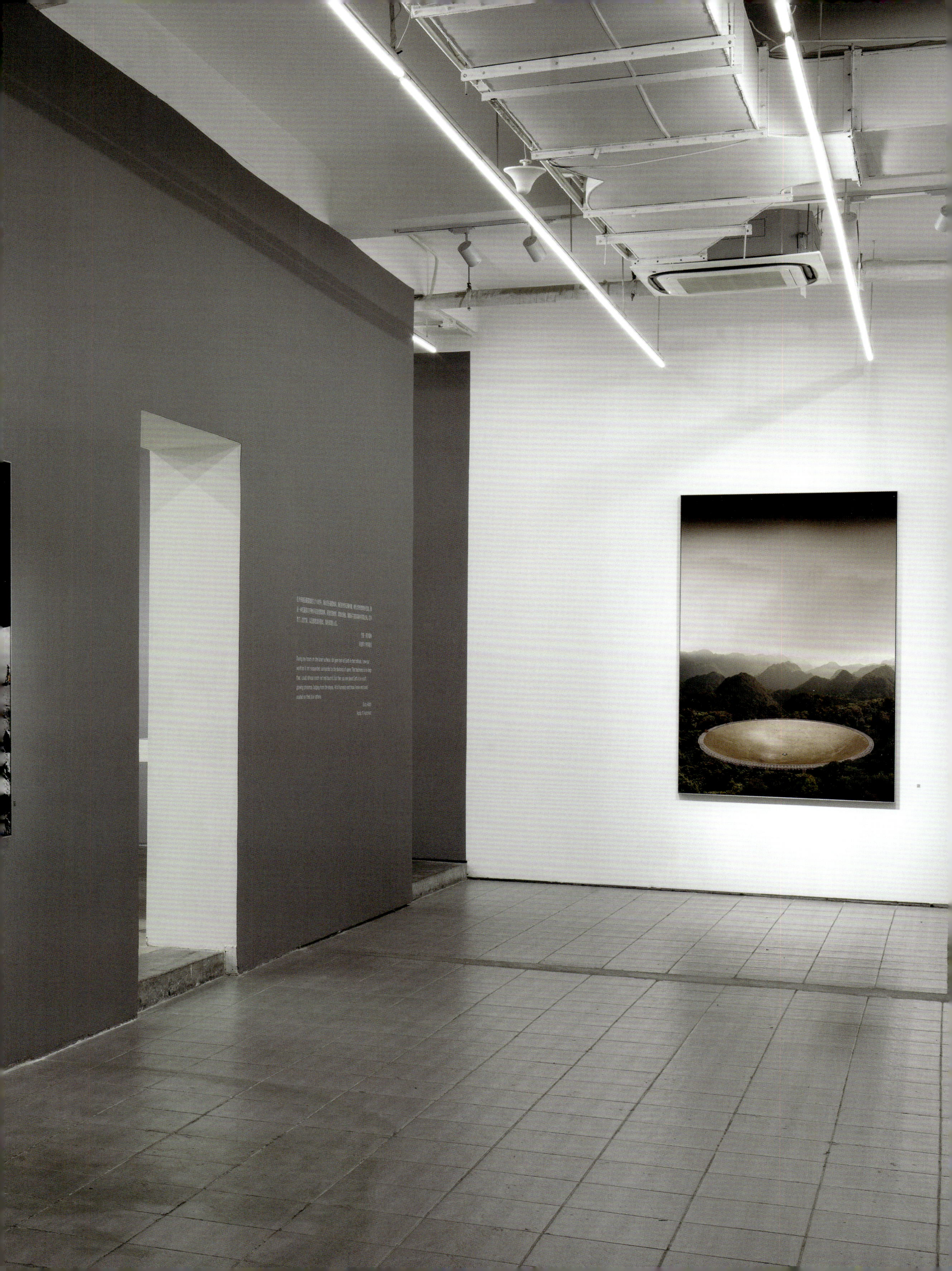

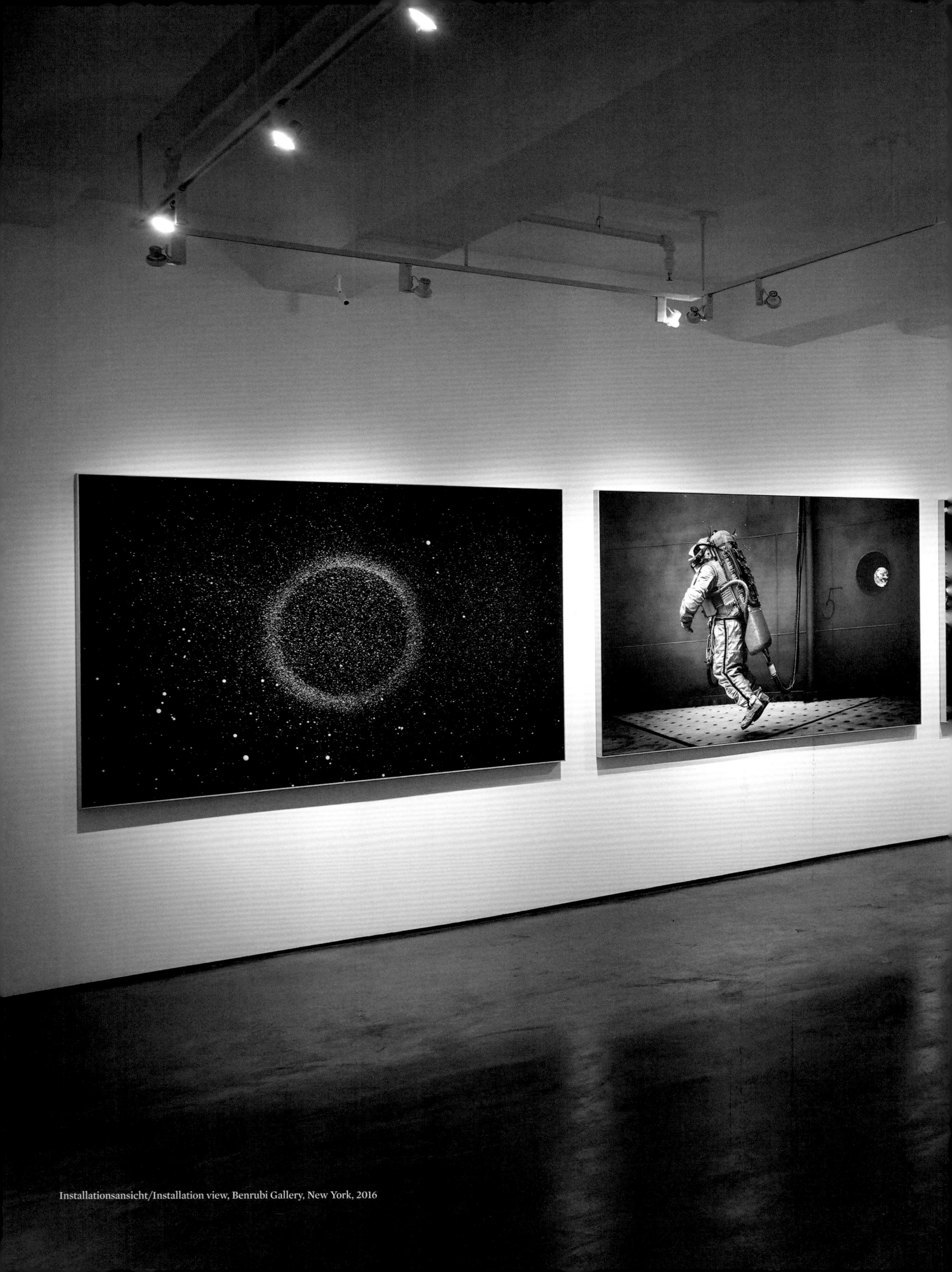

Installationsansicht/Installation view, Benrubi Gallery, New York, 2016

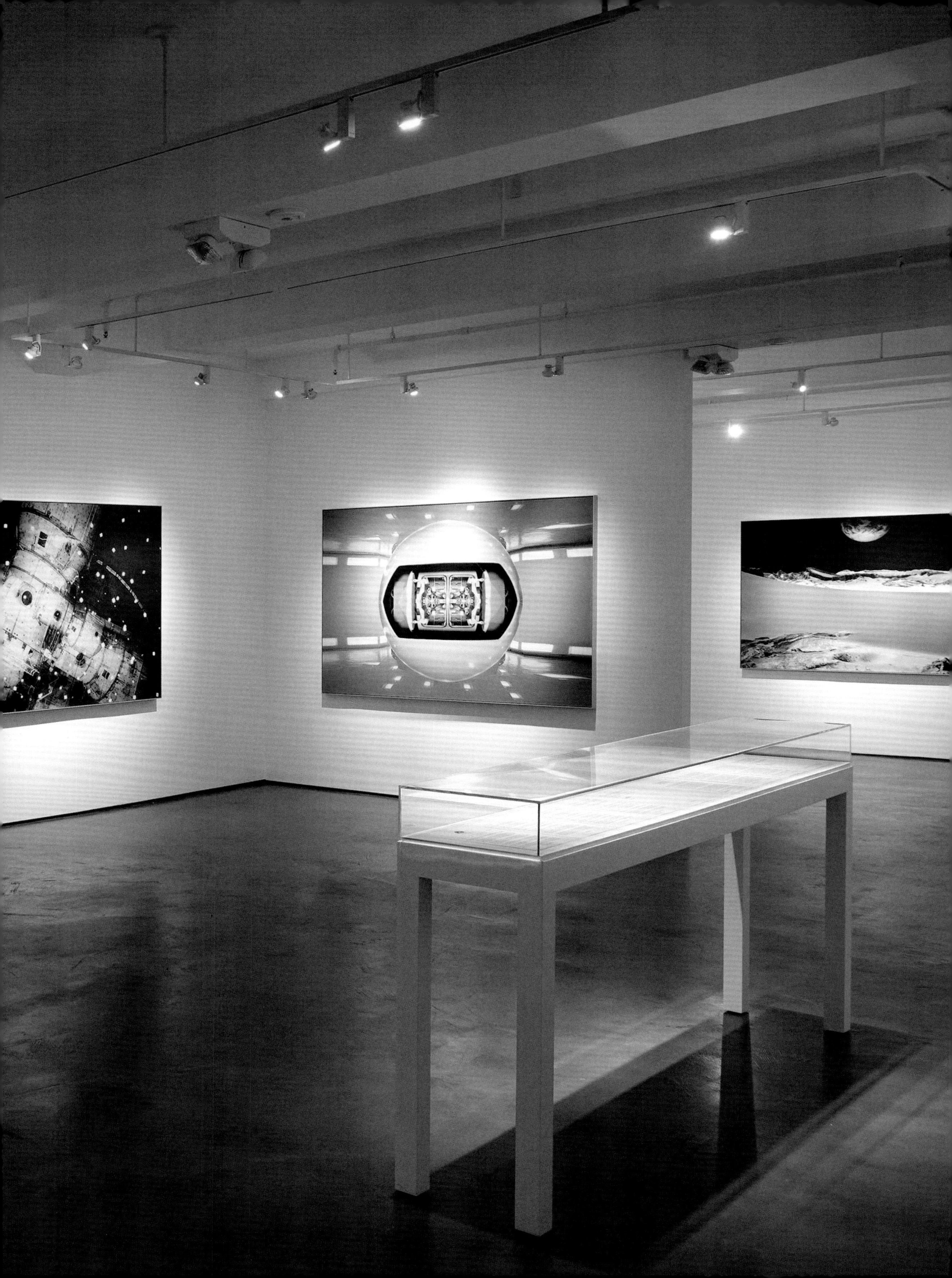

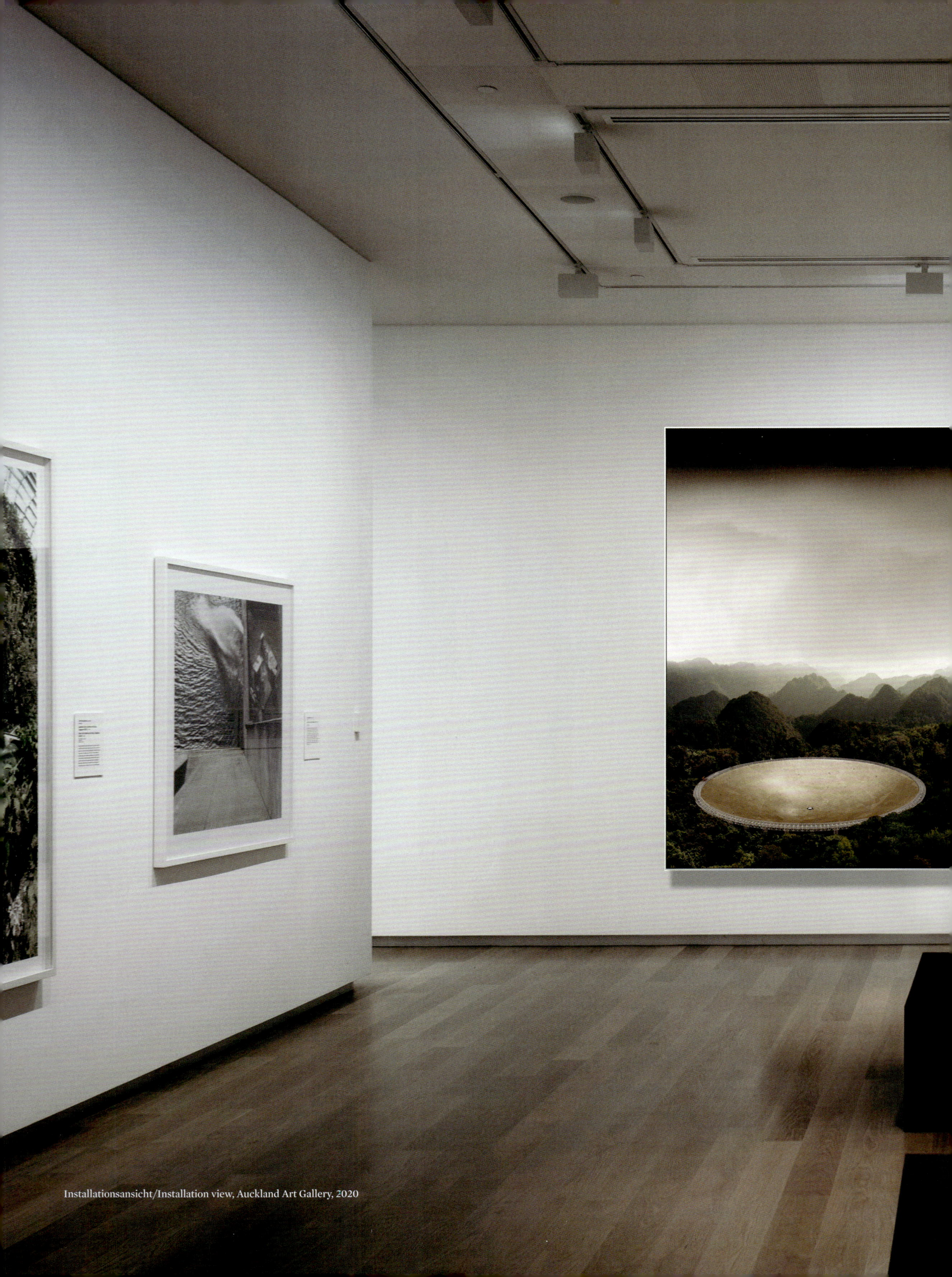

Installationsansicht/Installation view, Auckland Art Gallery, 2020

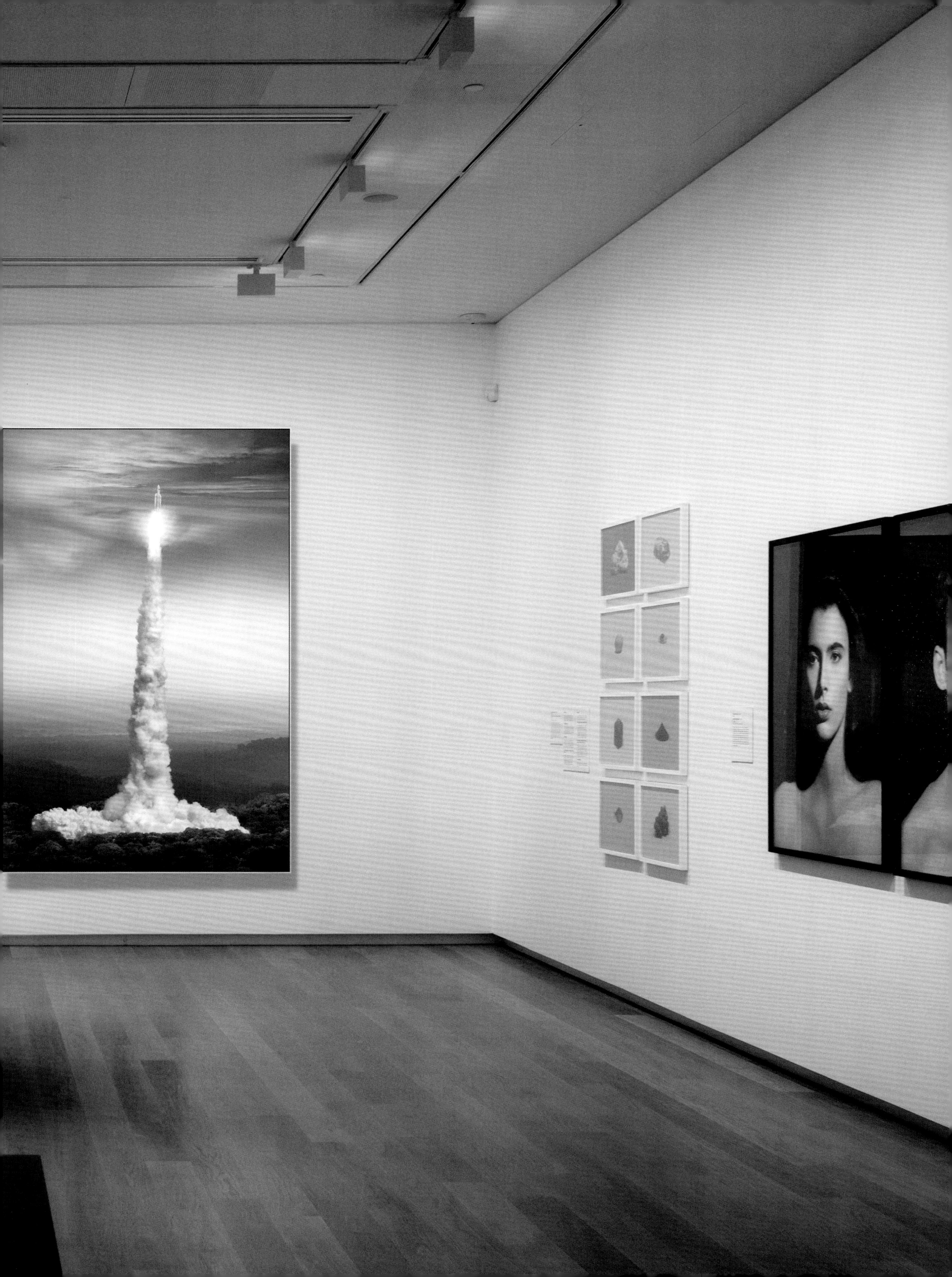

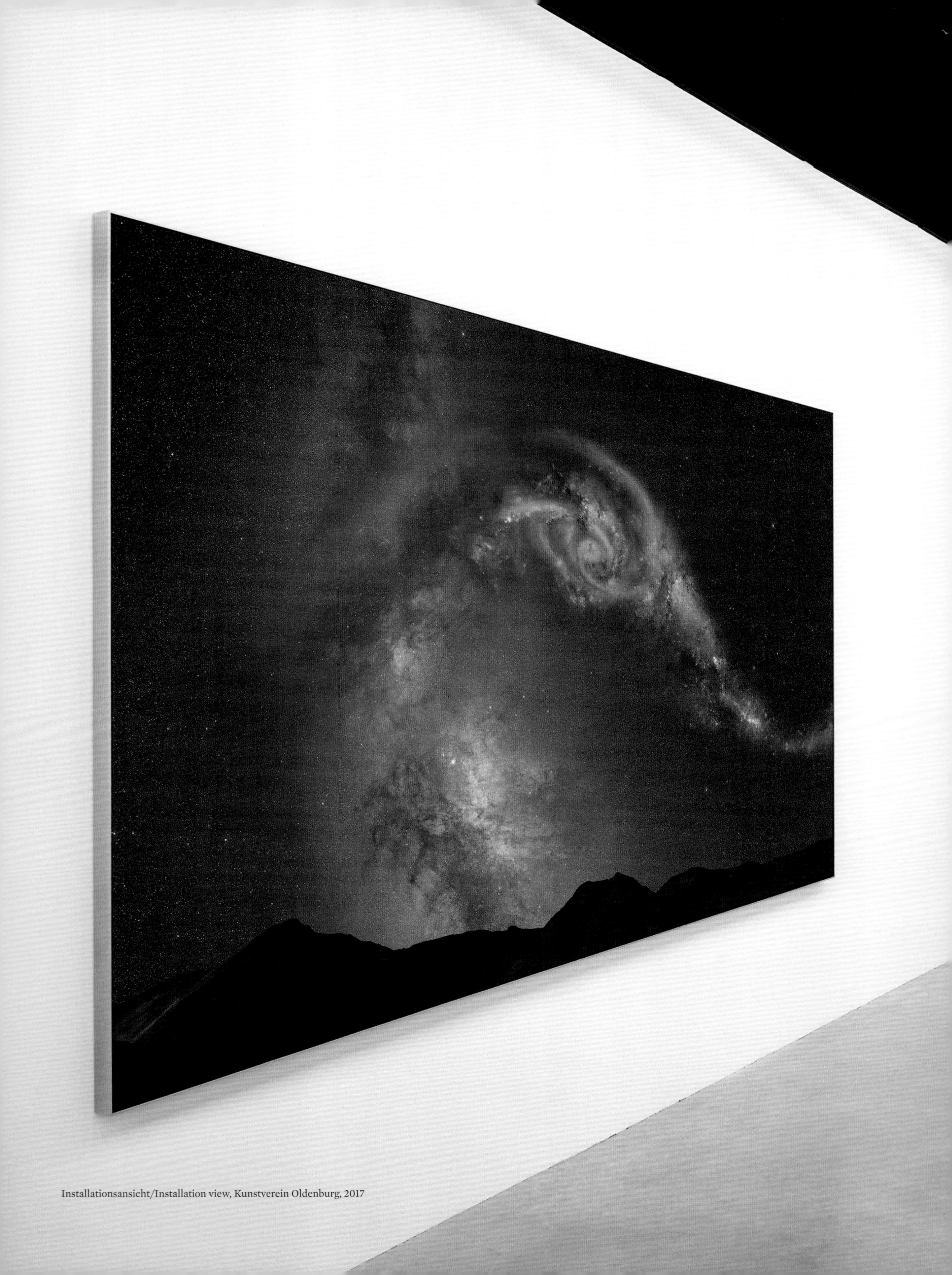

Installationsansicht/Installation view, Kunstverein Oldenburg, 2017

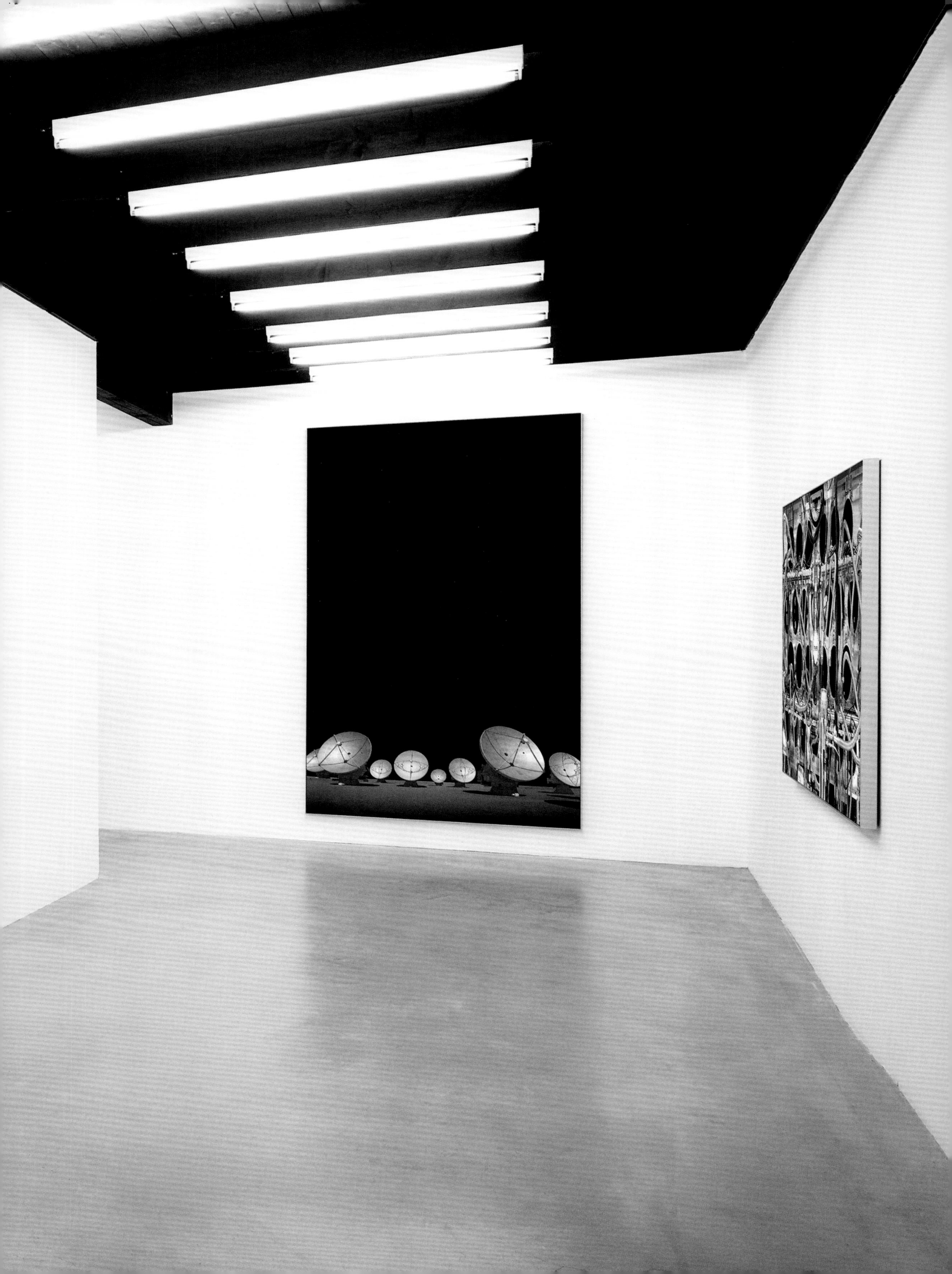

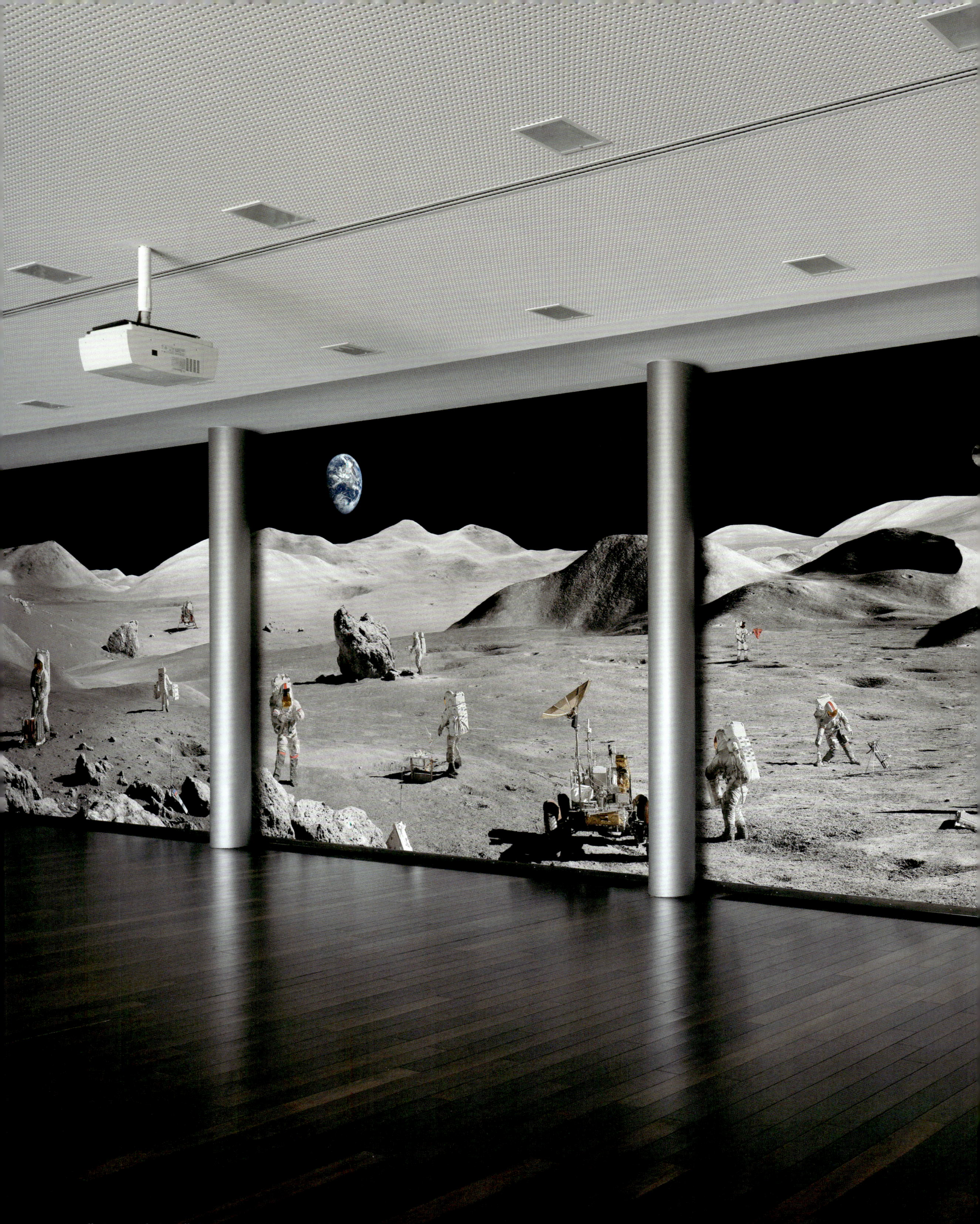

Installationsansicht/Installation view, OHB Bremen, 2020

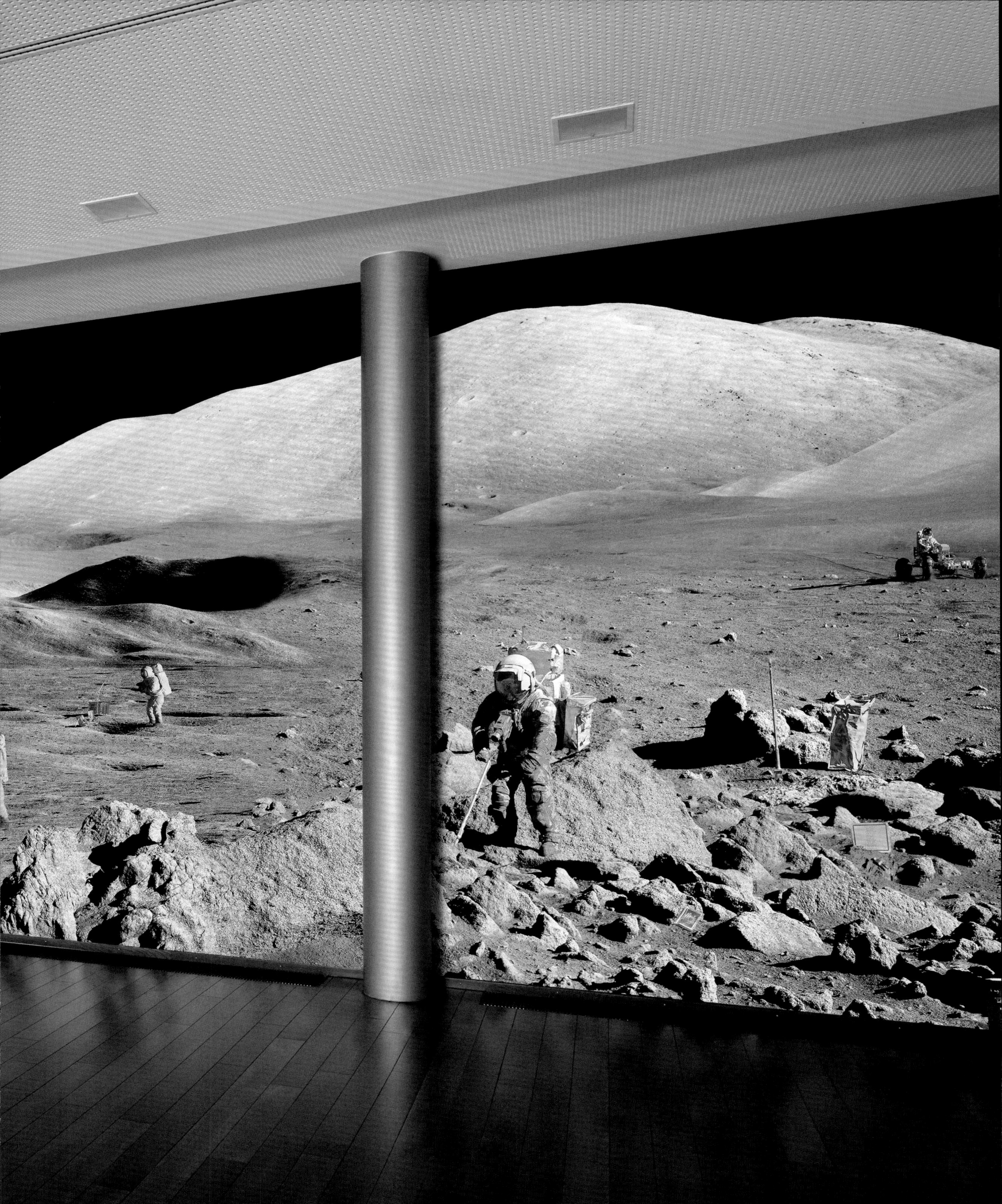

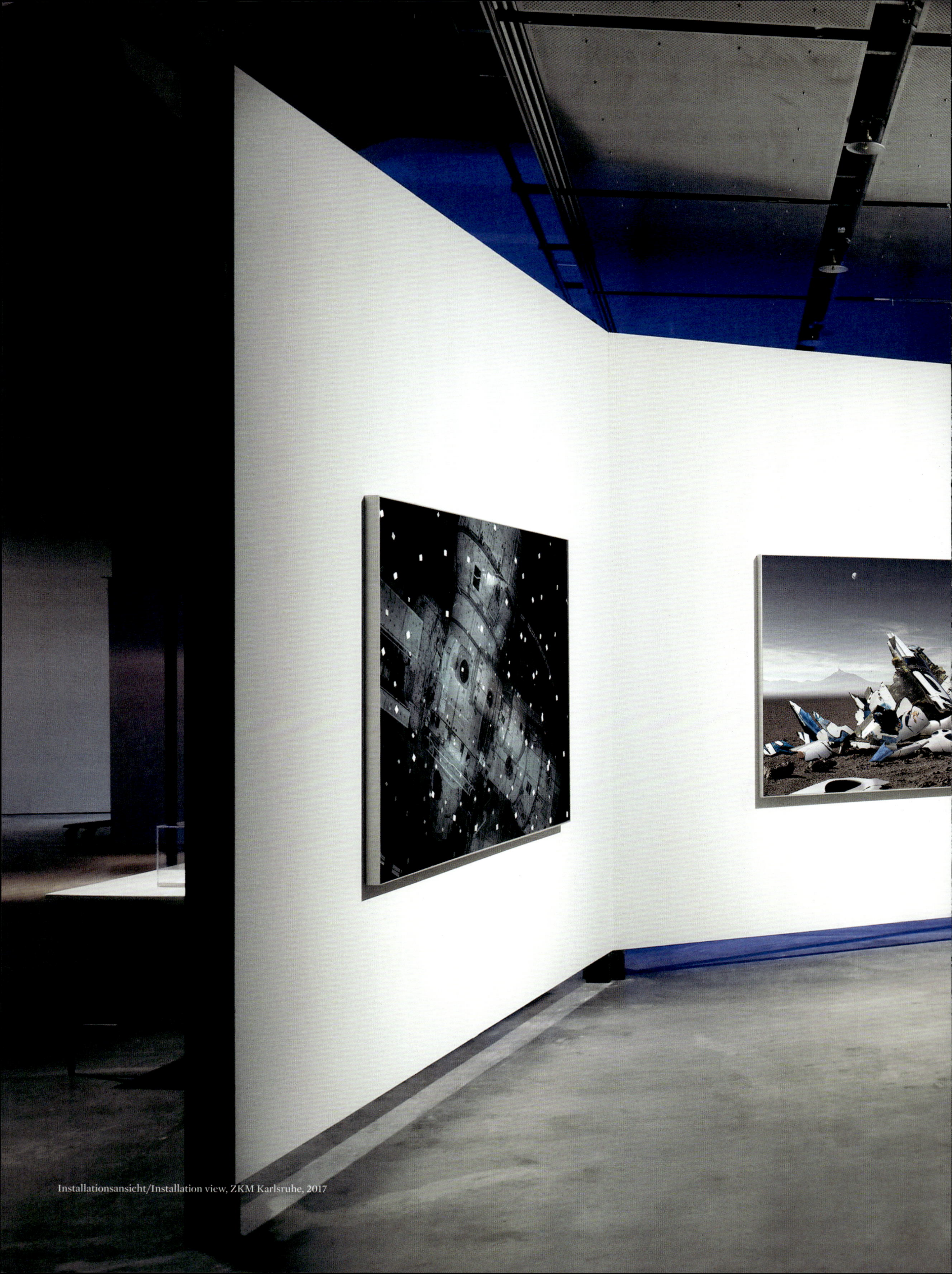

Installationsansicht/Installation view, ZKM Karlsruhe, 2017

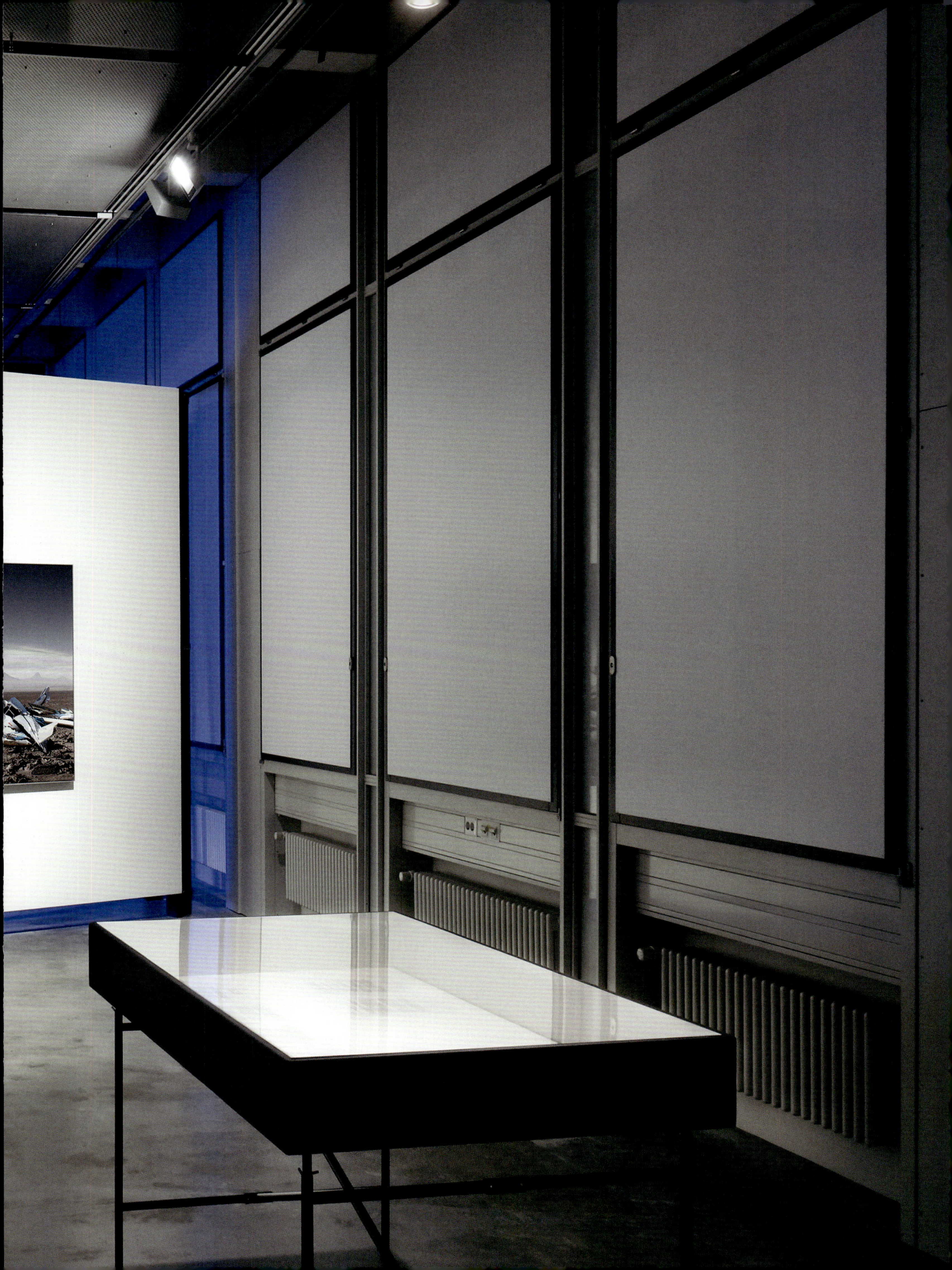

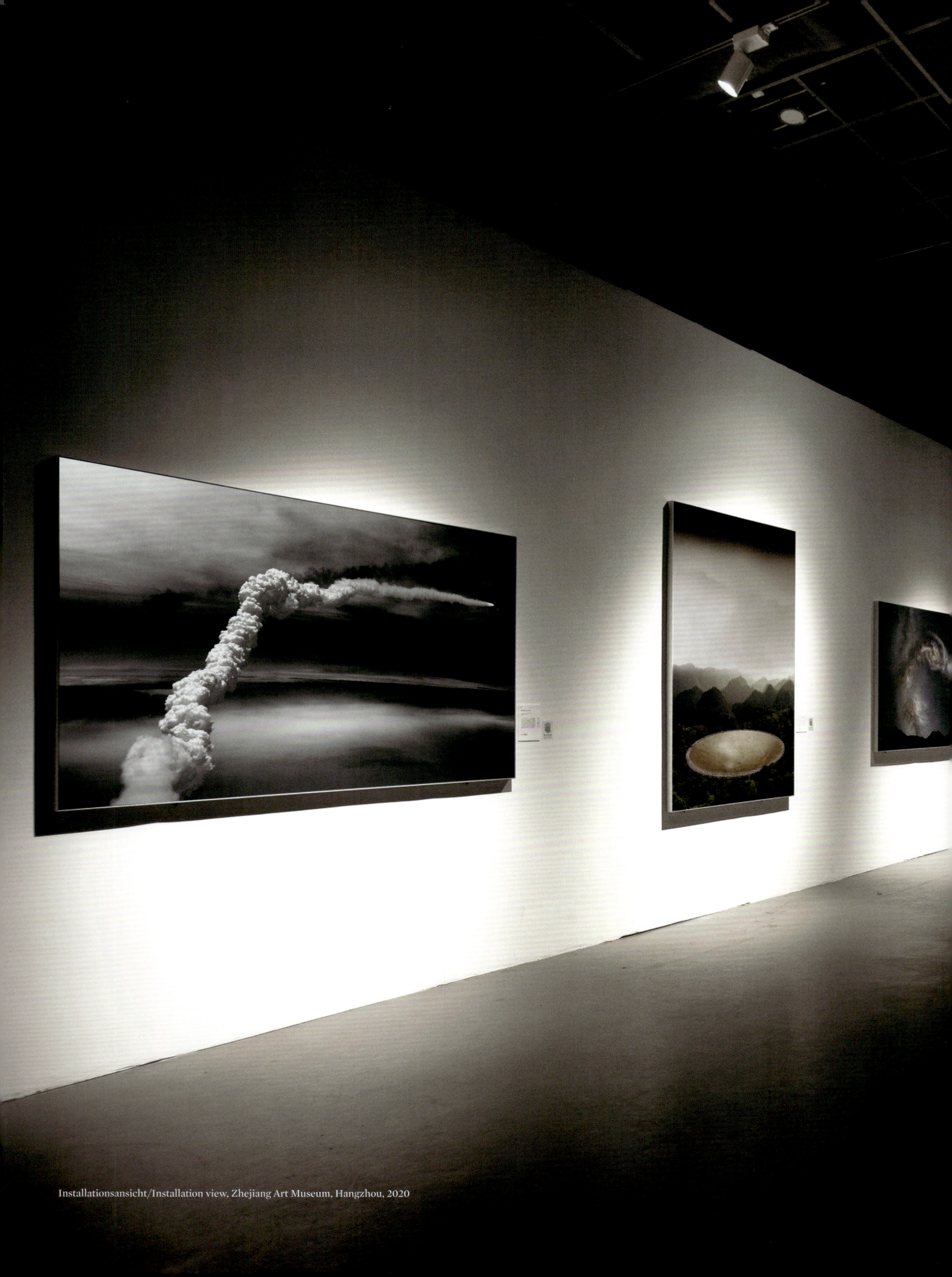

Installationsansicht/Installation view, Zhejiang Art Museum, Hangzhou, 2020

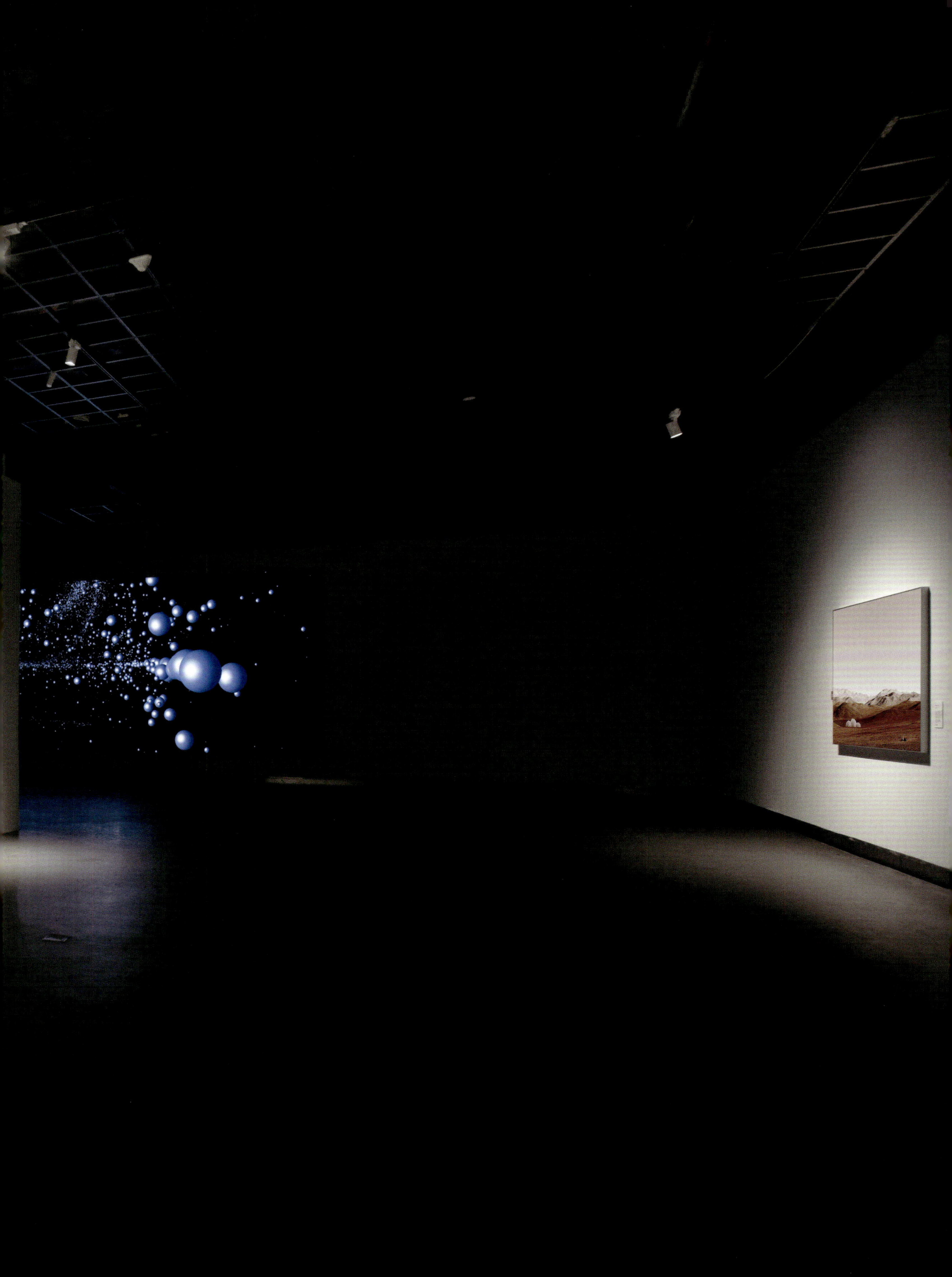

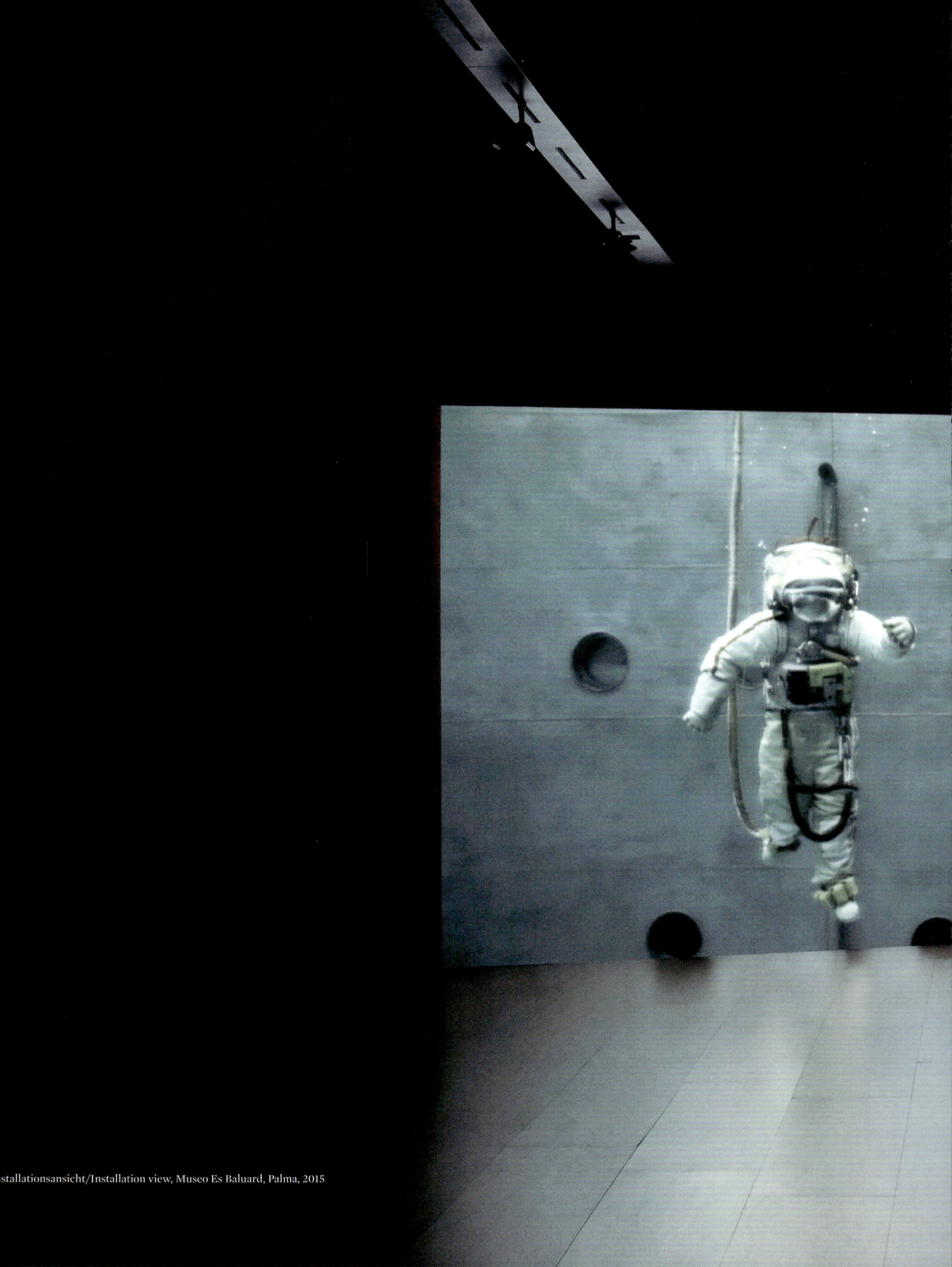

Installationsansicht/Installation view, Museo Es Baluard, Palma, 2015

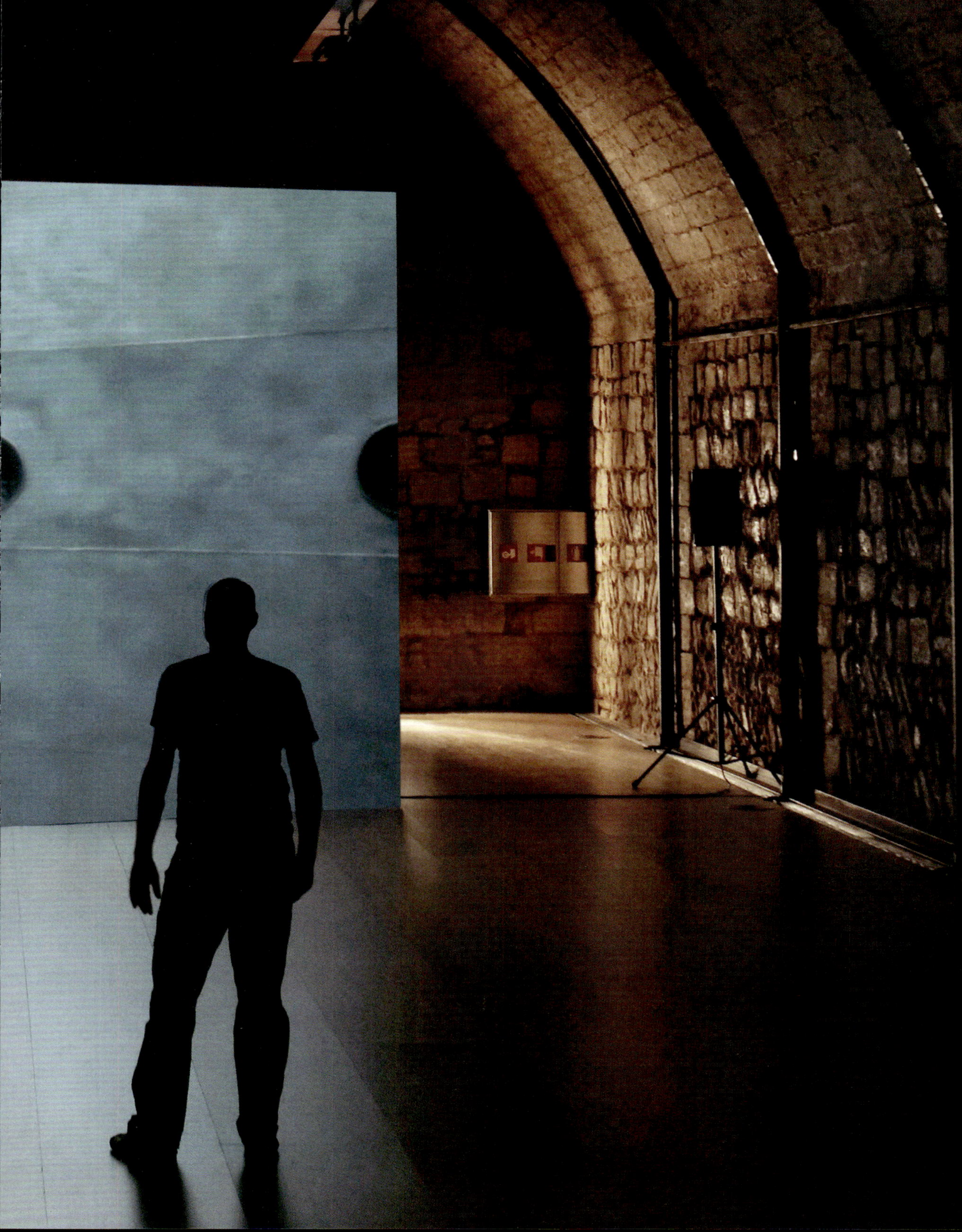

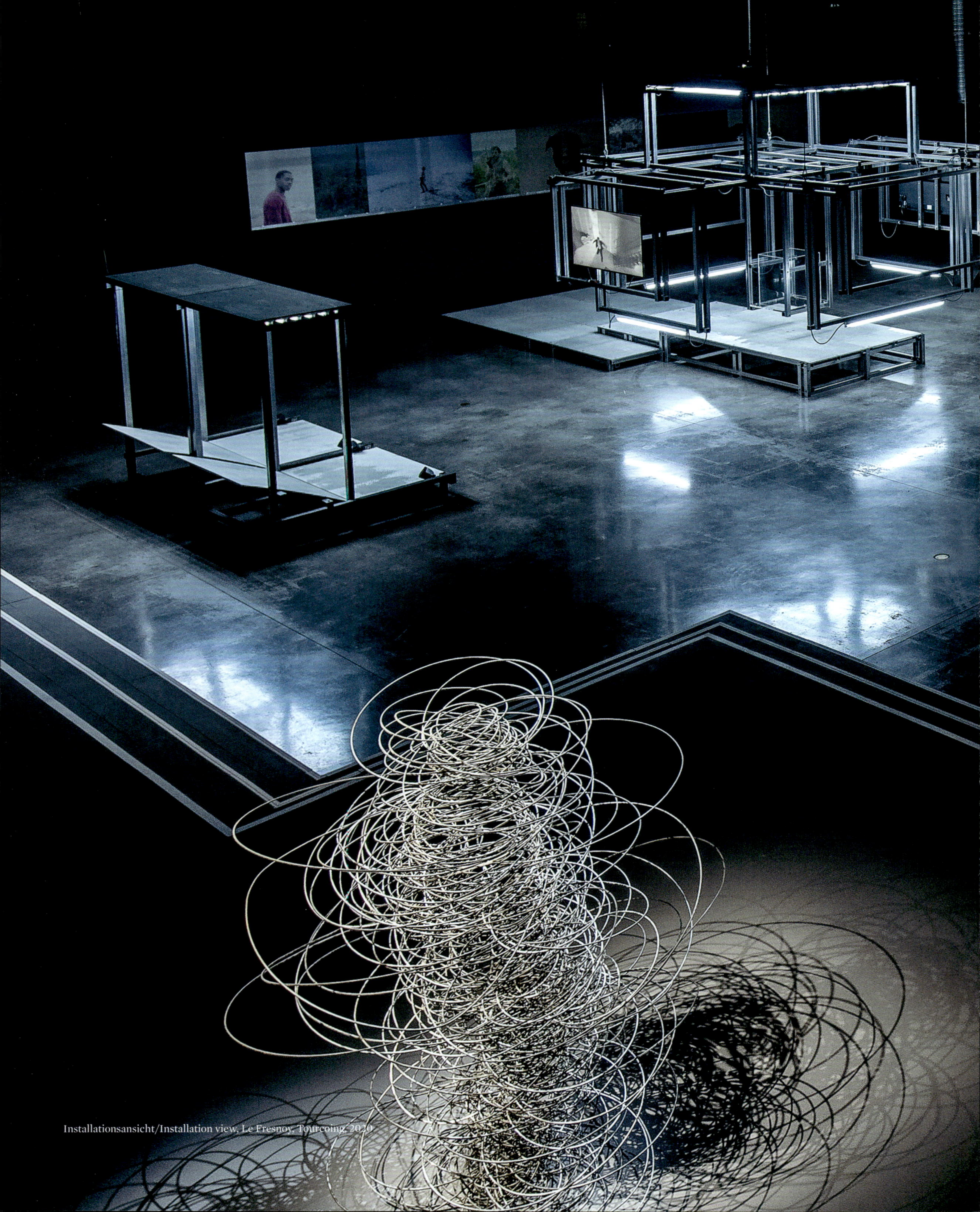

Installationsansicht/Installation view, Le Fresnoy, Tourcoing, 2020

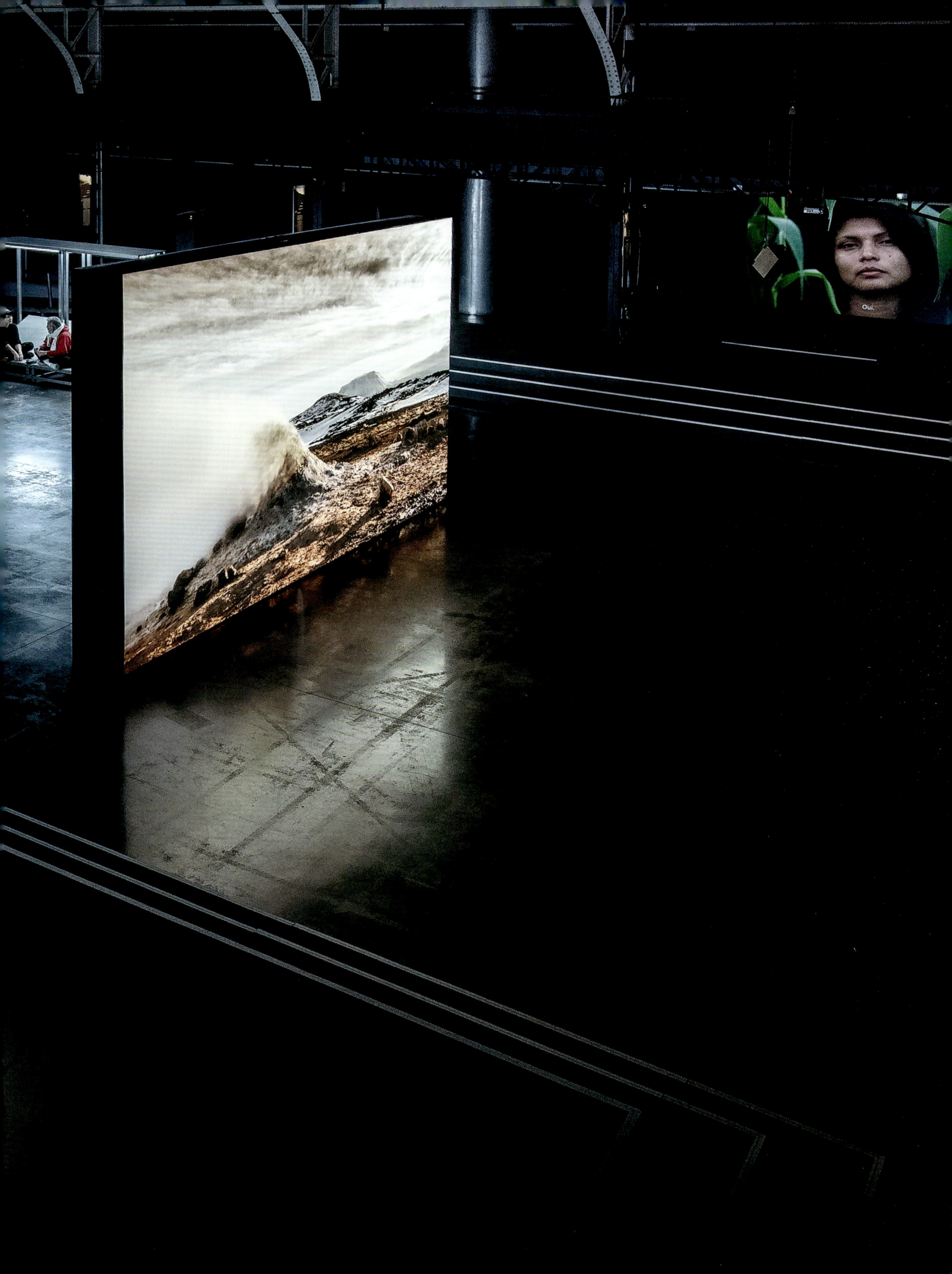
Oui.

Hinter den Kulissen
Behind the Scenes

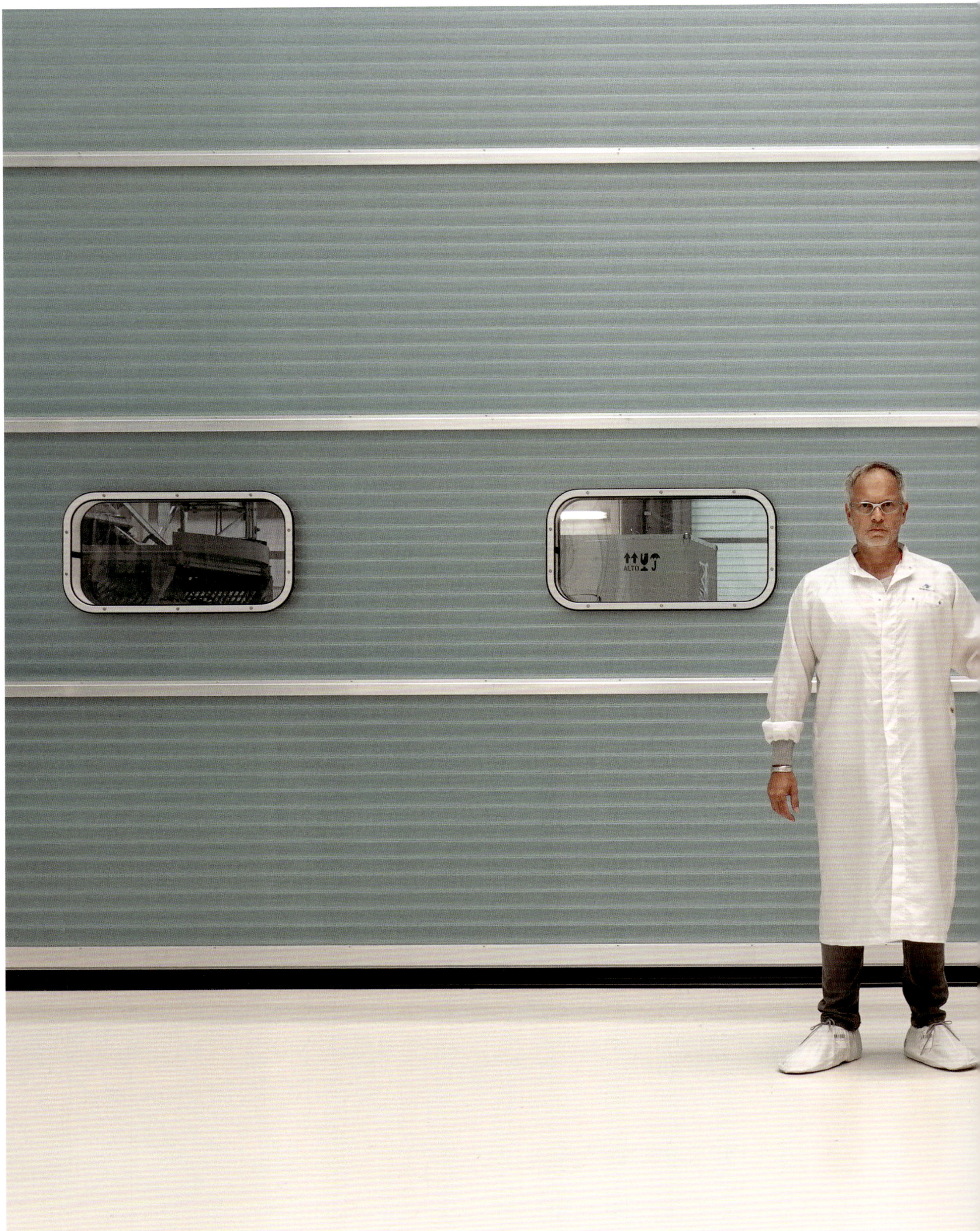

Airbus, Bremen

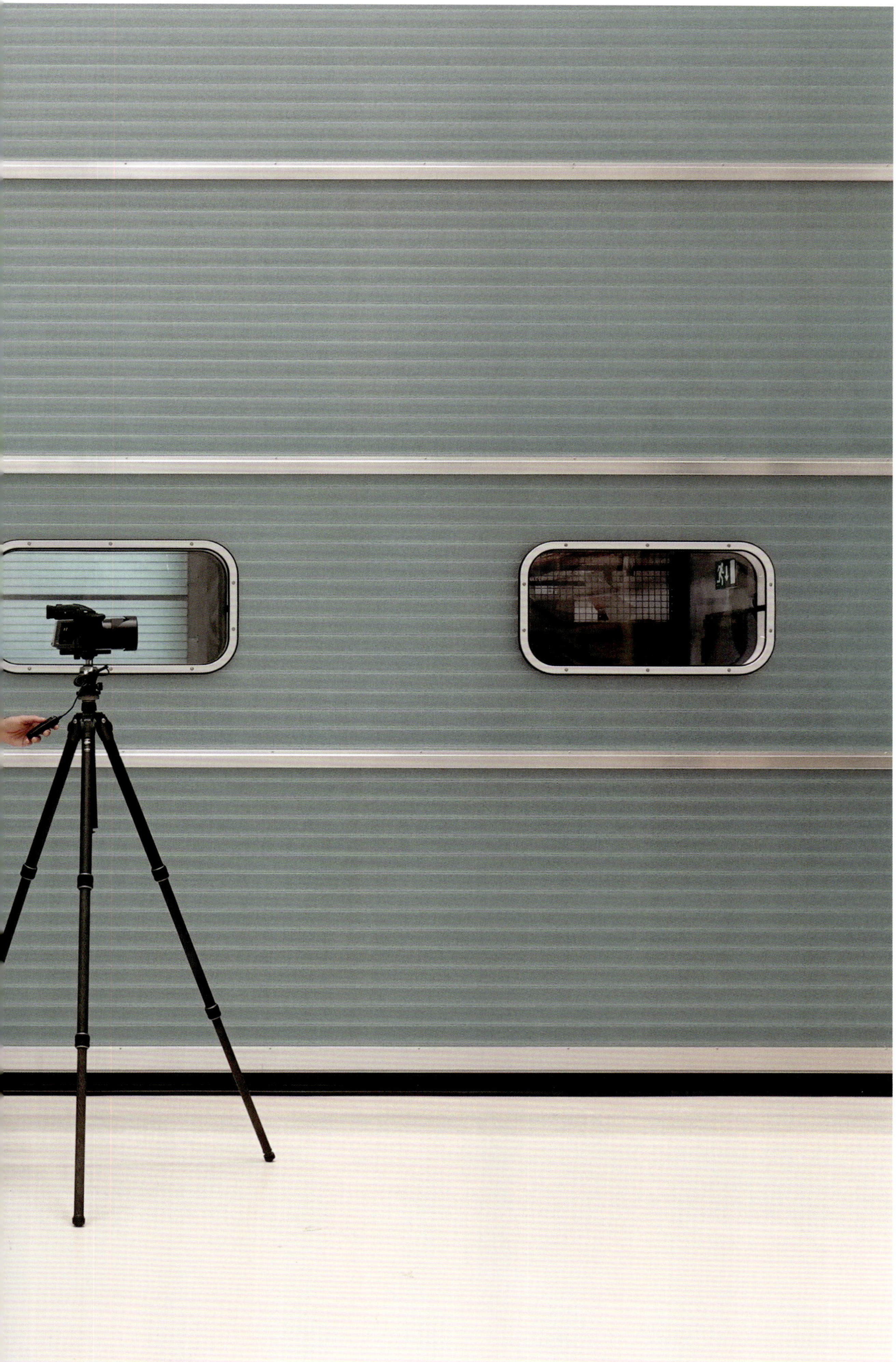

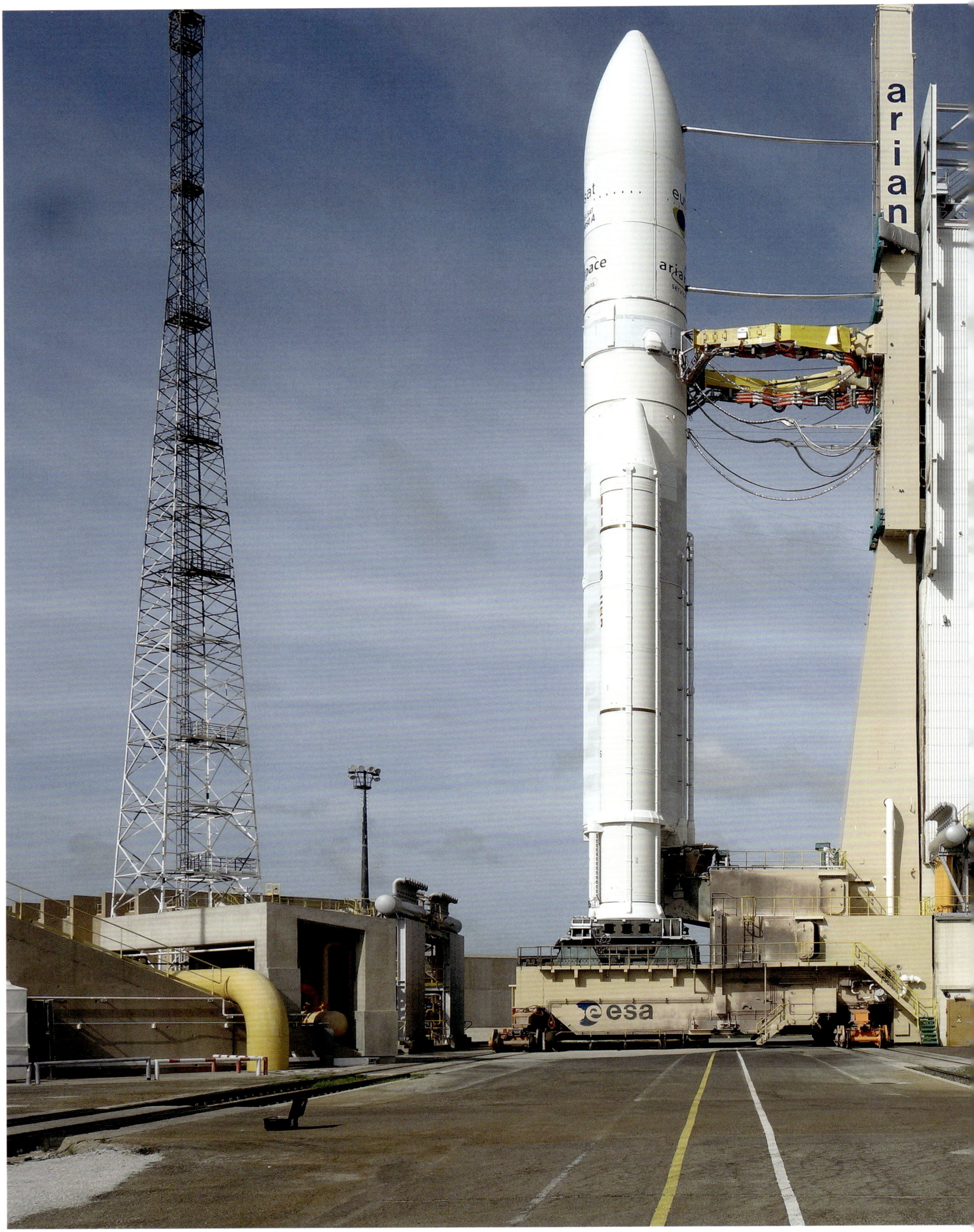

Weltraumbahnhof Französisch-Guayana/Guiana Space Center

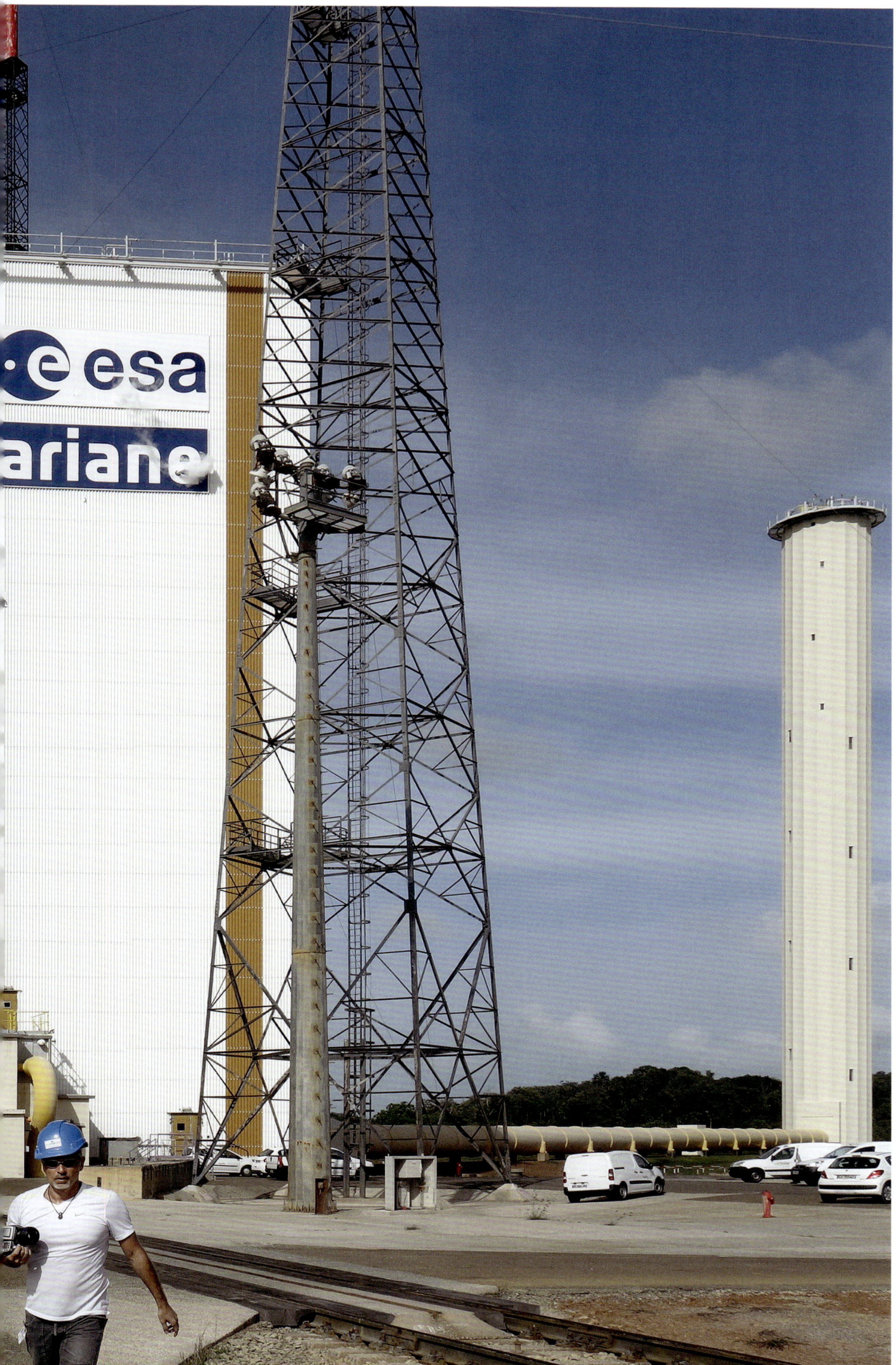
esa
ariane

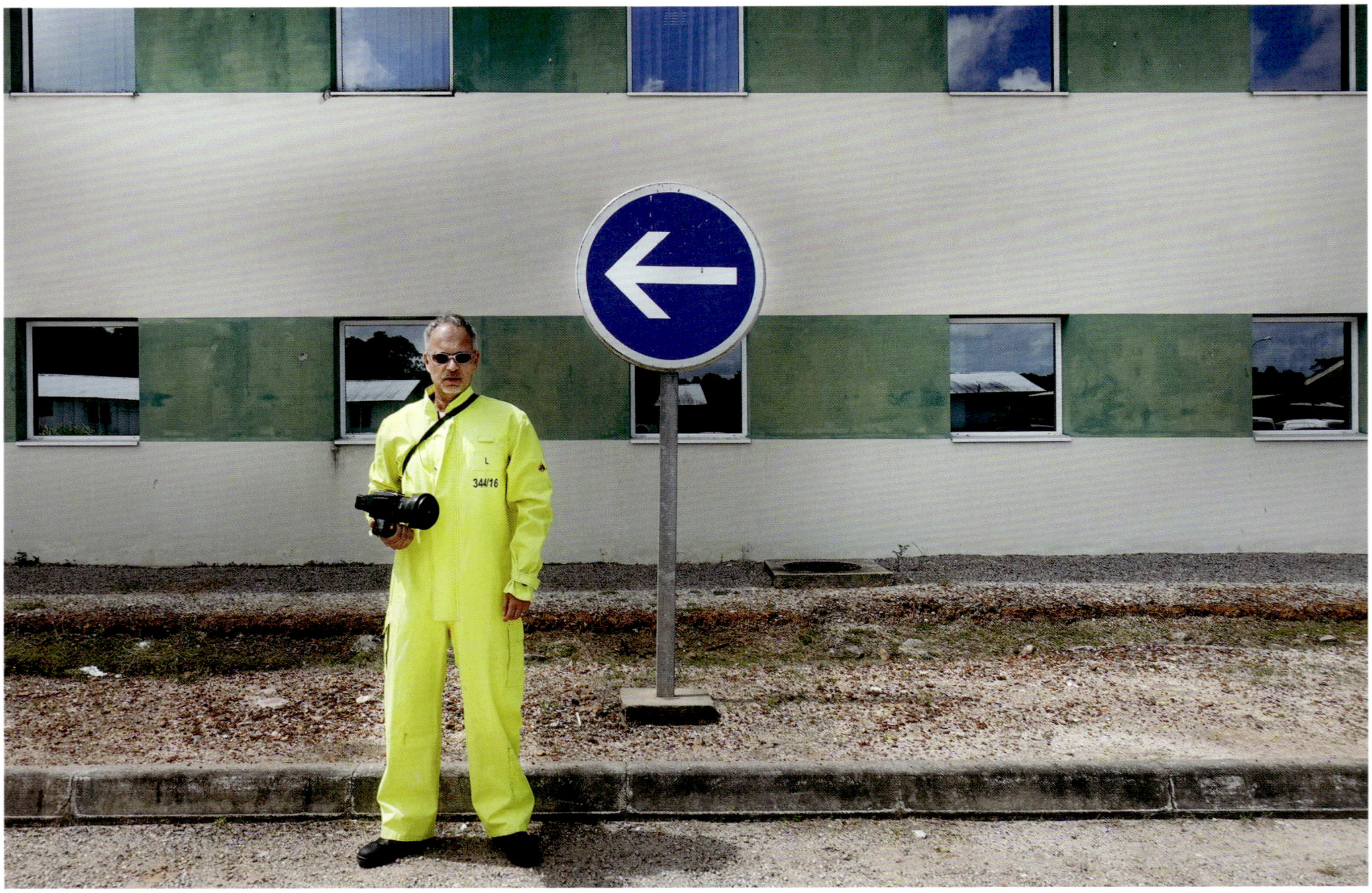
344/16

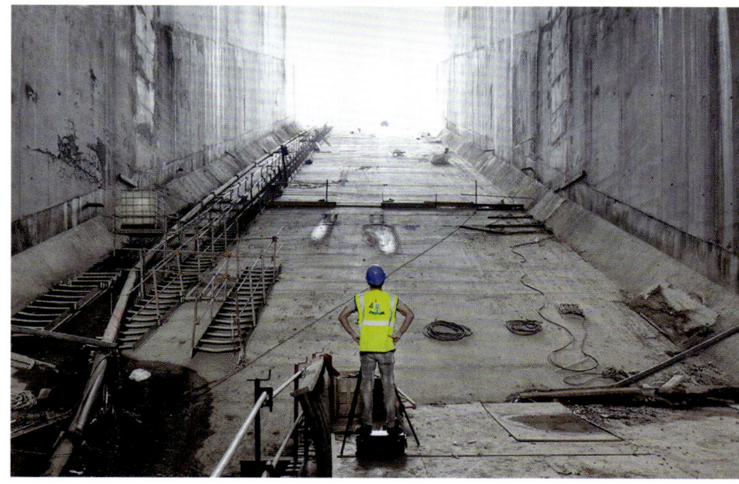

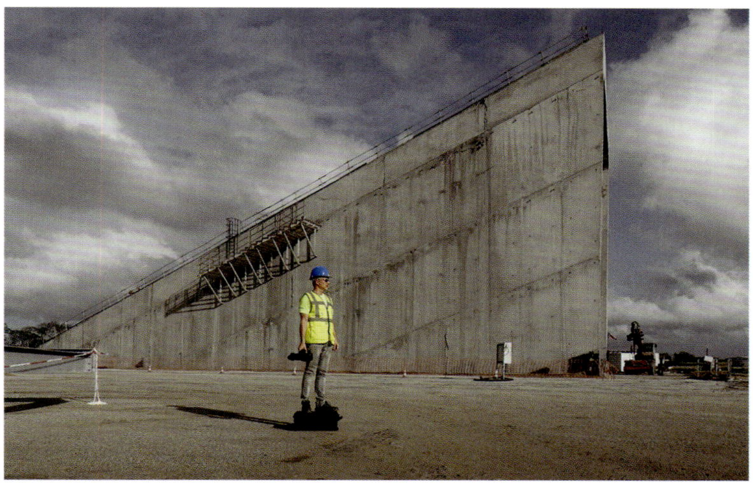

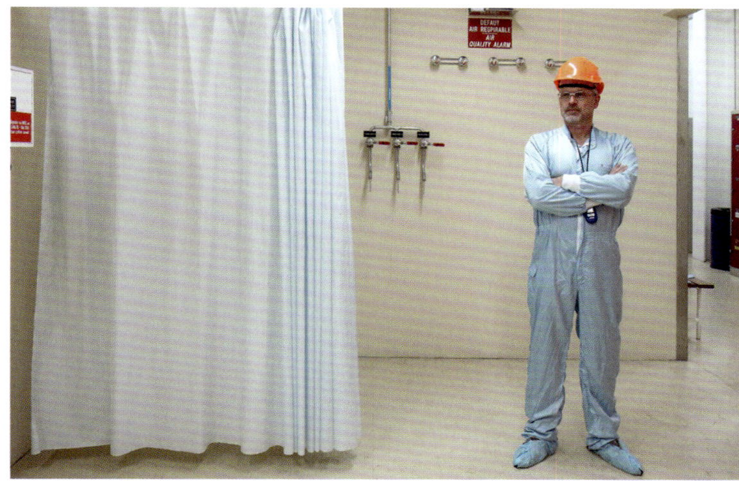

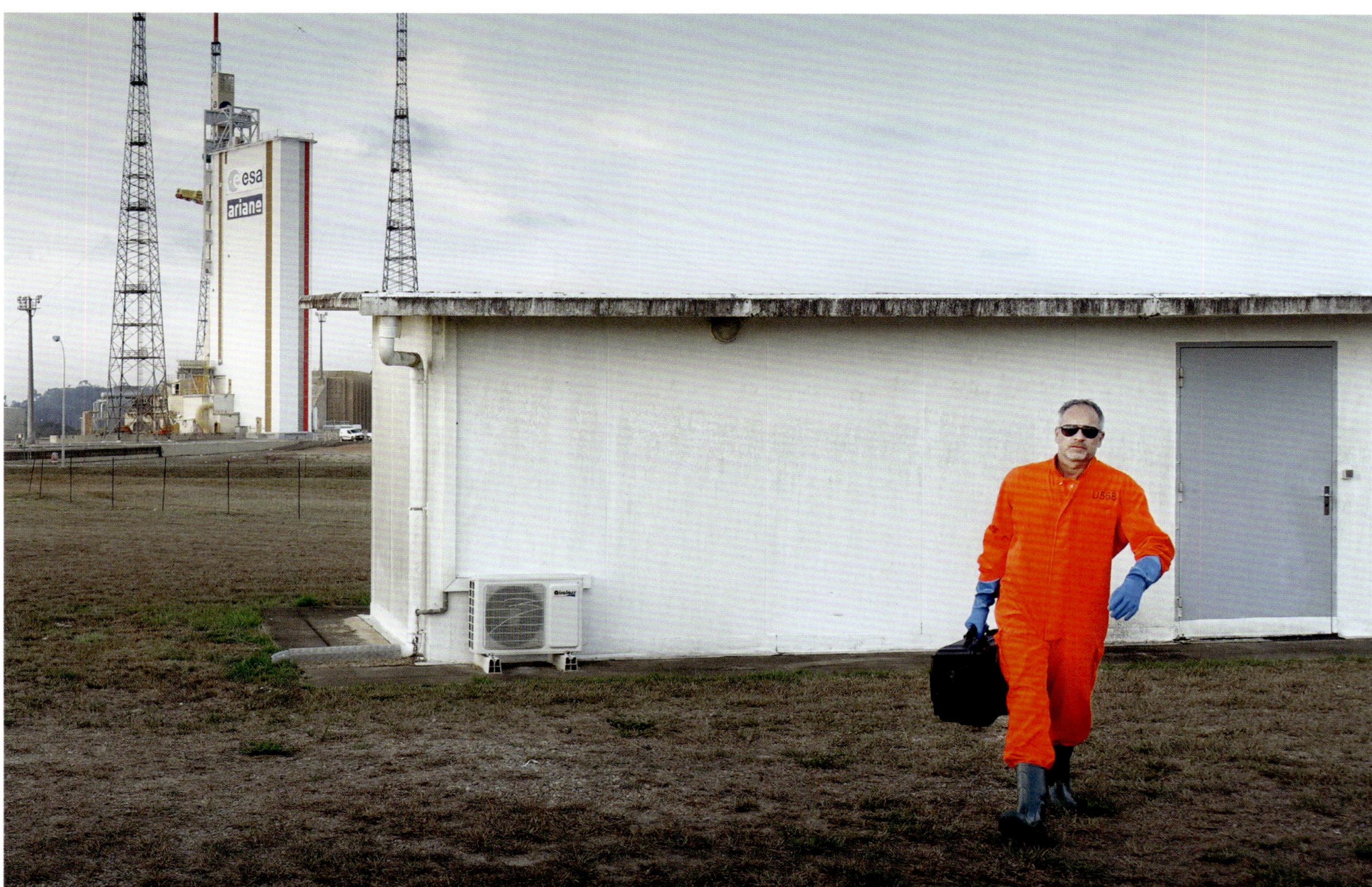
esa
ariane

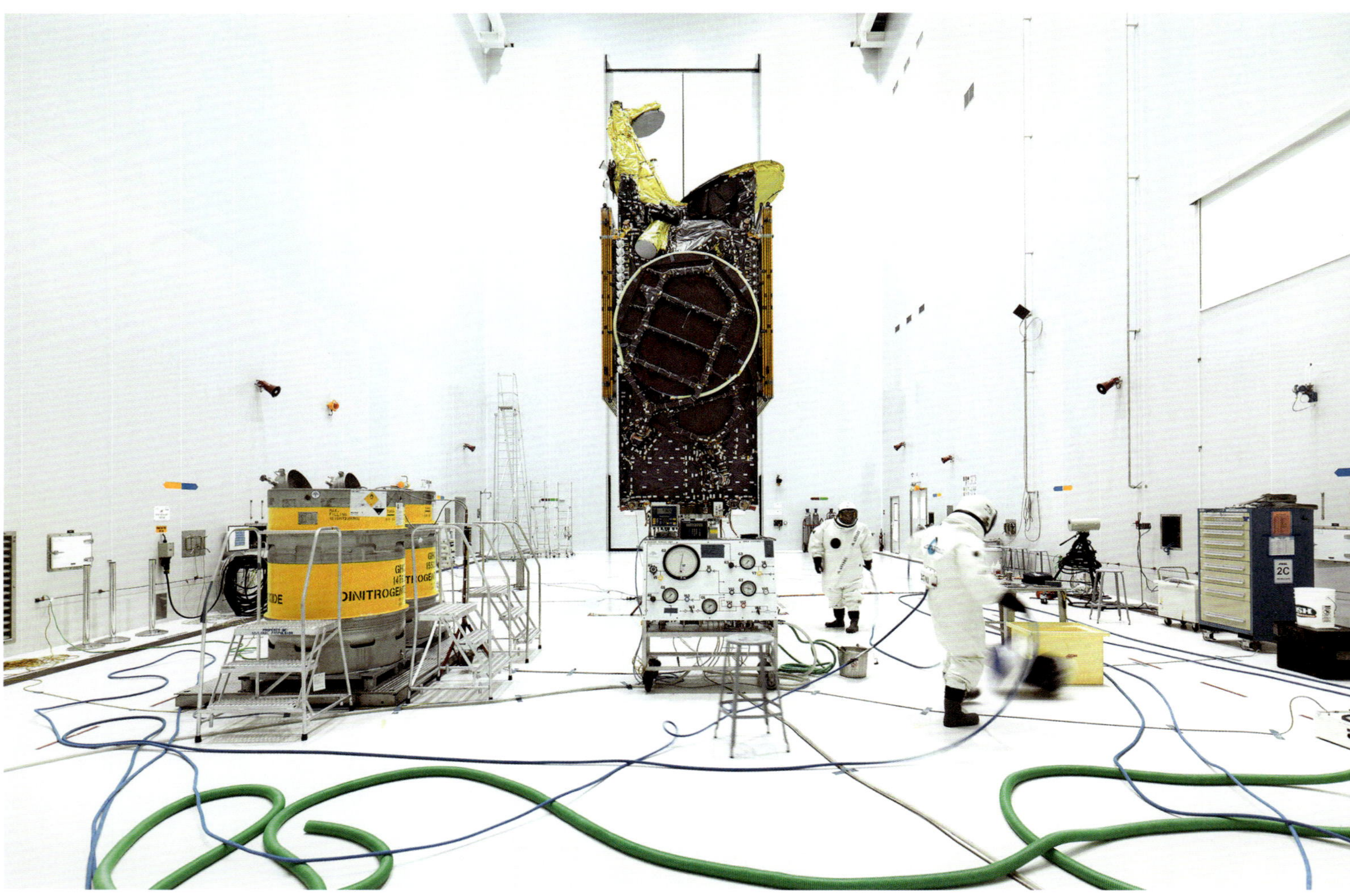
DINITROGEN
2C

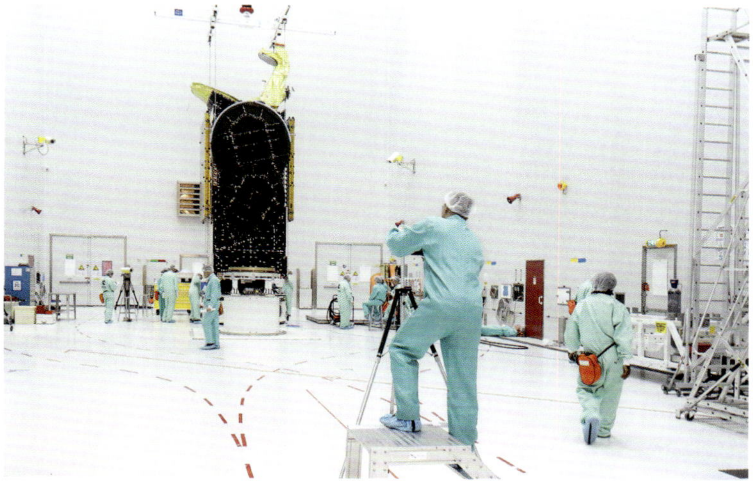

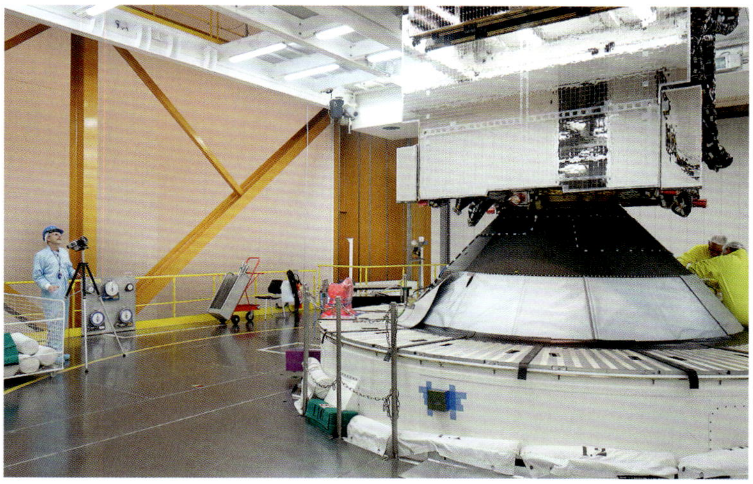

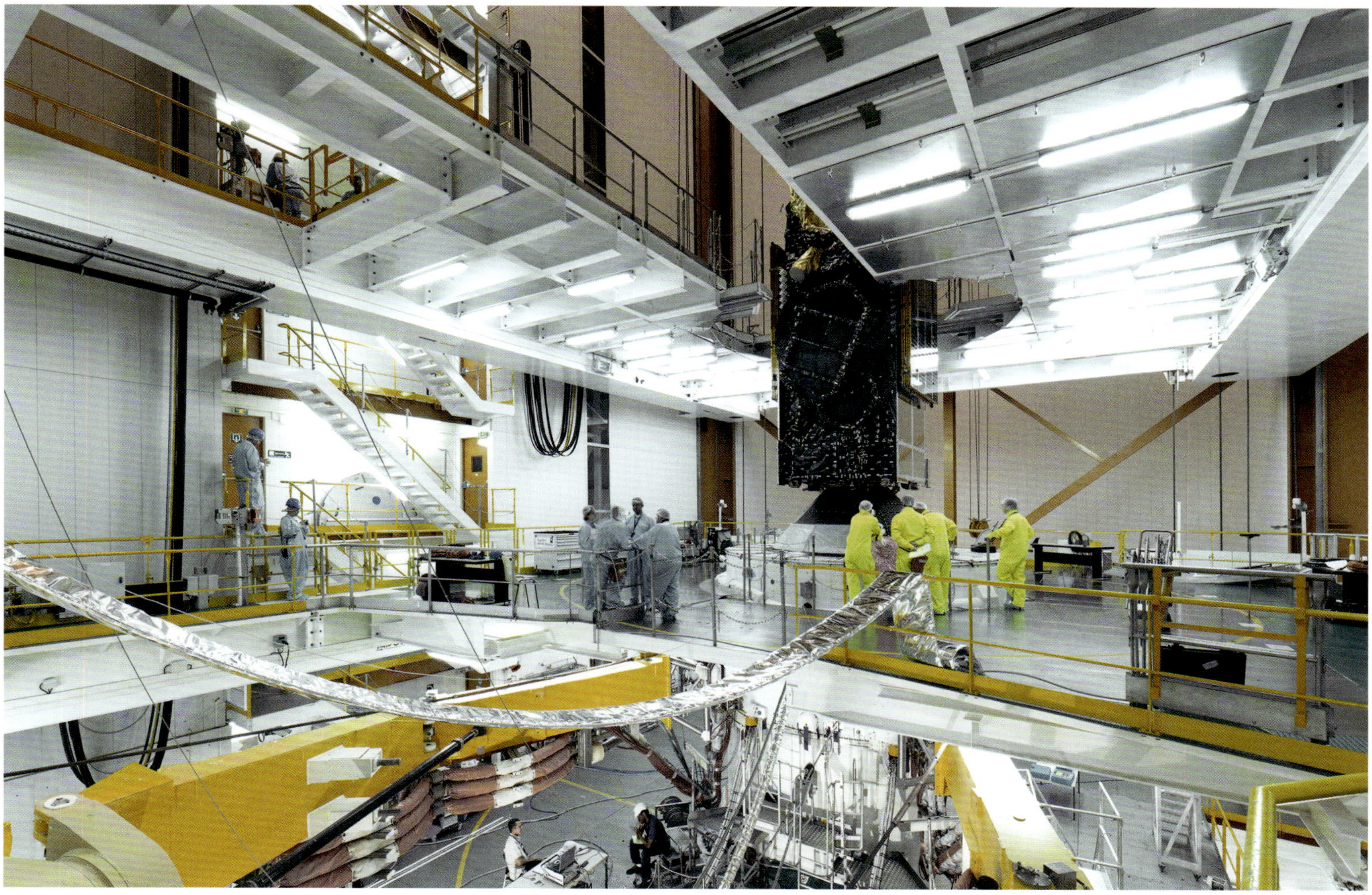

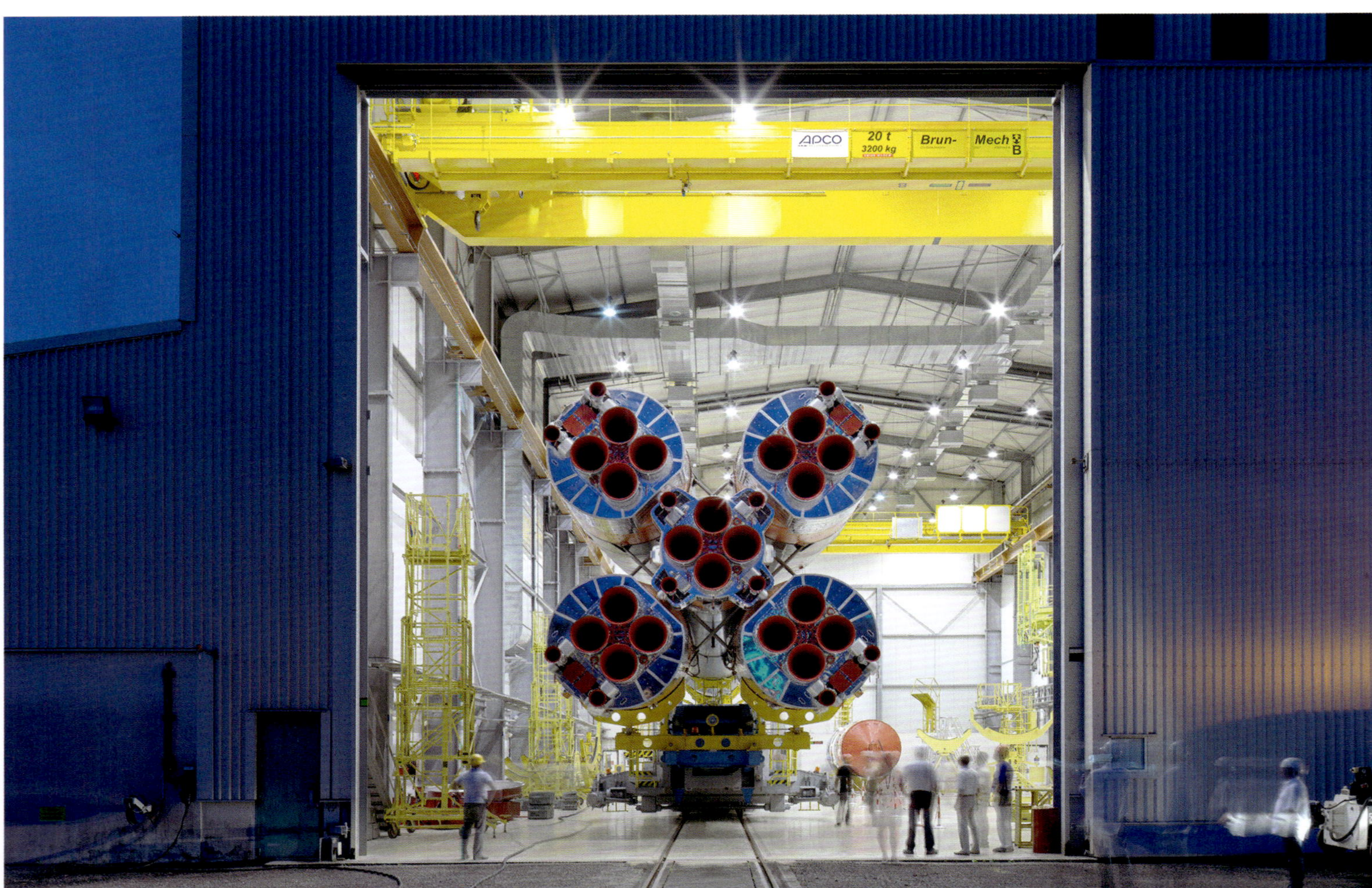
APCO
20 t
3200 kg
Brun-
Mech

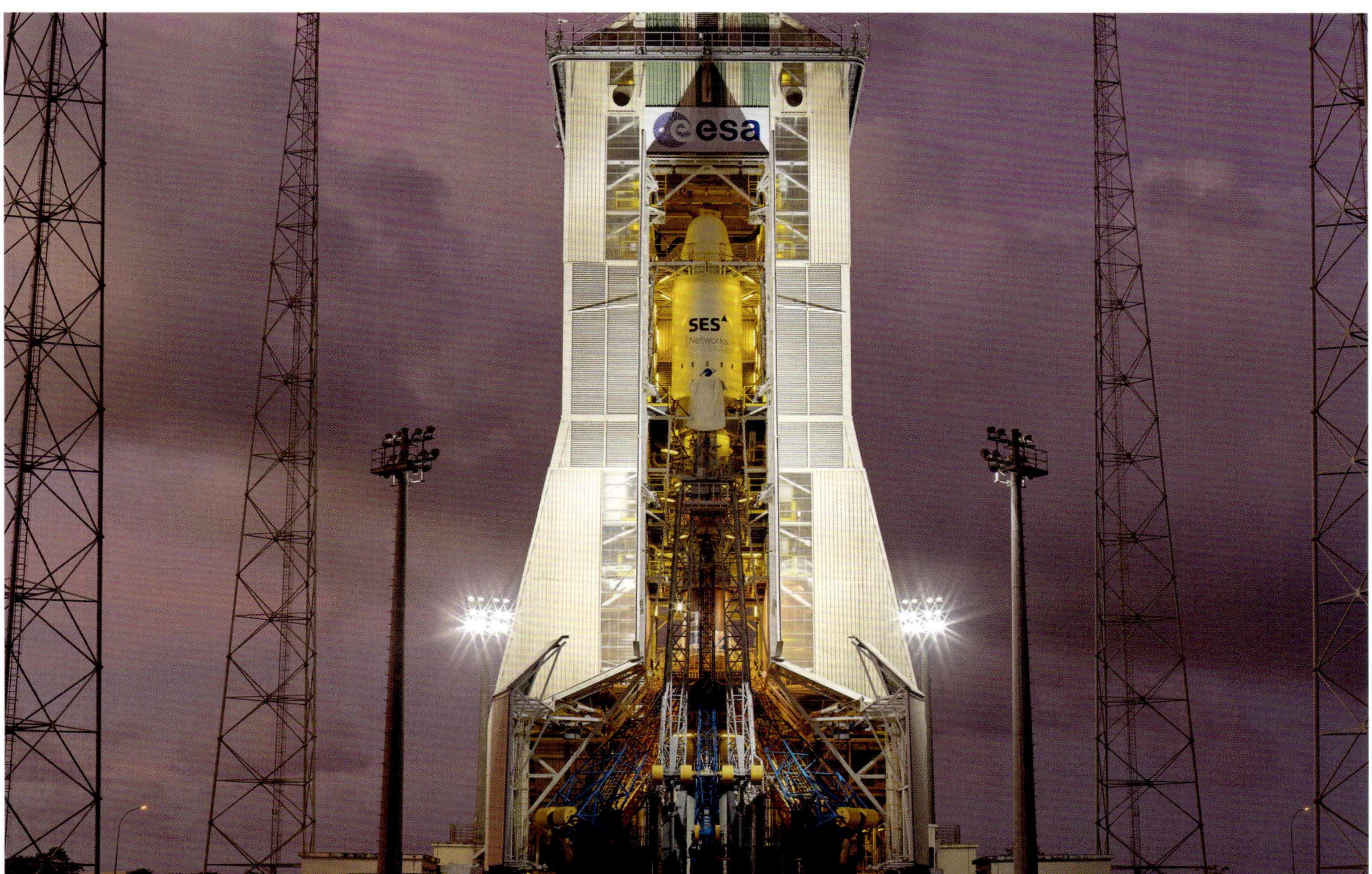
esa
SES
Networks

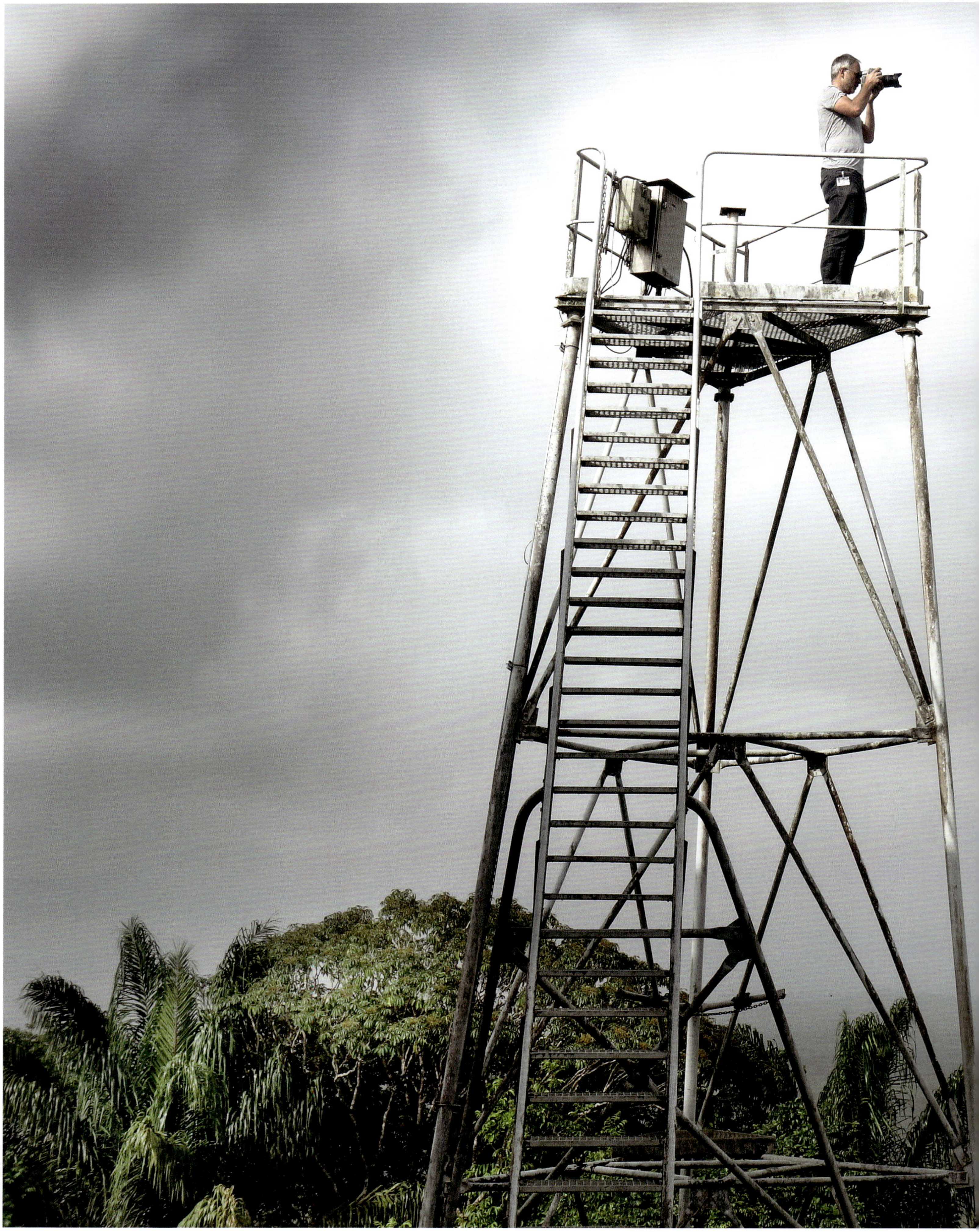

Weltraumbahnhof Französisch-Guayana/Guiana Space Center

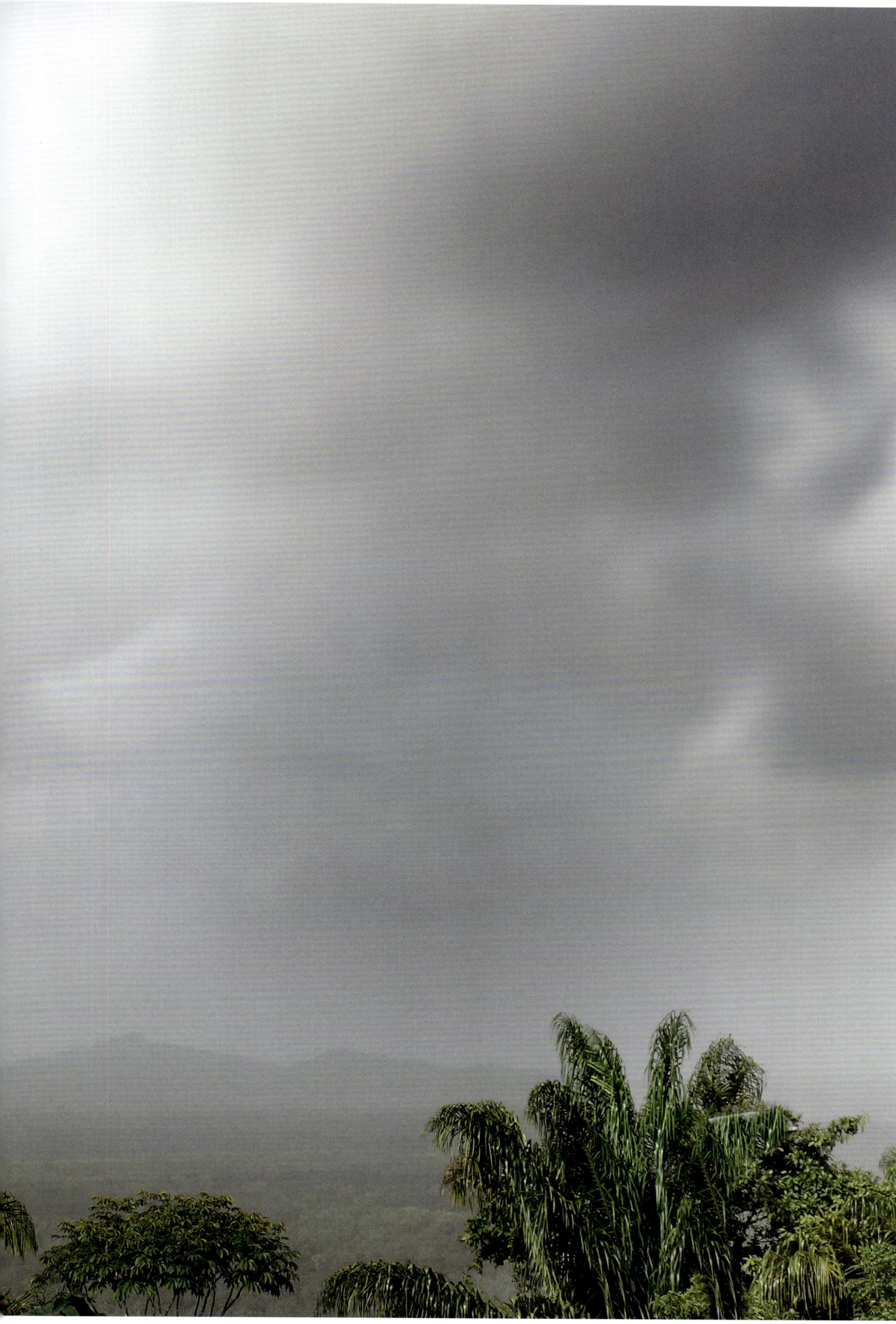

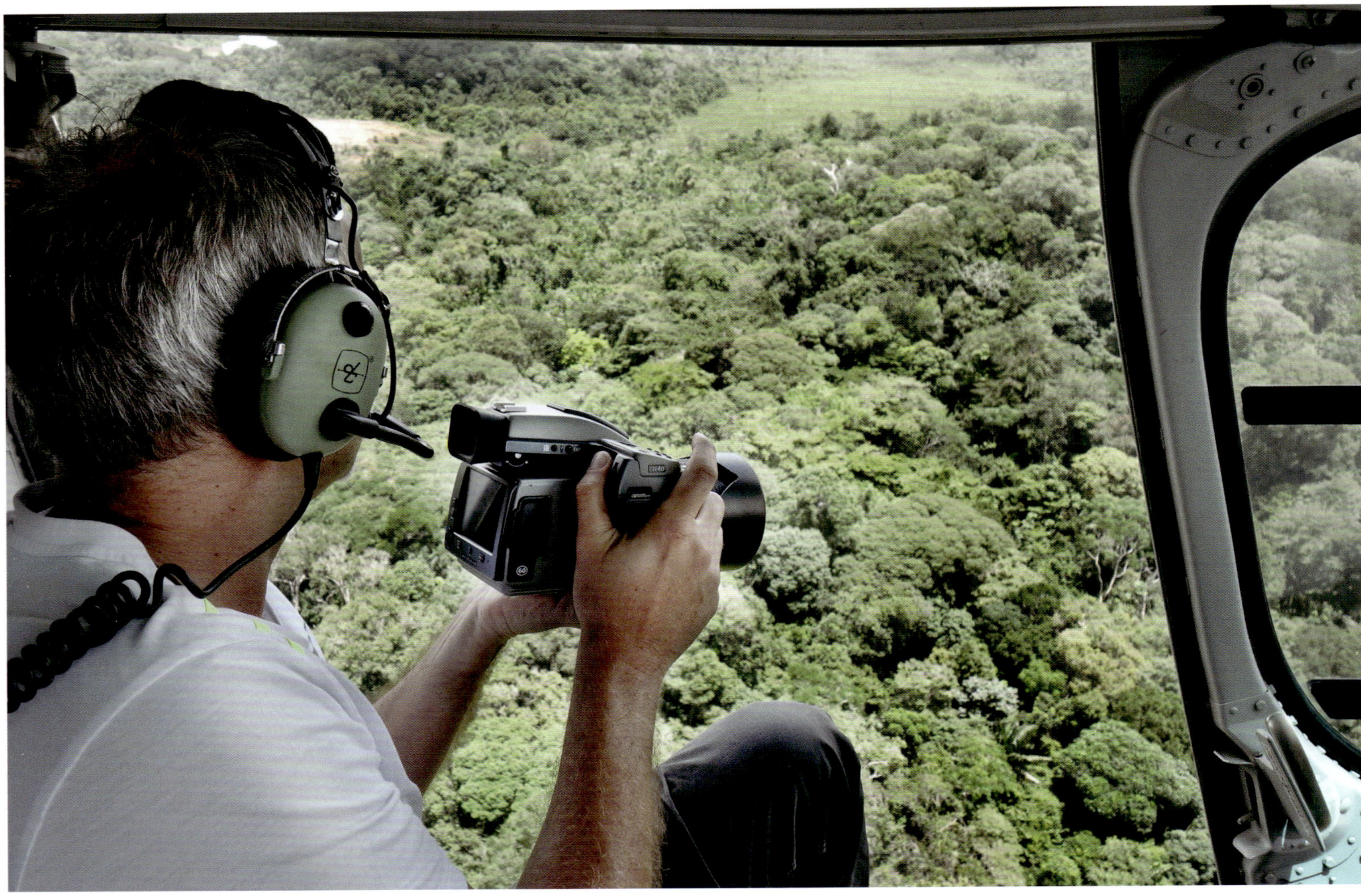

Weltraumbahnhof Französisch-Guayana/Guiana Space Center

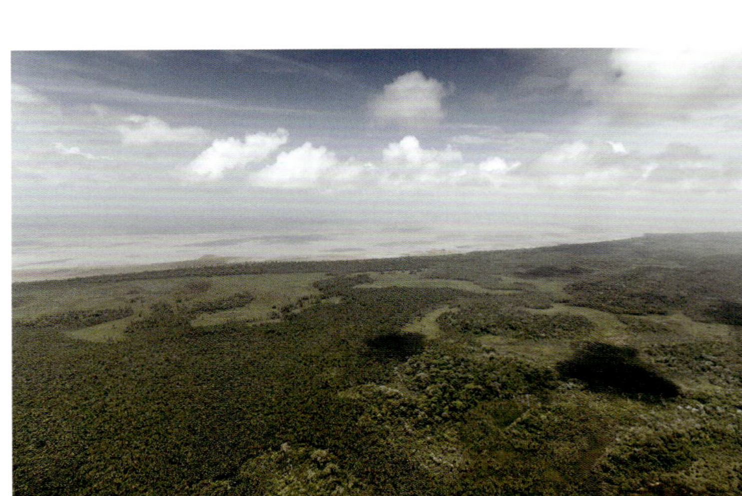

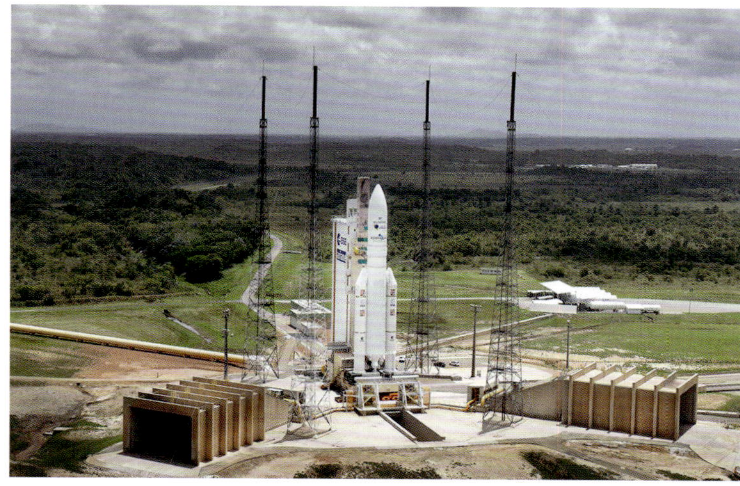

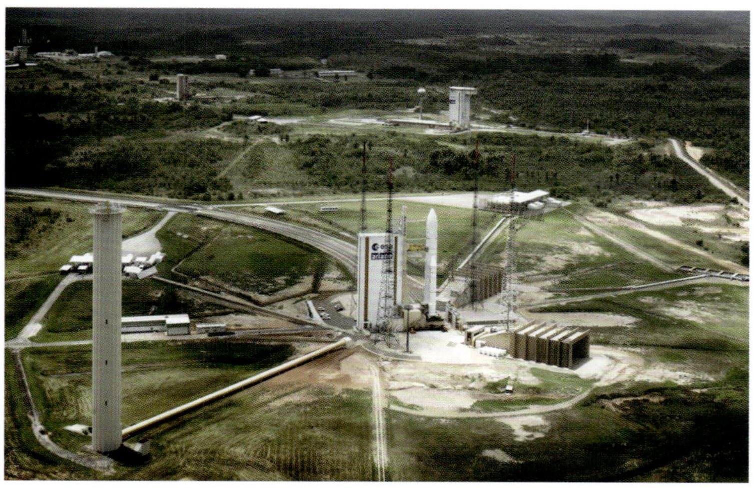

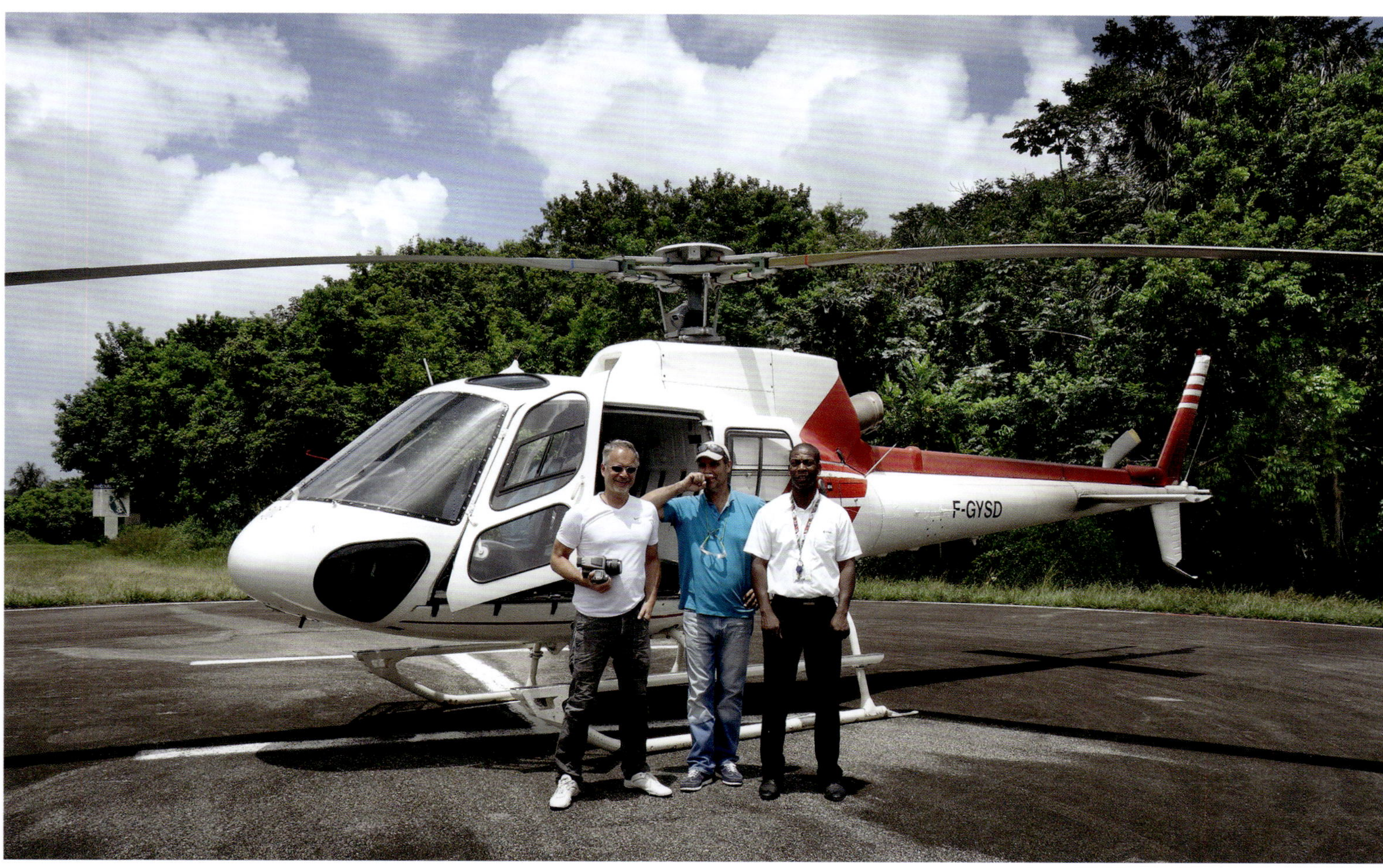
F-GYSD

Kennedy Weltraumzentrum, Cape Canaveral/Kennedy Space Center, Cape Canaveral

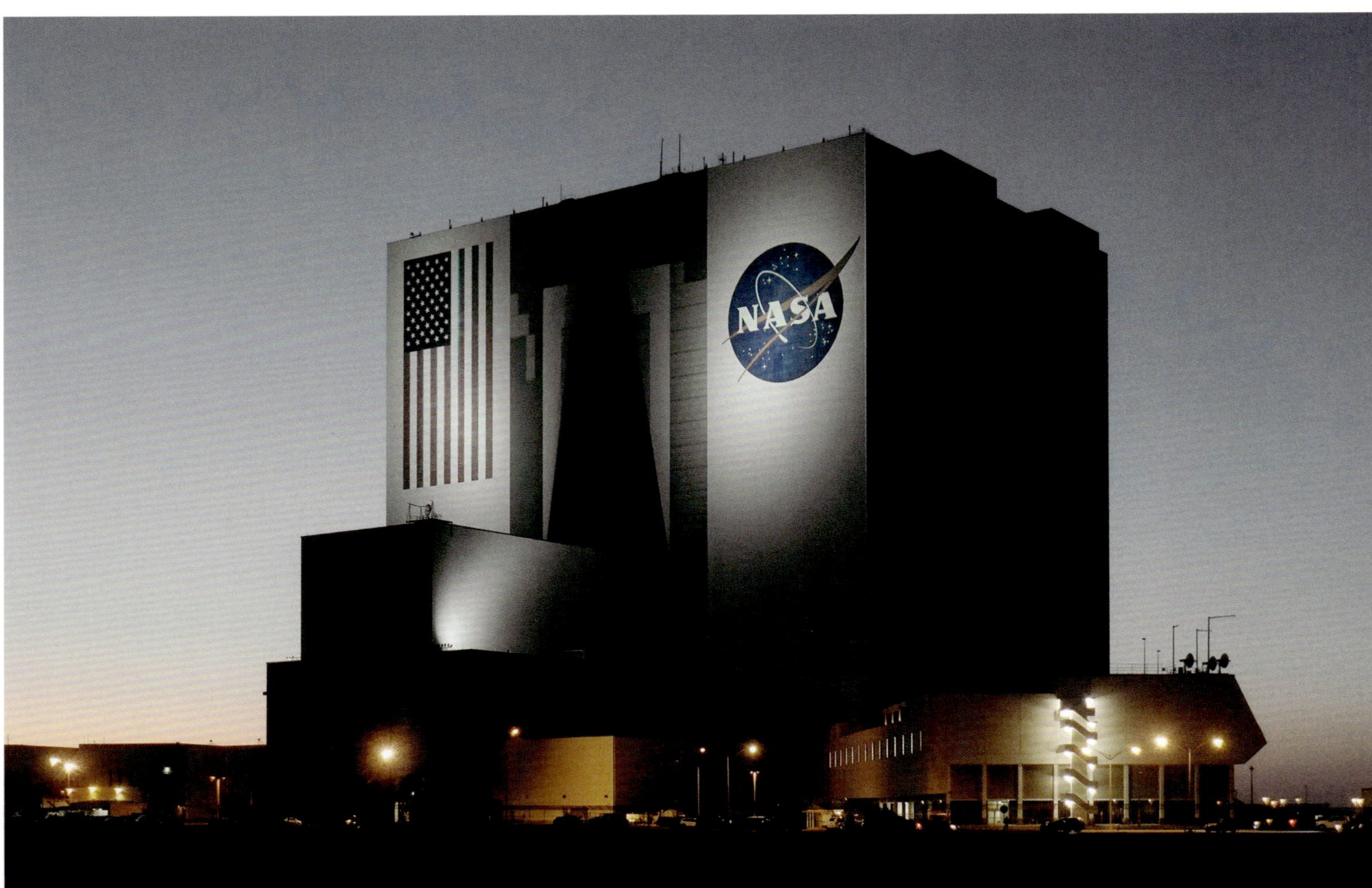

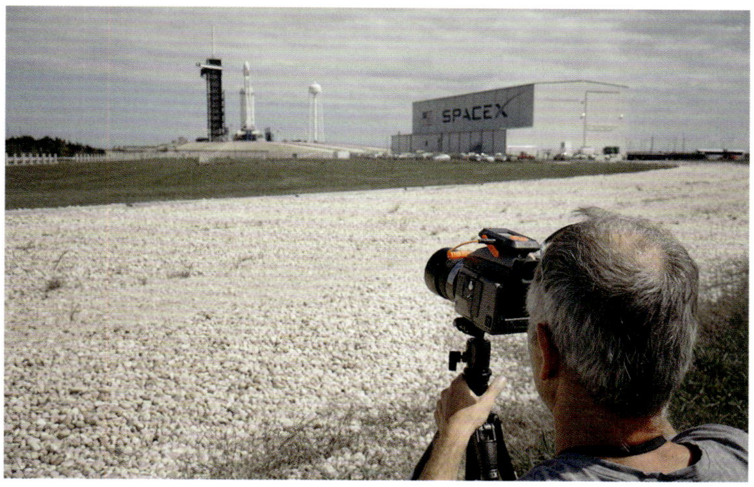
SPACEX

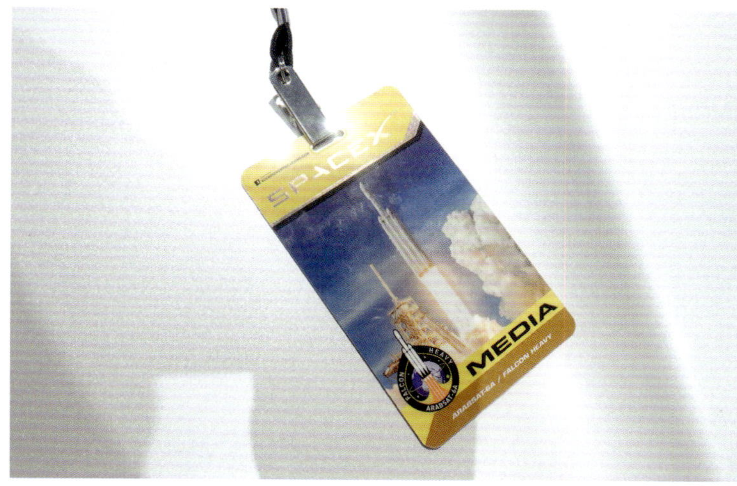
SPACEX
MEDIA

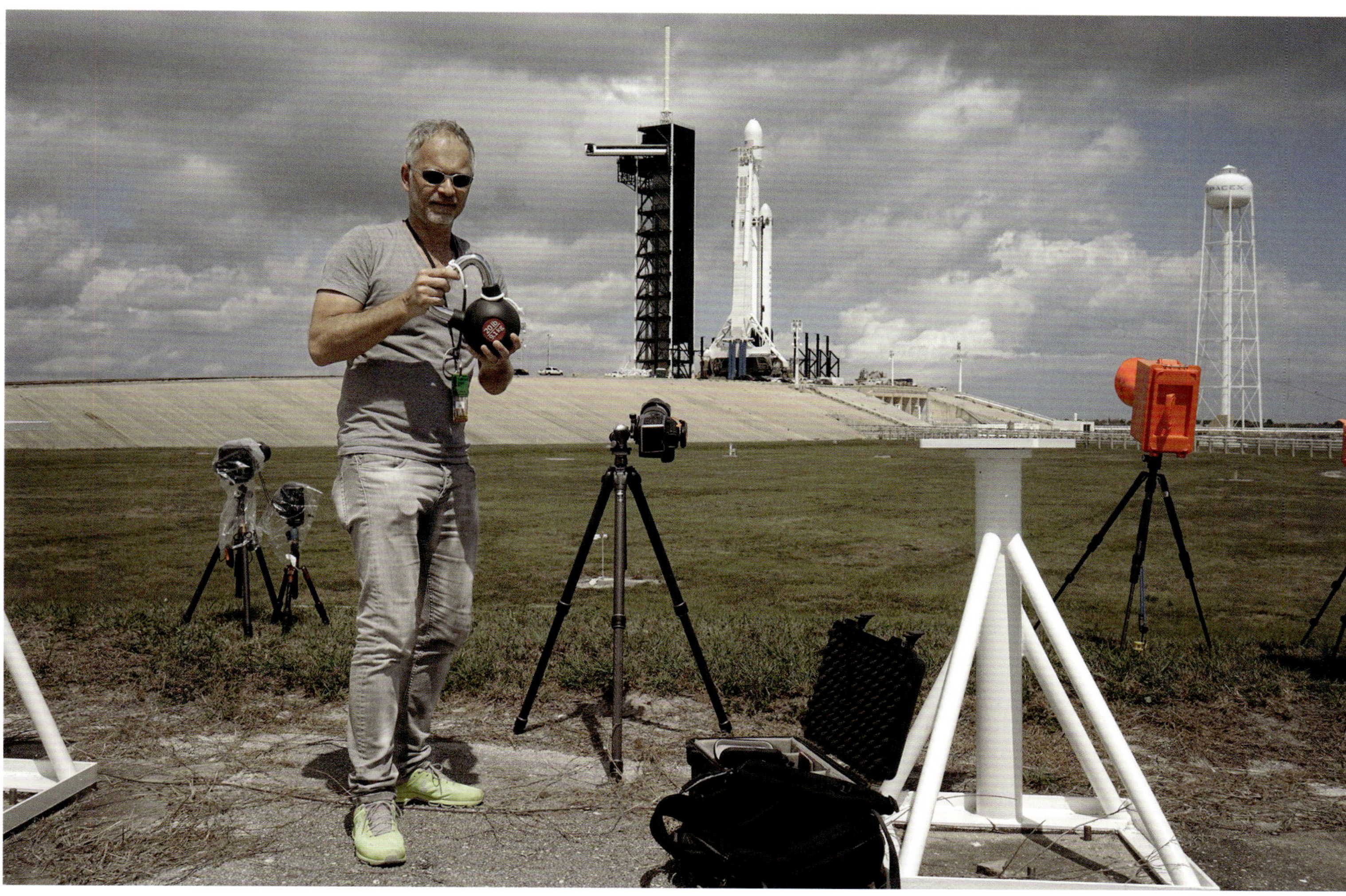

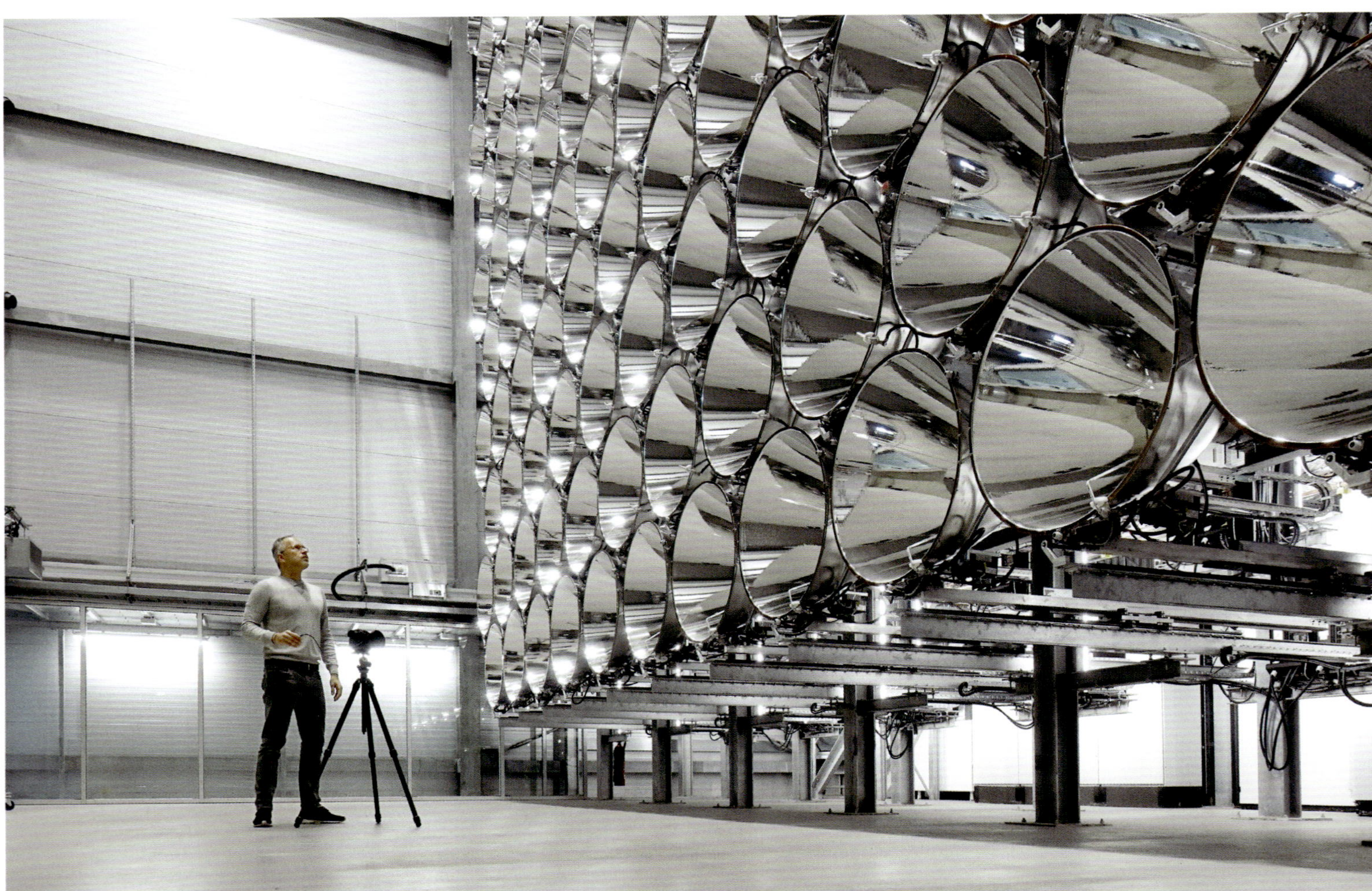

DLR-Institut für Solarforschung, Jülich/DLR Institute of Solar Research, Jülich

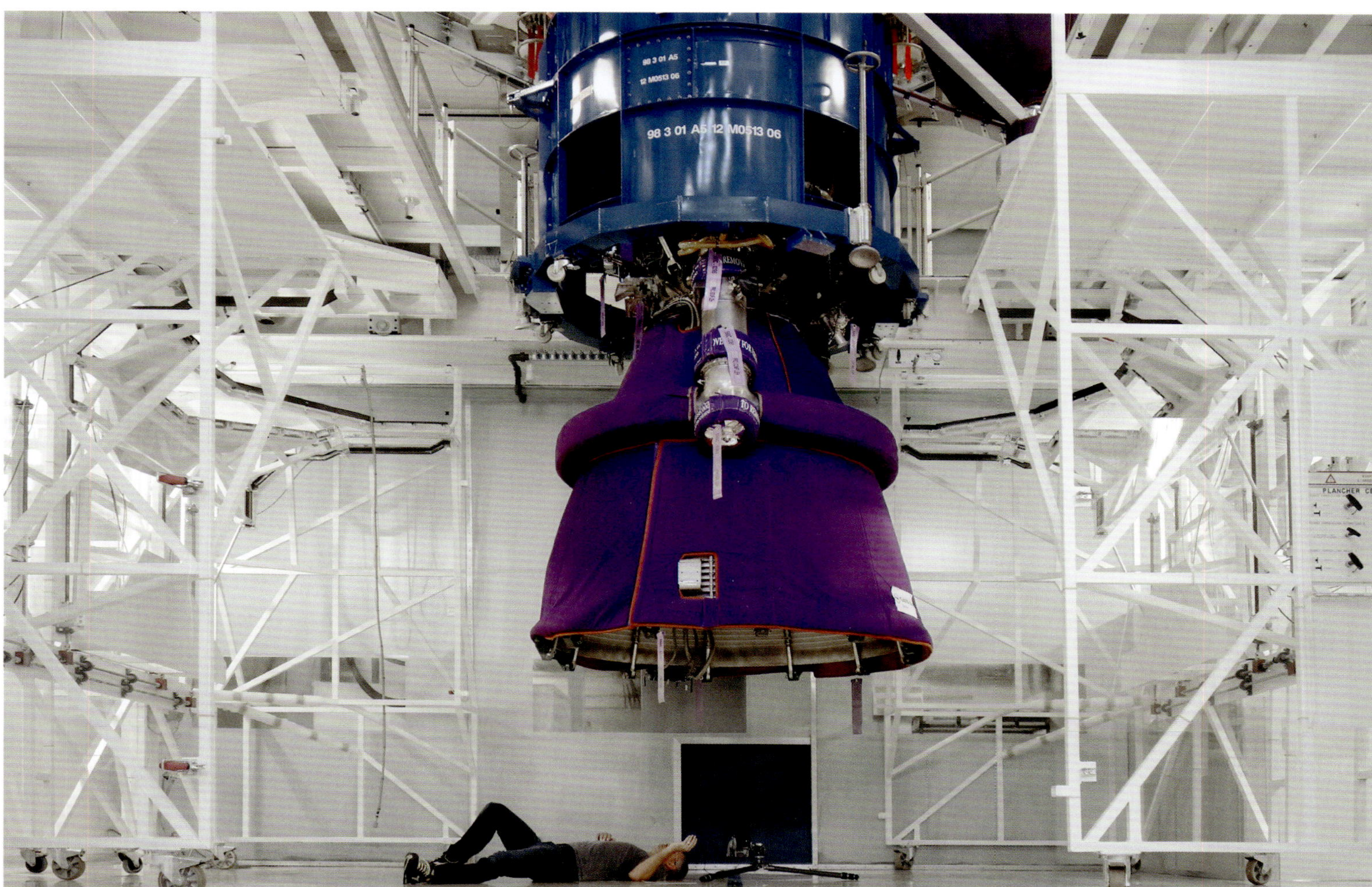

ArianeGroup, Montagehalle, Les Mureaux/ArianeGroup, assembly hall, Les Mureaux

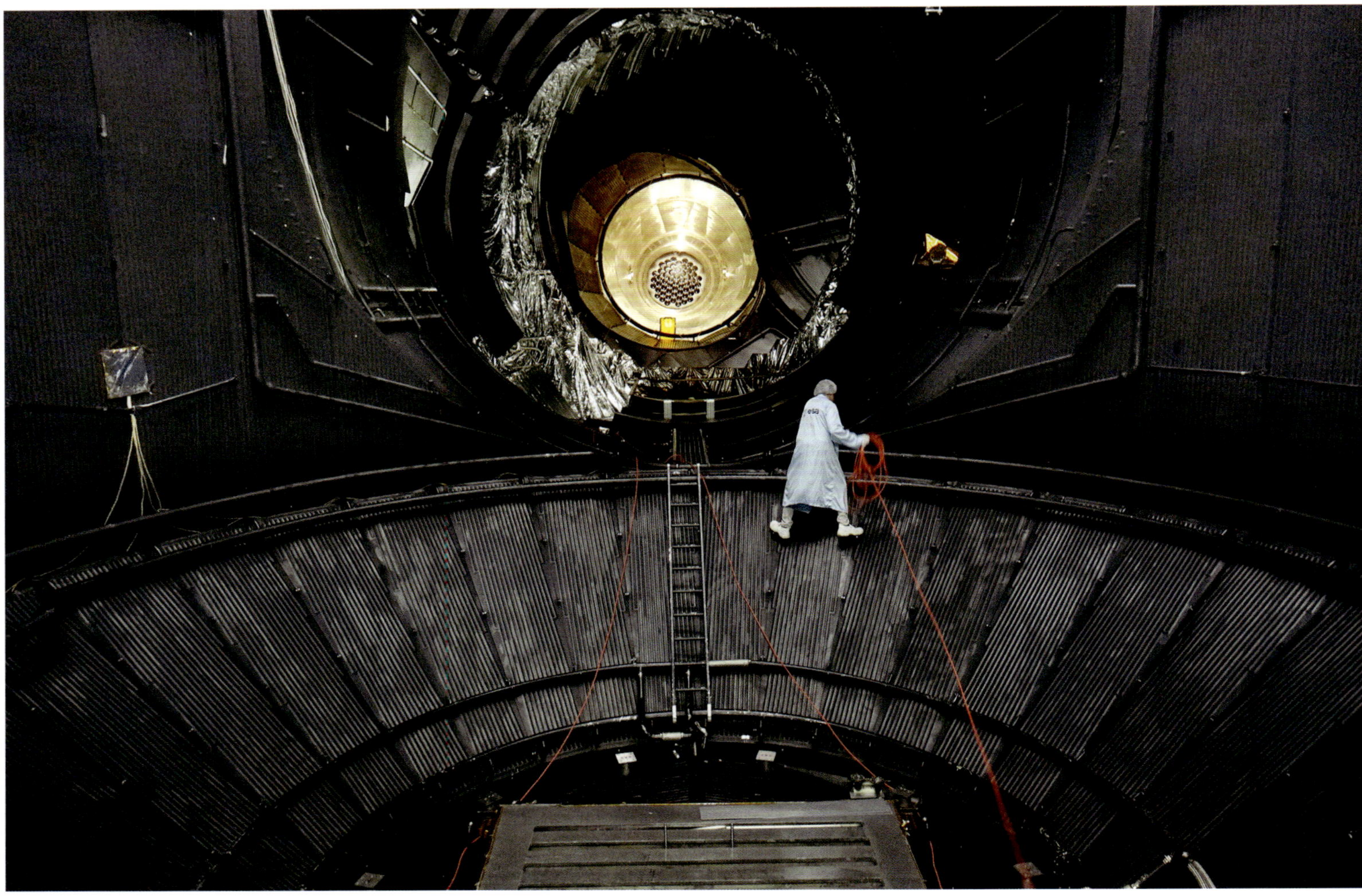

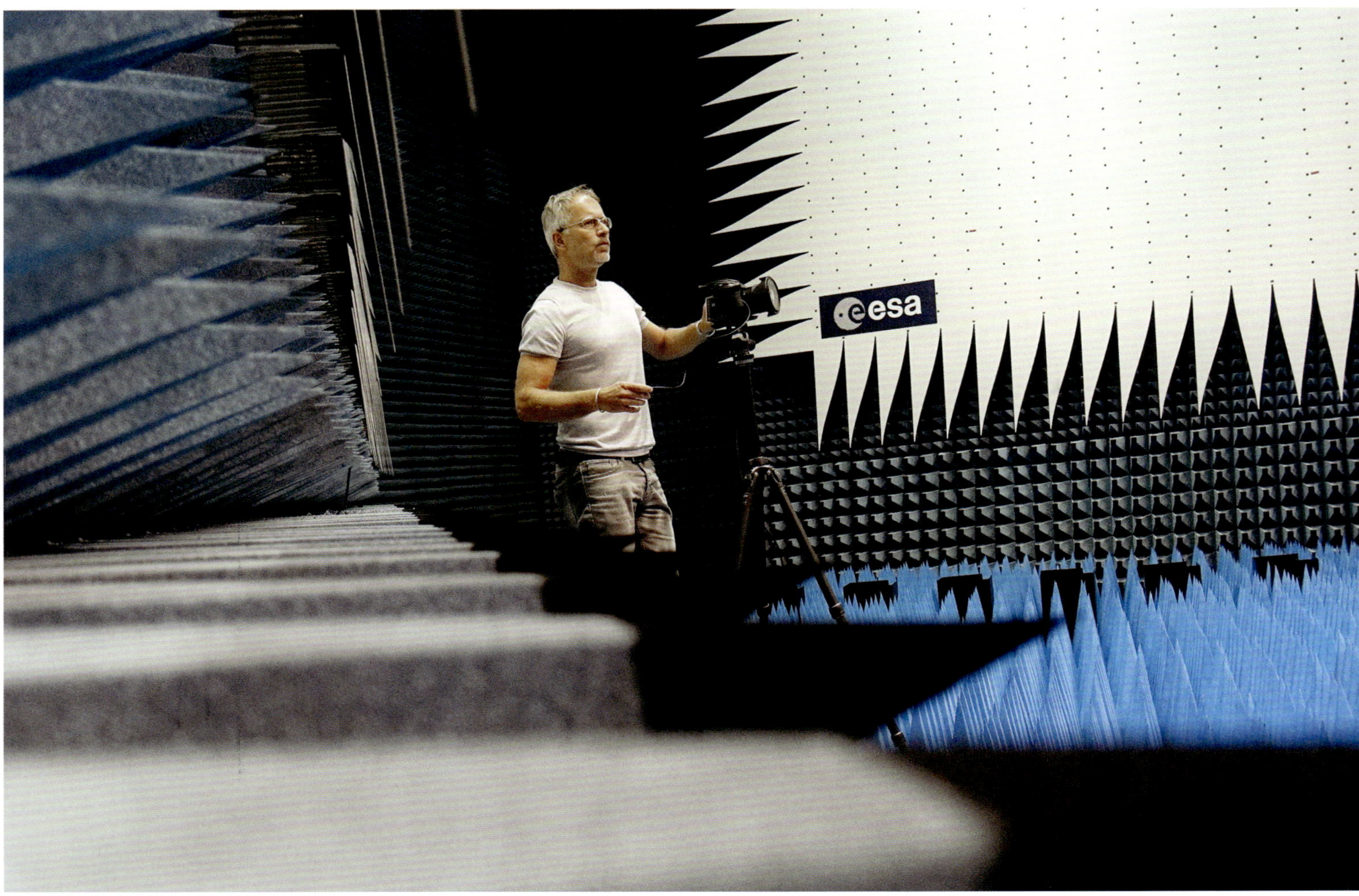

Europäisches Weltraumforschungs- und Technologiezentrum, Noordwijk/European Space Research and Technology Center, Noordwijk

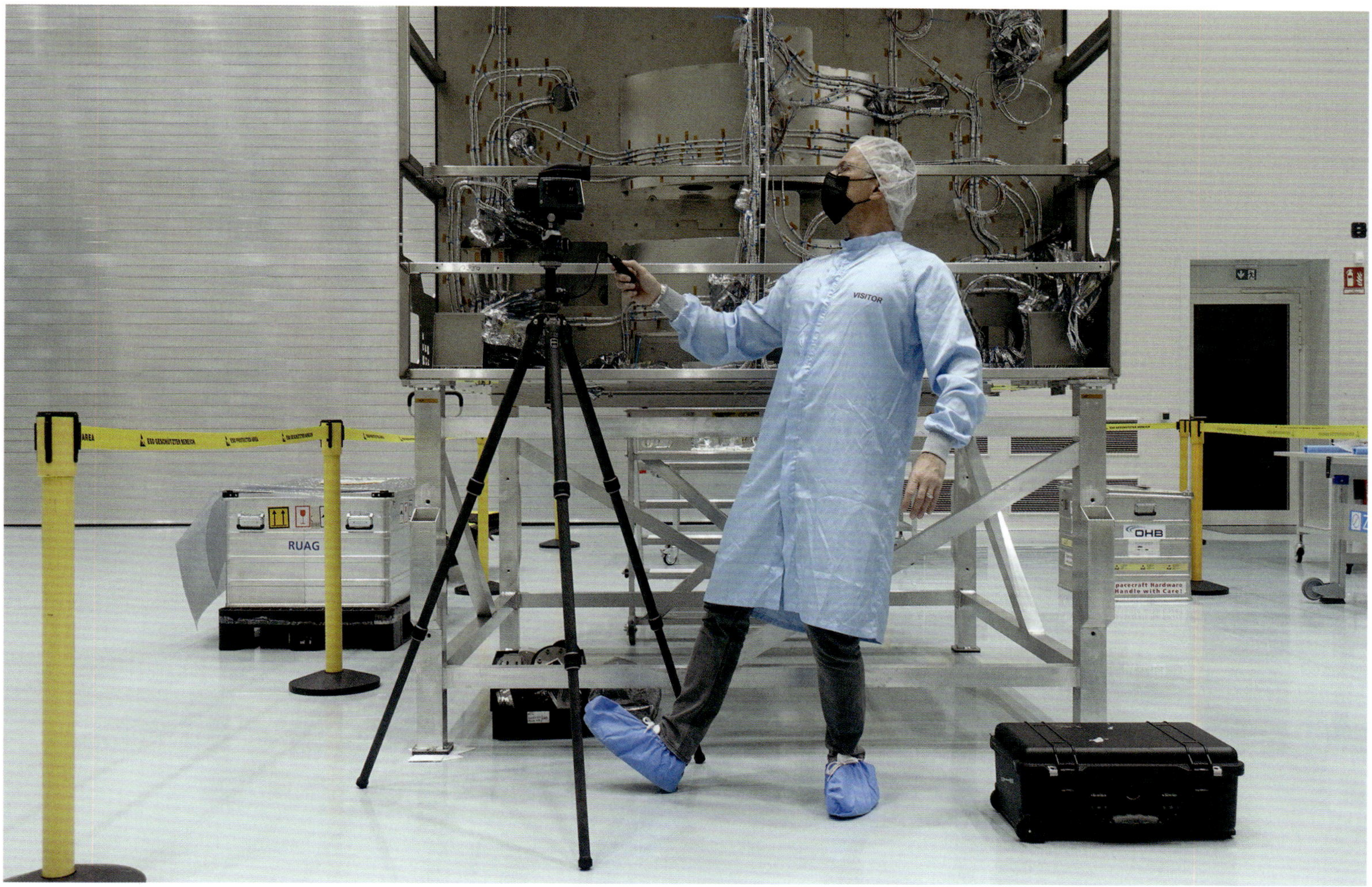

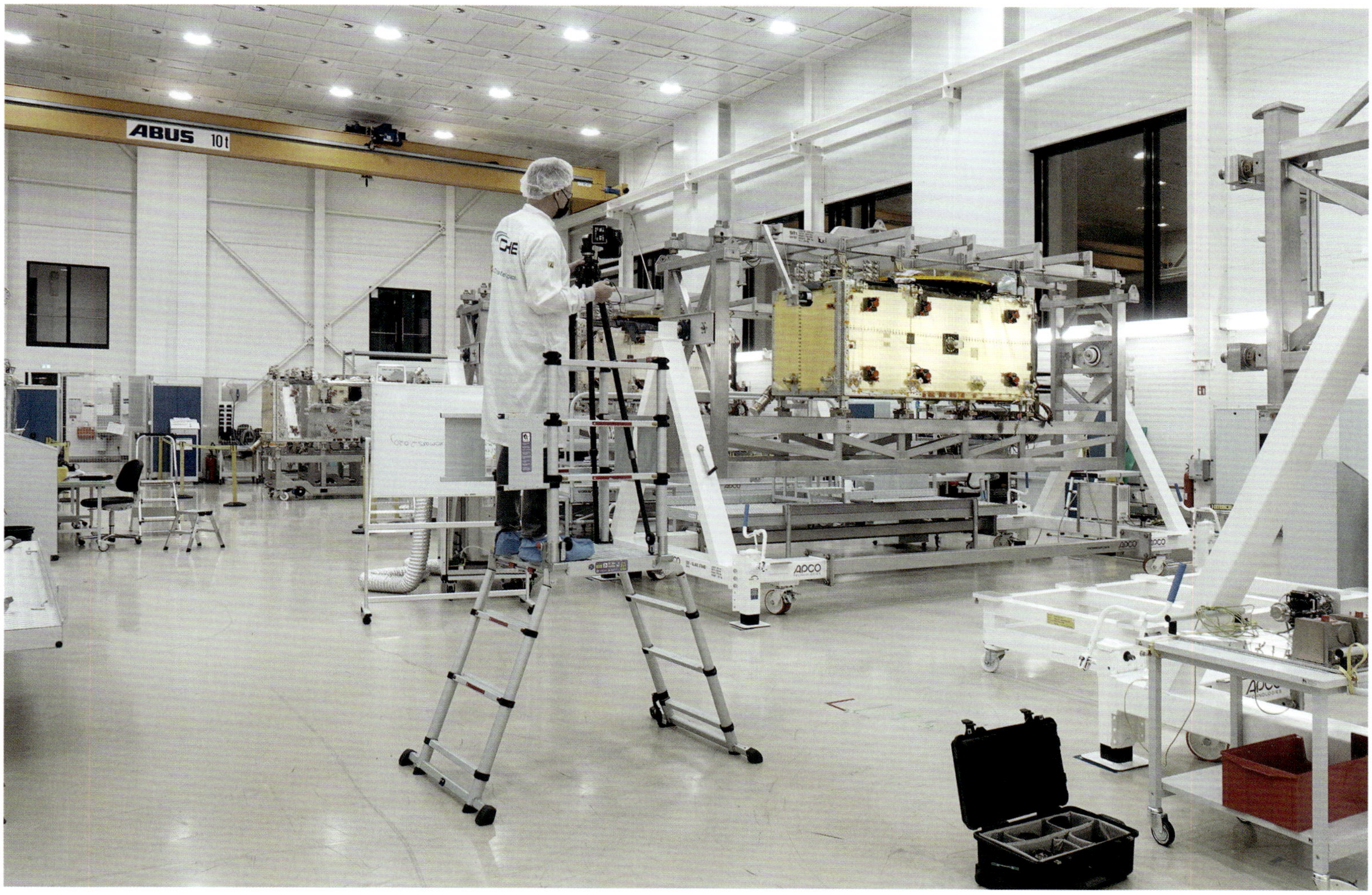

OHB, Montagehalle, Bremen / OHB, assembly hall, Bremen

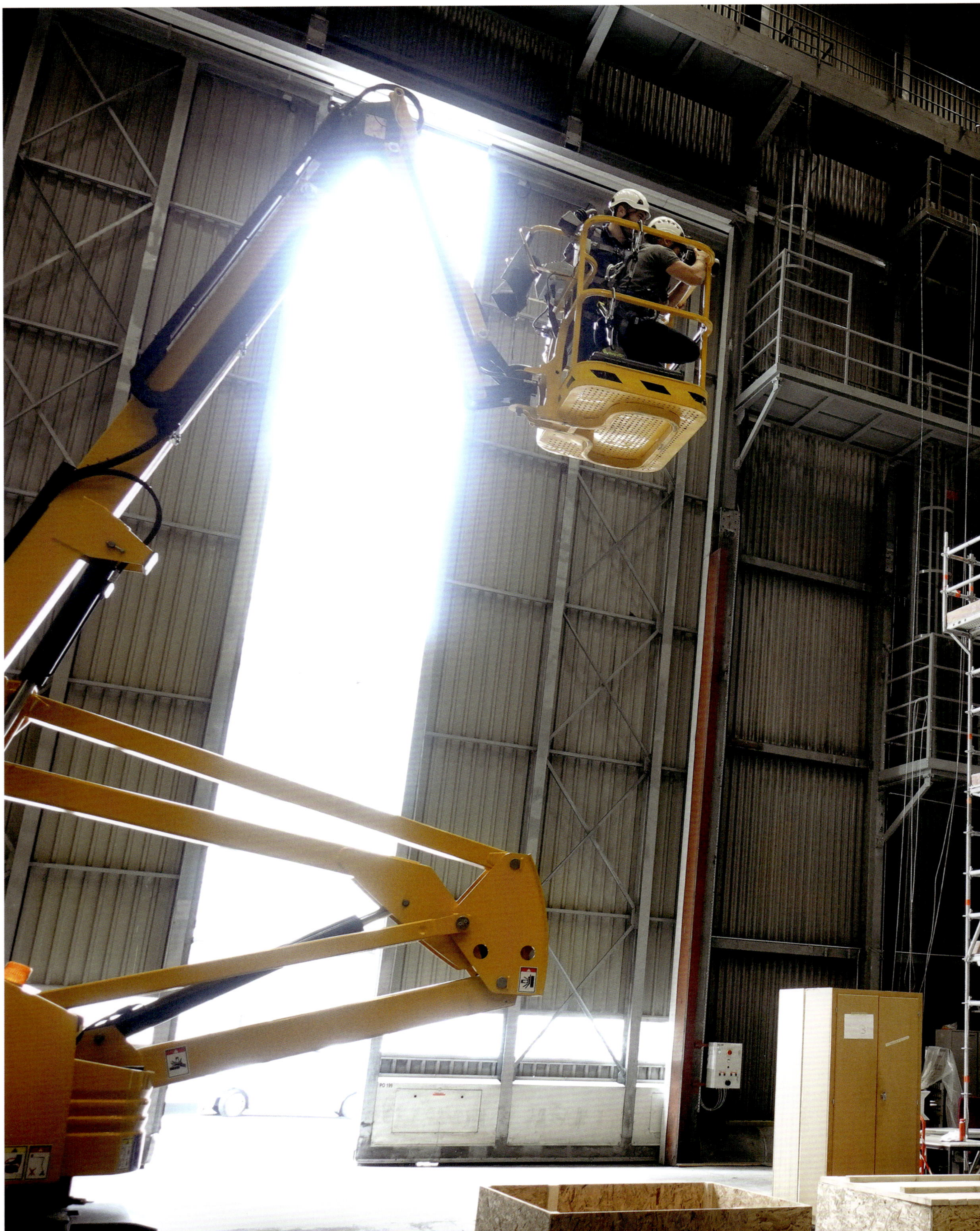

CERN, Europäische Organisation für Kernforschung, Genf/CERN, European Organization for Nuclear Research, Geneva

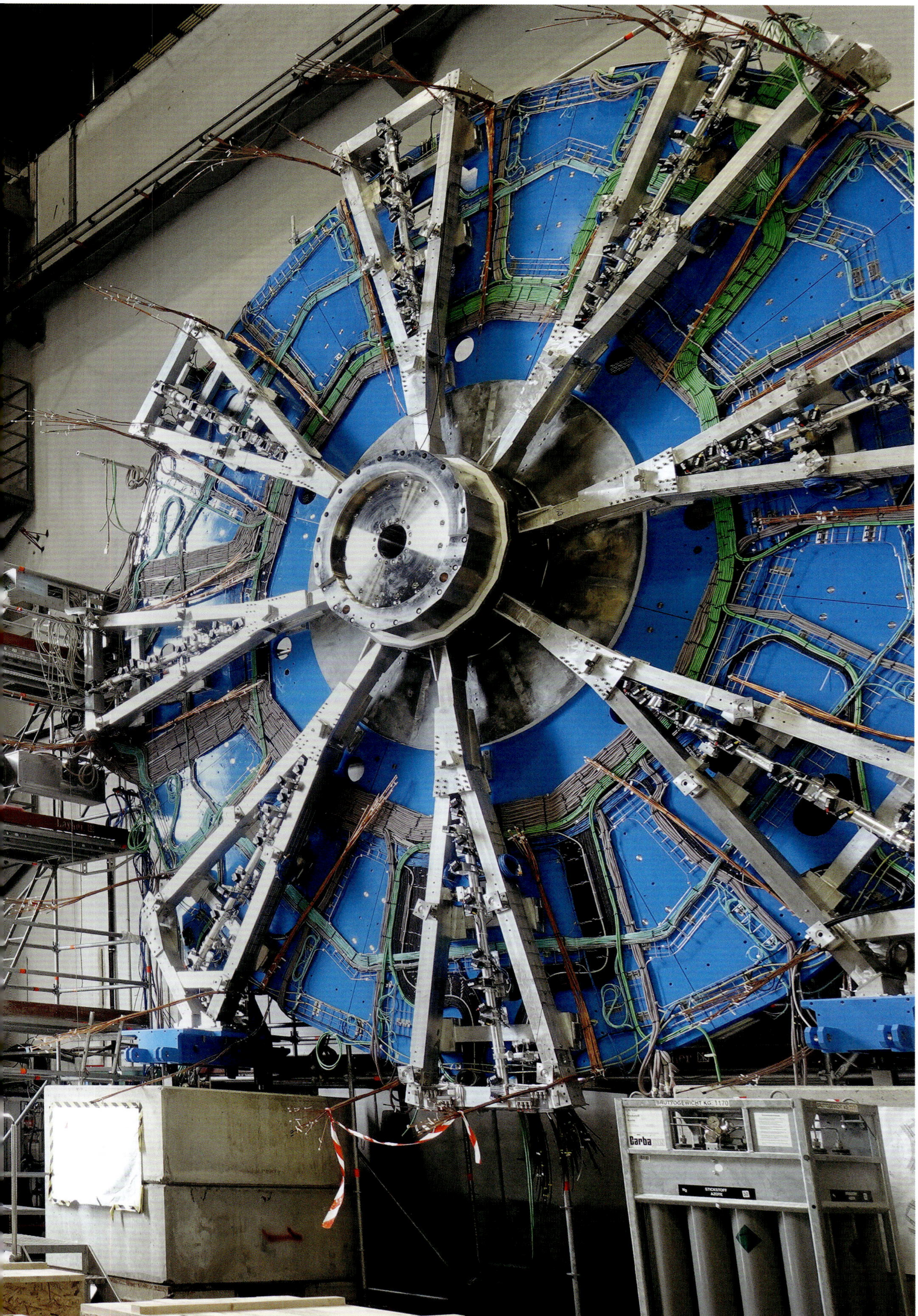

Zentrum für Robotik, Edinburgh/Centre for Robotics, Edinburgh

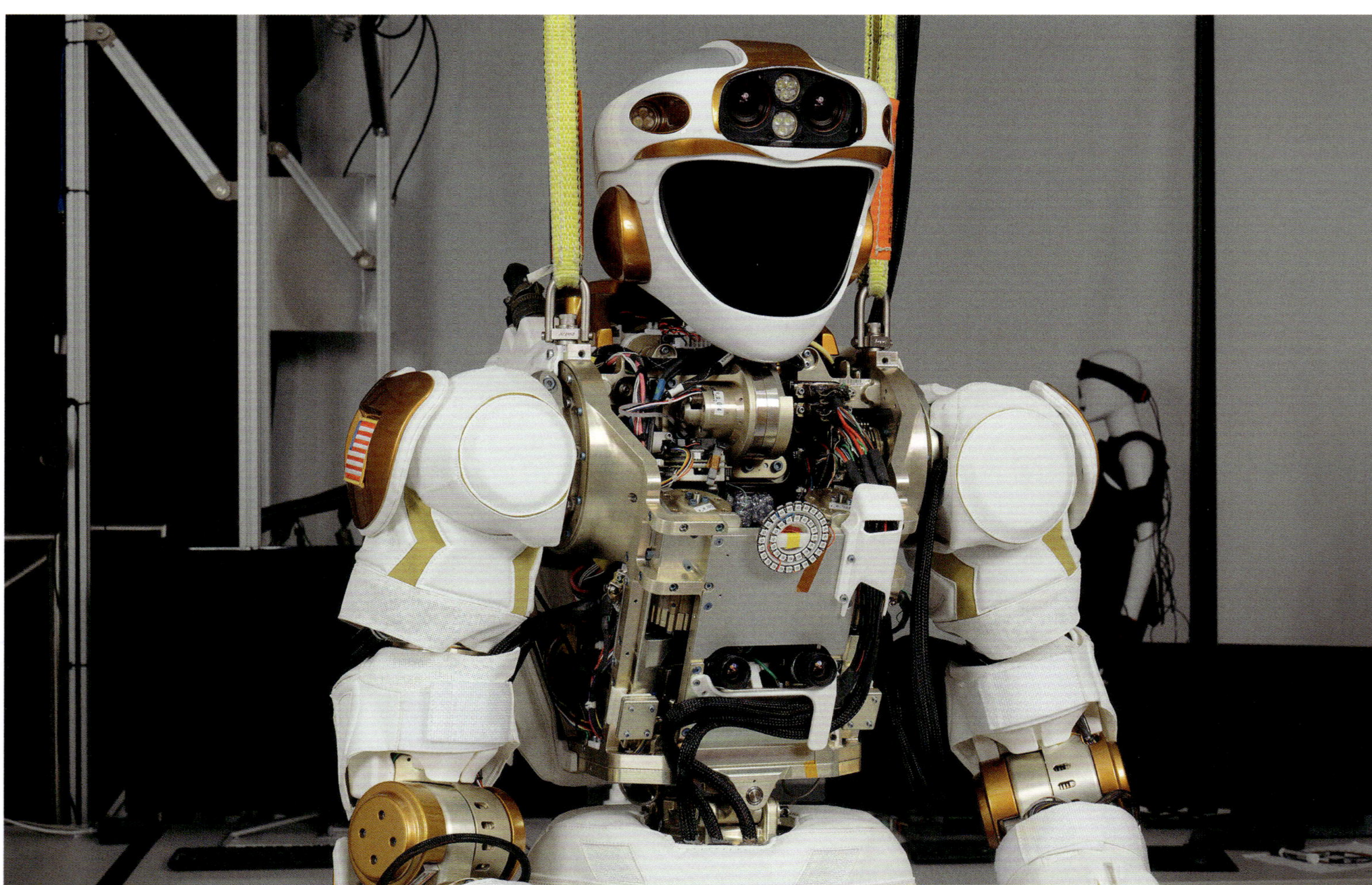

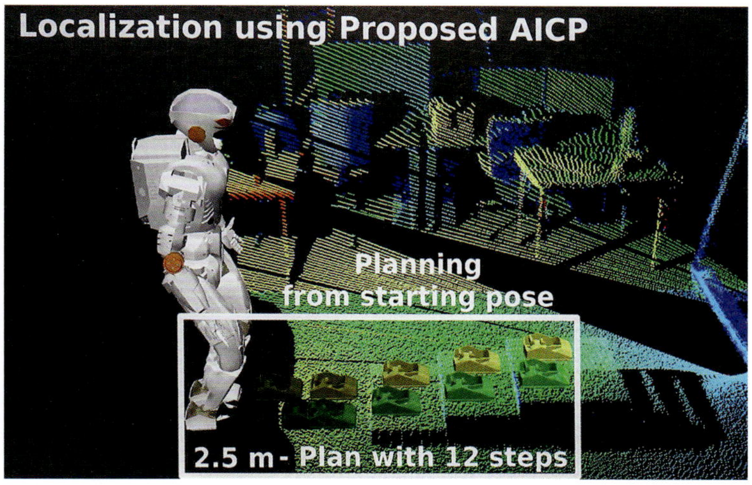
Localization using Proposed AICP
Planning
from starting pose
2.5 m - Plan with 12 steps

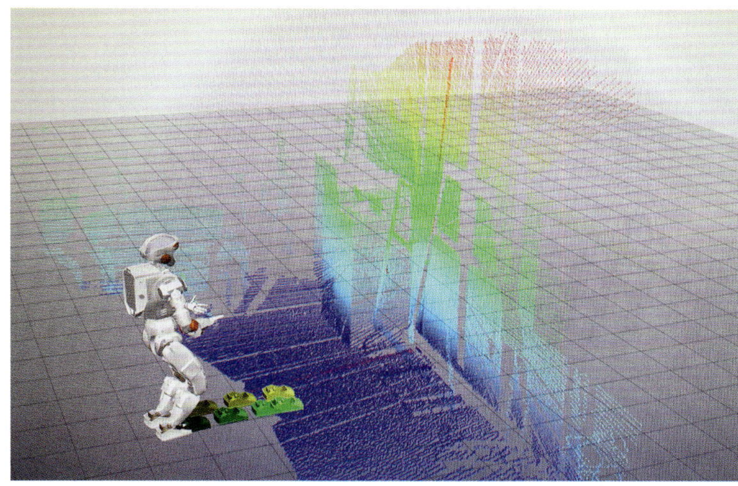

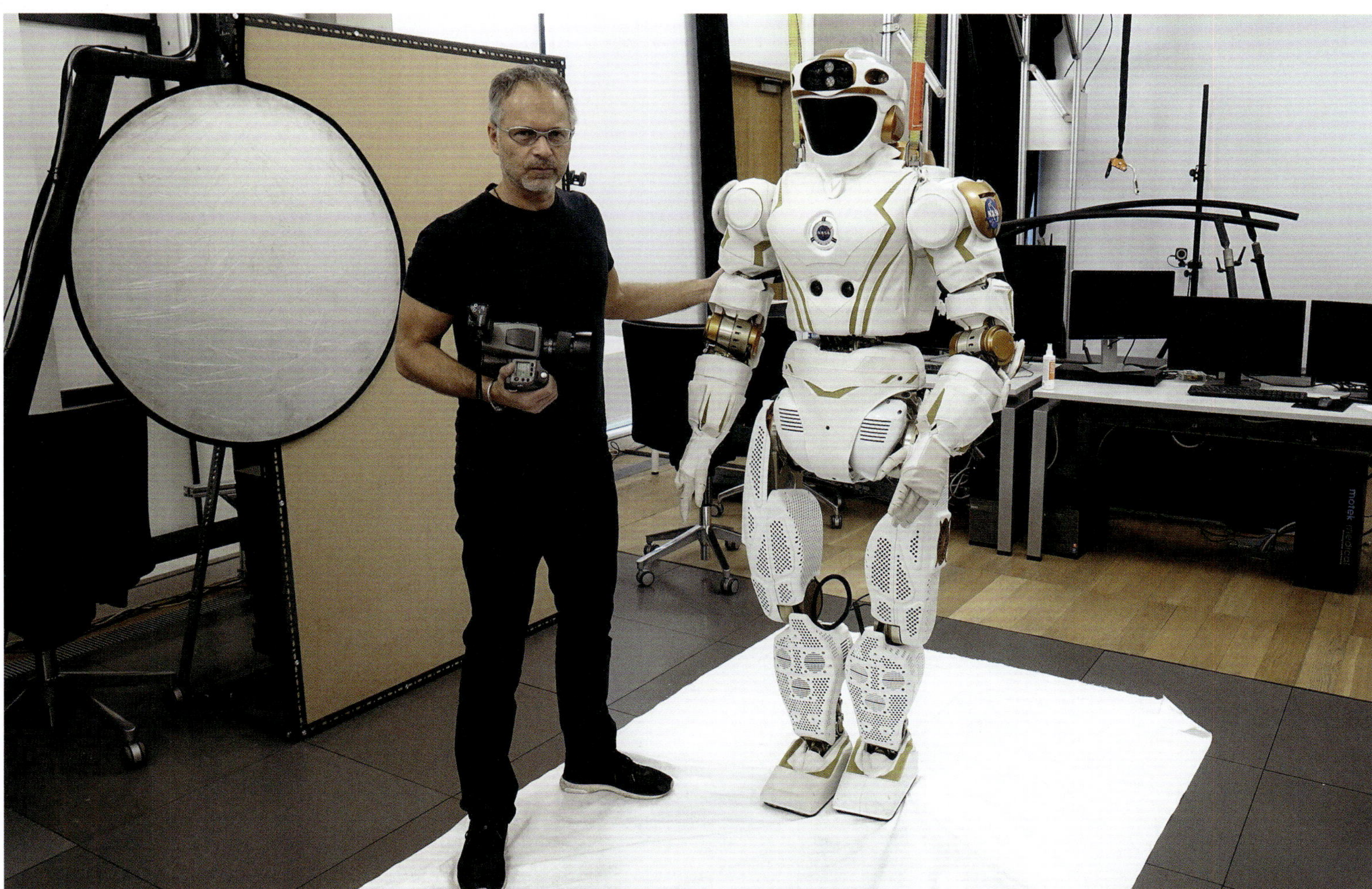

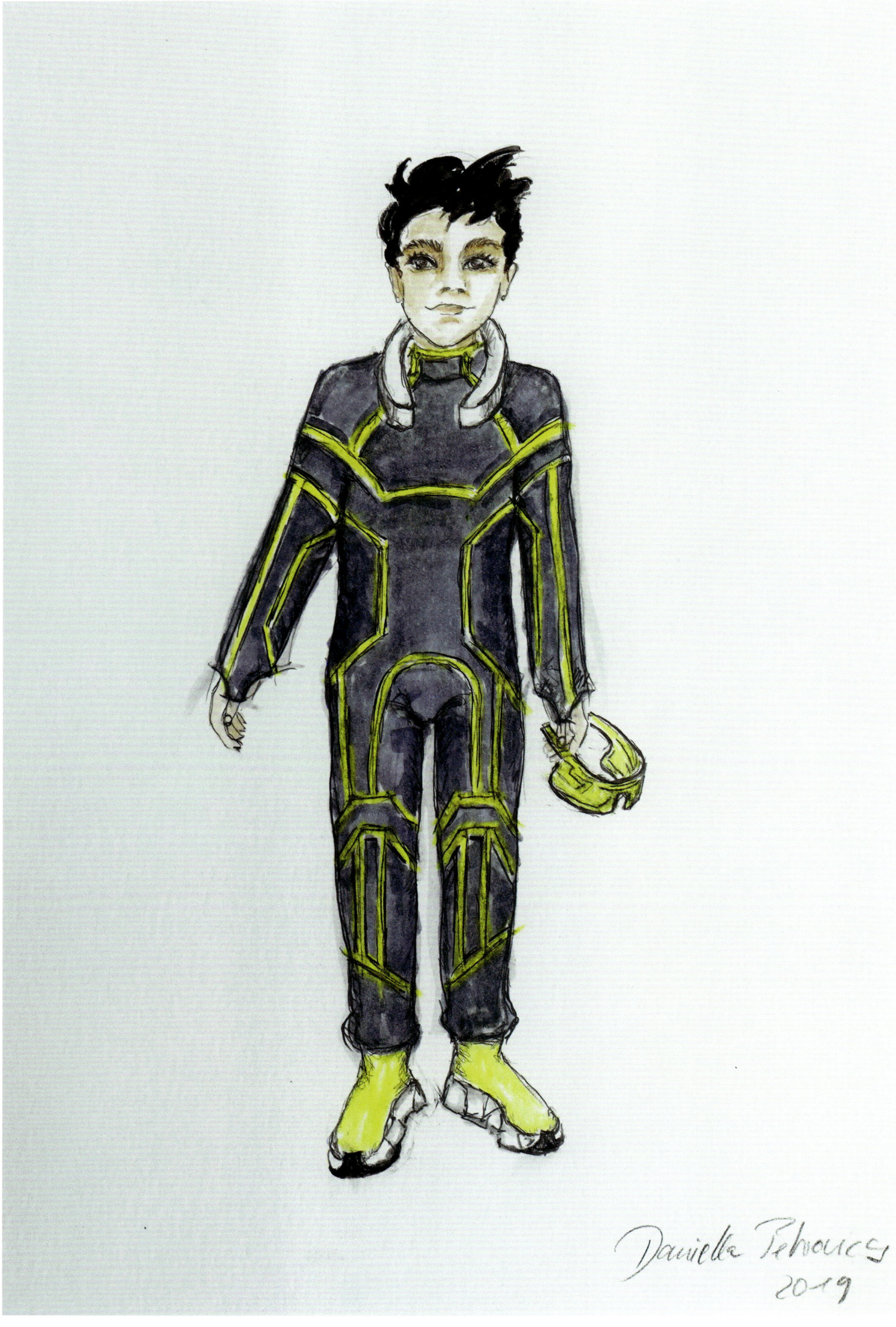
2019

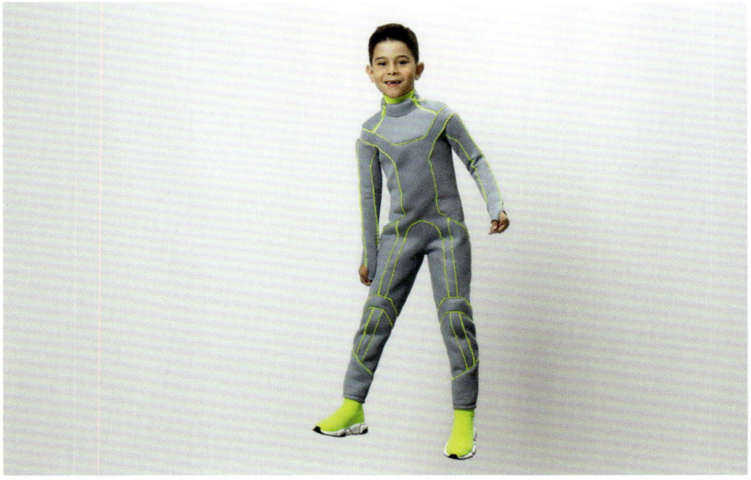

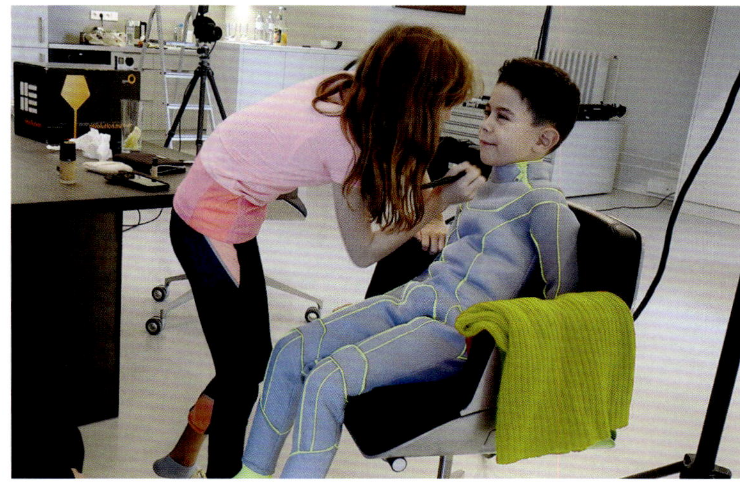

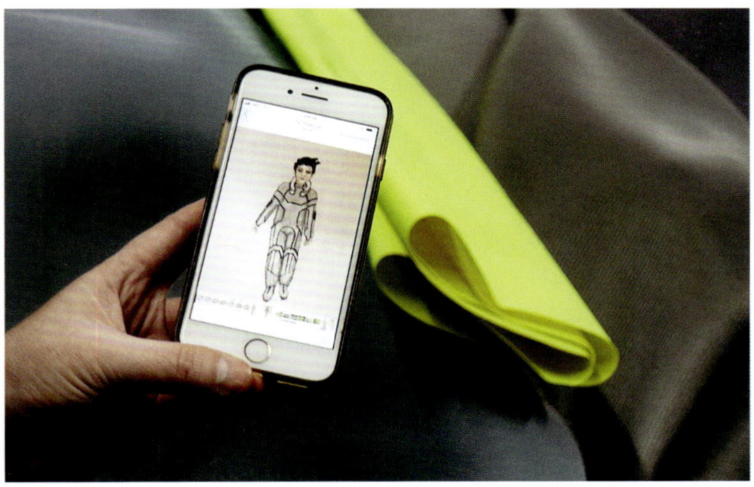

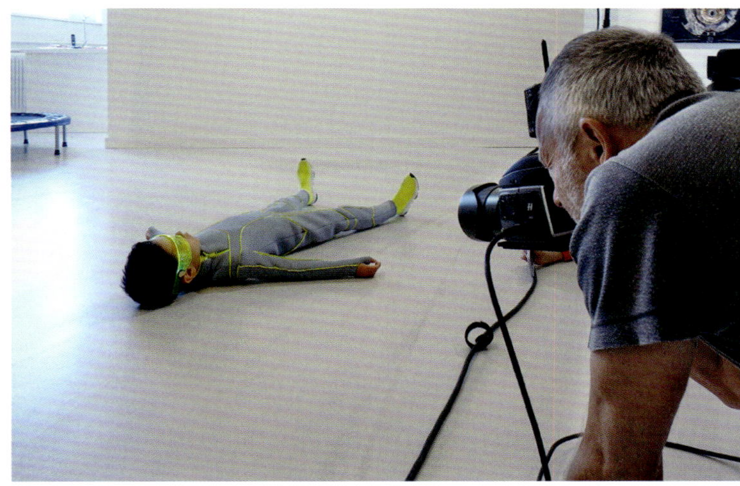

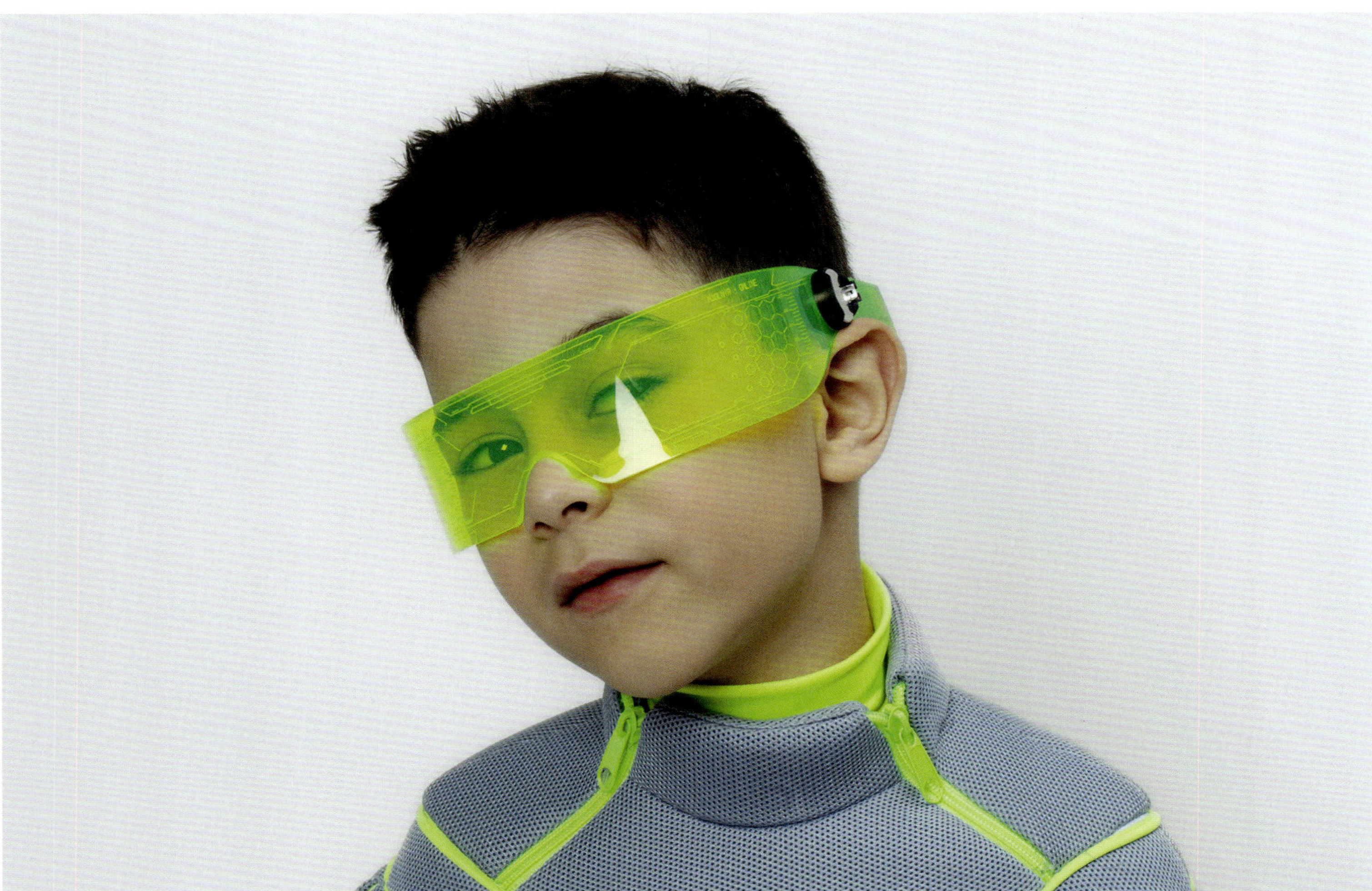

Fotoshooting Studio Michael Najjar, Berlin/Photo shoot Studio Michael Najjar, Berlin

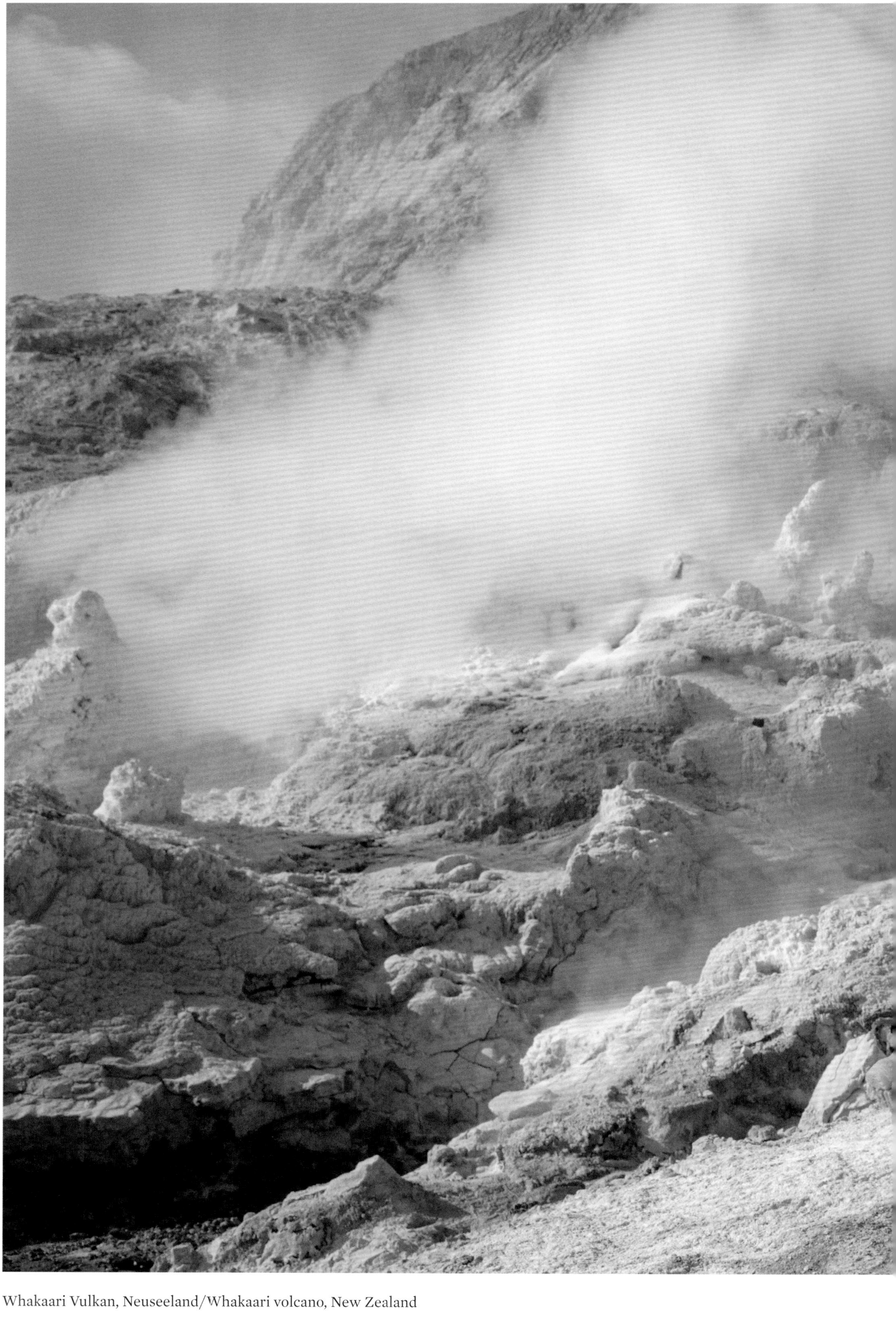

Whakaari Vulkan, Neuseeland/Whakaari volcano, New Zealand

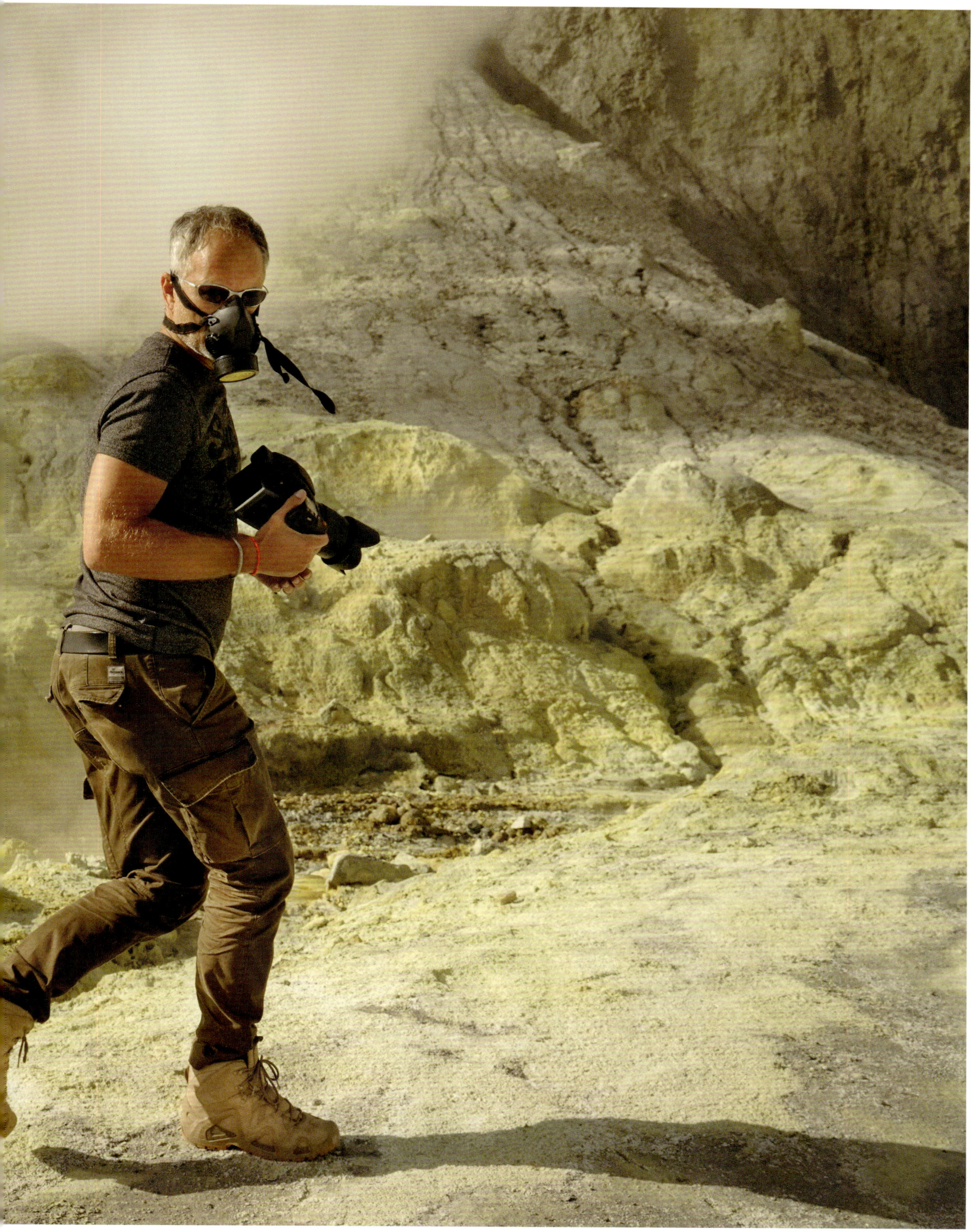

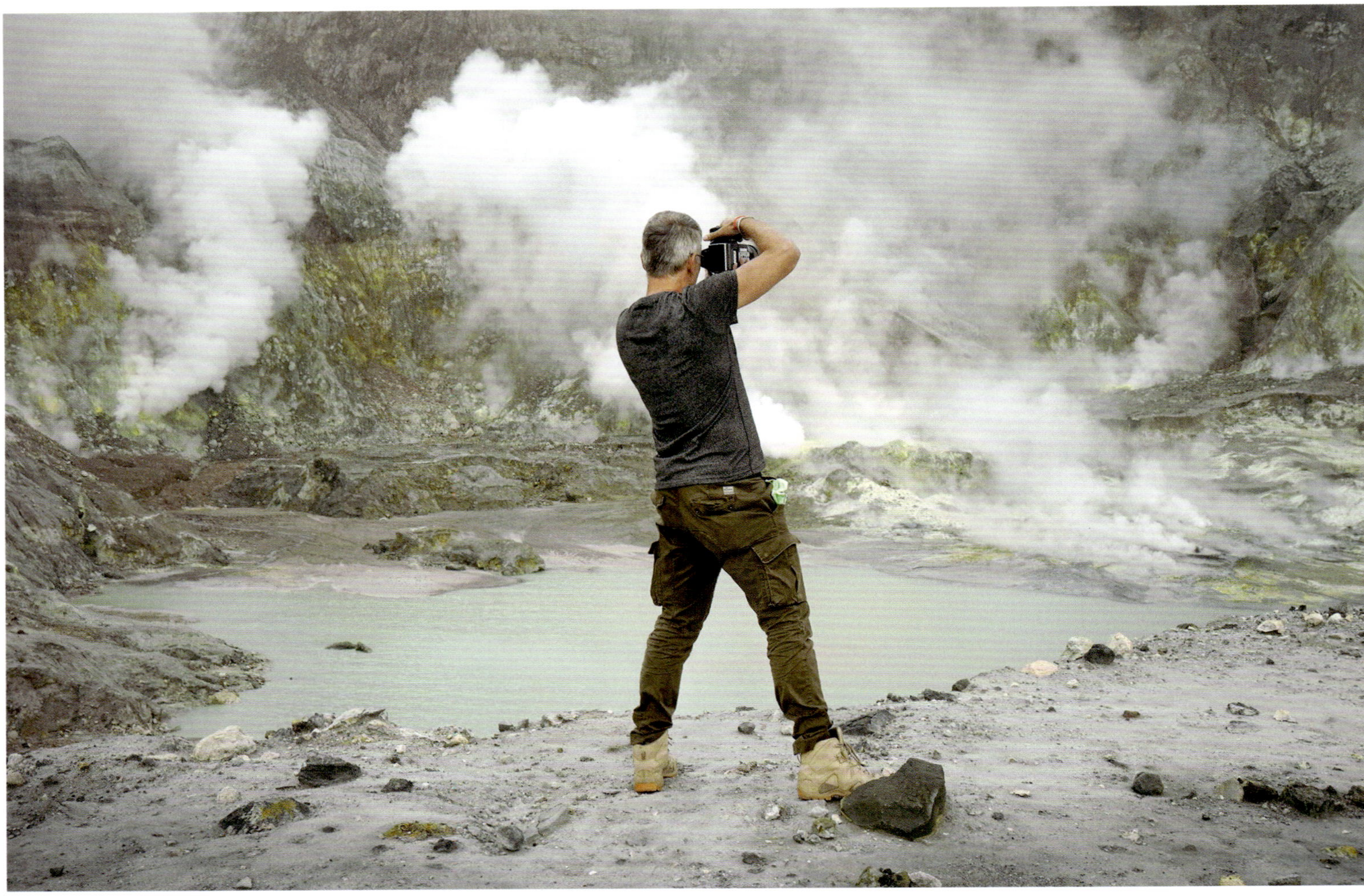

Whakaari Vulkan, Neuseeland/Whakaari volcano, New Zealand

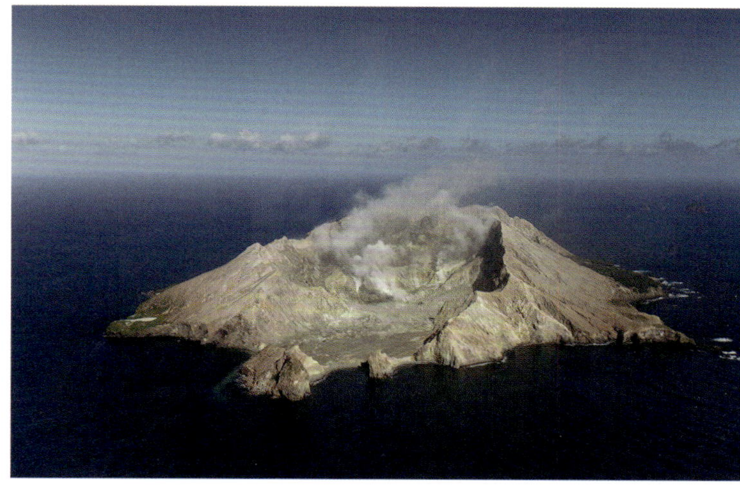

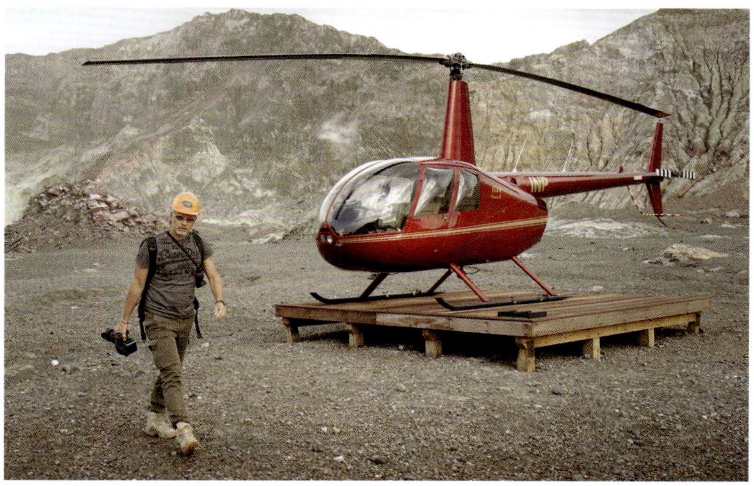

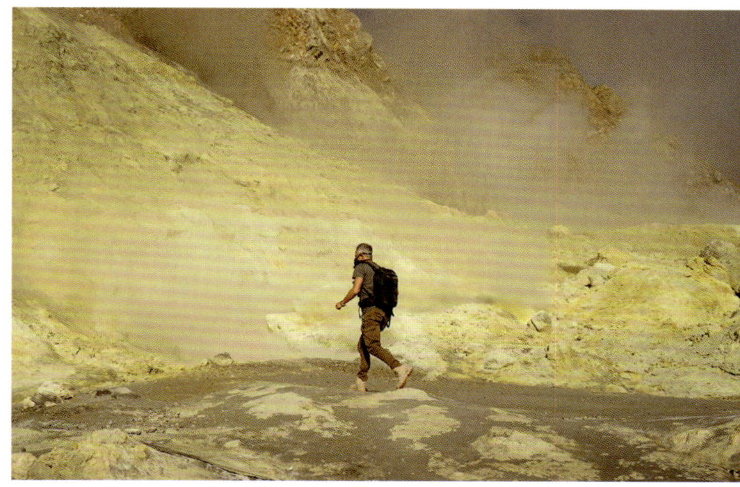

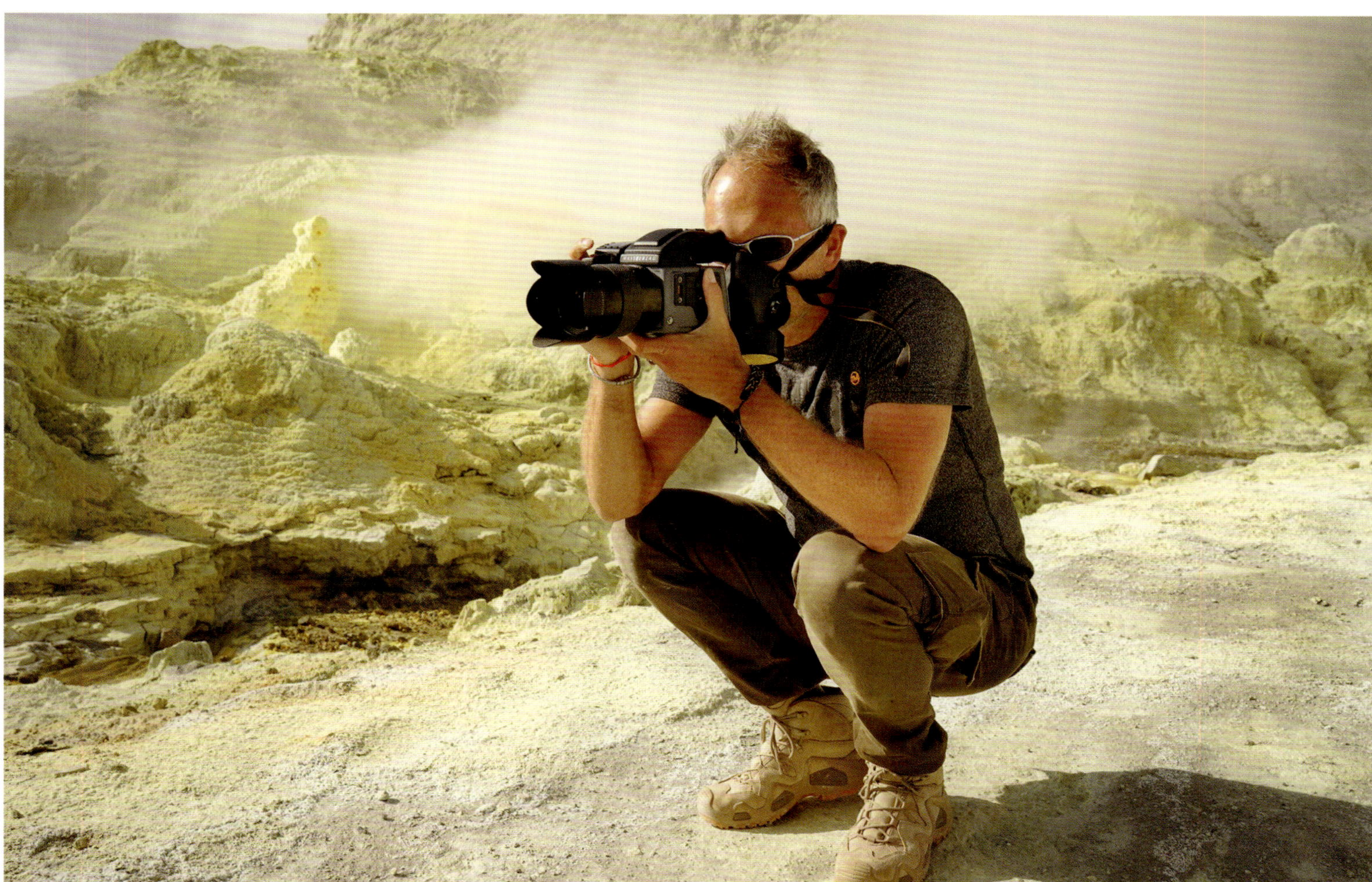

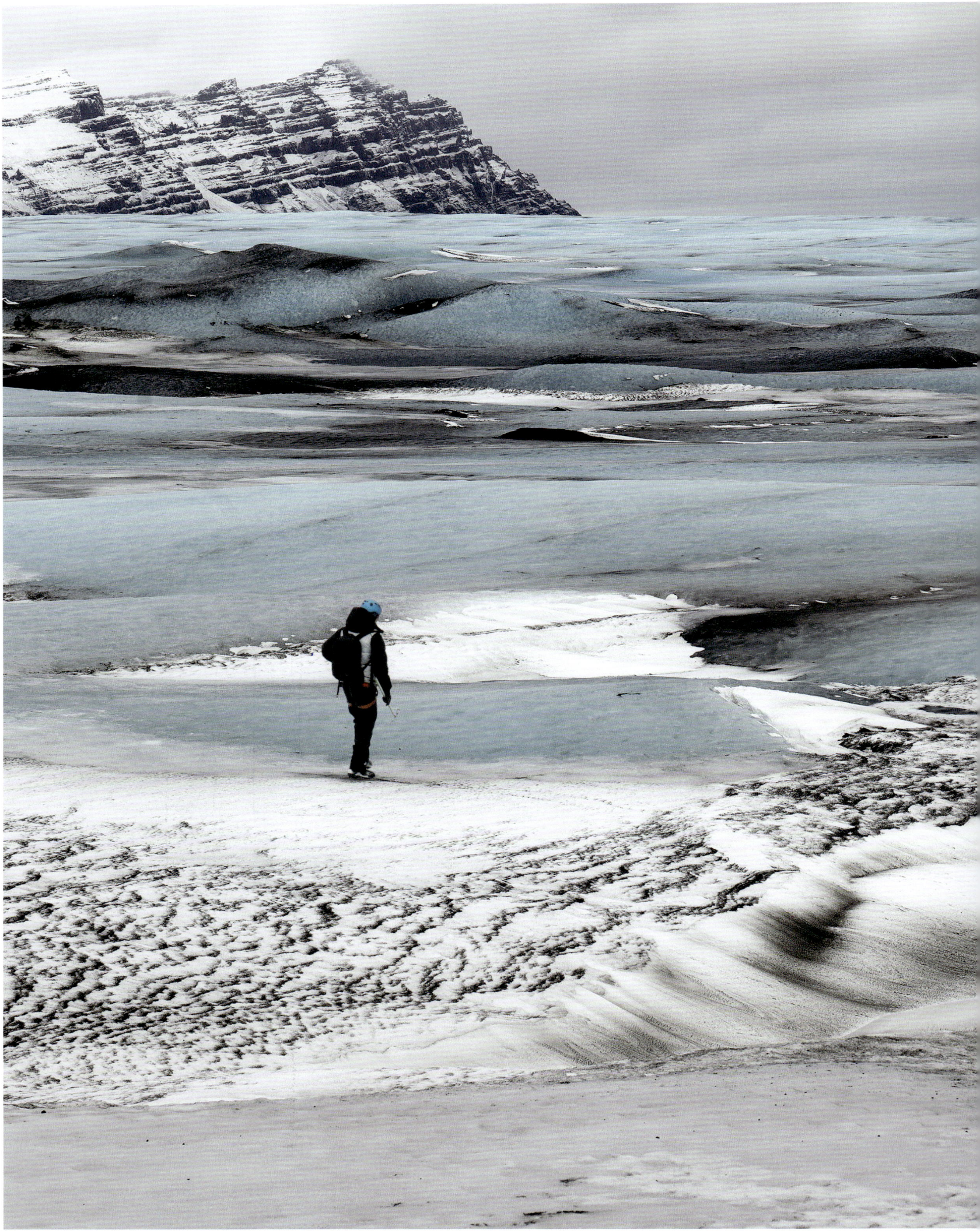

Breiðamerkurjökull Gletscher, Island/Breiðamerkurjökull glacier, Iceland

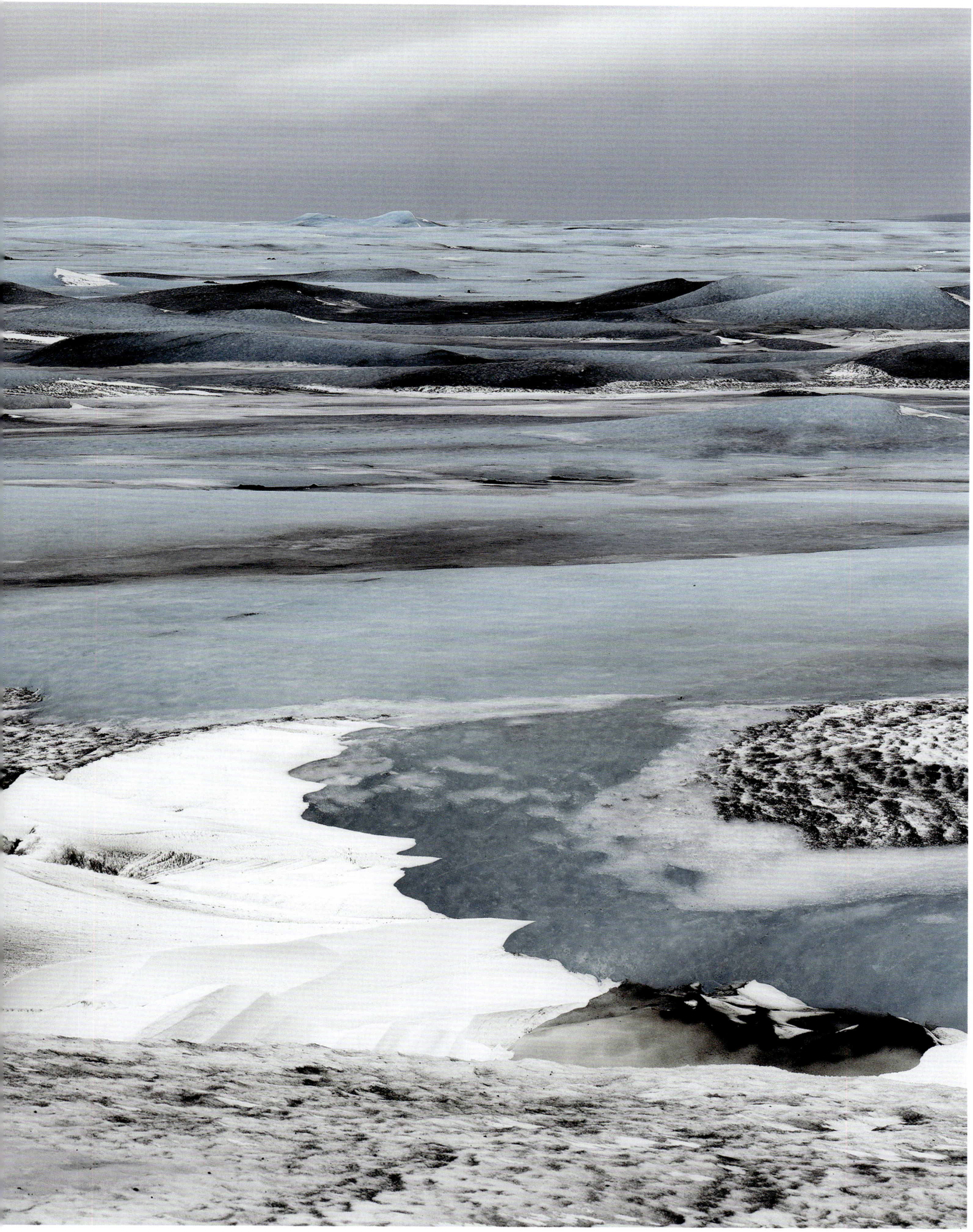

Breiðamerkurjökull Gletscher, Island/Breiðamerkurjökull glacier, Iceland

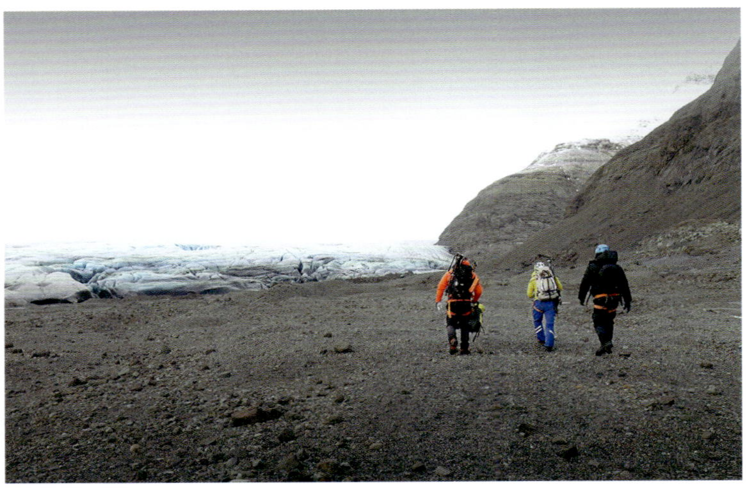

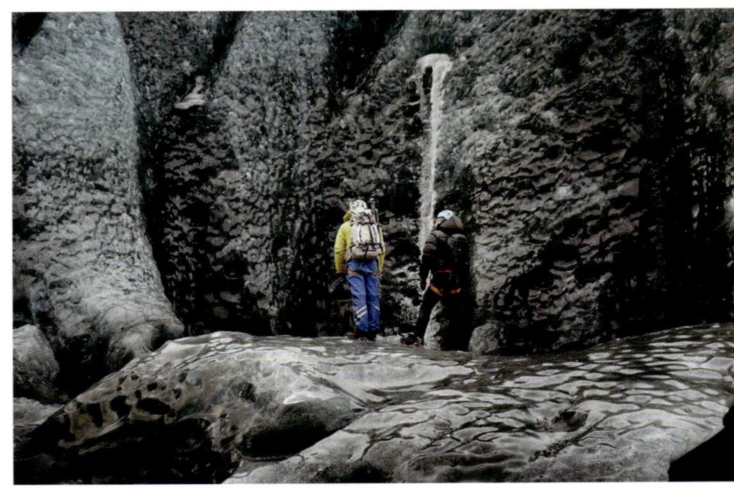

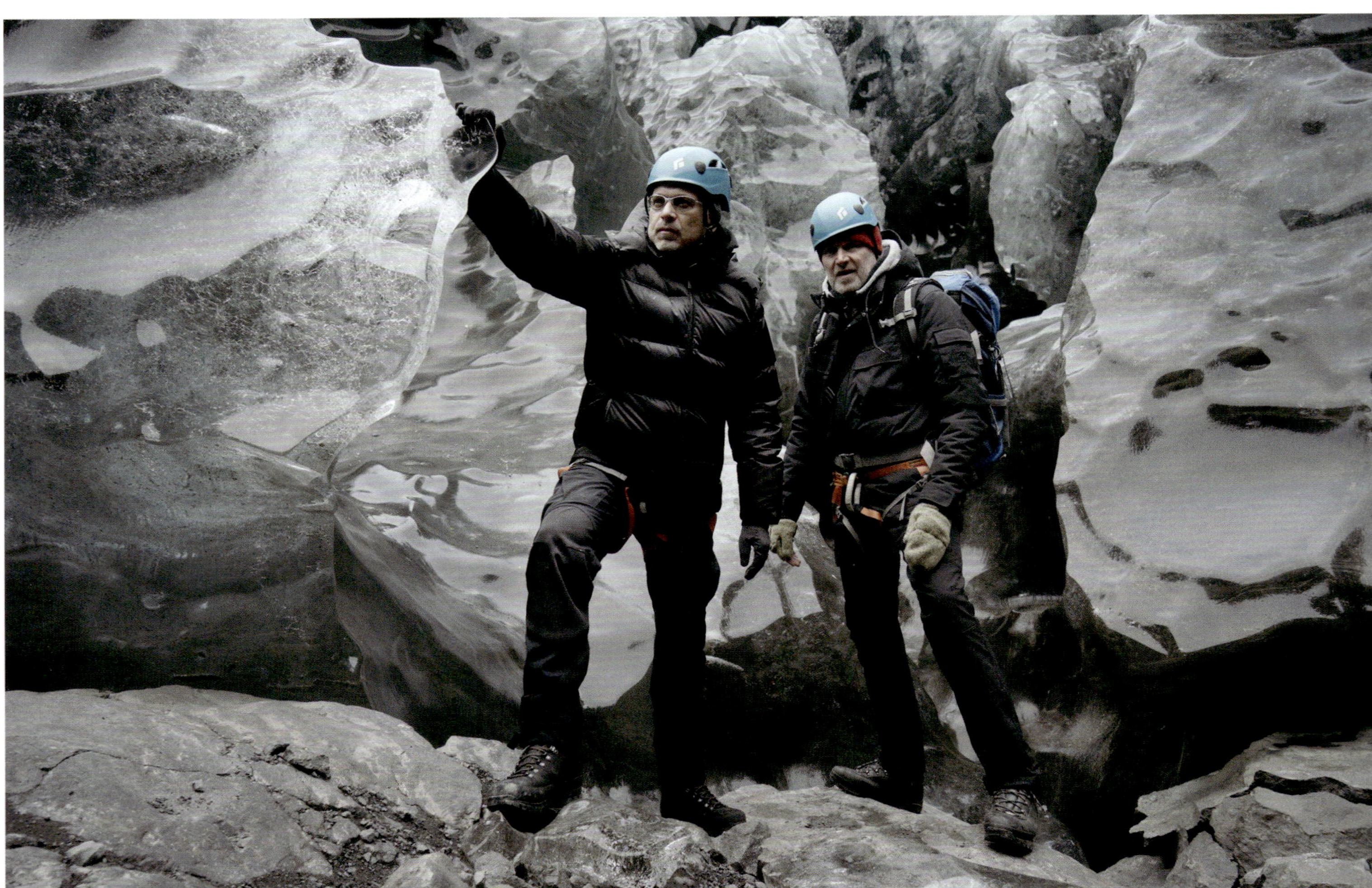

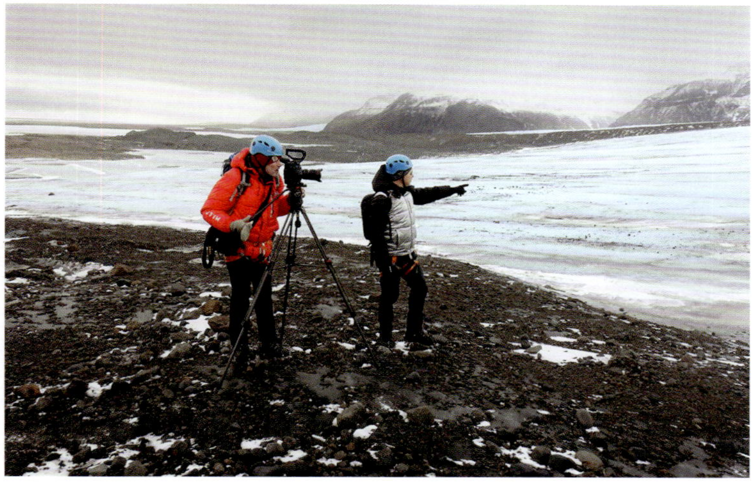
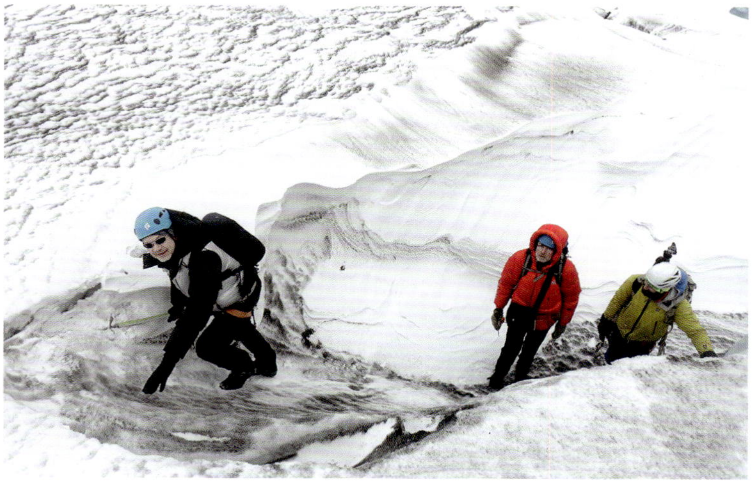
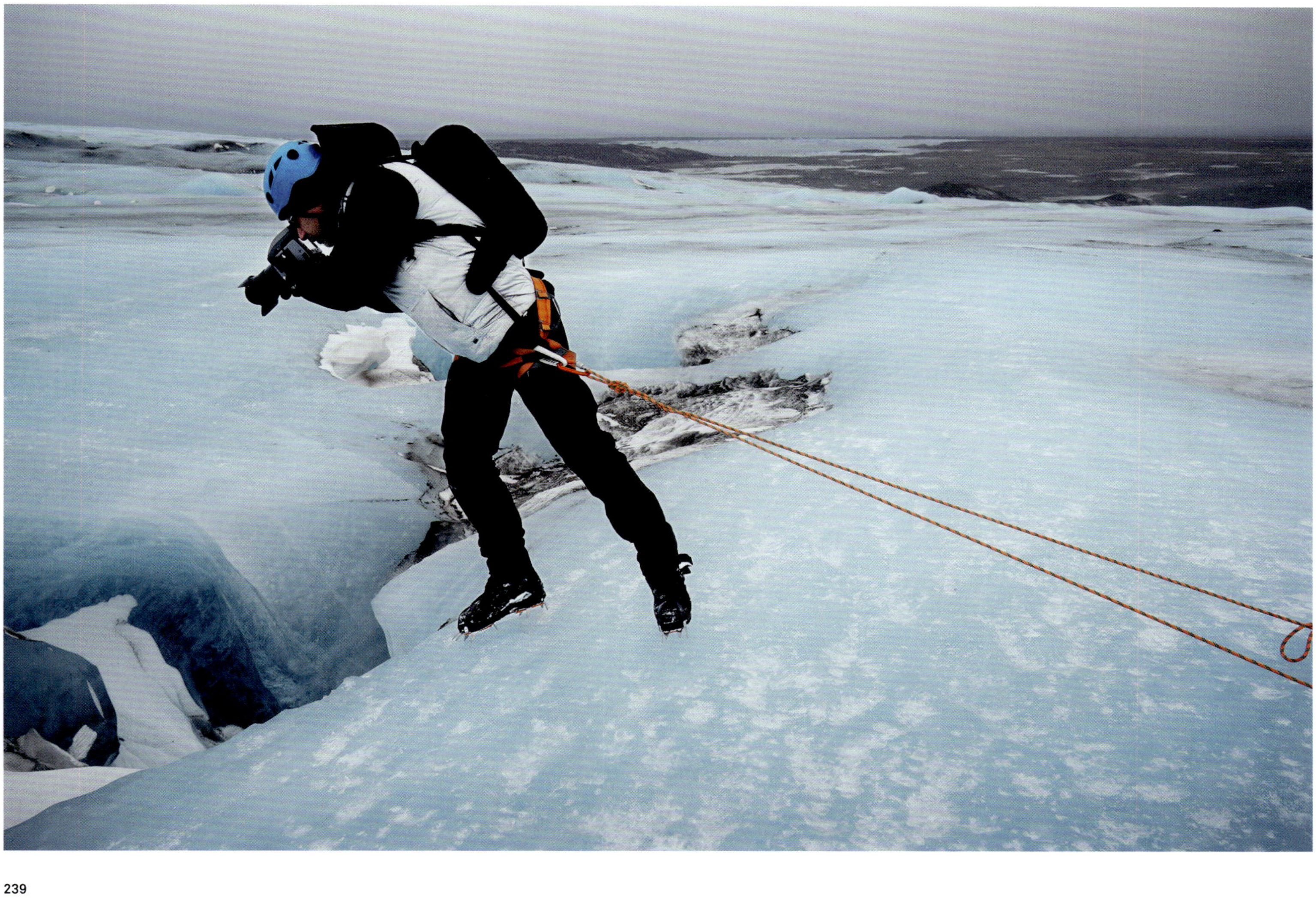

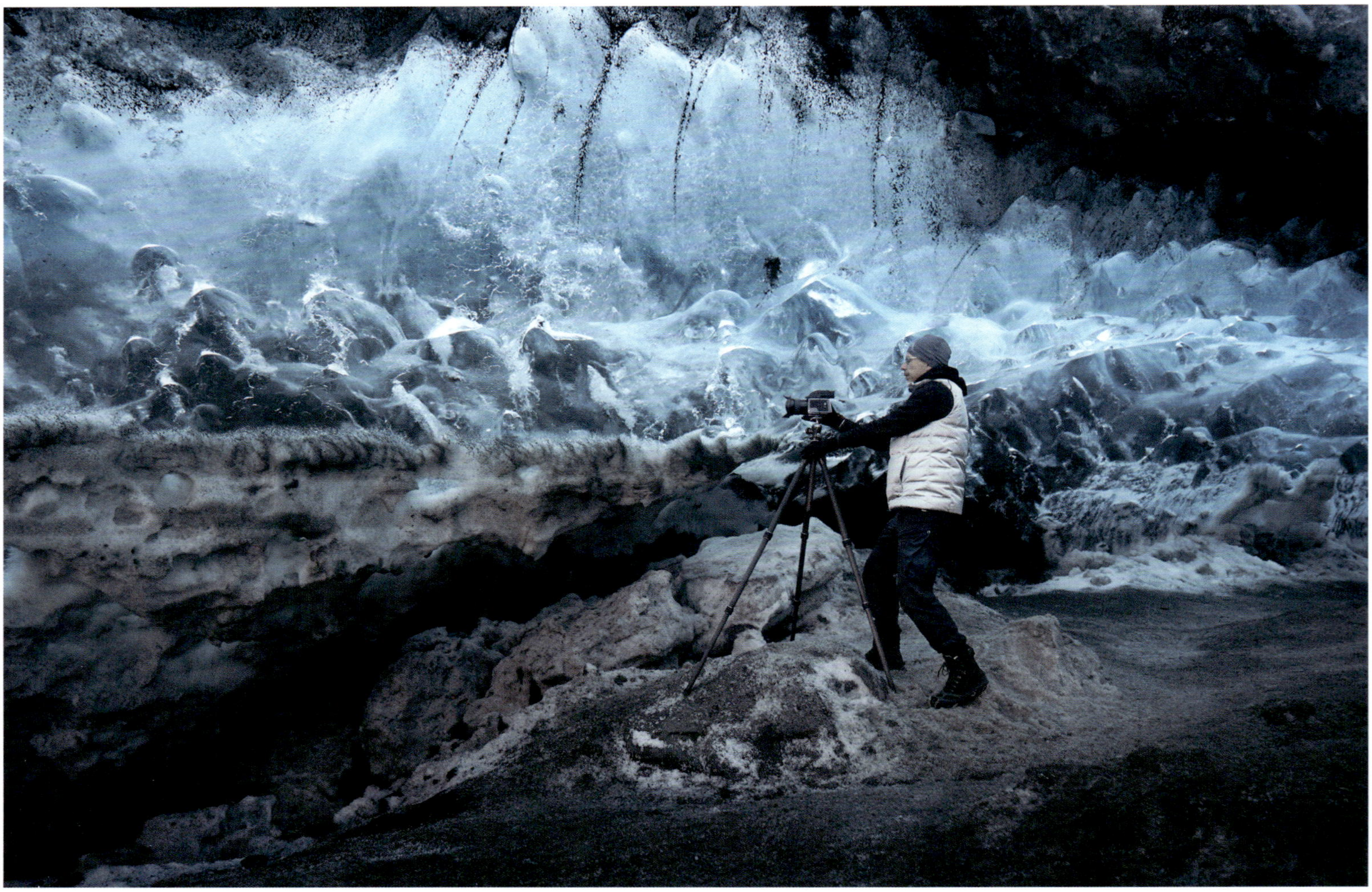

Breiðamerkurjökull Gletscher, Island/Breiðamerkurjökull glacier, Iceland

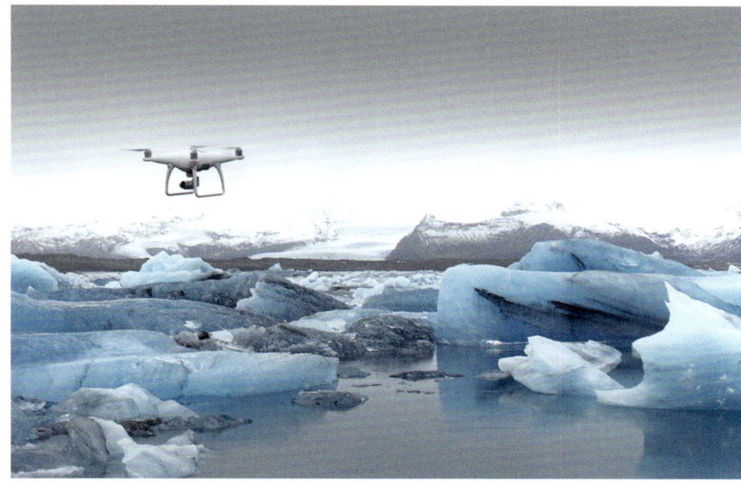

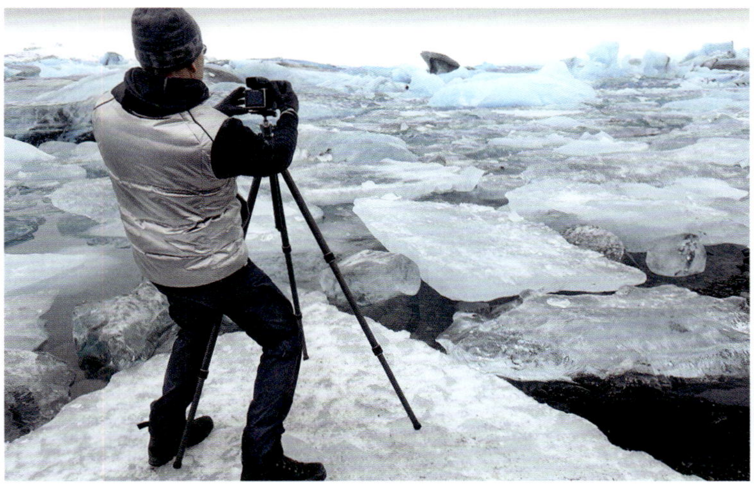

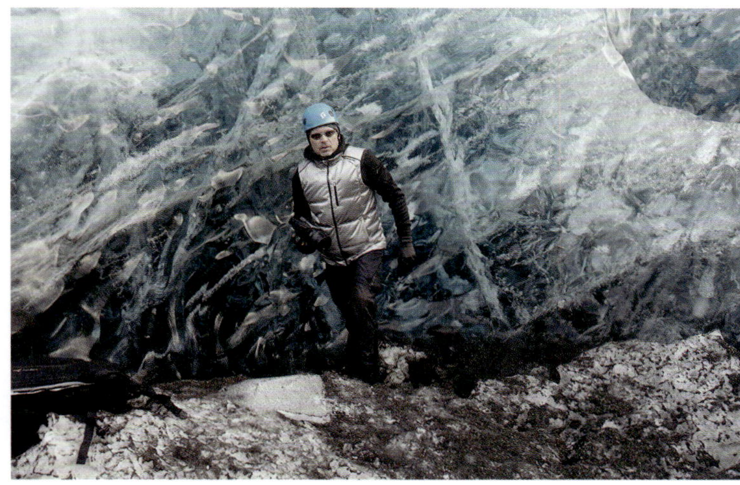

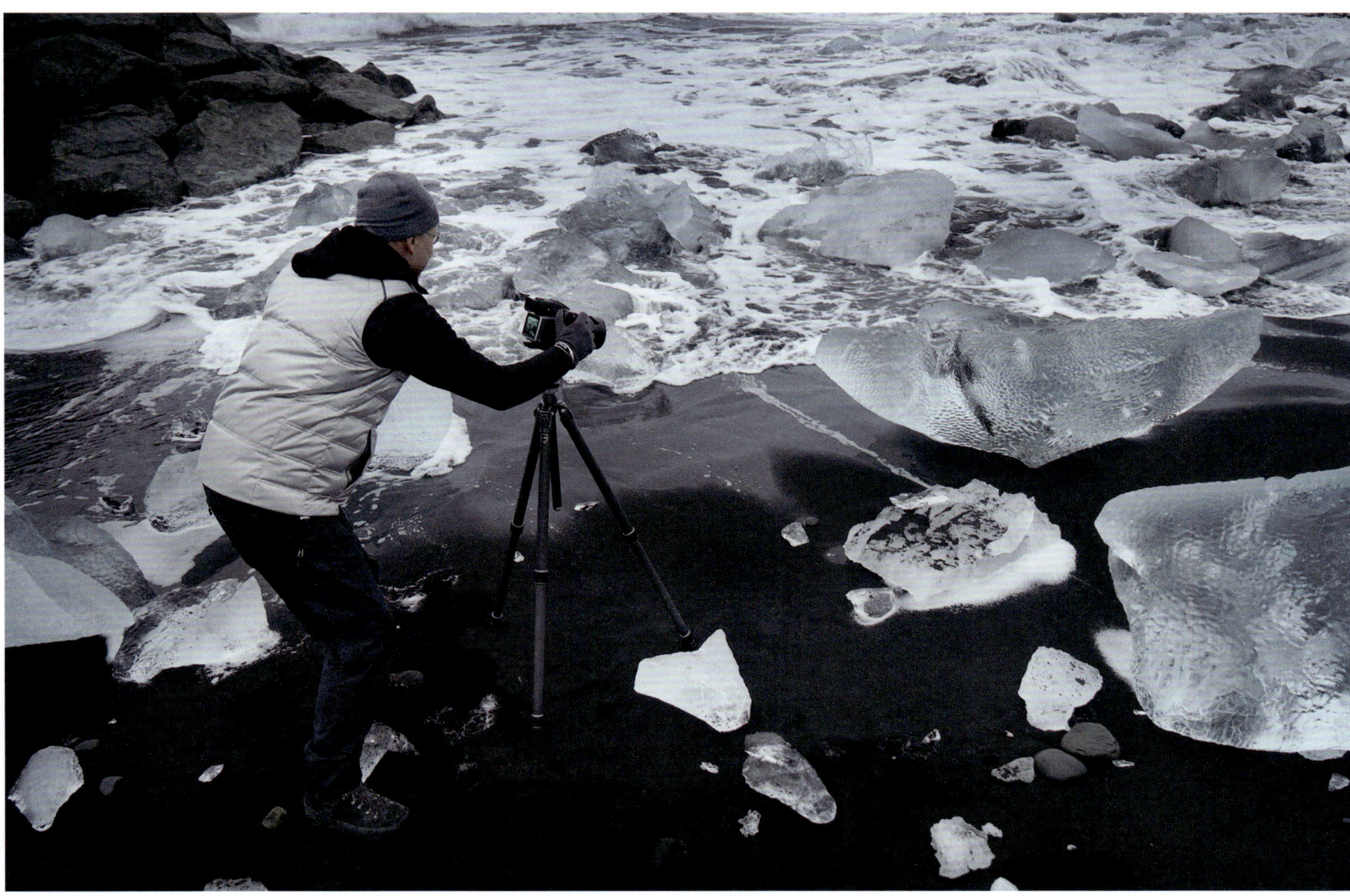

Gletscherlagune Jökulsárlón, Island/Glacier lagoon Jökulsárlón, Iceland

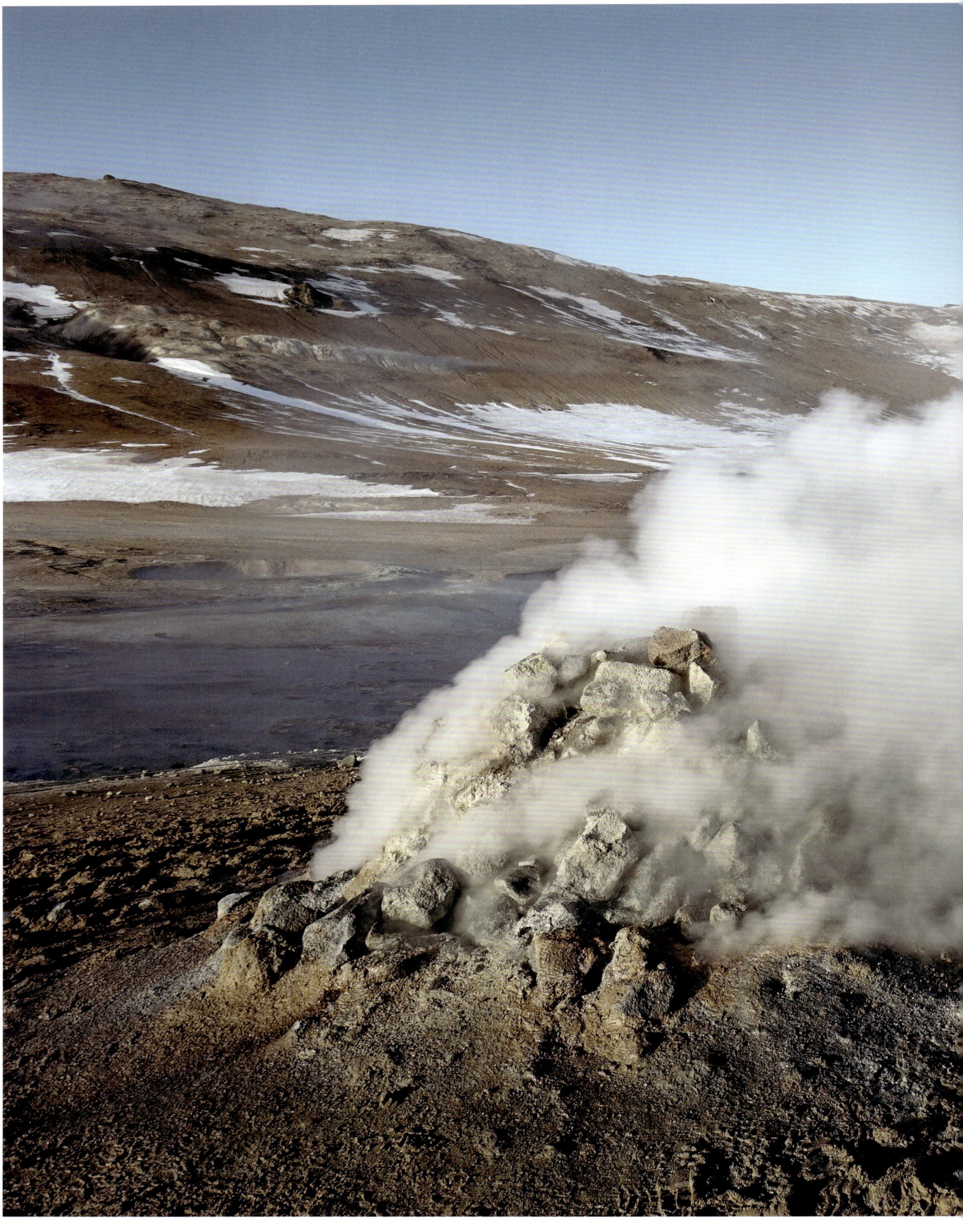

Geothermalgebiet Námaskarð, Island/Geothermal area Námaskarð, Iceland

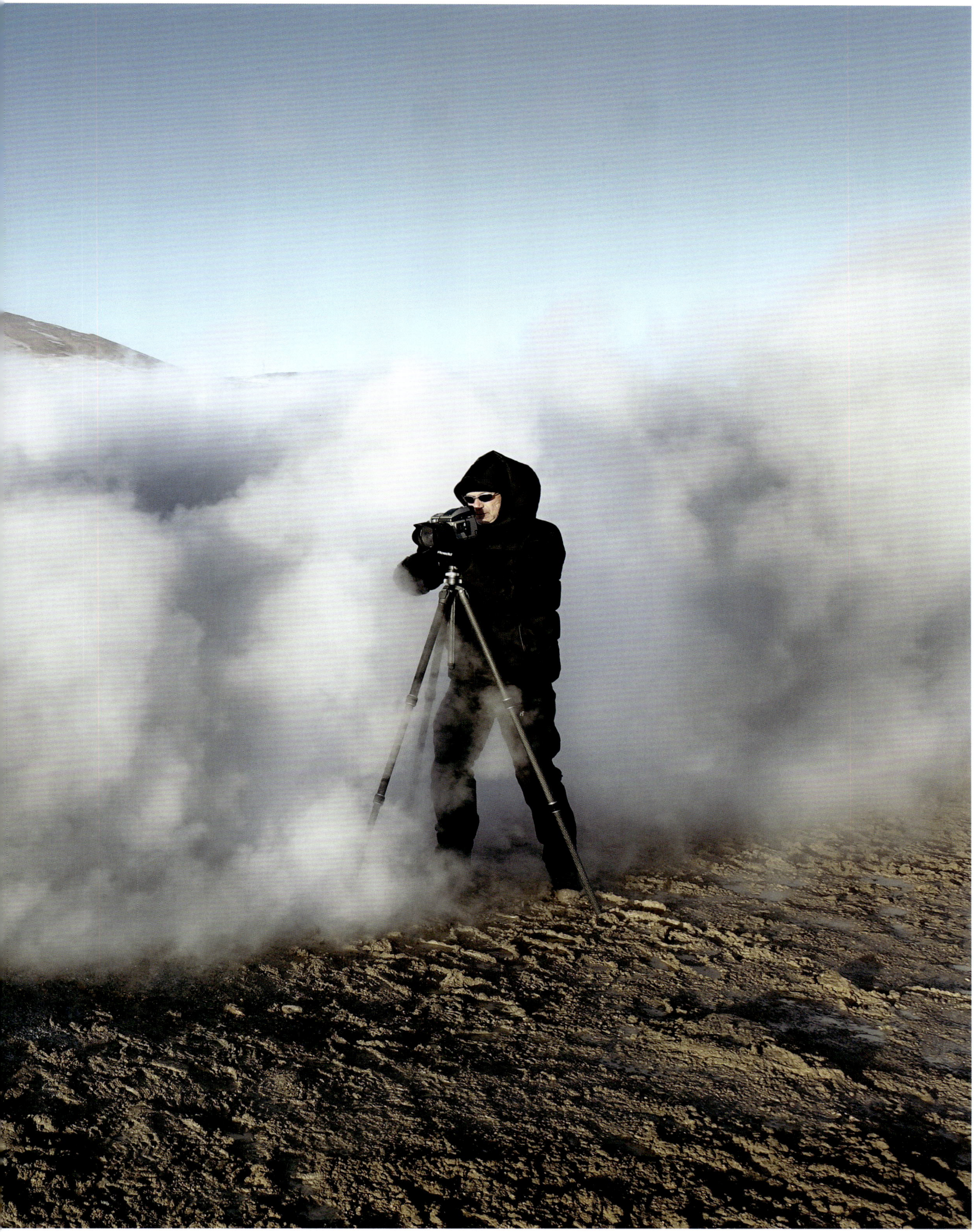

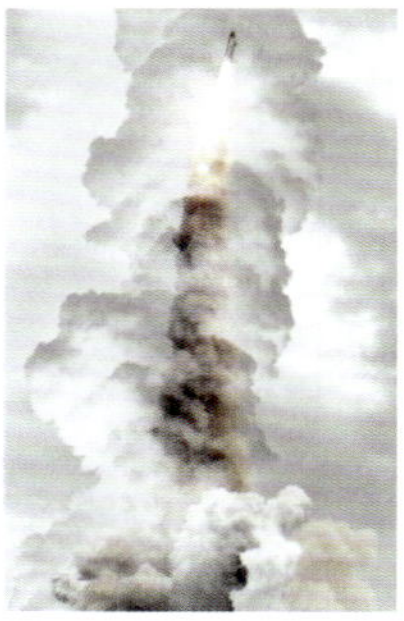

final mission (2011)

202 × 132 cm (79.5 × 51.7 inches)
102 × 67 cm (40.2 × 26.4 inches)
Pigmentprint/pigment print, Diasec/diasec,
Aluminiumrahmen/aluminium frame

„final mission“ zeigt den allerletzten Start eines US-amerikanischen Space Shuttles. Atlantis STS-135 war der 135. und letzte Flug des amerikanischen Space Shuttle-Programms. Mit dem Start am 8. Juli 2011 markiert diese finale Reise das letzte Kapitel der dreißigjährigen Raumfahrt-Geschichte der NASA und gleichzeitig den Beginn einer neuen Ära von kommerziellem Tourismus ins All. Dieses historische Ereignis wurde von Michael Najjar vor Ort in Cape Canaveral fotografiert. Die Arbeit vereint drei Phasen des gewaltigen Abhebens und visualisiert die unglaubliche Energie, die benötigt wird, um das Raumschiff, seine Crew und seine Fracht über die Erdanziehungskraft hinaus zu befördern. „final mission“ ist die erste Arbeit von Michael Najjars Serie „outer space“.

"final mission" shows the very last launch of a US space shuttle. Atlantis STS-135 was the 135th and final mission of the American Space Shuttle Program. Launched on July 8, 2011, this ultimate voyage marks the last chapter in NASA's thirty-year history of space flight while simultaneously opening up a new era of commercial space travel. This historical event was photographed by Michael Najjar on location at Cape Canaveral. The artwork combines three phases of the thunderous liftoff and captures the incredible energy needed to boost the vehicle and its crew and cargo beyond Earth's gravity. "final mission" is the opening work in Michael Najjar's "outer space" series.

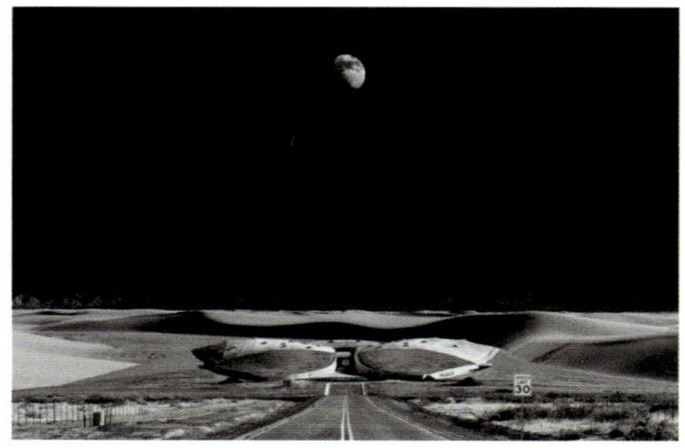

spaceport (2012)

132 × 202 cm (51.7 × 79.5 inches)
67 × 102 cm (26.4 × 40.2 inches)
Pigmentprint/pigment print, Diasec/diasec,
Aluminiumrahmen/aluminium frame

„spaceport“ zeigt den ersten privaten Raumflughafen der Erde, Spaceport America, in der Wüste von New Mexico, westlich der White Sands Missile Range. Der futuristische Bau wurde von dem weltbekannten Architekten Lord Norman Foster entworfen. Er wird das Drehkreuz für kommerzielle Weltraumreisen der Zukunft sein, die von Virgin Galactic und anderen privaten Raumfahrtunternehmen durchgeführt werden. Mit der Verwendung von heimischen Materialien und regionalen Konstruktionstechniken ist Spaceport America zukunftsweisend und ökologisch nachhaltig zugleich. Die geschwungene Form des Gebäudes versucht die Dramatik und das Geheimnisvolle des Raumflugs an sich zu verkörpern. In „spaceport“ sind die Szenerien von Tag und Nacht miteinander verschmolzen und verdeutlichen die Hauptidee Fosters, die Sichtbarkeit des Gebäudes zu reduzieren, indem Architektur und Natur zusammengeführt werden.

"spaceport" shows the first private space hub on the planet, Spaceport America, located in the New Mexican desert west of the White Sands missile range. This futuristic building was designed by the world famous architect Lord Norman Foster. It will be the hub for future commercial space travel operated by Virgin Galactic and other private space companies. Using local materials and regional construction techniques, Spaceport America is both sustainable and sensitive to its surroundings. The sinuous shape of the building seeks to embody the drama and mystery of space flight itself. The artwork is a fusion of daytime and nighttime scenery and enforces Foster's lead idea of reducing the visibility of the building by merging architectural structure and the natural environment.

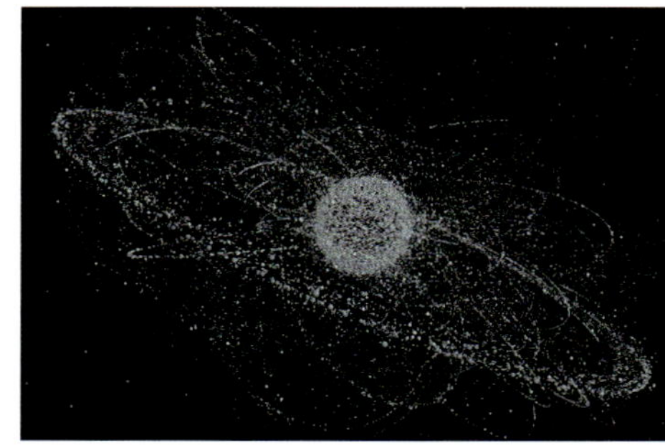

space debris I (2012)

132 × 202 cm (51.7 × 79.5 inches)
67 × 102 cm (26.4 × 40.2 inches)
Pigmentprint/pigment print, Diasec/diasec,
Aluminiumrahmen/aluminium frame

„space debris I“ macht die Population defekter Objekte sichtbar, die sich zurzeit in verschiedenen Orbits rund um die Erde befinden. Dazu gehören nicht nur verbrauchte Raketenstufen und tote Satelliten, sondern sogar Nuklearreaktoren. Es gibt mittlerweile rund 600.000 Gegenstände mit einem Durchmesser von 1 bis 10 cm und etwa 21.000 Gegenstände, die größer als 10 cm sind und die die Erde mit einer Geschwindigkeit von ca. 28.000 km/h umrunden. Sie alle stellen eine ernsthafte Gefahr für Satelliten, Raumstationen und operative Raumflüge dar. Basierend auf einer umfassenden Datenbank, repräsentiert jedes Kügelchen ein reales Objekt, das im Orbit kreist. Die Visualisierung wurde in Zusammenarbeit mit dem Institut für Luft- und Raumfahrtsysteme/TU Braunschweig realisiert, der weltweit führenden Behörde für den Nachweis von Weltraumschrott.

"space debris I" visualizes the population of defunct objects now in several orbits around Earth, which includes everything from spent rocket stages and dead satellites through to even nuclear reactors. There are now some 600,000 objects from 1 to 10 cm in diameter and some 21,000 objects larger than 10 cm orbiting the Earth at speeds of approximately 28,000 kmph. These all pose a serious threat to satellites, space stations, and operational space flights. Drawn from a data archive, each spherule in the picture represents a real object orbiting in space. The visualization was realized in collaboration with the Institute of Aerospace Systems/TU Braunschweig, Germany, the world's leading authority on the tracking of space debris.

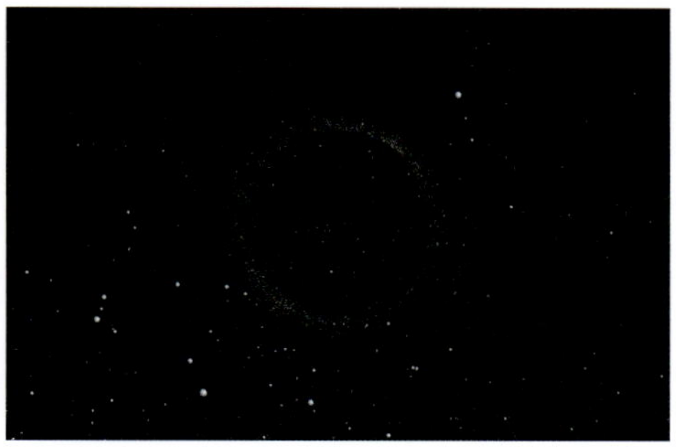

space debris II (2012)

132 × 202 cm (51.7 × 79.5 inches)
67 × 102 cm (26.4 × 40.2 inches)
Pigmentprint/pigment print, Diasec/diasec,
Aluminiumrahmen/aluminium frame

„space debris II" zeigt die Anhäufung von Weltraumschrott im Orbit rund um die Erde, der aus Explosionen und Kollisionen stammt. 2007 schoss China eine Anti-Satelliten-Rakete in den Weltraum, die einen defekten, im All kreisenden Wettersatelliten mit einem Gewicht von 750 kg zerstörte. Trümmer der Explosion kollidierten mit anderen Objekten, was zur Verdoppelung der Schrottteile im Orbit führte. Ein weiterer kritischer Faktor ist, dass der restliche Treibstoff in abgestoßenen Raketenstufen und aufgegebenen Satelliten diese oft zum Explodieren bringt. Die Gegenstände umrunden die Erde mit einer Geschwindigkeit von ca. 28.000 km/h und stellen eine ernsthafte Gefahr für Satelliten, Raumstationen und operative Raumflüge dar. Jedes Kügelchen repräsentiert ein reales Objekt, das im Orbit kreist. Die Visualisierung wurde in Zusammenarbeit mit dem Institut für Luft- und Raumfahrtsysteme/TU Braunschweig realisiert, der weltweit führenden Behörde für den Nachweis von Weltraumschrott.

"space debris II" visualizes the population of waste objects resulting from explosions and collisions that is now in orbit around Earth. In 2007 China launched an anti-satellite missile, which destroyed a defunct weather satellite of a mass of 750 kg orbiting in space. Fragments from the explosion collided with other objects, resulting in a doubling of the amount of space debris then in orbit. A further critical factor is that residual propellant in spent rocket stages and derelict satellites frequently causes them to explode. These objects are orbiting at a speed of approximately 28,000 kmph and pose a serious threat to satellites, space stations, and operational space flights. Each spherule in the picture represents a real object orbiting in space. The visualization was realized in collaboration with the Institute of Aerospace Systems/TU Braunschweig, Germany, the world's leading authority on the tracking of space debris.

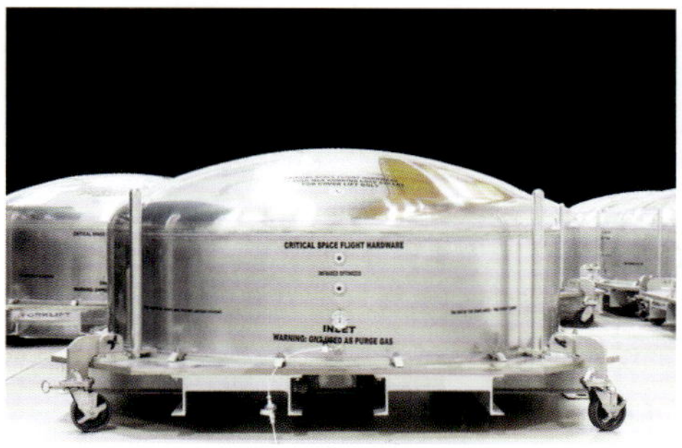

golden eye I (2012)

132 × 202 cm (51.7 × 79.5 inches)
67 × 102 cm (26.4 × 40.2 inches)
Pigmentprint/pigment print, Diasec/diasec,
Aluminiumrahmen/aluminium frame

„golden eye I" zeigt verschiedene Aluminiumbehälter, die alle Elemente des größten Weltraumteleskops enthalten, das die Menschheit jemals konstruiert hat. Im Bau befindlich, soll das James Webb Space Telescope (JWST) im Jahr 2018 das berühmte Hubble Space Telescope ersetzen. Die 18 hexagonalen Spiegel des Teleskops haben jeweils einen Durchmesser von 6,50 m und sind mit Gold beschichtete Beryllium-Reflektoren. Die wissenschaftliche Mission von JWST hat vier vorrangige Aufgaben: nach Licht von den ersten Sternen und Galaxien, die sich im Universum nach dem Urknall gebildet haben, zu suchen; die Zusammensetzung und Entwicklung von Galaxien zu erforschen; das Zustandekommen von Sternen und Planetensystemen zu begreifen sowie die Planetensysteme und die Entstehung des Lebens zu erkunden.

"golden eye I" shows various aluminum containers each carrying segments of the largest space-based telescope humankind has ever built. Now under construction, the James Webb Space Telescope (JWST) is intended to replace the famous Hubble Space Telescope in 2018. The eighteen hexagonal mirrors of the telescope each have a diameter of 6.5 m and are gold coated beryllium reflectors. The JWST's primary scientific mission has four main components: to search for light from the first stars and galaxies that formed in the universe after the Big Bang; to study the formation and evolution of galaxies; to understand the formation of stars and planetary systems; and to study planetary systems and the origins of life.

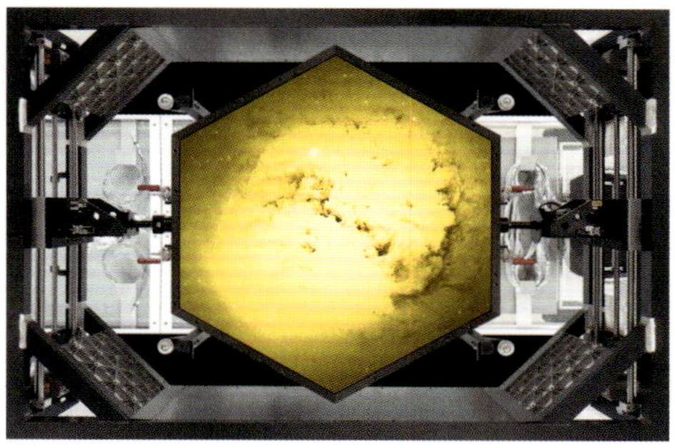

golden eye II (2012)

132 × 202 cm (51.7 × 79.5 inches)
67 × 102 cm (26.4 × 40.2 inches)
Pigmentprint/pigment print, Diasec/diasec,
Aluminiumrahmen/aluminium frame

„golden eye II" zeigt eines der goldenen Spiegelsegmente des James Webb Space Telescope (JWST). Dieses Teleskop der nächsten Generation soll 2018 als Ersatz für das bekannte Hubble Space Telescope ins Weltall transportiert werden. JWST wird eine nie dagewesene Auflösung und Empfindlichkeit von sichtbarem langwelligen Licht bis zu mittleren Infrarotwellenlängen haben. Seine vorrangige wissenschaftliche Mission ist, nach Licht von den ersten Sternen und Galaxien zu suchen, die nach dem Urknall das Universum gebildet haben. Der Hauptspiegel des Teleskops ist ein mit Gold beschichteter Beryllium-Reflektor von 6,50 m Durchmesser und einer Sammelfläche von 25 m². Der Spiegel besteht aus 18 sechseckigen Elementen und wird sich im All auseinanderfalten. Die Daten, die dieser goldene Spiegel in einem Orbit hinter dem Mond sammelt, werden das Verständnis der Menschheit von der Entstehung des Universums und dem Ursprung des Lebens grundlegend verändern.

"golden eye II" shows one of the golden mirror segments of the James Webb Space Telescope (JWST). This next generation telescope is scheduled to be launched into space in 2018 as a replacement of the famous Hubble Space Telescope. JWST will have unprecedented resolution and sensitivity from the long wavelength visible to the mid-infrared range. Its primary scientific mission is to search for light from the first stars and galaxies that formed in the universe after the Big Bang. The telescope's primary mirror is a beryllium reflector with a diameter of 6.5 m and a collecting area of 25 m². The mirror is composed of eighteen hexagonal segments, which will unfold after the telescope is launched into space. The data collected by this golden mirror in orbit behind the Moon will change humanity's understanding of the formation of the universe and the origins of life.

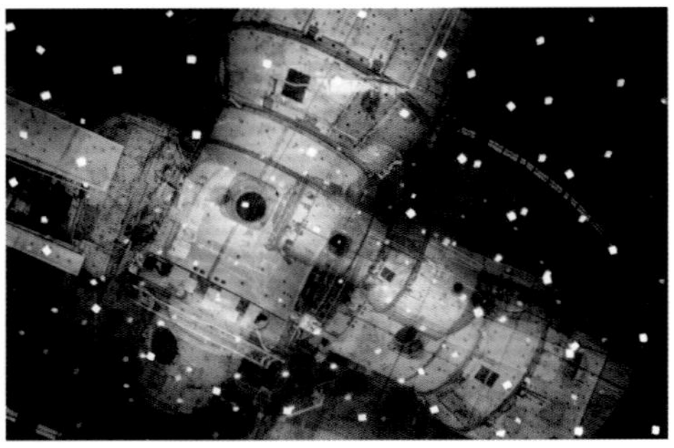

orbital debris_2020 (2013)

132 × 202 cm (51.7 × 79.5 inches)
67 × 102 cm (26.4 × 40.2 inches)
Pigmentprint/pigment print, Diasec/diasec,
Aluminiumrahmen/aluminium frame

„orbital debris_2020“ zeigt ein Modell des russischen Moduls der International Space Station (ISS), der am weitesten entfernten Orbitalstation der Menschheit im Maßstab 1:1. Das Modell befindet sich 12 m unter der Wasseroberfläche in einem gigantischen Hydrolab und wird von den russischen Kosmonauten für das Training von Außenbordeinsätzen genutzt. Die ISS soll 2020 stillgelegt werden, dann wird sie selbst ein Stück Weltraumschrott sein. Allerdings wird sie wohl nicht für immer im Weltraum bleiben, sondern irgendwann in den Ozean, ihr Unterwassergrab, stürzen. Das Werk zeigt einen senkrechten Blick auf das russische ISS-Modul aus 10 m Höhe über der Wasseroberfläche. Visuell ähnlich wie „space debris I“, spielt die Arbeit auf die duale Beziehung von Realität und Simulation an, die für die Raumfahrt von fundamentaler Bedeutung ist.

“orbital debris_2020” shows a full scale mock-up of the Russian module of the International Space Station (ISS), humankind’s most distant orbital outpost. The mock-up is housed 12 m below the surface in a gigantic hydrolab and is used by Russian cosmonauts for extravehicular activity training (EVA). The station is scheduled to be decommissioned in 2020, at which time it will itself become another piece of orbital debris. However, it will probably not remain in space for ever but at some point plunge into the ocean to a watery grave. The artwork shows a vertical view of the Russian ISS module from 10 m above the surface. Visually linked to “space debris I,” the work refers to the dual relationship of reality and simulation which is a fundamental principle in space travel.

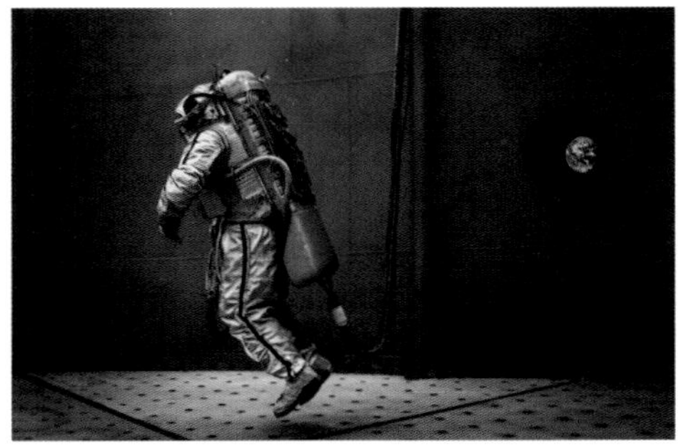

liquid gravity (2013)

132 × 202 cm (51.7 × 79.5 inches)
67 × 102 cm (26.4 × 40.2 inches)
Pigmentprint/pigment print, Diasec/diasec,
Aluminiumrahmen/aluminium frame

„liquid gravity“ erforscht die Zusammenhänge zwischen Raum, Schwerkraft und menschlichem Körper. Ein Kosmonaut schwebt frei über dem Boden von etwas, das wie ein Industriebau wirkt. Der Blick durch eine Luke auf die Erdkugel verschiebt die Perspektive des Betrachters und stellt die Beziehung zwischen wirklicher Welt und erschaffener Realität in Frage. Die Arbeit bezieht sich auf ein Kosmonautentraining, das Michael Najjar im Dezember 2012 im Juri-Gagarin-Kosmonautentrainingszentrum in Star City in Russland absolvierte. Das Prinzip, Schwerelosigkeit in einem riesigen Wasserbecken zu simulieren, ist als „neutraler Auftrieb“ bekannt und wurde von Buzz Aldrin im Rahmen des Gemini-Projektes entwickelt. Seit damals ist das Hydrolab ein aktiver Bestandteil bei der Ausbildung aller Kosmonauten und Astronauten.

“liquid gravity” explores linkages between space, gravity, and the human body. A cosmonaut levitates above the ground in what seems at first sight to be an industrial environment. Yet the view of the globe of the Earth through a porthole dislocates the viewer’s perspective and questions the relationship between real-world and fabricated reality. The work draws on a cosmonaut training session taken by Michael Najjar in December 2012 at the Yuri Gagarin Cosmonaut Training Center in Star City, Russia. The principle of simulating weightlessness in a huge tank of water is known as “neutral buoyancy” and was first developed by Buzz Aldrin in the Gemini project. Since then the hydrolab has been a vital part of training for all cosmonauts and astronauts.

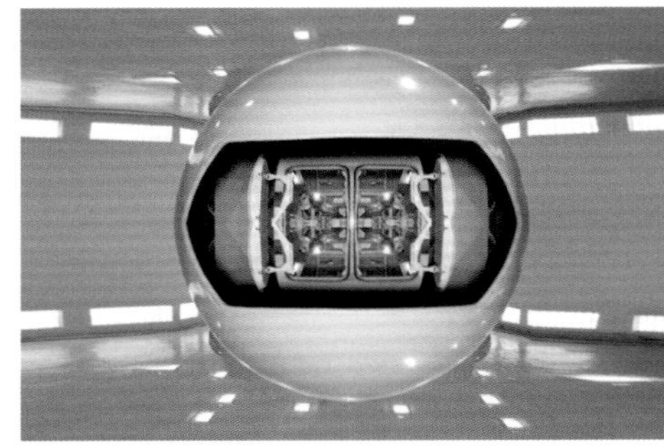

gravitational rotator (2013)

132 × 202 cm (51.7 × 79.5 inches)
67 × 102 cm (26.4 × 40.2 inches)
Pigmentprint/pigment print, Diasec/diasec,
Aluminiumrahmen/aluminium frame

„gravitational rotator“ zeigt die größte Zentrifuge der Welt im Juri-Gagarin-Kosmonautentrainingszentrum in Star City, Russland, genannt die „Mutter“ aller Zentrifugen. Zentrifuge TSF-18 (ihr Radius beträgt 18 m) wird seit 1980 für die Auswahl und das Training von Kosmonauten eingesetzt. Sie simuliert realistisch die Stressfaktoren eines Weltraumflugs wie längsgerichtete *g*-Kräfte, physiologische Mikrogravitation, niedrigen Kabineninnendruck sowie unterschiedliche Temperaturen, Luftfeuchtigkeit und die Gaszusammensetzung der Kabinenluft. Sie kann außerdem das bis zu Einunddreißigfache der Erdanziehungskraft simulieren. „gravitational rotator“ zeigt die Eingangstüren der runden Kapsel, wo die Kosmonauten sitzen, wenn sie den *g*-Kräften ausgesetzt sind. Die Arbeit unterstreicht die Wirkung gewaltiger *g*-Kräfte und den Verlust der räumlichen Orientierung.

“gravitational rotator” shows the world’s largest centrifuge at the Yuri Gagarin Cosmonaut Training Center in Star City, Russia, considered the “mother” of all centrifuges. Centrifuge TSF-18 (its radius is 18 m) has been used since 1980 for the selection and training of cosmonauts. It effectively simulates the bad factors of space flight such as longitudinal *g*-load, physiological micro gravity, low cabin pressure, and the different temperatures, humidity, and gas composition of the cabin air. It can generate up to thirty-one times the force of gravity. “gravitational rotator” shows the entry doors of the round capsule where cosmonauts sit for *g*-force exposure. The work underscores the disruptive effects of strong *g*-forces and loss of orientation.

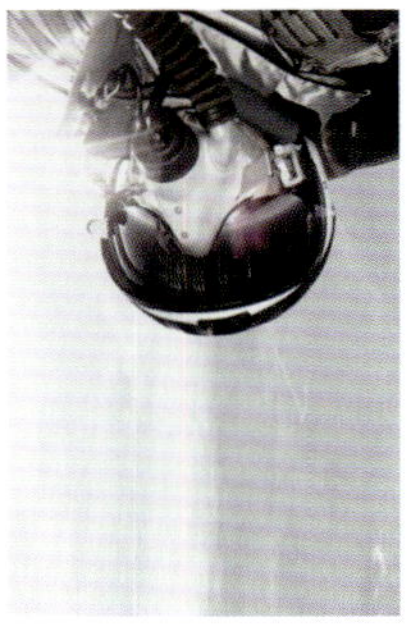

gravitational stress (2013)

202 × 132 cm (79.5 × 51.7 inches)
102 × 67 cm (40.2 × 26.4 inches)
Pigmentprint/pigment print, Diasec/diasec,
Aluminiumrahmen/aluminium frame

„gravitational stress“ entstand während eines Fluges in einem russischen MiG-29-Düsenjäger an die Grenze des Weltalls, der Teil des Kosmonautentrainings von Michael Najjar war. In dem Kampfflugzeug sitzend, wurde der Künstler mit Überschallgeschwindigkeit in eine Höhe von 19.500 m in die Stratosphäre katapultiert. Während der Hochgeschwindigkeits-Flugmanöver war Michael Najjar einer extremen Orientierungslosigkeit und Gravitationskräften bis zu 7 *g* ausgesetzt, die sich massiv auf Körper und Gehirn ausgewirkt haben. Das Kunstwerk evoziert den Verlust der Orientierung, verursacht durch die enorme Beschleunigung und die *g*-Kräfte. Das Bild ist ein Selbstporträt des Künstlers, aufgenommen in 19.500 m, der maximalen Höhe, die auf diesem Flug mit einer Geschwindigkeit von 1.800 km/h erreicht wurde, und zeigt, wie sehr der menschliche Körper in Extremumgebungen von Technolgie abhängig ist.

“gravitational stress” was photographed during an edge-of-space flight in a Russian MiG-29 jetfighter which was part of Michael Najjar’s cosmonaut training. Seated in the jetfighter, the artist was catapulted with supersonic speed into the stratosphere, reaching a height of 19,500 m. During the high-speed flight maneuvers Michael Najjar was exposed to massive disorientation coupled with gravitational stress on body and brain of up to 7 *g*. The artwork evokes the loss of orientation caused by enormous acceleration and crushing *g*-forces. The picture is a self-portrait of the artist taken at 19,500 m at a speed of 1,800 kmph, and illustrates how totally dependent the human body is on technology for survival in such an extreme environment.

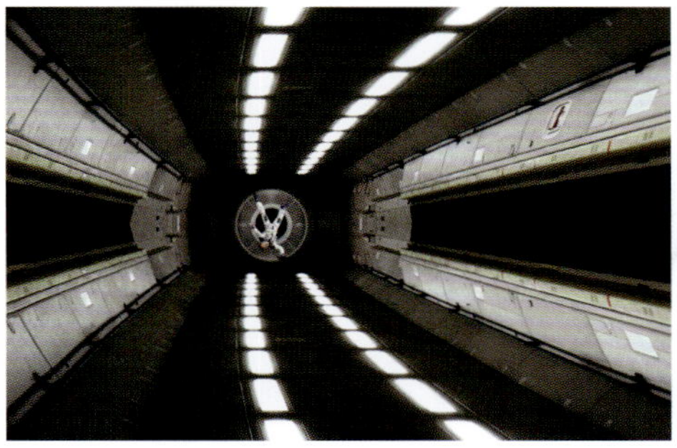

kinetic drift (2014)

132 × 202 cm (51.7 × 79.5 inches)
67 × 102 cm (26.4 × 40.2 inches)
Pigmentprint/pigment print, Diasec/diasec,
Aluminiumrahmen/aluminium frame

„kinetic drift“ untersucht den Prozess von Desorientierung im Raum, die in einer Umgebung mit geringer Erdanziehungskraft auftritt. Die Kommerzialisierung des Weltraums wird von einer größeren Präsenz des Menschen im Orbit abhängen. Aufenthalte in einem Umfeld mit Nullgravitation verursachen Störungen am menschlichen Vestibularsystem, das verantwortlich für den Gleichgewichtssinn und die räumliche Orientierung ist. Ohne einen festen Gravitationsreferenzpunkt erleben Astronauten willkürliche und unerwartete Veränderungen ihres Senkrechtsinns. Perspektiven, die durchaus bekannt sind, wenn sie von einem Punkt aus gesehen werden, sind nicht mehr zu erkennen, wenn sie von einem anderen Rauf-und-runter-Referenzpunkt erblickt werden. Die Arbeit bezieht sich auf einen Zero-G-Flug, den Najjar im Oktober 2013 im Juri-Gagarin-Kosmonautentrainingszentrum in Star City, Russland, unternahm. Der Künstler performt selbst den kinetischen Drift während dieses Parabelfluges in einer russischen Iljuschin IL-76.

“kinetic drift” explores the process of spatial disorientation, which occurs in a microgravity environment. Commercialization of outer space may depend upon an increased human presence in orbit. Sojourns in zero gravity environments cause disruptions of the human vestibular system, which is responsible for our sense of balance and spatial orientation. Deprived of a stable gravitational reference point, astronauts experience arbitrary and unexpected changes in their sense of verticality. Perspectives that are thoroughly familiar when viewed from one point may become unfamiliar when viewed from a different up-down point of reference. The work draws on a Zero-G flight taken by Najjar in October 2013 at the Yuri Gagarin Cosmonaut Training Center in Star City, Russia. The artist himself is performing the kinetic drift during his parabolic flight in a Russian Ilyushin IL-76.

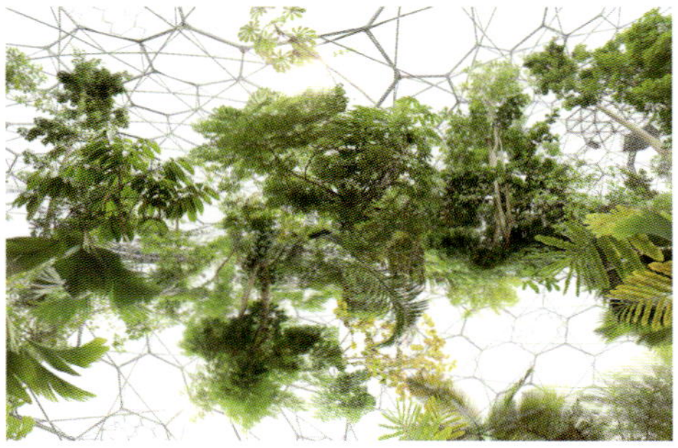

space garden (2013)

132 × 202 cm (51.7 × 79.5 inches)
67 × 102 cm (26.4 × 40.2 inches)
Pigmentprint/pigment print, Diasec/diasec,
Aluminiumrahmen/aluminium frame

„space garden“ visualisiert die Vorstellung von zukünftigen Gewächshäusern im All. Sie basiert auf Fotografien, die im Eden Project, einem Komplex von künstlichen Biomen in Cornwall im Süden von England, gemacht wurden. In dem gigantischen Gewächshaus mit mehreren Domen, das an Buckminster Fullers geodätische Kuppel-Häuser erinnert, wurden über 100.000 Pflanzen aus aller Welt zusammengetragen. „space garden“ erforscht die Idee, ob die Versuche, die im Eden Project gemacht werden, eines Tages dazu beitragen könnten, ein Biom auf einem Raumschiff oder einer Raumstation zu installieren – oder sogar ein autonomes Ökosystem zu kreieren, eine Behausung für Pflanzen auf dem Mond oder auf dem Mars. Es stellt auch die Frage, wie Schwerelosigkeit oder Mikrogravität das Wachstum von Pflanzen beeinflusst. Pflanzen können auch ohne Wurzeln im Boden gedeihen, sie wachsen immer in Richtung Licht.

“space garden” visualizes the idea of future greenhouses in space. It is based on photographs taken at the Eden Project, which is a complex of artificial biomes set in Cornwall in the south of England. The giant multidome greenhouse is related to Buckminster Fuller’s geodesic structures and houses over 100,000 plants collected from all around the world. “space garden” explores the idea of how the experiences made by Eden Project could one day help in installing a biome on a spaceship or a space station – or even in creating an autonomous ecosystem, a habitat for plants on the Moon or on Mars. It also questions how zero or microgravity affects the growth of plants. Plants can grow even when not rooted in soil; they always grow in the direction of the light.

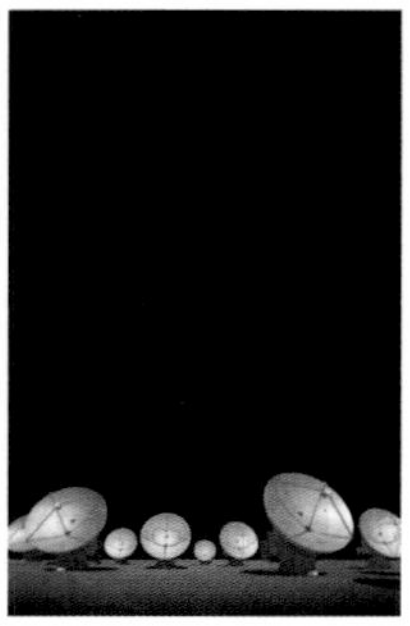

a.l.m.a. (2014)

202 × 132 cm (79.5 × 51.7 inches)
102 × 67 cm (40.2 × 26.4 inches)
Pigmentprint/pigment print, Diasec/diasec,
Aluminiumrahmen/aluminium frame

„a.l.m.a." bildet das größte astronomische Observatorium auf unserem Planeten ab, das Atacama Large Millimeter Array in der Atacama-Wüste in Chile. ALMA ist eine einzigartige Teleskop-Anordnung, bestehend aus 66 Hochpräzisionsantennen, die in der extrem trockenen Luft des Chajnantor-Plateaus in 5.000 m Höhe aufgestellt sind. Eingeweiht im Jahr 2013, soll das Teleskop Erkenntnisse über die Geburt von Sternen im Frühstadium des Universums vermitteln und detaillierte Bilder von lokalen Sternen- und Planetenformationen liefern. Das Werk konzentriert sich auf die äußerste technische Präzision der Antennen und ihre Beziehung zu ihrem Zielgebiet, aus dem die Daten stammen – dem Universum. Ins Universum zu blicken heißt immer auch in unsere Vergangenheit zu schauen. Die ALMA-Antennen transformieren das Unsichtbare und Immaterielle in etwas Fassbares und Substantielles, das uns ein tieferes Verständnis davon geben wird, wer wir sind und woher wir kommen.

"a.l.m.a." pictures the largest astronomical observatory on our planet, the Atacama Large Millimeter/submillimeter Array in the Atacama Desert in Chile. ALMA is a unique telescope array composed of sixty-six high precision antennas located in the extremely dry air of the Chajnantor plateau at an altitude of 5,000 m altitude. Inaugurated in 2013 the telescope is expected to provide insight into the birth of stars in the early universe and detailed imaging of local star and planet formations. The artwork focuses on the extreme technical precision of the antennas and their relationship to the target area from which the data comes – the universe. Looking into the universe always means looking into our past. The ALMA antennas transform what is invisible and immaterial into something tangible and substantial, which will give us a deeper understanding of who we are and where we come from.

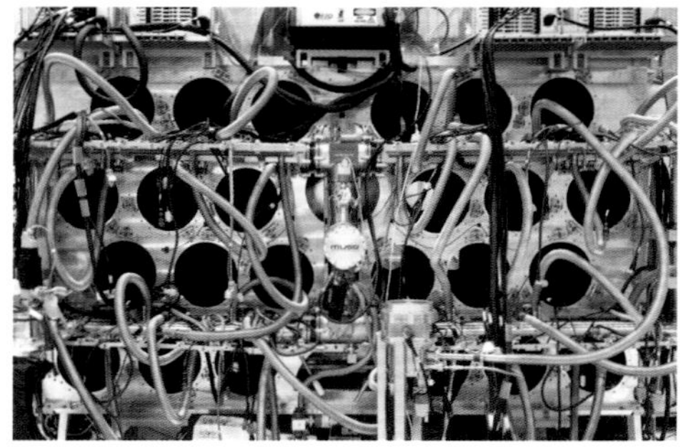

muse (2014)

132 × 202 cm (51.7 × 79.5 inches)
67 × 102 cm (26.4 × 40.2 inches)
Pigmentprint/pigment print, Diasec/diasec,
Aluminiumrahmen/aluminium frame

„muse" zeigt den Multi Unit Spectroscopic Explorer (MUSE), einen innovativen 3D-Spektrografen, der im nah-infraroten Wellenlängenbereich operiert. Es handelt sich um ein Instrument mit außergewöhnlicher Kapazität, mit dem Objekte entdeckt werden sollen, die außerhalb der Reichweite auch der schärfsten heutzutage verfügbaren Bilddatenerfassung liegt. Mit dieser nie dagewesenen Leistungsfähigkeit, das Universum in seiner Ausdehnung und Tiefe zu beobachten, soll MUSE die Astronomie revolutionieren. Es ist in der Lage, seltene Photonen von Galaxien, die sich nach dem Urknall gebildet haben, zu entdecken. Im Januar 2014 wurde die MUSE-Apparatur in das Very Large Telescope (VLT) der European Southern Observatory in Eso Paranal in Chile eingebaut. Die Arbeit zeigt den Spektografen während seines Aufbaus im Reinraum und unterstreicht die enorme Komplexität des Geräts – das Ergebnis von zehn Jahren intensiver Recherche und Entwicklung.

"muse" shows the Multi Unit Spectroscopic Explorer (MUSE), a cutting-edge 3D field spectrograph operating in the near-infrared wavelength range. This is an instrument of extraordinary power built to discover objects that lie beyond the reach of even the deepest imaging surveys available today. With its unequaled capacity to observe the universe in volume and depth, MUSE is expected to revolutionize the field of astronomy. It is designed to detect rare photons of galaxies formed in the wake of the Big Bang. In January 2014, MUSE was integrated into the Very Large Telescope (VLT) of the European Southern Observatory at Eso Paranal in Chile. The work shows the spectrograph during its assembly in the cleanroom and highlights the enormous complexity of this machine—the outcome of ten years intensive research and development.

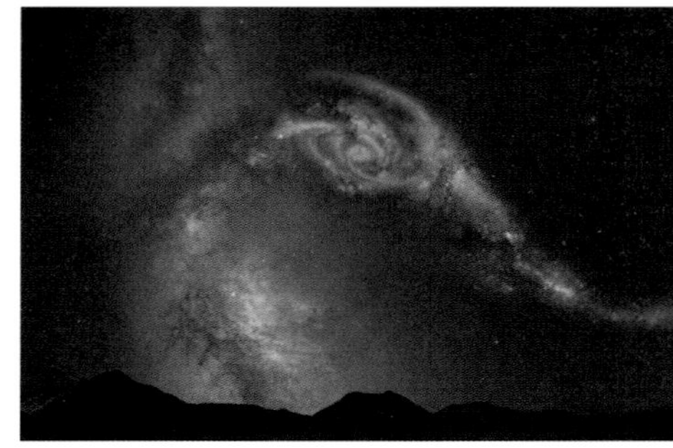

gravitation entanglement (2014)

132 × 202 cm (51.7 × 79.5 inches)
67 × 102 cm (26.4 × 40.2 inches)
Pigmentprint/pigment print, Diasec/diasec,
Aluminiumrahmen/aluminium frame

„gravitation entanglement" bildet die unausweichliche Kollision zwischen unserer Milchstraße und unserem nächsten Nachbarn, der Andromedagalaxie, auch als M31 bekannt, ab. Beobachtungen mittels Hubble, dem Weltraumteleskop der NASA, haben ergeben, dass die beiden Galaxien durch ihre gegenseitige Gravitation angezogen werden und in 4,5 Milliarden Jahren frontal aufeinander prallen werden. Ohne ihre gegenseitige Schwerkraft würden die beiden Galaxien aneinander vorbeirasen. Die Spiralgalaxien werden zu einer neuen Galaxie verschmelzen, neue Planeten und Sonnensysteme werden sich aus dem Sternenstaub bilden, der bei der Kollision entsteht. „gravitation entanglement" zeigt, was wir dann sehen werden, wenn wir in den Nachthimmel blicken – vorausgesetzt, dass die Menschheit noch existiert. Die Visualisierung der Himmelskörper basiert auf Daten des Hubble-Weltraumteleskops, die digital verändert wurden, um das Zusammenprallen der Galaxien zu simulieren.

"gravitation entanglement" depicts the inevitable collision between our own Milky Way and our closest neighbor, the Andromeda Galaxy, also known as M31. NASA's Hubble Space Telescope observations indicate that the two galaxies, pulled together by their mutual force of attraction, will crash in a near-head-on collision in about 4.5 billion years from now. The two galaxies would race by each other if it weren't for the force of gravity pulling them together. The spiral galaxies will merge to form a single elliptical new galaxy. New planets and solar systems will be formed from the star dust produced by the crash. "gravitation entanglement" depicts what we will see looking up into the night sky – supposing that humankind still exists. The visualization of the heavenly bodies is based on measurement data from the Hubble Space Telescope, digitally transformed to simulate the encounter of the galaxies.

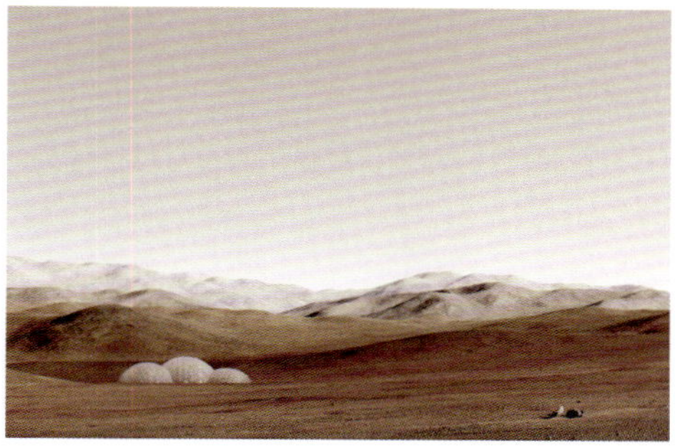

sands of mars (2014)

132 × 202 cm (51.7 × 79.5 inches)
67 × 102 cm (26.4 × 40.2 inches)
Pigmentprint/pigment print, Diasec/diasec,
Aluminiumrahmen/aluminium frame

„sands of mars“ beschäftigt sich mit der Idee einer zukünftigen Besiedelung des Mars. Einst eine Science-Fiction-Fantasie, ist sie jetzt ein Thema von seriösen Machbarkeitsstudien. Der Rote Planet ist insofern einzigartig, als er über die Ressourcen verfügt, eine Population von hinreichender Größe zu versorgen, die eine lokale Außenstelle der menschlichen Zivilisation bilden könnte. Eine Besiedelung erfordert die Errichtung von permanenten Basisstationen, die das Potenzial zur Expansion haben; aufblasbare Unterkünfte sind eine mögliche Option für Architektur auf der Marsoberfläche. Geodätische Sphären, wie von Buckminster Fuller in den fünfziger Jahren des letzten Jahrhunderts erdacht, könnten als perfekte architektonische Konzepte für eine Bebauung auf dem Mars dienen. Die Landschaft wurde an einem ganz speziellen Ort in der chilenischen Atacama-Wüste fotografiert, der der Marsoberfläche extrem ähnlich ist und häufig als Testgelände für zukünftige Mars-Rover verwendet wird.

“sands of mars” focuses on the idea of the future colonization of Mars. Once a science-fiction fantasy, it is now the subject of serious feasibility studies. The Red Planet is unique in that it has the resources required to support a population of sufficient size to create a new local branch of human civilization. Colonization requires the establishment of permanent bases that have the potential for self-expansion, and inflatable habitats are one possible option for surface architecture on Mars. Geodesic spheres as invented by Buckminster Fuller in the fifties of the last century may serve as a perfect architectural concept for Mars habitats. The landscape was photographed in a unique location in Chile’s Atacama Desert, which offers a similar landscape to that found on Mars and which is often used as a testing ground for future Mars rovers.

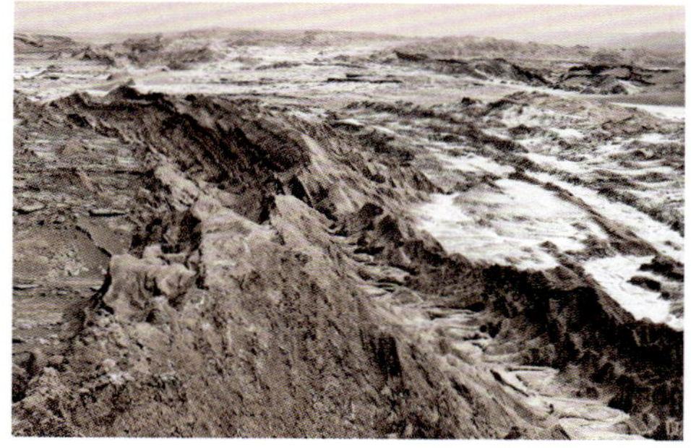

interplanetary landscape (2014)

132 × 202 cm (51.7 × 79.5 inches)
67 × 102 cm (26.4 × 40.2 inches)
Pigmentprint/pigment print, Diasec/diasec,
Aluminiumrahmen/aluminium frame

„interplanetary landscape“ thematisiert die Ähnlichkeit von Mars und Erde. Geologische Anzeichen deuten darauf hin, dass der Mars in ferner Vergangenheit im globalen Maßstab warm und feucht war. Intensive geologische Aktivitäten haben die Erdoberfläche umgeformt und die Zeugnisse unserer Frühgeschichte ausgelöscht. Gestein vom Mars ist möglicherweise älter als das von der Erde. So könnte die Erforschung des Mars uns dabei helfen, die Geschichte unserer eigenen geologischen Evolution und der Entstehung des Lebens auf der Erde zu dechiffrieren. Das Werk verschmilzt ein Foto, das von Michael Najjar in der Atacama-Wüste aufgenommen wurde, mit Aufnahmen, die vom Mars-Rover Curiosity gemacht wurden, der momentan auf dem Mars unterwegs ist, um täglich Bilder und Daten zur Erde zu senden.

“interplanetary landscape” focuses on the similarities between Mars and Earth. Geologic evidence suggests that Mars could have been warm and wet on a global scale in its distant past. Intense geologic activity has reshaped the surface of the Earth, erasing evidence of our earliest history. Martian rocks could be even older than rocks on the Earth, so exploring Mars may help us decipher the story of our own geologic evolution including the origins of life on Earth. The work merges a photograph taken by Michael Najjar in the Atacama Desert in Chile with photographs taken by the Mars rover Curiosity, which is currently active on the Martian surface, sending images and scientific data back to Earth on a daily basis.

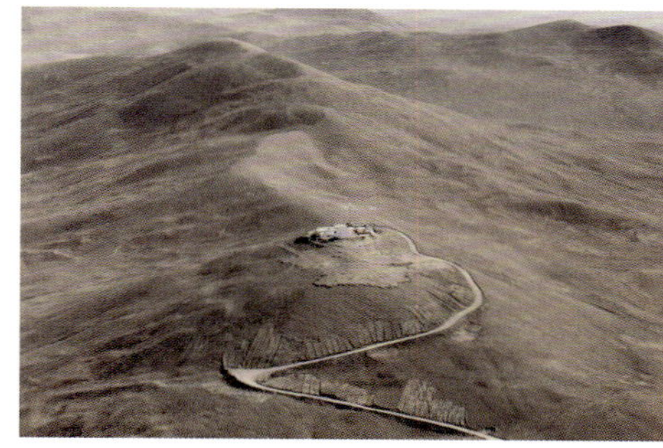

desert sky (2014)

132 × 202 cm (51.7 × 79.5 inches)
67 × 102 cm (26.4 × 40.2 inches)
Pigmentprint/pigment print, Diasec/diasec,
Aluminiumrahmen/aluminium frame

„desert sky“ zeigt eine Landschaft nicht von dieser Welt in der Zentralregion der Atacama-Wüste in Chile, einer der wasserärmsten Zonen dieser Erde. Die Wüste liegt im Regenschatten von Chiles Küstengebirge, das die Feuchtigkeit aus der Luft zieht und damit fast das ganze Jahr hindurch einen klaren Himmel erzeugt. Die marsartige Landschaft ist einer der besten Orte der Welt, um ins Universum zu sehen. Das Bild wurde vom Gipfel des Cerro Armazones Berges in einer Höhe von 3.060 m aufgenommen. E-ELT, das außergewöhnlich innovative Teleskop der nächsten Generation, wird auf der Spitze dieses Berges aufgestellt werden. Die Arbeiten daran haben bereits begonnen, mit dem Ziel, das E-ELT-Observatorium – ein neues zukünftiges Fenster zum Universum – bis 2022 einsatzfähig zu machen.

“desert sky” shows an out-of-this-world landscape from the central region of the Atacama Desert in Chile, one of the most arid places on Earth. The desert lies in the rain shadow of Chile’s Coast Range, which squeezes moisture out of the atmosphere and provides a clear sky almost the entire year. The Mars-like landscape is one of the world’s best sites to look into the universe. The picture was taken from the summit of the Cerro Armazones mountain at an altitude of 3,060 m. E-ELT, the extraordinary, cutting-edge next generation telescope, will be built on the peak of this mountain. Construction is now underway and the aim is to have the E-ELT observatory – this future window on the universe – operational by 2022.

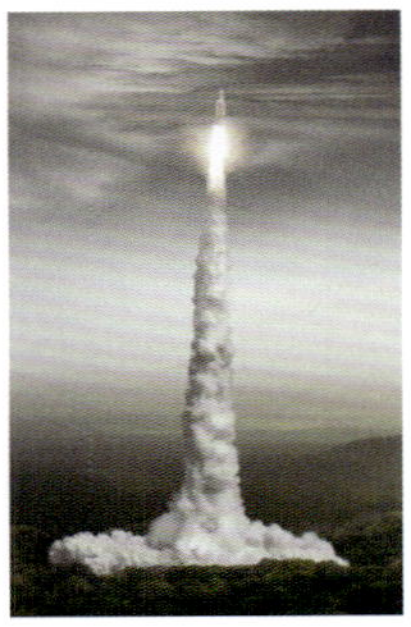

orbital ascent (2016)

202 × 132 cm (79.5 × 51.7 inches)
102 × 67 cm (40.2 × 26.4 inches)
Pigmentprint/pigment print, Diasec/diasec,
Aluminiumrahmen/aluminium frame

„orbital ascent“ zeigt den Start einer Ariane 5-Rakete am europäischen Weltraumbahnhof in Kourou, Französisch-Guayana. Während des Abhebens und zu Beginn des senkrechten Anstiegs erzeugt die Verbrennung von Festtreibstoff in den beiden seitlichen Boostern einen enormen Schub, der die Rakete beschleunigt und eine gewaltige Rauchsäule hinterlässt. Der Weltraumbahnhof selbst ist eine Hightech-Einrichtung, die von dichtem Amazonasurwald umgeben ist, was nicht nur eine surrealistische Kulisse schafft, sondern auch als Metapher für die enge Beziehung zwischen der Weltraumforschung und dem Planeten Erde verstanden werden kann. Die Komposition des Kunstwerkes konzentriert sich auf die Beziehung zwischen unserer planetaren Oberfläche, der natürlichen Umwelt und den erdbeobachtenden Technologien der Weltraumforschung.

"orbital ascent" pictures the launch of an Ariane 5 rocket at the Guiana Space Center (CSG), the European spaceport near Kourou in French Guiana. During lift-off and the first part of the ascent, combustion of solid propellant in the two side boosters produces enormous thrust which accelerates the rocket and forms a huge column of smoke. The depicted spaceport is a high tech facility surrounded by the Amazonian forest which creates not only a stirringly surrealistic setting, but can also serve as a metaphor for the strong and vital relationship between space exploration and planet Earth itself. The composition of the artwork strongly focuses on the relationship between the surface of our planet, the natural environment and Earth-observing space exploration technologies.

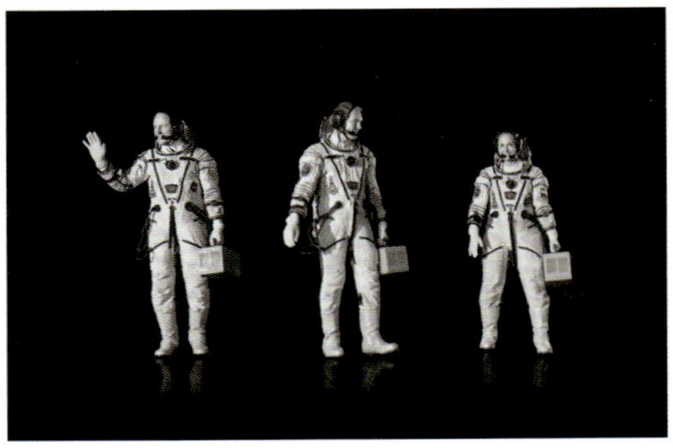

space voyagers (2015)

132 × 202 cm (51.7 × 79.5 inches)
67 × 102 cm (26.4 × 40.2 inches)
Pigmentprint/pigment print, Diasec/diasec,
Aluminiumrahmen/aluminium frame

„space voyagers“ porträtiert die drei Kosmonauten Barry Wilmore, Aleksandr Samokutyayev und Yelena Serova; die Crew, die im September 2014 die Erde in einem Sojus-Raumschiff verließ. Nach einem ganzen Jahr intensiven Trainings flogen sie vom Kosmodrom Baikonur in Kasachstan zur Internationalen Raumstation, wo sie die Gelegenheit hatten, unseren Planeten während eines sechsmonatigen Aufenthalts aus dem All zu beobachten. Das Werk zeigt die drei Kosmonauten in dem besonderen Moment, in dem sie sich vom Planeten Erde verabschieden, bevor sie ihr Raumschiff betreten. Die Aufregung und Freude, die dieser einzigartige Moment mit sich bringt, steht ihnen deutlich ins Gesicht geschrieben. Die visuelle Komposition trennt die drei Kosmonauten von ihrer irdischen Umgebung und nimmt vorweg, was im nächsten Moment geschehen wird – das Verlassen des Planeten Erde.

"space voyagers" portrays the three cosmonauts Barry Wilmore, Aleksandr Samokutyayev, and Yelena Serova, the crew which left Earth in a Soyuz Spaceship in September 2014. After a whole year of intense training they blasted off from Baikonur Cosmodrome in Kazakhstan to the International Space Station where they had the rare opportunity to watch our planet from space during a six months stay. The artwork shows the three cosmonauts just at that very special memorable moment when they say goodbye to planet Earth before entering their spaceship. The kind of excitement and joy this unique moment brings is written large in their faces. The visual composition separates the three cosmonauts from their original environment and anticipates what will happen in the next moment – lift-off from planet Earth.

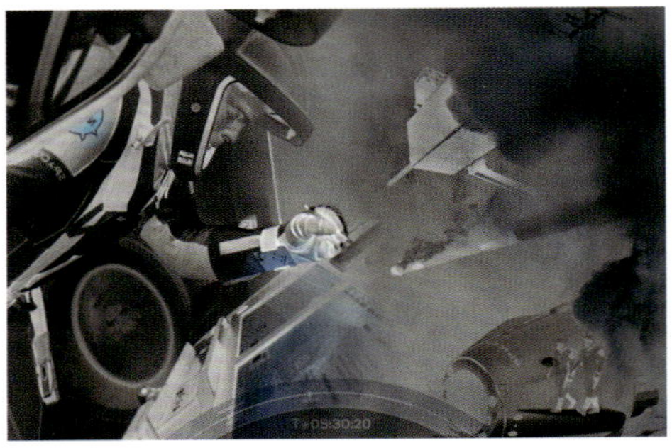

crew dragon (2020)

132 × 202 cm (51.7 × 79.5 inches)
67 × 102 cm (26.4 × 40.2 inches)
Pigmentprint/pigment print, Diasec/diasec,
Aluminiumrahmen/aluminium frame

„crew dragon“ zeigt die historische „Crew Dragon Demo-2“-Mission, die am 30. Mai 2020 vom Kennedy Space Center gestartet ist. Das Werk kollagiert verschiedene Aufnahmen aus dem NASA-Bildarchiv miteinander. Diese Mission wird als Meilenstein einer neuen Ära in der Weltraumforschung, der so genannten space renaissance, betrachtet. Das Werk umfasst alle relevanten Komponenten der Mission: die beiden Astronauten, die futuristischen Raumanzüge, die blau schimmernden Touchpanels, die Kapsel, den Startturm mit der mobilen Brücke, den Start selbst sowie die ISS. Die palimpsestartige Schichtung und die unterschiedlichen Transparenzgrade der Bildelemente lösen sich in einem weichen, wolkenartigen digitalen Pinselstrich auf. Die Bildmitte hebt die Hand eines Astronauten hervor, der einen Stift hält; alle kompositorischen Ausrichtungen laufen in diesen Fokuspunkt hinein. Die schreibende und malende Hand symbolisiert die schöpferische Kraft des Menschen.

"crew dragon" pictures the historic "Crew Dragon Demo-2" mission, launched on May 30, 2020 from Kennedy Space Center. The artwork merges several images from the NASA archive. This mission is considered as the milestone of a new era in space exploration, the so-called space renaissance. The artwork includes all relevant components of the mission, the two astronauts, the futuristic space suits, the blue shimmering touch panels, the capsule, the launch tower with its mobile bridge, the launch itself, and the ISS. The palimpsest-like layering and the different levels of transparency of the pictorial elements dissolve in a soft, cloud-like digital brushstroke. The center of the image highlights the hand of an astronaut holding a pen, all compositional alignments run into this focus point. The writing and painting hand symbolizes humankind's ability to create.

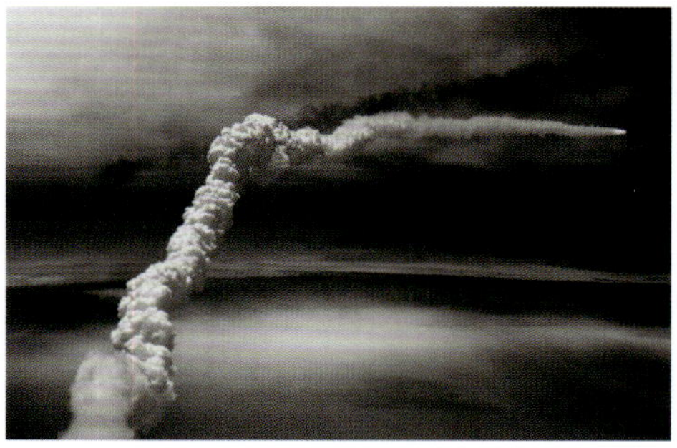

gravity turn (2016)

132 × 202 cm (51.7 × 79.5 inches)
67 × 102 cm (26.4 × 40.2 inches)
Pigmentprint/pigment print, Diasec/diasec,
Aluminiumrahmen/aluminium frame

„gravity turn" visualisiert den Start einer Ariane 5-Rakete am europäischen Raumfahrtzentrum in Französisch Guayana aus unterschiedlichen Perspektiven. Eine Aufnahme zeigt den Raketenstart vom Boden aus aufgenommen, die andere den Himmel über der Startrampe, der von einem Flugzeug aus aufgenommen wurde. Orbitale Trägerraketen wie die Ariane 5 heben gewöhnlich senkrecht ab und neigen sich dann allmählich in eine sanft gekrümmten Flugbahn. Sobald die Rakete die dichte Atmosphäre verlassen hat, wird das Triebwerk angewinkelt, um sie in eine horizontale Ausrichtung zu bringen; dies ermöglicht das schrittweise Anvisieren des erforderlichen Orbits. Die Trägerrakete mit ihrer aus Treibstoff bestehenden Rauchsäule wurde während des Pitch-Over-Manövers etwa 90 Sekunden nach dem Start fotografiert.

"gravity turn" visualizes different perspectives of the launch of an Ariane 5 rocket at the Guiana Space Center by combining a skywards view photographed by the artist from the ground near the launch pad with a view from sky towards Earth photographed from an airplane flying over French Guiana. Orbital launch vehicles like the Ariane 5 commonly take off vertically, and then progressively tilt, usually following a smoothly curved trajectory. Once above the dense part of the atmosphere, the vehicle carefully angles the rocket engine jet, slowly pointing the launcher horizontally which permits the vehicle to progressively aim at the required orbit while increasing its speed. The launch vehicle and its smoke column of solid propellant combustion were photographed during the pitch-over manoeuver about ninety seconds after lift-off, shortly before booster separation.

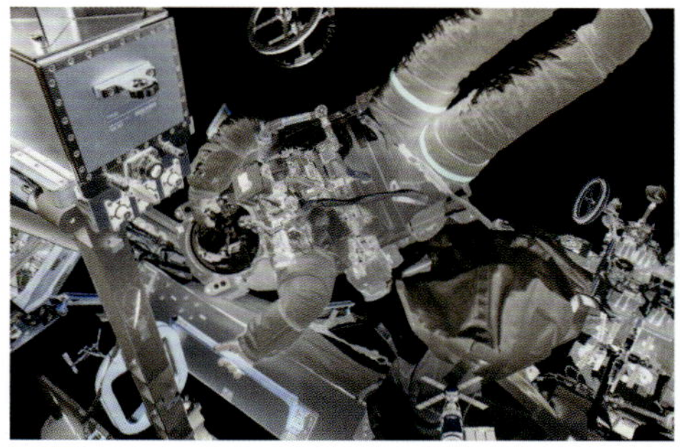

orbital outpost (2018)

132 × 202 cm (51.7 × 79.5 inches)
67 × 102 cm (26.4 × 40.2 inches)
Pigmentprint/pigment print, Diasec/diasec,
Aluminiumrahmen/aluminium frame

„orbital outpost" visualisert die Utopie einer Raumstation und die Beziehung zwischen Technologie, menschlichem Körper und Schwerelosigkeit. Das Bild verschmilzt Aufnahmen eines Außenbordeinsatzes an der Internationalen Raumstation mit Bildern von früheren, fiktiven und historischen Raumstationen. Im Laufe des letzten Jahrhunderts wurde die technisch-futuristische Vision einer bemannten Raumstation zum Höhepunkt aller Spekulationen über den Weltraum. Die Orbitalstation bildet das zentrale Element in der Expansionslogik als infrastrukturelle Voraussetzung für das menschliche Vordringen in die Tiefen des interstellaren Raumes. Im Zentrum des Werkes steht eine Figur in ihrer schützenden technologischen Hülle, in unmittelbarer Gefahr, davonzuschweben. Der Weltraum bleibt nach wie vor eine feindliche, zutiefst fremde Umgebung, was ihn zu einer bevorzugten Projektionsfläche für unsere Vorstellungskraft und unser Nachdenken über utopische Welten macht.

"orbital outpost" explores space station utopia and the relationship between technology, the human body and weightlessness. It fuses outside shots of a spacewalk from the International Space Station with images of earlier space stations. Over the last century the technical futuristic vision of a crewed space station became the apogee of all speculative thought on outer space and the privileged locus for all extra-terrestrial aspiration. The orbital station formed the central element in the futuristic logic of expansion as the infrastructural prerequisite for human penetration of the depths of interstellar space. The artwork is centered on a human figure clad in its protective technological shell, in imminent danger of floating away. Space still remains an inimical, deeply alien environment, making it a privileged realm for our imagination and a green screen for our musings on utopian worlds.

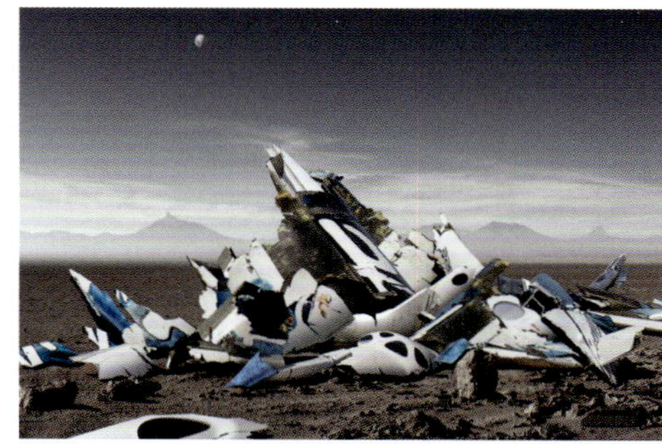

serious anomaly (2015)

132 × 202 cm (51.7 × 79.5 inches)
67 × 102 cm (26.4 × 40.2 inches)
Pigmentprint/pigment print, Diasec/diasec,
Aluminiumrahmen/aluminium frame

„serious anomaly" ist eine digitale Collage, die den Absturz von Virgin Galactics suborbitalem Raumschiff SpaceShipTwo während eines Testfluges in der Mojave-Wüste am 31. Oktober 2014 thematisiert. Der Raumgleiter startete vom Mojave Air and Space Port und wurde in einer Höhe von 10.000 Metern vom Trägerschiff abgetrennt. Elf Sekunden später zerbarst er mit einem lauten Knall. Die Arbeit basiert auf zahlreichen Bildern von Fotoreportern, die an der Absturzstelle anwesend waren. Teile der Bilder wurden digital so zusammengesetzt, dass sie die Komposition von Caspar David Friedrichs Gemälde *Das Eismeer – Die gescheiterte Hoffnung* (1824) nachempfinden. Dieses Gemälde gilt in der Kunstgeschichte als zentrale Methpaher für die Thematik menschlichen Scheiterns. Das Werk „serious anomaly" hinterfragt auch die Beziehung zwischen Mensch und Maschine sowie die Überwindung von Grenzen mittels technologischer Innovation.

"serious anomaly" is a digital composition depicting the crash of Virgin Galactic's suborbital spaceplane SpaceShipTwo during a test flight in the Mojave Desert on October 31, 2014. The spaceplane started out from the Mojave Air and Space Port and separated from the carrier mothership on reaching an altitude of 10,000 meters. Eleven seconds later, the spaceplane disintegrated with a loud bang. The work is based on numerous photographs taken by photo-reporters present at the scene of the crash. The pictures have been assembled to reproduce the composition of Caspar David Friedrich's 1824 painting *Das Eismeer – Die gescheiterte Hoffnung* (*The Sea of Ice – The Wreck of Hope*) widely considered the supreme incarnation of human failure. The artwork questions the relationship between man and machine, and the pushing back of frontiers through technological innovation.

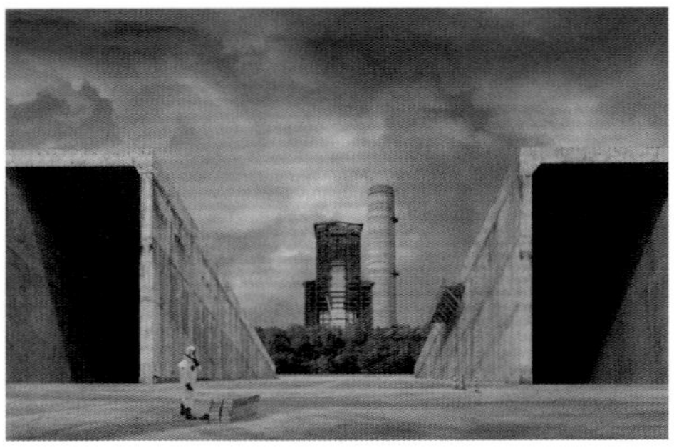

strange eden (2020)

132 × 202 cm (51.7 × 79.5 inches)
67 × 102 cm (26.4 × 40.2 inches)
Pigmentprint/pigment print, Diasec/diasec,
Aluminiumrahmen/aluminium frame

„strange eden“ zeigt den Weltraumbahnhof in Französisch-Guayana, wo inmitten des tropischen Regenwaldes ein neuer Startkomplex für die Ariane 6-Rakete errichtet wird. Die Bildkomposition besteht aus einer Vielzahl von Bauelementen, die vor Ort fotografiert wurden. Beton dominiert die Szenerie und drängt die Natur in den Hintergrund. Der Blick des Betrachters wird von der Bildmitte eingesogen und dann durch den gesamten Bildraum auf das im Hintergrund aufsteigende, riesige mobile Startportal gelenkt. Zu beiden Seiten strecken sich dem Betrachter die düsteren Hohlräume der beiden Flammentunnel entgegen und lenken die Aufmerksamkeit auf die geheimnisvolle Gestalt im Vordergrund, die die potenzielle Gefahr des Ortes zum Ausdruck bringt. Das Werk lässt ein ambivalentes Rezipieren zu, angesiedelt zwischen optimistischer utopischer Vision und möglicher Dystopie.

“strange eden” pictures the spaceport in French Guiana where a new launch complex for the Ariane 6 rocket is being built in the middle of the tropical rainforest. The artwork’s composition consists of a variety of construction elements photographed on-site. Concrete dominates the scenery, forcing nature into the background. The viewer’s gaze is caught by the center and then drawn through the whole image space towards the gigantic mobile gantry rising in the background, On both sides the forbidding sombre voids of the twin flame trenches stretch out to meet the viewer, turning attention to the mysterious figure in the foreground and expressive of the site’s potential danger. The artwork allows for ambivalence in reading, poised at it is between optimistic utopian vision and possible dystopia.

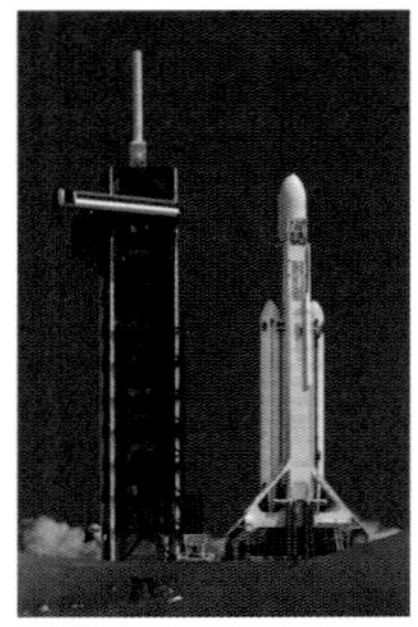

space renaissance (2019)

202 × 132 cm (79.5 × 51.7 inches)
102 × 67 cm (40.2 × 26.4 inches)
Pigmentprint/pigment print, Diasec/diasec,
Aluminiumrahmen/aluminium frame

„space renaissance“ zeigt eine SpaceX Falcon Heavy-Rakete, die auf der historischen Startrampe LC-39A am Weltraumbahnhof Cape Canaveral steht. Das Bild wurde am Tag des ersten kommerziellen Fluges im April 2019 direkt auf der Startrampe aufgenommen Das Konzept der Wiederverwendbarkeit dieser Rakete ist der Schlüssel für die zukünftige Erforschung des Weltraums. Die Falcon Heavy wird voraussichtlich kommerzielle Missionen für das Artemis-Programm unterstützen, mit dem Astronauten ab dem Jahr 2024 wieder auf den Mond gebracht werden sollen. Die visuelle Komposition unterstreicht das elegante Design und die gigantische Größe der Falcon Heavy-Rakete und des neuen Startturms, der Ausgangspunkt für künftige bemannte Raumfahrtmissionen sein wird. Die grafische Schwarz-Weiß-Ästhetik, die leichte Unteransicht und die Dualität zwischen Turm und Rakete unterstreichen die skulpturale Körperlichkeit der Rakete.

The artwork “space renaissance” pictures a SpaceX Falcon Heavy rocket standing on the historic LC-39A launchpad at Cape Canaveral spaceport. The picture was taken directly on the launchpad on the day of its inaugural commercial flight in April 2019. The technical innovations implemented in this launcher, and especially its concept of reusability, hold the key to future space exploration. Falcon Heavy is expected to support commercial missions for the Artemis program which intends to put astronauts on the moon again by the year 2024. The visual composition emphasizes the sleek design and gigantic size of the Falcon Heavy rocket and the new launch tower which will be the point of departure for future crewed missions. The graphic black and white aesthetic, the lower perspective, and the duality between tower and rocket underline the sculptural physicality of the rocket.

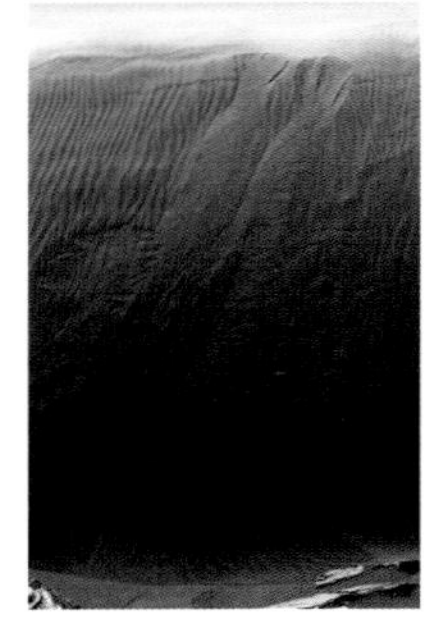

waves of mars (2016)

202 × 132 cm (79.5 × 51.7 inches)
102 × 67 cm (40.2 × 26.4 inches)
Pigmentprint/pigment print, Diasec/diasec,
Aluminiumrahmen/aluminium frame

„waves of mars“ basiert auf einem vom Mars-Rover Curiosity aufgenommenen Bild, welches digital so verändert wurde, dass es aus einer gewissen Betrachtungsentfernung wie eine gigantische Wasserwelle erscheint. NASA-Wissenschaftler fanden Beweise für flüssiges Wasser auf dem Mars, das während der Sommermonate die Canyons und Kraterwände hinunterläuft. Diese Entdeckung erhöht die Chancen, dass der Mars Leben beheimatet, und hat zu Spekulationen über die frühere Existenz riesiger, sich langsam fortbewegender Wellen auf dem Planeten geführt. Die ersten Menschen auf dem Mars werden umfangreiche Erfahrungen der neuen Umgebung mitbringen, die bereits von Maschinen besiedelt und visuell kartiert worden ist. Maschinen produzieren heute bereits die Ikonographie einer fremden Umgebung, die eines Tages zu einem neuen Lebensraum für die menschliche Spezies werden könnte.

“waves of mars” is based on a picture taken by the Mars rover Curiosity which has been digitally altered so that from a certain distance it looks like a massive wave of water. NASA scientists declared that they had evidence of liquid water running down the canyons and crater walls of Mars during the summer months. This discovery raises the chances of Mars being home to some form of life and has led to speculation about the past existence of giant but slow-moving waves on the planet. The first humans on Mars will bring with them an extensive set of visual experiences about the new environment which has already been inhabited and visually mapped by machines. It’s an incontrovertible fact that machines are now producing the iconography of an environment which might one day become a new habitat for the human species.

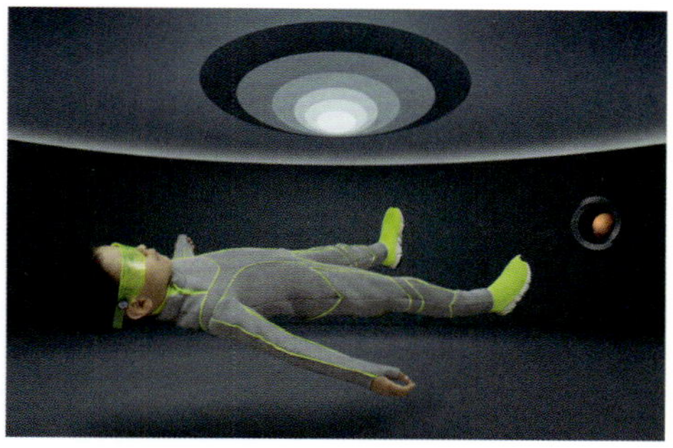

skyspace ONE (2019)

132 × 202 cm (51.7 × 79.5 inches)
67 × 102 cm (26.4 × 40.2 inches)
Pigmentprint/pigment print, Diasec/diasec,
Aluminiumrahmen/aluminium frame

„skyspace ONE" ist der zukünftigen Generation von Raumfahrern gewidmet: unseren Kindern. Es zeigt einen Jungen, der in einer künstlichen Mikrogravitationsumgebung schwebt. Der Blick durch das Fenster deutet darauf hin, dass er an Bord einer Raumstation den Mars umkreist. Die Deckenleuchten erinnern an ein Sonnensystem mit elliptischen Planetenbahnen. Das gesamte Umfeld scheint aus reinem Licht konstruiert zu sein, was auf die grundlegende Beziehung zwischen Licht und Kosmos verweist. Licht reist Milliarden Jahre durch unser Universum, es verbindet Vergangenheit und Gegenwart und erhellt die Zukunft. Für den kleinen Jungen und seine Generation wird die Möglichkeit, im Weltraum zu leben und zu arbeiten, zu einem immer realistischeren Bestandteil ihres Lebens. Wir werden zukünftig im Weltraum leben und arbeiten und neue Lebensräume auf orbitalen Raumstationen und auf Mond und Mars schaffen.

"skyspace ONE" is dedicated to the future generation of space travelers: our children. It pictures a boy who seems to be floating in a microgravity environment. The view through the window indicates that he is orbiting Mars on board a space station. The ceiling lights are reminiscent of a solar system with elliptical planetary orbits, the whole orbital habitat seems to be constructed purely of light, evoking the fundamental relationship between light and the cosmos as light travels through our universe for billions of years connecting past with present and illuminating the future. For the young boy and his generation the possibility of living and working in space will become an increasingly central part of their lives. We will live and work in outer space, explore it and build new habitats on the moon and on Mars.

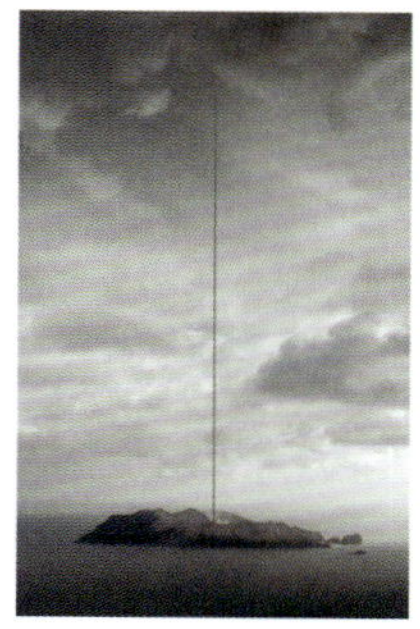

ascension (2020)

202 × 132 cm (79.5 × 51.7 inches)
102 × 67 cm (40.2 × 26.4 inches)
Pigmentprint/pigment print, Diasec/diasec,
Aluminiumrahmen/aluminium frame

„ascension" visualisiert die utopische Vision eines Weltraumaufzuges. Die Komposition führt die drei Elemente Meeresoberfläche, Insel und Wolken zusammen und bildet eine erhabene, in dramatisches Licht getauchte Landschaft, in der Mitte durch eine vertikale schwarze Linie geteilt, die gleichermaßen als verbindendes Element dient. Im Hintergrund löst sich der Horizont sanft in den Wolken auf, die Erdoberfläche geht nahtlos in den Himmel über. Die horizontale Weite, der schwebende Blick und die vertikal ansteigende Linie verbinden die irdische Welt mit dem Weltraum. Die natürliche Landschaft weist ein zusätzliches, störendes technologisches Element auf, nämlich das gespannte Kabel des Weltraumaufzugs. Am oberen Bildrand angelangt und sanft in den Wolken entschwindend, öffnet es einen unendlichen, transzendenten Raum, in dem die Phantasie des Betrachters frei schweifen kann.

"ascension" visualizes the utopian vision of a space elevator. Its composition brings the three elements of ocean surface, island, and clouds together, forming a sublime landscape bathed in dramatic light and divided in the middle by a vertical black line that also serves as a connecting element. In the background the horizon softly dissolves into clouds, the surface of the Earth merges seamlessly with the sky. The horizontal breadth, the elevated gaze and the vertically rising line conjoin the terrestrial world with space above it. The natural landscape has an added disruptive technological element, the taut cable of the space elevator connecting Earth with outer space. Reaching the upper edge of the picture and disappearing into the clouds, it opens an infinite transcendental space in which the viewer's imagination can freely roam.

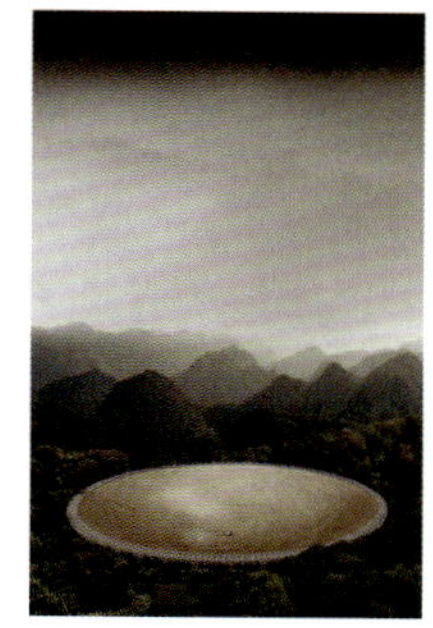

f.a.s.t. (2017)

202 × 132 cm (79.5 × 51.7 inches)
102 × 67 cm (40.2 × 26.4 inches)
Pigmentprint/pigment print, Diasec/diasec,
Aluminiumrahmen/aluminium frame

„f.a.s.t" zeigt das größte astronomische Radioteleskop der Erde mit einem gewaltigen Durchmesser von 500 Metern. China hat das „Five hundred-meter Aperture Spherical Telescope" in einer abgelegenen und kaum zugänglichen Bergregion im Süden des Landes gebaut. Eine seiner Hauptaufgaben ist es, interstellare Kommunikation von fremden Zivilisationen aufzuspüren. Die Komposition des Werkes konzentriert sich auf die Beziehung zwischen der natürlichen Umgebung und dem technischen astronomischen Instrument, das allein durch seine überwältigende Größe im Verhältnis zu den umliegenden Bergen ein Gefühl des Erhabenen evoziert. Die Suche nach fremdem Leben bedeutet die Suche nach der Quelle des Lebens im Allgemeinen sowie die Auseinandersetzung mit einer grundlegenden Frage der Menschheit: Woher kommen wir? Die enorme Größe von „f.a.s.t." ist eine Metapher für die Unermesslichkeit von Zeit und Raum, die von unserer eigenen Geburt bis zur Geburt des Universums selbst reicht.

"f.a.s.t" pictures the largest astronomical radio telescope on Earth – with a diameter of 500 meters. China built the "Five hundred-meter Aperture Spherical Telescope" in a remote mountainous region in the south of the country. One of its main objectives is to detect interstellar communication from alien civilizations. The composition of this artwork focuses on the relationship between the natural environment and the cutting-edge astronomical instrument which evokes a sense of the sublime simply through its overwhelming size in relation to the surrounding mountains. Searching for alien life means searching for the source of life in general and confronting us with a fundamental question: where do we come from? The inconceivably vast size of "f.a.s.t" is also a metaphor for the immeasurability of time and space which ranges from our own birth to the birth of the universe itself.

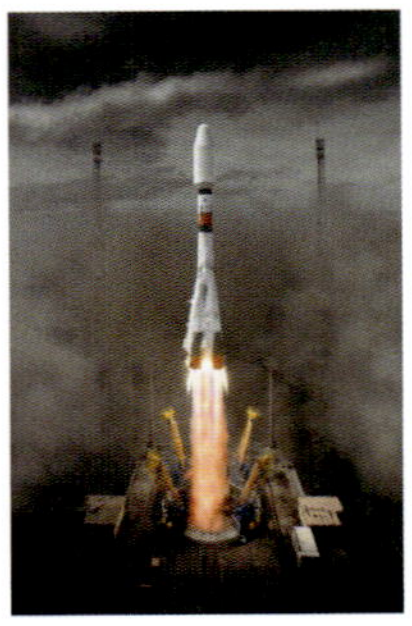

ignition (2019)

202 × 132 cm (79.5 × 51.7 inches)
102 × 67 cm (40.2 × 26.4 inches)
Pigmentprint/pigment print, Diasec/diasec,
Aluminiumrahmen/aluminium frame

„ignition“ zeigt eine Sojus-Trägerrakete, die vom europäischen Weltraumbahnhof in Französisch-Guayana aus startet. Die Rakete wurde in exakt dem Moment fotografiert, in dem sie die Startrampe verließ. Um dieses einzigartige Bild einzufangen, wurde eine schallausgelöste Kamera direkt am Startturm installiert, nur 80 Meter von der Rakete entfernt. Die Haltestruktur der Rakete hat sich gerade geöffnet, mächtige Flammen erhellen die Startrampe, während der durch den Flammengraben entweichende Rauch den weiß glänzenden Körper der Rakete umhüllt. Das Werk vermittelt einen dialektischen Eindruck von kraftvoller Beschleunigung und gleichzeitigem bewegungslosen Stillstand. Der enorme Druck, die intensive Hitze und die ohrenbetäubende Schallwelle sind greifbar, und doch scheint die Rakete selbst eingefroren zu sein, schwebend in Zeit und Raum.

“ignition” visualizes a Soyuz launcher taking off from Europe's Spaceport in French Guiana. The rocket was photographed at the exact moment it left the launch pad. To capture this unique image, a sound-triggered camera was installed on top of the launch tower, about 80 meters from the rocket during its critical lift-off phase. The support brackets have just opened to release the rocket; powerful flames illuminate them while the smoke escaping through the flame trench envelops the rocket's white shining body. The artwork gives a simultaneous contradictory impression of powerful acceleration and motionless standstill: the tremendous pressure, intense heat and ear-splitting sound wave are all tangible, yet the rocket itself seems to be frozen, suspended in time and space.

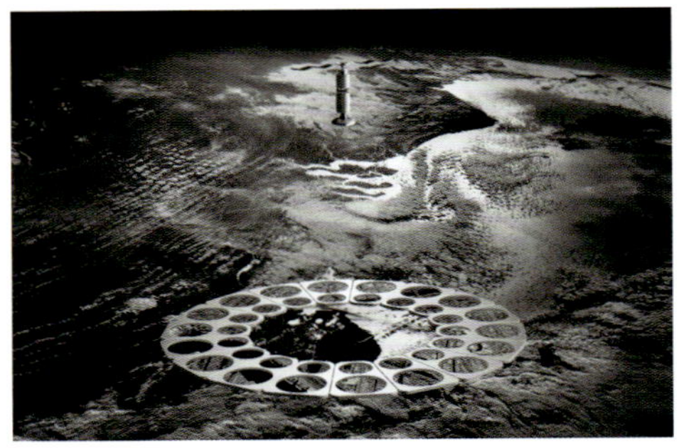

orbital spy (2015)

132 × 202 cm (51.7 × 79.5 inches)
67 × 102 cm (26.4 × 40.2 inches)
Pigmentprint/pigment print, Diasec/diasec,
Aluminiumrahmen/aluminium frame

„orbital spy“ visualisiert eine futuristische neue Weltraumtechnologie, die aktuell im Rahmen des Programms „Membrane Optical Imager for Real-Time Exploitation“ (MOIRE) entwickelt wird, das von der DARPA-Behörde des US-Verteidigungsministeriums in Auftrag gegeben wurde. Diese Technologie zielt darauf ab, herkömmliche Glasoptiken durch leichte Polymermembranen zu ersetzen, die den Weg für ein faltbares orbitales Kunststoffteleskop ebnen werden. Für „orbitlal spy“ wurde ein 3D-Modell des Teleskops auf Grundlage der wenigen Informationen, die im Internet verfügbar sind, gerendert und mit einer Erdansicht kombiniert. Das Werk vermittelt eine Vorahnung davon, wie diese Technologie nicht nur die Art der Bildaufnahme revolutionieren, sondern auch einen Wendepunkt in Bezug auf die Fähigkeit der militärischen und staatlich kontrollierten Überwachung des Planeten und der Menschen, die auf ihm leben, herbeiführen wird.

“orbital spy” visualizes the futuristic space technology now being developed in the Membrane Optical Imager for Real-Time Exploitation (MOIRE) program commissioned by the DARPA agency of US Department of Defense. This technology aims at replacing conventional glass optics with lightweight polymer membranes that will pave the way for a foldable plastic orbital telescope. To create this artwork, a 3D model of the telescope was rendered based on what little information is available on the internet and combined with a view of Earth. The artwork gives a premonition of how this technology not only will revolutionize the way images are captured, but will also prove a watershed in terms of the capability of military and state-controlled surveillance to monitor the planet and the people who live on it.

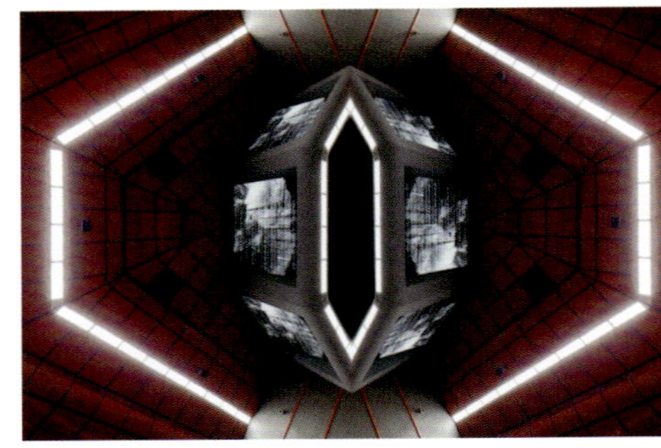

mission control (2016)

132 × 202 cm (51.7 × 79.5 inches)
67 × 102 cm (26.4 × 40.2 inches)
Pigmentprint/pigment print, Diasec/diasec,
Aluminiumrahmen/aluminium frame

„mission control“ zeigt den Jupiter-Kontrollraum des Raumfahrtzentrums Französisch-Guayana. Ein Kontrollraum ist eine mythisch aufgeladene Umgebung. In diesem Raum wird ein riesiger Datenfluss verarbeitet, der sich aus den Kontrollsystemen der Start- und Orbitaloperationen der Rakete ergibt. Die Beziehung zwischen Simulation und Realität, die für die Weltraumforschung von grundlegender Bedeutung ist, akkumuliert in einem solchen Raum, in dem die Realität kontinuierlich aus einem Strom von Daten konstruiert wird. Die Komposition des Bildes setzt sich aus verschiedenen Perspektiven zusammen und oszilliert zwischen Realität und Simulation. Bei genauerem Hinsehen offenbart sich eine filigrane Netzwerkstruktur, die sich auf die für Kontrollräume verwendete Metapher eines „Nervenzentrums“ bezieht. Auf den Bildschirmen ist eine Rakete auf der Startrampe zu sehen, während der zentrale Teil des Werkes die Schwärze des Weltraums zeigt, den endgültigen Bestimmungsort der Nutzlast der Trägerrakete.

“mission control” shows the Jupiter Control Room at Guiana Space Center. A huge flow of data from the control systems for launch and orbital operations is processed in this room, making it a highly charged mythic space. The relationship between simulation and reality – fundamental to space exploration – accumulates in such a space where reality is continuously constructed from a torrent of data. The artwork suggests this mystery by oscillating between reality and simulation and by being composed of various views of the control room. On closer inspection a filigree network structure is revealed relating to the “nerve center” metaphor often used for control rooms. The center picture screens display the rocket on the launch pad while the central part of the work depicts the darkness of space, the ultimate destination for the launcher's payload.

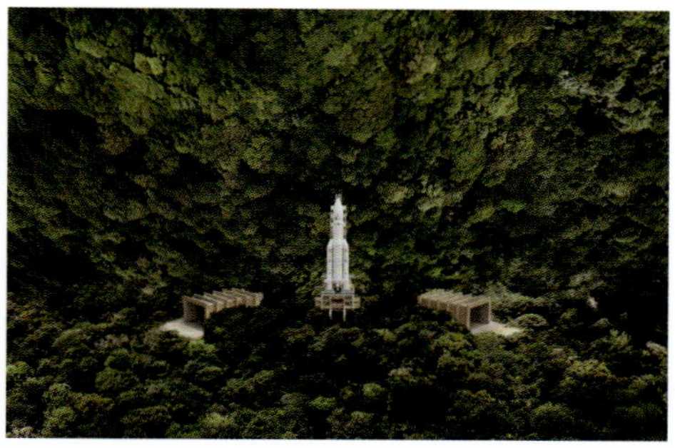

heterotopia (2016)

132 × 202 cm (51.7 × 79.5 inches)
67 × 102 cm (26.4 × 40.2 inches)
Pigmentprint/pigment print, Diasec/diasec,
Aluminiumrahmen/aluminium frame

„heterotopia" basiert auf mehreren Fotografien einer Ariane 5-Rakete auf der Startrampe, kurz vor dem Abheben ins All. Diese wurden während eines Hubschrauberfluges über das Raumfahrtzentrum in Französisch-Guayana aufgenommen. Der Weltraumbahnhof ist eine Hightech-Einrichtung, die von dichtem Amazonasurwald umgeben ist, was eine surrealistische Kulisse erzeugt. Den Begriff „Heterotopie" prägte der französische Philosoph Michel Foucault, um Räume zu beschreiben, die mehr Bedeutungsschichten aufweisen, als unmittelbar sichtbar sind. Er beschreibt die Idee eines Spiegels als Metapher für Dualität und Widerspruch, für Wirklichkeit und Unwirklichkeit solcher Räume, die weder hier noch dort sind. Das Werk thematisiert den heterotopischen Raum zwischen der Erdoberfläche und den Erdumlaufbahnen, ein Raum, der in naher Zukunft immer relevanter und dichter besiedelt werden wird.

"heterotopia" is based on pictures of an Ariane 5 rocket on the launch pad shortly before blasting off into space. They were taken during a helicopter flight at the Guiana Space Center, the European spaceport near Kourou in French Guiana. This high tech facility in the middle of a primeval forest creates not only a stirringly surrealistic setting, but can also serve as a metaphor for the strong and vital relationship between space exploration and planet Earth itself. The term "heterotopia" was elaborated by the French philosopher Michel Foucault to describe spaces that have more layers of meaning than are immediately visible. He uses the idea of a mirror as a metaphor for duality and contradiction, for the reality and unreality of such spaces which are neither here nor there. The artwork also invokes the heterotopian space between the Earth's surface and Earth orbits which will become increasingly relevant and densely populated in the near future.

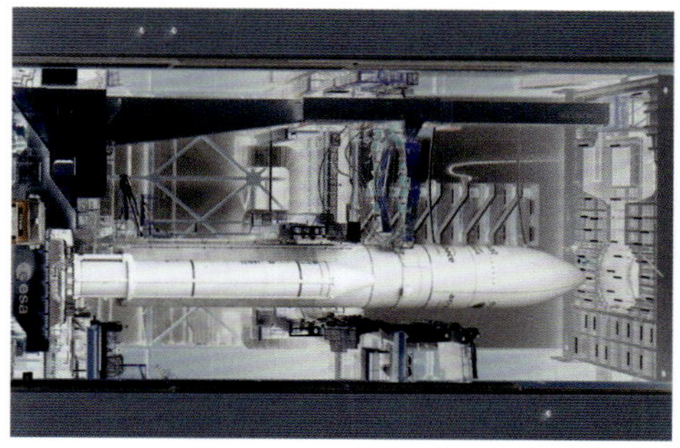

space launcher (2016)

132 × 202 cm (51.7 × 79.5 inches)
67 × 102 cm (26.4 × 40.2 inches)
Pigmentprint/pigment print, Diasec/diasec,
Aluminiumrahmen/aluminium frame

„space launcher" zeigt eine Ariane 5-Rakete im Endmontage-Gebäude im Centre Spatial Guyanais, Europas Raumfahrtzentrum in Französisch-Guayana. Im Inneren des 90 Meter hohen Gebäudes erhält die Trägerrakete ihre Nutzlast. Sobald die Integration abgeschlossen ist, wird der mobile Starttisch mit der Rakete in die Startzone gerollt. Das Werk zeigt die erstaunliche Komplexität der Montagestruktur, die für den Bau der relativ simplen Form der Trägerrakete – diese ist im Grunde lediglich eine Röhre – benötigt wird. Die Komposition des Werkes visualisiert den mehrstufigen Montageprozess, der auf verschiedenen vertikalen und horizontalen Ebenen stattfindet. Die Originalaufnahme wurde partiell invertiert, um die technische und konstruktive Präzision zu betonen; Montagekonstruktion und die Trägerrakete bilden eine visuelle Einheit.

"space launcher" shows an Ariane 5 rocket in the Final Assembly Building at the Centre Spatial Guyanais, Europe's spaceport located in French Guiana. Inside the ninety-meter-tall Assembly Building the launcher receives its payload. Once integration is complete, the mobile launch table with its rocket is rolled out to the launch zone. The artwork shows the staggering complexity of the assembly structure needed to build the relatively simple form of the launcher vehicle – which is basically a tube. The composition of the work refers to the multistage assembly process that takes place on various vertical and horizontal levels. The original photograph has been alternated to emphasize technical and constructive precision and the fact that assembly construction and the launcher itself form one single entity.

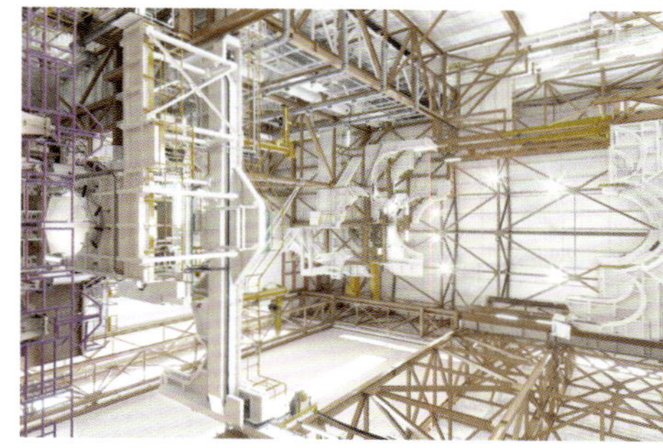

void space (2016)

132 × 202 cm (51.7 × 79.5 inches)
67 × 102 cm (26.4 × 40.2 inches)
Pigmentprint/pigment print, Diasec/diasec,
Aluminiumrahmen/aluminium frame

„void space" zeigt die 58 m hohe, 137 m lange und 31 m breite Integrationshalle für Ariane-5-Trägerraketen im europäischen Raumfahrtzentrum in Französisch-Guayana. Das Werk konzentriert sich auf die ungeheure Komplexität der 80.000 m³ großen architektonischen Struktur, die für die Arbeiten auf mehreren horizontalen und vertikalen Ebenen zum Bau der Rakete erforderlich ist. Die Struktur umfasst drei Haupt- und Dutzende sekundärer mobiler Ebenen. Indem das Werk das Integrationsgebäude ohne das dazugehörige Objekt zeigt, verschiebt es die Leere, die offensichtliche Abwesenheit des Signifikanten, in das Zentrum der Wahrnehmung des Betrachters. Es ist eine Bühne ohne Schauspieler, die es den Zuschauern erlaubt, etwas zu sehen, das zuvor ihren Augen verborgen war. Die Bühne selbst wird zum Akteur.

"void space" shows the 58 m high, 137 m long and 31 m wide launcher integration building at Europe's spaceport in French Guiana. Inside this building an Ariane 5 launcher rocket is being assembled. The whole integration process takes about four weeks, after which the launcher is transferred to the Final Assembly Building to receive its payload. The picture was photographed shortly after the Ariane 5 rocket left the building. The artwork focuses on the tremendous complexity of the 80,000 m³ architectural structure needed for work on multiple horizontal and vertical levels to build the vehicle. The structure includes three main and dozens of secondary mobile levels. By showing the integration building without its object of desire, the work conceptually shifts the void — the obvious absence of the significant — into the center of perception. It's a stage without an actor that allows viewers to see something previously hidden to their eyes as the stage itself now becomes the actor.

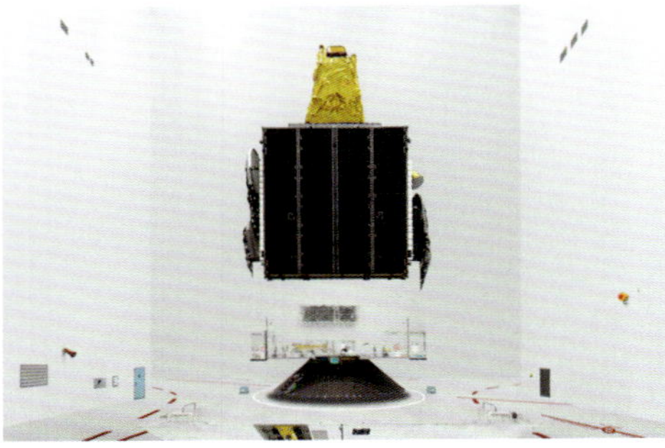

suprematist satellite (2016)

132 × 202 cm (51.7 × 79.5 inches)
67 × 102 cm (26.4 × 40.2 inches)
Pigmentprint/pigment print, Diasec/diasec,
Aluminiumrahmen/aluminium frame

„suprematist satellite" zeigt einen Kommunikationssatelliten enormen Ausmaßes. Heutige Satelliten können hinsichtlich ihrer ästhetischen Erscheinung durchaus als abstrakte Skulpturen betrachtet werden. Basierend auf zahlreichen Fotografien, die im Raumfahrtzentrum von Französisch-Guyana aufgenommen wurden, veranschaulicht das Werk die technische Komplexität eines Satelliten. Da diese ihre gesamte Lebensspanne in der Mikrogravitation des Weltraums verbringen, entziehen sie sich zunächst jeder ästhetischen Kategorisierung. Die Konstruktion von Satelliten als ästhetische Vision taucht bereits im russischen Konstruktivismus zu Beginn des 20. Jahrhunderts auf. Die visuelle Komposition ist auch eine Hommage an die futuristische Vision von Kazimir Malevich, der 1920 seine Vision der „suprematist satellites" schuf, eine Imagination neuer Weltraum-Objekte, die sich im Orbit bewegen und dort ihre eigenen Bahnen ziehen.

The artwork "suprematist satellite" visualizes a massive communication satellite. Especially with regard to their aesthetic appearance, today's satellites can be considered as abstract sculptures. Drawing on dozens of photographs taken at the Spaceport French Guiana, the work illustrates the technical complexity of a satellite. As they will spend their lifespan in the microgravity of space, satellites defy any aesthetic categorization. The construction of satellites had already appeared as an aesthetic vision in the Russian Constructivist movement in the early twentieth century. The visual composition of the work is a homage to the futuristic vision of Kazimir Malevich who created his vision of Suprematist satellites in 1920, imagining new objects in space, moving in orbit and creating their own paths.

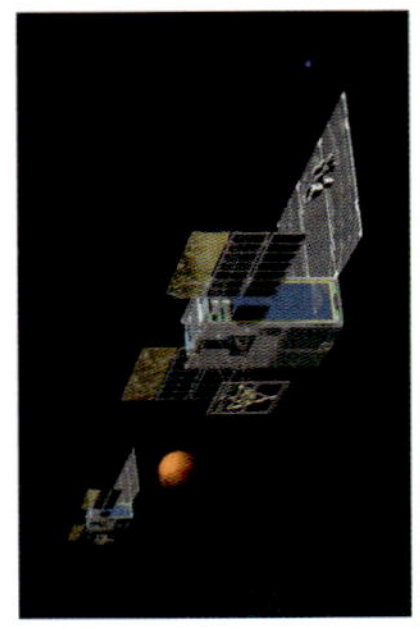

mars cubes (2018)

202 × 132 cm (79.5 × 51.7 inches)
102 × 67 cm (40.2 × 26.4 inches)
Pigmentprint/pigment print, Diasec/diasec,
Aluminiumrahmen/aluminium frame

„mars cubes" visualisiert zwei CubeSats, die 2018 von der NASA zum Mars geschickt wurden. Diese kleinen, kastenförmigen Satelliten von der Größe eines Handgepäckkoffers waren die ersten CubeSats, die zu einem anderen Planeten gereist sind. Das Kunstwerk basiert auf originalen technischen Zeichnungen und Bildern, die während des Bauprozesses im JPL-Labor der NASA aufgenommen und mit Hilfe von 3D-Computersoftware virtuell nachempfunden wurden. Die Bildkomposition lehnt sich an die Zeichnungen russischer Konstruktivisten an, die bereits zu Beginn des 20. Jahrhunderts ästhetische Visionen von der Eroberung des Weltraums und dem Bau von Satelliten entwarfen. Eine raumgreifende Schwärze umschließt die komplexe Form des kleinen Satelliten und dient gleichzeitig als Metapher des Unendlichen. Das Werk hinterfragt das Verhältnis von Dynamik, Zerbrechlichkeit und Proportionen, eine neue Ära der Erforschung unseres Planetensystems beginnt mit diesem CubeSat.

"mars cubes" visualizes two twin CubeSats launched by NASA in 2018 to Mars. These small box-like satellites the size of a carry-on suitcase were the first CubeSats to voyage to another planet. The artwork is based on original technical drawings and pictures taken during the construction process at NASA's JPL laboratory that have been virtually rebuilt using 3D computer software. It draws closely on the drawings of Russian constructivists who were already elaborating aesthetic visions of the conquest of space and the construction of satellites in the early twentieth century. A vast blackness discloses the complex shape of the small satellite, and serves as an actual representation of the infinite. At the same time the artwork questions the relation of dynamics, fragility, and proportions, a new era of exploration of our planetary system started with these two CubeSats.

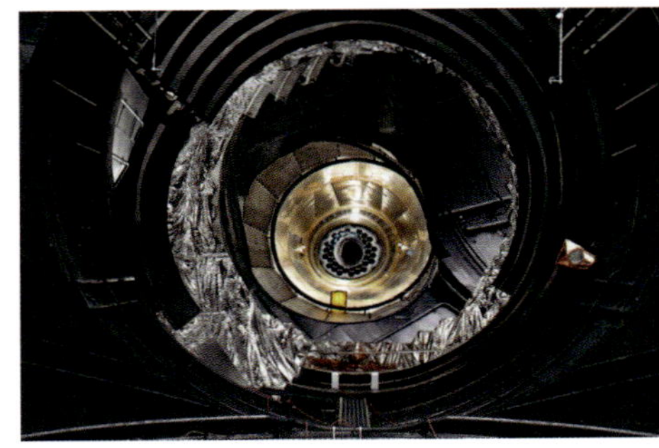

simulacrum (2018)

132 × 202 cm (51.7 × 79.5 inches)
67 × 102 cm (26.4 × 40.2 inches)
Pigmentprint/pigment print, Diasec/diasec,
Aluminiumrahmen/aluminium frame

„simulacrum" zeigt den Large Space Simulator im ESA-Testzentrum ESTEC in Noordwijk, Niederlande. Alle Materialien, Komponenten, Satelliten und Raumfahrzeuge, die für den Weltraum bestimmt sind, müssen zunächst auf der Erde minuziös geprüft und getestet werden, wenn sie den herausfordernden Bedingungen des Weltraums standhalten sollen. Das Werk konzentriert sich auf die Beziehung zwischen Raum, Form und Struktur. Die Kammer ist eine hochkomplexe architektonische Einheit, die aus einem vertikalen und einem horizontalen Zylinder geformt wird. Die Wahrnehmung des Betrachters oszilliert zwischen dem realen Objekt und seiner übergeordneten Struktur. Das Hauptelement ist der aus sechseckigen Teilen gebildete, zentrierte Spiegel, der die Raumwahrnehmung fragmentiert. Im Fluchtpunkt der Komposition schwebt eine Kugel, die die Umgebung reflektiert: der Raumsimulator wird selbst zur Raumsimulation.

"simulacrum" pictures the Large Space Simulator at ESA's ESTEC Test Center in Noordwijk, the Netherlands. All materials, components, satellites, and spacecraft destined for outer space must first undergo exacting trial and testing on Earth if they are to survive the challenging conditions of space. The artwork focusses on the relationship between space, form, and structure. The chamber is a highly complex architectural entity formed by a vertical and a horizontal cylinder. The viewers' visual focus oscillates between the real object and its superordinate structure. The main element of the artwork is the centered mirror formed of hexagonal parts, fragmenting our perception of space. At the vanishing point of the composition floats a sphere that again reflects the surrounding area: the space simulator becoming a simulation of space.

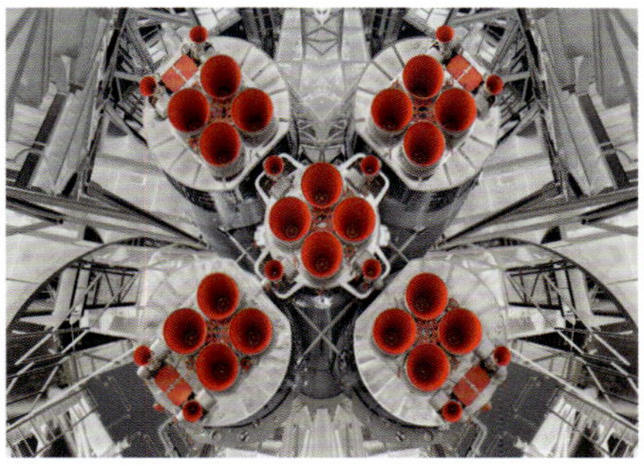

symmetrical boosters (2019)

132 × 202 cm (51.7 × 79.5 inches)
67 × 102 cm (26.4 × 40.2 inches)
Pigmentprint/pigment print, Diasec/diasec,
Aluminiumrahmen/aluminium frame

„symmetrical boosters“ zeigt die Unterseite einer russischen Sojus-Rakete, die auf der Startrampe aufgerichtet und von einem mobilen Startturm umschlossen ist. Die Positionierung des Betrachter-Auges direkt unter der Startrampe ermöglicht eine höchst ungewöhnliche Perspektive, in der die symmetrische Konfiguration des Triebwerkes mit der Hauptstufe und den vier seitlichen Boostern deutlich sichtbar ist. Die duotone Farbkomposition hebt die roten Brennkammerabdeckungen der fünf Raketentriebwerke hervor. Diese Schutzeinsätze werden auf die Düsen gesetzt, um Schmutz während des Transports zur Startrampe fernzuhalten, und kurz vor dem Start entfernt. Das Werk vermittelt dem Betrachter ein deutliches Gefühl für die ungeheure Schubkraft von beinahe 800 Kilonewton, die während der Startsequenz von den Triebwerken ausgeht und die Schwergewichtsrakete in den Weltraum katapultiert.

“symmetrical boosters” visualizes the bottom of a Russian Soyuz rocket, which is erected on the launch pad and enclosed by a mobile launch gantry. Positioning the viewer’s eye directly under the launcher allows a highly unusual perspective in which the engine’s symmetrical configuration with the core stage and the four side boosters are clearly visible. The duotone color composition highlights the red combustion chamber covers of the five rocket engines. These protective inserts are clipped onto the nozzles to keep debris out during transport to the launch pad and are removed shortly before launch together with the mobile gantry itself. The artwork gives the viewer not merely an idea but a distinct feeling of the tremendous power of the nearly 800 kilonewtons of thrust that erupt from the engines during the launch sequence, catapulting the heavyweight rocket up into space.

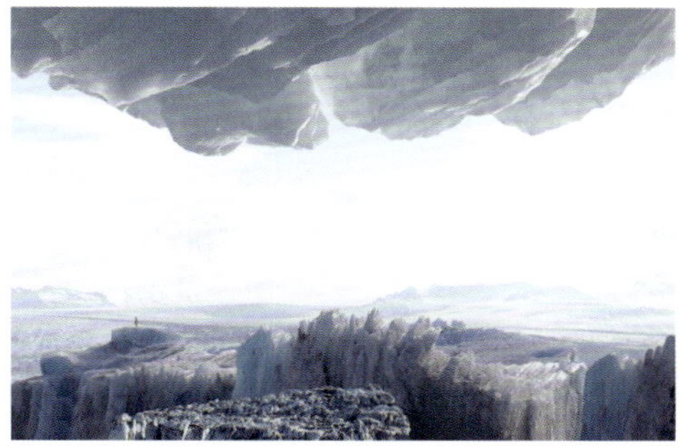

europa (2016)

132 × 202 cm (51.7 × 79.5 inches)
67 × 102 cm (26.4 × 40.2 inches)
Pigmentprint/pigment print, Diasec/diasec,
Aluminiumrahmen/aluminium frame

„europa“ visualisiert die Oberfläche des Jupitermondes Europa – einer der wahrscheinlichsten Orte, Leben außerhalb der Erde zu finden. Die gesamte Oberfläche von Europa ist von einer dicken Eisschicht bedeckt. Es gibt inzwischen konkrete wissenschaftliche Belege, dass der Jupitermond mehr als die doppelte Menge des auf der Erde vorrätigen Wassers enthält. Es besteht zudem eine hohe Wahrscheinlichkeit, dass Europa die richtigen Bedingungen für Leben erfüllt, was ihn zu einem faszinierenden Thema für Kunst und Wissenschaft macht. Die visuelle Komposition, inspiriert vom deutschen Maler Caspar David Friedrich, verschmilzt Bilder einer Gletscherregion Islands mit Bildern der Oberfläche des Europa-Mondes, die von der Raumsonde Galileo aufgenommen wurden. Das Werk vermittelt den unbändigen Drang der Menschheit, neue Welten zu entdecken und mehr über die Ursprünge menschlichen Lebens zu erfahren.

“europa” visualizes the surface of the Jupiter moon Europa – one of the most likely places to find life outside of Earth. Its entire surface is covered by a thick ice shell. There is now strong scientific evidence that this satellite of Jupiter holds more than twice the amount of water contained by the Earth. There’s also a high probability that Europa has the right preconditions for life which makes it a fascinating topic both for art and science. The artwork is a visual composition – very much inspired by German painter Caspar David Friedrich – which fuses landscape portraits photographed in a glacier region of Iceland together with images of the surface of the Europa moon taken by the Galileo space probe. The work also conveys humankind’s irrepressible urge to discover new worlds and learn more about the origins of human life.

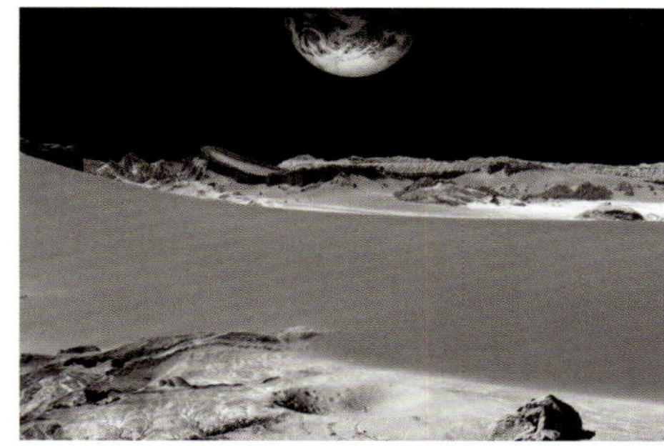

moon mining (2016)

132 × 202 cm (51.7 × 79.5 inches)
67 × 102 cm (26.4 × 40.2 inches)
Pigmentprint/pigment print, Diasec/diasec,
Aluminiumrahmen/aluminium frame

„moon mining“ thematisiert die zukünftige Bedeutung des Mondes als Energiequelle. Dieser weist eine Fülle von Helium-3 auf, ein kostbares Isotop, das Teil des Sonnenwindes ist, die Erdoberfläche aber nicht erreichen kann. Helium-3 könnte möglicherweise die Energiequelle der Zukunft für Fusionsreaktoren sein. Verschiedene Länder rüsten sich bereits jetzt für den kommenden Konkurrenzkampf um die wertvollen Ressourcen des Mondes. Das Bild setzt sich aus Fotografien des Moon Valleys in der Atacama-Wüste und aus Originalaufnahmen der Apollo-Astronauten von der Mondoberfläche zusammen. Der gesamte Mittelteil der Bildkomposition besteht aus Mondstaub, in diesen ist das wertvolle Helium-3 eingebettet. Am linken Bildrand deutet eine Mine auf den zukünftigen Abbau von Mondressourcen hin.

“moon mining” visualizes the future importance the Moon will have as a source of energy. It possesses an abundance of helium-3, a precious isotope that forms part of the solar wind which cannot reach the Earth’s surface. Helium-3 could well be the energy source of the future for fusion reactors, and various countries are now gearing up for the coming stiff competition for the Moon’s rich resources. Helium-3 is embedded in the regolith or lunar dust that takes up the major part of the artwork which is composed of photographs of Moon Valley in the Atacama Desert and original shots of the Moon’s surface taken by the Apollo astronauts. A mine on the left of the composition signals the future mining of resources.

moon water (2021)

202 × 132 cm (79.5 × 51.7 inches)
102 × 67 cm (40.2 × 26.4 inches)
Pigmentprint/pigment print, Diasec/diasec,
Aluminiumrahmen/aluminium frame

„moon water" visualisiert die Entdeckung von Wassereis in den dunklen Tiefen der Mondkrater. Die Lunar Reconnaissance Orbiter Camera hat 20.503 Mondkrater fotografiert, potenzielle Kältefallen für Wassereis. Alle Einzelaufnahmen wurden zu einem Kratermosaik zusammengesetzt, dieses wurde mit der Nahaufnahme einer Eiswand verwoben. Die palimpsestartige Schichtung lässt Eis und Kratermotive unterschiedlich stark hervortreten.
Beim distanzierten Betrachten werden alle Bildelemente gleichwertig in eine pixelartige Rasterstruktur zerteilt, die die abstrakte Form- und Farbkomposition betont. Nähert sich der Betrachter jedoch dem Werk, erblickt er jeden einzelnen der über 20.000 Krater auf der Mondoberfläche und die feine Struktur des Wassereises. Erschien uns der Mond in den letzten Jahrzehnten als eine vertraute aber doch ferne, distanzierte Welt am Nachthimmel, nähern wir uns nun mit großen Schritten einer ständigen Präsenz des Menschen auf unserem Erdtrabanten.

"moon water" visualizes the discovery of water ice in the dark depths of lunar craters. The Lunar Reconnaissance Orbiter Camera photographed 20.503 lunar craters, potential cold traps for water ice. The individual images were assembled into a crater mosaic, collaged with the close-up of an ice wall. The palimpsest-like layering allows ice and crater elements to stand out to varying degrees. When viewed from a distance, all the picture elements are equally divided into a pixel-like grid structure that emphasizes the abstract composition of form and color. However, as viewers approach the work, they catch sight of each of the more than 20,000 craters on the lunar surface and the fine structure of the water ice. If in the last decades the moon appeared to us as a familiar but distant world in the night sky, we are now fast approaching the time of a permanent human presence on the moon.

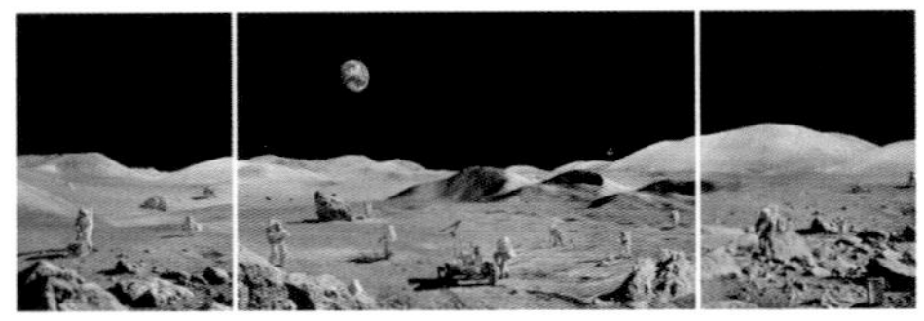

lunar explorers (2019)

132 × 394 cm (51.7 × 155 inches)
67 × 200 cm (26.4 × 78.7 inches)
Pigmentprint/pigment print, Diasec/diasec,
Aluminiumrahmen/aluminium frame

„lunar explorers" ist eine Hommage an die erste Mondlandung 1969 sowie an die zwölf Moonwalker, die wichtigsten Entdecker des vergangenen Jahrhunderts. Das Werk ist eine Kollage aus Originalaufnahmen, welche die Apollo Astronauten während ihrer Mission gemacht haben. Es zeigt die Astronauten beim Arbeiten auf der Mondoberfläche, beim Experimentieren, Sammeln von Gesteinsproben, Umherfahren im Lunar-Rover und bei der Aufnahme von Fotografien, auf welchen das Werk basiert. Die Komposition hebt die Leere des noch jungfräulichen lunaren Territoriums, aber auch die allerersten von Menschen durchgeführten wissenschaftlichen Aktivitäten auf einem anderen Himmelskörper hervor. Die auf die Erde gerichtete Antenne des Fahrzeugs erscheint als Verbindungspunkt zwischen unserem Heimatplaneten und den außerirdischen lunaren Aktivitäten.

"lunar explorers" is a homage to the first moon landing in 1969 and the twelve moonwalkers, the most important explorers of the last century. The artwork is based on original photographs which the apollo astronauts took during their missions. The work shows the astronauts walking and working together on the lunar surface, conducting experiments, collecting rock samples, driving around in the lunar rover and taking pictures which are the source material on which this artwork is based. The composition highlights the emptiness of the virgin lunar territory but also the very first scientific human activities on another celestial body. The antenna of the Lunar Rover Vehicle directed at Earth seems a point of connection between our home planet and these extra-terrestrial lunar activities.

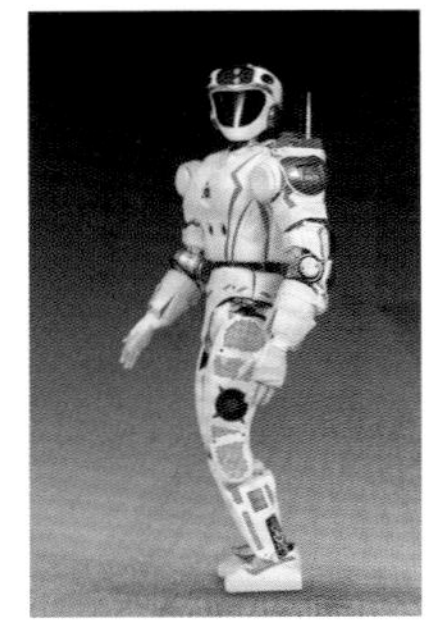

starbot HR4DSE (2017))

202 × 132 cm (79.5 × 51.7 inches)
102 × 67 cm (40.2 × 26.4 inches)
Pigmentprint/pigment print, Diasec/diasec,
Aluminiumrahmen/aluminium frame

„starbot HR4DSE" ist eine Darstellung des fortschrittlichsten humanoiden Roboters der Welt in Kombination mit der Punktwolke seiner Umgebung, die dem Roboter ein digitales Höhenmodell des Geländes liefert und es ihm erlaubt, sich autonom zu bewegen. Die Konstruktion eines autonomen humanoiden Roboters für die zukünftige Erforschung des Mars ist ein ehrgeiziges Projekt, das gemeinsam von der NASA und der Universität Edinburgh durchgeführt wird. Die robotergestützte Vorarbeit auf anderen Planeten ist ein Schlüsselschritt auf dem Weg, uns zu einer bi-planetaren Spezies zu machen. Der abgebildete Roboter ist mit einer Reihe von Sensoren ausgestattet, darunter Stereokameras, Berührungssensoren, Drehmomentsensoren und Abtastlaser. Er wurde in einem Labor im Zentrum für Robotik in Edinburgh fotografiert. Das Werk berührt eine kritische menschliche Fragestellung: Wie viel Autonomie sollten wir den Robotern gewähren, die in Zukunft unseren Alltag teilen werden?

"starbot HR4DSE" pictures the most advanced humanoid robot in the world combined with the output of the robot's 3D scanning processes, the point cloud which provides the robot with a digital elevation model of the terrain and allows it to move autonomously. Building an autonomous humanoid robot for future deep space exploration on Mars is a highly ambitious project run jointly by NASA and the University of Edinburgh. Robotic pre-deployment of assets on other planets is a key step in making us a bi-planetary species. The depicted robot is equipped with a range of sensors including stereo cameras, touch sensors, torque sensors, and scanning lasers. It was photographed at the Edinburgh Centre for Robotics. The artwork touches on a critical human concern: how much autonomy should we grant the robots which will share our daily lives in future?

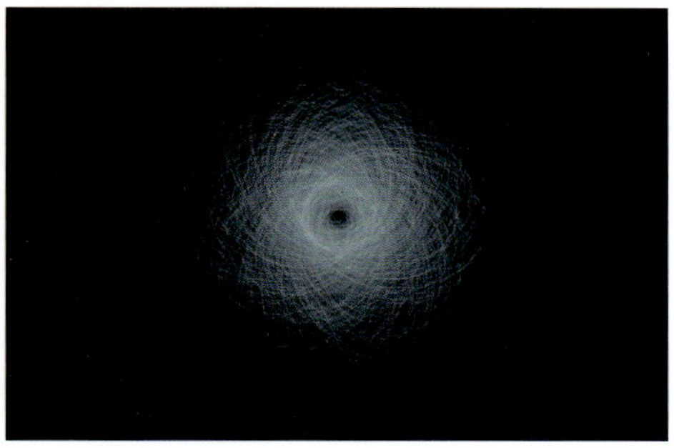

hazardous asteroids (2016)

132 × 202 cm (51.7 × 79.5 inches)
67 × 102 cm (26.4 × 40.2 inches)
Pigmentprint/pigment print, Diasec/diasec,
Aluminiumrahmen/aluminium frame

„hazardous asteroids“ zeigt die Umlaufbahnen aller bekannten potenziell gefährlichen Asteroiden (Potentially Hazardous Asteroids) – 1681 sind bisher identifiziert worden. PHAs sind Asteroiden mit einem Durchmesser von mindestens 140 m, deren Orbits in einer Entfernung von 7,5 Millionen Kilometern an der Erde vorbeiführen und die damit eine potenzielle Bedrohung für unseren Planeten darstellen. Asteroiden sind im Laufe der geologischen Zeit häufig mit der Erde kollidiert und der Einschlag solch großer Objekte hat zu Massenaussterben beigetragen und den Verlauf der Evolution verändert. Es ist eine wissenschaftliche Tatsache, dass Asteroiden weiterhin in unregelmäßigen Abständen auf die Erde einschlagen werden, mit Potenzial für katastrophale Schäden. Das Zentrum des Werks markiert die Sonne; die Erde ist als kleiner schwarzer Punkt zu sehen, während die äußere Grenze durch den Orbit des Jupiters definiert ist.

“hazardous asteroids” depicts the orbits of all known Potentially Hazardous Asteroids – no less than 1681 have been identified to date! PHAs are asteroids with a diameter of at least 140 m whose orbits pass the Earth's orbit within a distance of 7.5 million km, making them potential threats to our planet. Asteroids have frequently collided with Earth over the course of geological time, and the impact of such large Near-Earth Objects has contributed to mass extinctions and changed the course of evolution. It is a scientific certainty that asteroids will continue to hit the Earth at irregular intervals with the potential for catastrophic damage. The center of the artwork marks the sun; Earth is seen as a small black dot while the outer limit is defined by the orbit of Jupiter.

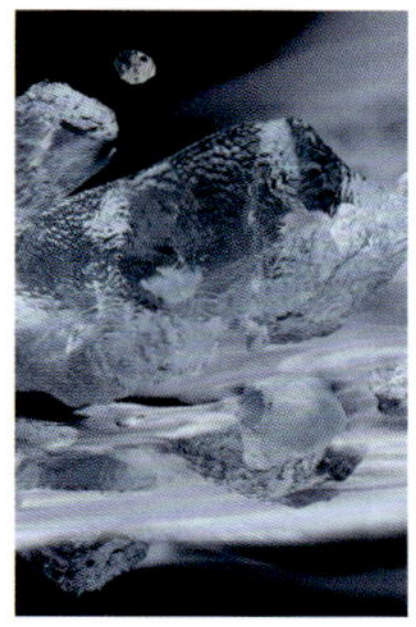

asteroid mining (2017)

202 × 132 cm (79.5 × 51.7 inches)
102 × 67 cm (40.2 × 26.4 inches)
Pigmentprint/pigment print, Diasec/diasec,
Aluminiumrahmen/aluminium frame

„asteroid mining“ thematisiert den zukünftigen Rohstoffabbau, insbesondere von Wasser, auf Asteroiden und Kleinplaneten. Wasser ist die am häufigsten vorkommende chemische Verbindung im Universum, allgegenwärtig in unserem eigenen Sonnensystem und grundlegend für alle Vorgänge im Weltraum. Es nicht nur der Schlüsselfaktor für neue menschliche Zivilisationen im Weltraum, sondern auch ein möglicher Treibstoff, wenn es in seine Bestandteile Wasserstoff und Sauerstoff aufgespalten wird. Wenn dieser Treibstoff im Weltraum hergestellt und verfügbar gemacht werden könnte, könnte er Satelliten und andere Raumfahrzeuge antreiben oder es leicht betankten Raketen ermöglichen, von der Erde abzuheben und dann im Weltraum wieder aufzutanken. Pläne zum Abbau von Asteroiden könnten eines Tages Realität werden und uns helfen, unser Sonnensystem weiter zu erforschen und zu besiedeln.

“asteroid mining” envisions future exploitation of raw materials, especially water, from asteroids and minor planets. Water is the most abundant chemical compound in the universe – ubiquitous in our own solar system and fundamental to all operations in space. As the core resource supporting humans in space it's not only the key factor underpinning human habitation and civilization but can also be used as a propellant. It can be broken down into its constituent parts, liquid hydrogen and oxygen, and used as fuel. If that fuel could be manufactured and made available in space it could power aging satellites and other spacecraft or enable lightly fuelled rockets to take off from Earth and then re-fuel in space. Asteroid mining schemes might one day become reality and help us further explore and colonize our solar system.

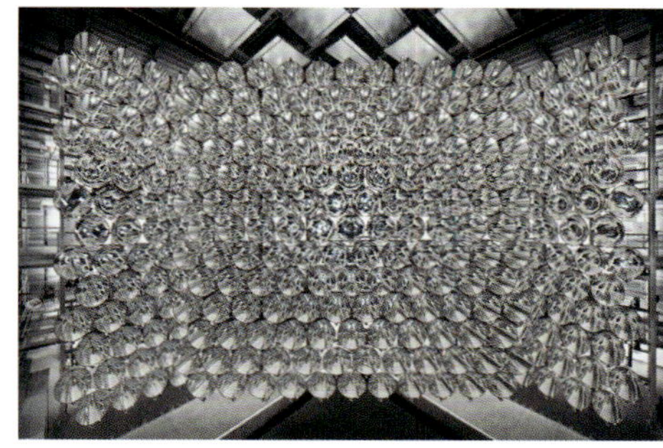

synlight (2017)

132 × 202 cm (51.7 × 79.5 inches)
67 × 102 cm (26.4 × 40.2 inches)
Pigmentprint/pigment print, Diasec/diasec,
Aluminiumrahmen/aluminium frame

„synlight“ zeigt die größte künstliche Sonne der Welt, die seit 2017 im Deutschen Zentrum für Luft- und Raumfahrt in Jülich scheint. Diese besteht aus 49 extrem leistungsstarken Xenon-Kurzbogenlampen, die die Wissenschaftler auf eine Zielfläche von 20 × 20 Zentimetern fokussieren können, diese ist mit flüssigem Wasser gefüllt. Die Bestrahlung mit bis zu 350 Kilowatt erzeugt eine Lichtintensität, die mehr als dem 10.000-fachen der Sonneneinstrahlung der Erdoberfläche entspricht. Wasserstoff, ein für die Raumfahrt wesentliches Element, welches als Treibstoff für Raketen, Raumschiffe und Satelliten verwendet wird, lässt sich durch Aufspaltung des Wassers in seine Bestandteile gewinnen. Die triptychonartige Komposition des Werkes schichtet und verschmilzt drei Aufnahmeperspektiven der Solaranlage und veranschaulicht die Grundidee der Spaltung eines Wassermoleküls in zwei Wasserstoffatome und ein Sauerstoffatom.

“synlight” portrays the world's biggest artificial sun that has blazed at the German Aerospace Center in Jülich since 2017. It consists of 149 powerful Xenon short-arc lamps which scientists can focus on a target surface of 20 × 20 centimeters holding liquid water. Irradiating this water with beams of up to 350 kilowatts produces a light intensity equivalent to more than 10,000 times the solar radiation on the surface of the Earth: Hydrogen, a crucial material for spaceflight used as fuel by rockets, spaceships and satellites, can be produced by splitting the water into its constituent parts. The triptych-like composition of the artwork layers and fuses three perspectives of the solar facility exemplifying the basic idea of splitting a water molecule into two hydrogen and one oxygen atoms.

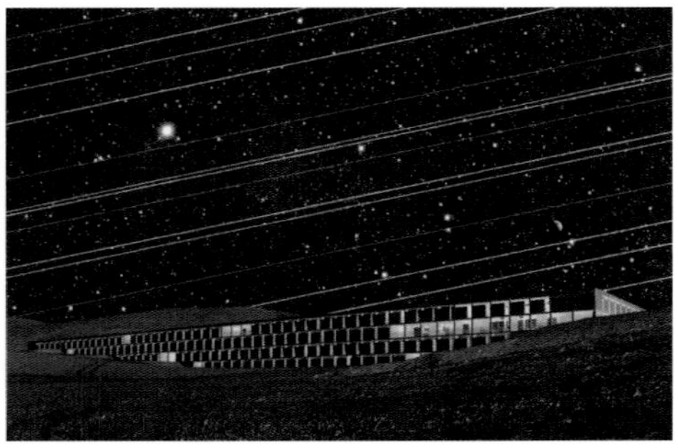

starlink (2020)

132 × 202 cm (51.7 × 79.5 inches)
67 × 102 cm (26.4 × 40.2 inches)
Pigmentprint/pigment print, Diasec/diasec,
Aluminiumrahmen/aluminium frame

„starlink" visualisiert die Lichtverschmutzung an unserem nächtlichen Sternenhimmel, der sich bald für immer drastisch verändern wird. SpaceX plant, die Erde mit einem globalen Netzwerk von Satelliten zu umhüllen, einer Megakonstellation von bis zu 42.000 Satelliten. Diese würde die Forschungsarbeit von Astronomen auf der ganzen Welt erheblich behindern. Die Komposition zeigt eine Hügellandschaft und den nächtlichen Sternenhimmel, der mit einem Teleskop in der Atacama-Wüste in Chile fotografiert wurde und von zahlreichen diagonalen Lichtstreifen durchzogen wird. Zwischen Himmel und Erde ist ein langes, flaches Gebäude eingebettet. Dieses rätselhafte Gebäude, das in der Atacama-Wüste in einer Höhe von 2600 Metern liegt, beheimatet Forscher und Astronomen aus aller Welt. Starlink wird die Ästhetik und Unberührtheit unseres nächtlichen Himmels nachhaltig beeinflussen, die Technologie selbst schreibt sich auf eindringliche Weise in unseren Sternenhimmel ein.

"starlink" visualizes light pollution in our starry sky at night, which will soon drastically change forever. SpaceX plans to envelop the Earth with a global network of satellites, a mega-constellation of up to 42,000 satellites. This would seriously impede the research work of astronomers throughout the world. The composition shows a hilly landscape, a starry night sky photographed by a telescope in the Atacama Desert in Chile and crossed by multiple diagonal trails of light with a long flat building embedded in-between, connecting them. Entrenched in the Atacama Desert at an altitude of 2600 meters, this enigmatic building is home to research scientists and astronomers. The Starlink satellite network is destined to have a major lasting impact on the aesthetics and purity of our sky at night as technology inscribes itself intrusively on our star-studded heaven.

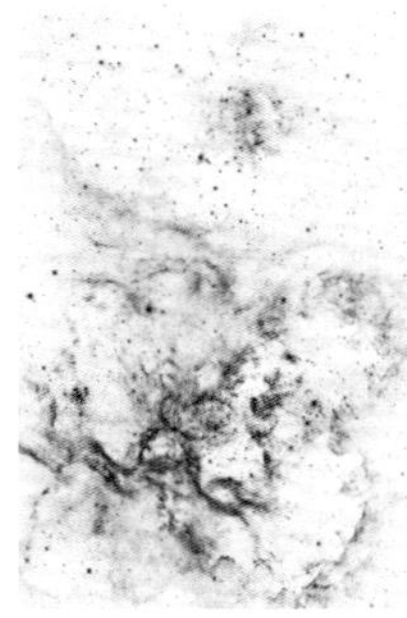

oscillating universe (2015)

202 × 132 cm (79.5 × 51.7 inches)
102 × 67 cm (40.2 × 26.4 inches)
Pigmentprint/pigment print, Diasec/diasec,
Aluminiumrahmen/aluminium frame

„oscillating universe" visualisiert die Big Bounce-Theorie, die ein hypothetisches wissenschaftliches Modell von der Geburt unseres Universums darstellt. Sie stützt sich auf die Idee eines oszillierenden Universums, das aus dem Kollaps eines früheren Universums entstanden ist. Der Theorie des oszillierenden Universums zufolge war der Urknall lediglich der Beginn einer Expansionsperiode, die auf eine Periode folgte, in der sich der Weltraum zusammenzog. Dies deutet darauf hin, dass wir an einem beliebigen Punkt in einer unendlichen Abfolge von Universen leben könnten. Die Komposition des Werks stützt sich auf mehrere hochauflösende Datenvisualisierungen entfernter Galaxien, die vom Hubble-Weltraumteleskop aufgenommen wurden. Diese wurden digital zusammengefügt, um ein neues fiktives Universum zu formen. Schwarz- und Weißwerte wurden anschließend invertiert und um ein Materie absorbierendes Schwarzes Loch ergänzt.

"oscillating universe" visualizes the Big Bounce theory which offers a hypothetical scientific model of the birth of our universe. It draws on the idea of a oscillatory universe which resulted from the collapse of a previous universe. According to the oscillatory universe theory, the Big Bang was simply the beginning of a period of expansion that followed a period when space contracted. This suggests that we could be living at any point in an infinite sequence of universes. The composition of this artwork relies on multiple high-res data visualizations of distant galaxies taken by the Hubble Space Telescope. These have been digitally stitched together to form a new fictive universe which has been inverted by reversal of black and white values and supplemented with a matter-absorbing black hole.

dark matter (2019)

202 × 132 cm (79.5 × 51.7 inches)
102 × 67 cm (40.2 × 26.4 inches)
Pigmentprint/pigment print, Diasec/diasec,
Aluminiumrahmen/aluminium frame

„dark matter" thematisiert das Rätsel des Unbekannten und das Mysterium des Unsichtbaren. Dunkle Materie ist eine hypothetische Form der Materie, von der angenommen wird, dass sie etwa 85% der gesamten Materie im Universum ausmacht. Sie wird als Dunkle Materie bezeichnet, da sie nicht mit elektromagnetischer Strahlung wechselwirkt, was ihr Aufspüren extrem erschwert. In der heutigen Welt, in der sich die traditionelle Materialität einem beschleunigten Auflösungsprozess unterzieht, kann das Werk als Allegorie für die unsichtbaren flüssigen Räume kodierter Daten verstanden werden, die unser Leben definieren und das fortwährende Verschwinden von Raum und Zeit vorantreiben. Nur der Betrachter selbst kann es zum Leben erwecken, wenn er physisch vor dem Werk steht: Reine schwarze Materie verwandelt sich dann in leicht bewegte Farbfelder, die sich aus der Wechselbeziehung zwischen dem Kunstwerk, seiner reflektierten Umgebung und den Betrachtern selbst ergeben.

"dark matter" broaches the enigma of the unknown and the mystery of the invisible. Dark matter is a hypothetical form of matter thought to account for approximately 85% of all matter in the universe. It is called dark because it doesn't appear to interact with observable electromagnetic radiation and is thus invisible to the entire electromagnetic spectrum, making it extremely difficult to detect. In today's world where traditional materiality is undergoing an accelerated process of dissolution, the artwork can be understood as an allegory for the invisible fluid spaces of coded data that define our lives and drive the ongoing disappearance of space and time. Only the viewer standing in front of the artwork can bring it to life: pure black matter then transforms into slightly moving color fields resulting from the correlation between the artwork, its environment, and viewers themselves.

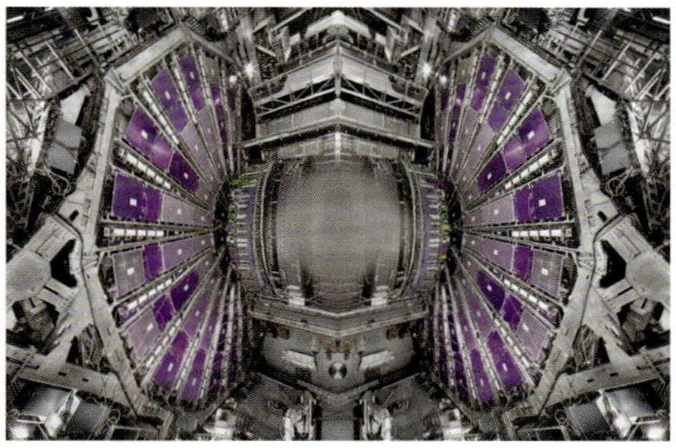

supersymmetric particles (2019)

132 × 202 cm (51.7 × 79.5 inches)
67 × 102 cm (26.4 × 40.2 inches)
Pigmentprint/pigment print, Diasec/diasec,
Aluminiumrahmen/aluminium frame

„supersymmetric particles" zeigt den ATLAS–Detektor, Bestandteil des gigantischen Teilchenbeschleunigers, der am Schweizer Forschungsinstitut CERN gebaut wurde. Der 7000 Tonnen schwere Detektor ist 46 Meter breit, 25 Meter hoch und 25 Meter tief, die größte Maschine, die Menschen je gebaut haben. Strahlen von Wasserstoffprotonen kollidieren in der Mitte des ATLAS-Detektors mit nahezu Lichtgeschwindigkeit, bilden neue Teilchen, die vom Kollisionspunkt in alle Richtungen herausfliegen, und werden vom Detektor erfasst. Die Experimente am CERN ermöglichen ein besseres Verständnis der kosmologischen Bedingungen nach dem Urknall. Sie untersuchen ein breites Spektrum der Physik, das von der Suche nach dem Higgs-Boson über Teilchen, aus denen möglicherweise Dunkle Materie besteht, bis hin zur Suche nach supersymmetrischen Teilchen reicht.

"supersymmetric particles" pictures the ATLAS detector, part of the world's most powerful particle accelerator constructed by the Swiss-based research institute CERN. This 7000-ton detector is forty-six metres wide, twenty-five metres high and twenty-five metres in depth, the largest machine humans have ever built. Beams of hydrogene protons collide at the center of the ATLAS detector with nearly the speed of light generating new particles, which fly out from the collision point in all directions, captured by the detector. CERN's experiments enable a better understanding of the conditions pertaining after the Big Bang. Its experiments investigate a broad spectrum of physics, ranging from the search for the Higgs boson to particles possibly making up dark matter and the search for supersymmetric particles.

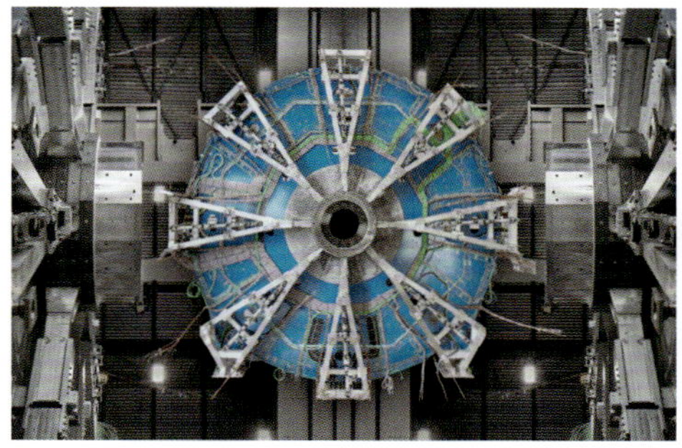

cosmic eye (2020)

132 × 202 cm (51.7 × 79.5 inches)
67 × 102 cm (26.4 × 40.2 inches)
Pigmentprint/pigment print, Diasec/diasec,
Aluminiumrahmen/aluminium frame

„cosmic eye" zeigt ein neues Messrad, das sich am CERN, dem weltweit größten Teilchen-Kollisionsdetektor, im Bau befindet. Die kreisrunde Montageplatte mit einem Radius von über 12 Metern wird später mit hochempfindlichen Detektoren bestückt, die immense Datenmengen aus Teilchenkollisionen aufzeichnen. Die Ausgangsaufnahmen wurden in einer Montagehalle aufgenommen, das finale Werk zeigt gleichzeitig Vorder- und Seitenansicht des Rades, was die Aufmerksamkeit auf die außerordentliche technische Präzision der Konstruktion lenkt. Struktur, Komposition und Farbgebung erinnern an die Pupille eines menschlichen Auges und lösen so ein dialektische Spannungsverhältnis aus. Obwohl der Betrachter selbst unter Beobachtung steht, wagt sich die Menschheit mit Hilfe der CERN-Experimente tief zum Ursprung unseres Universums vor – auf eine Entdeckungsreise, die uns letztlich zu uns selbst führt.

"cosmic eye" shows a new measuring wheel under construction at CERN, the world's biggest particle-collision detector. The circular mounting plate with a radius of over twelve metres will later be fitted with highly sensitive detectors that record the immense amount of data resulting from particle collisions. The original photograph was taken in an assembly hall while the final artwork simultaneously shows a front and side view of the wheel, focusing attention on the extraordinary high precision of the engineering. Structure, composition, and coloring may remind viewers of the pupil of a human eye, thus triggering a dialectic tension. For although viewers themselves stand under observation, with the aid of CERN's experiments humankind itself is venturing deep into the origins of our universe — on a voyage of discovery that ultimately returns us to ourselves.

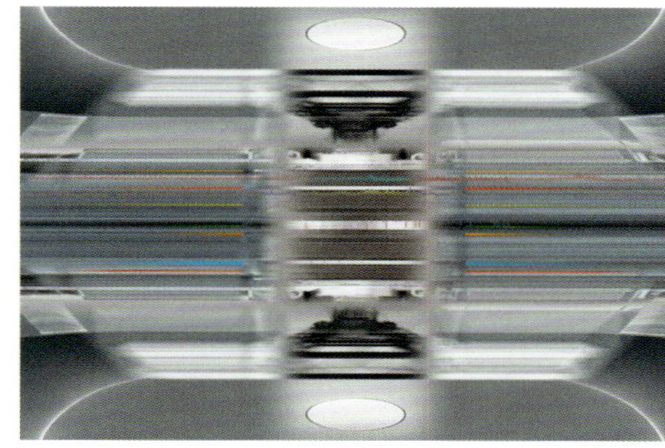

hypergravity (2019)

132 × 202 cm (51.7 × 79.5 inches)
67 × 102 cm (26.4 × 40.2 inches)
Pigmentprint/pigment print, Diasec/diasec,
Aluminiumrahmen/aluminium frame

„hypergravity" ist eine abstrakte Umsetzung der physischen und mentalen Erfahrung des Künstlers während eines Zentrifugen-Trainings im :envihab, dem medizinischen Testzentrum des Deutschen Luft- und Raumfahrtzentrums in Köln. Die Zentrifuge bildet mit ihrer kreuzförmigen Konstruktion den Rahmen der Komposition und gliedert das Bild in vertikale und horizontale Strukturen und Farbelemente. Während des Trainings wurden die medizinischen Parameter des Künstlers kontinuierlich überwacht, um seinen Gesundheitszustand umfassend evaluieren zu können. Er verlor vorübergehend sein Farbsehvermögen, dann verengte sich sein Blickwinkel. Nach einer mehrminütigen Rotation, die auf ein Maximum von 4 g beschleunigte, wurde er ohnmächtig. Die aufgezeichneten Körperdaten sind in die Komposition eingeflossen. Das Werk visualisiert die Auflösung des realen architektonischen Raumes in einen fließenden Raum, der alles Sichtbare über den Erkennungspunkt hinaus linear ausdehnt.

"hypergravity" is an abstract transposition of the artist's physical and mental experience during a centrifuge training at :envihab, the medical test center in Cologne where the new DLR centrifuge is installed. With its cross-like construction, the centrifuge forms the framework of the composition, dividing the picture into vertical and horizontal structures and color elements. During the training session, the artist's medical parameters were continuously monitored for comprehensive evaluation of his medical status. He temporarily lost his color vision, then his angle of vision narrowed. After several minutes of rotation accelerating to a maximum of four g, he blacked out. His recorded body data are incorporated in the composition. The artwork visualizes the dissolution of real architectural space into rapidly flowing space that linear extends everything visible beyond the point of recognition.

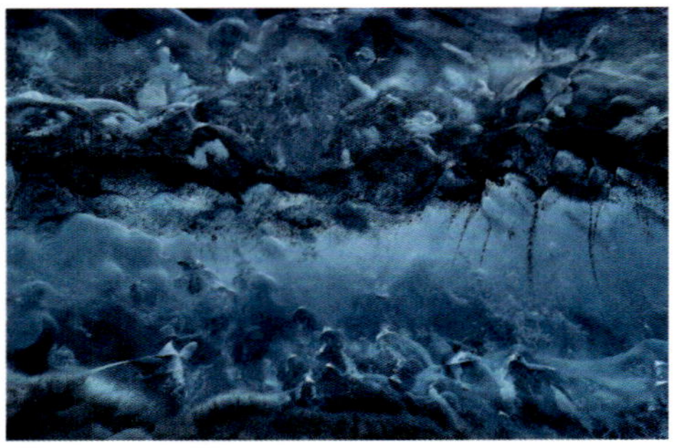

liquid time (2017)

132 × 202 cm (51.7 × 79.5 inches)
67 × 102 cm (26.4 × 40.2 inches)
Pigmentprint/pigment print, Diasec/diasec,
Aluminiumrahmen/aluminium frame

„liquid time" wurde in einer Eishöhle im Inneren des Breiðamerkurjökull Gletschers in Island aufgenommen und thematisiert das fragile ökologische Gleichgewicht unserer Biosphäre. Gletscher sind die größten Süßwasserreservoire der Erde und auch Zeitspeicher. Schicht um Schicht haben sie Luft, Wasser und Sauerstoff aus unzähligen Jahrtausenden eingefangen. Leider haben die meisten Gletscher der Welt jedoch in den letzten Jahrzehnten aufgrund des globalen Klimawandels einen drastischen Massenverlust erlitten. Die Eiswand, die in diesem Werk zu sehen ist, hat eine Reise von tausenden von Jahren hinter sich, doch nun hat der irreversible Transformationsprozess mit zahlreichen sichtbaren Rissen und Brüchen und den ersten Wassertropfen begonnen. Das Kunstwerk visualisiert zugleich die Geschichte und die Zukunft des Gletschereises, wobei die wellenartige Anmutung des Motivs als Vorahnung dient, das Eis wird im Meer verschwinden.

"liquid time" was shot in an ice cave under the Breiðamerkurjökull glacier in Iceland and highlights the fragile ecological balance of our biospheres. Glaciers are the largest reservoirs of fresh water on Earth and storage houses of time. Layer upon layer they have captured the air, water, and oxygen of countless thousands of years. Yet sadly, over recent decades the majority of the world's glaciers have suffered a drastic reduction in mass due to global climate change. The depicted ice has already undertaken a journey of a thousand years but now the irreversible transformational process has set in with numerous fissures and fractures apparent and the first drops of water. The artwork simultaneously visualizes the past history of the glacier and its future with the wave-like design of the motif serving as a premonition of the uptake of ice water by the sea.

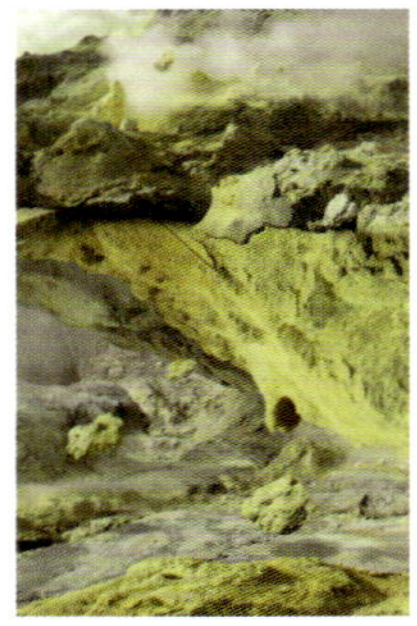

volcanic resublimation (2018)

202 × 132 cm (79.5 × 51.7 inches)
102 × 67 cm (40.2 × 26.4 inches)
Pigmentprint/pigment print, Diasec/diasec,
Aluminiumrahmen/aluminium frame

„volcanic resublimation" veranschaulicht die durch vulkanische Aktivität generierte Entstehung von Schwefel, einem Schlüsselelement im Aufbau des Universums und wesentliche Komponente der Schöpfung allen Lebens. Vulkane sind seit jeher magische, geheimnisumwobene Orte, aber auch ein wichtiger Bereich der wissenschaftlichen Forschung – sogar im Sonnensystem. Mit den neuen Erkenntnissen über Supervulkane auf dem Mars und erloschene Krater auf dem Mond hoffen Wissenschaftler, mehr über die Ursprünge unseres Sonnensystems zu erfahren. Das Motiv wurde in der bizarren Kraterlandschaft des Vulkans Whakaari, der einzigen aktiven Vulkaninsel Neuseelands, aufgenommen. Schwefelhaltige Gase treten aus den unendlichen Tiefen unserer Erde aus und kristallisieren an der Oberfläche. Die komplexe Komposition des Kunstwerkes lässt die Elemente schwerelos und schwebend im Raum erscheinen, zugleich wirkt es ungeheuer kraftvoll und energetrisch.

"volcanic resublimation" visualizes the creation of sulphur – a key element in the makeup of the universe and an essential component in the genesis of life – through volcanic activity. Volcanoes have long been magical places shrouded in mystery but are also a vital area of scientific research – even in the solar system. With the new findings about supervolcanoes on Mars and extinct craters on the moon, scientists hope to learn more about the origins of our solar system. The motif of this artwork was taken in the bizarre crater landscape of the Whakaari volcano, New Zealand's only active volcanic island. Sulphurous gasses emerge from the innermost depths of our Earth and crystallize on the surface. The complex composition of the artwork makes it seem weightless and floating in space, yet still tremendously powerful and potent.

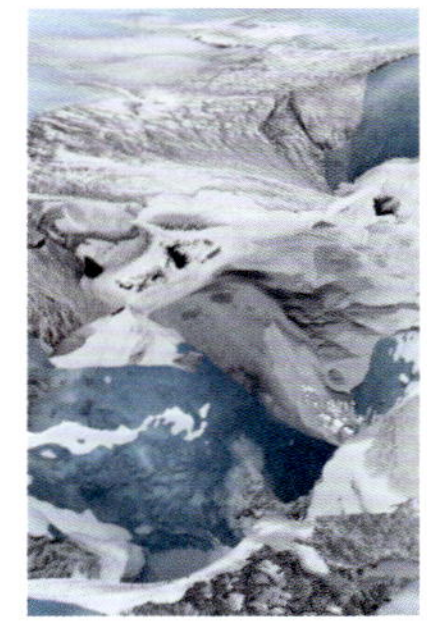

planetary overview (2017)

202 × 132 cm (79.5 × 51.7 inches)
102 × 67 cm (40.2 × 26.4 inches)
Pigmentprint/pigment print, Diasec/diasec,
Aluminiumrahmen/aluminium frame

„planetary overview" thematisiert die Satellitenbeobachtung von Gletscherveränderungen aus dem Weltraum. Die Entwicklung eines weltraumbasierten Übersichtssystems hat die Glaziologie revolutioniert, indem sie neue Möglichkeiten zur Kartierung großer terrestrischer Landschaften geschaffen hat. Diese ermöglichen es uns, die Massenbilanz von Gletschern in viel größerem Maßstab zu kartieren und Veränderungen der Eisschichtdicke und der Eisflussgeschwindigkeit zu verfolgen. Das neue System könnte das Bewusstsein für ökologische Schäden auf unserem Planeten verstärken. Das Werk kombiniert Bilder, die auf dem isländischen Gletscher Breiðamerkurjökull aufgenommen wurden, mit mehreren Satellitenbildern desselben Gletschers aus einer Orbitalposition hoch im Weltraum, wobei eine Mikro- und eine Makroperspektive, die Nahansicht des fragilen Gletschers mit der extremen Fernsicht aus dem Weltraum, verschmolzen werden.

"planetary overview" highlights satellite observation of glacier change from space. Development of a planetary overview system is one important outcome of advanced space exploration that has revolutionized glaciology by creating new ways to map large terrestrial landscapes. It helps us map glacier mass balance in much larger scale as well as to track changes in ice sheet thickness and ice flow velocities. Yet this new way of measuring and visualizing the globe carries a stern ecological warning, and the dawning of a planetary overview system might intensify awareness of ecological damage to our planet. The artwork combines images taken on Iceland's Breiðamerkurjökull glacier with several satellite images of the same glacier from an orbital position high in space, fusing a micro- and macro-perspective, the close view of the fragile glacier with the extreme distance view from outer space.

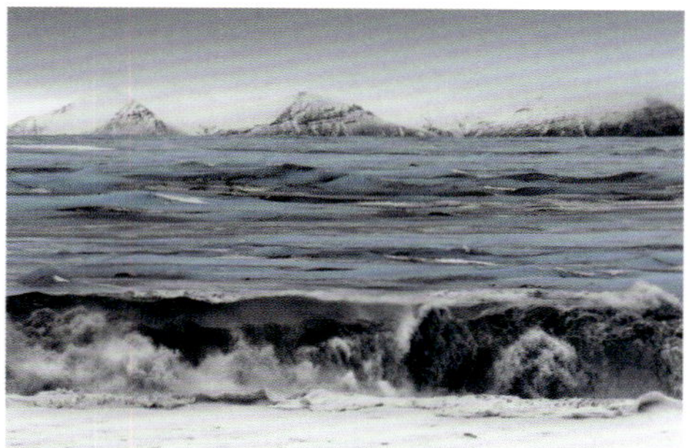

transition (2019)

132 × 202 cm (51.7 × 79.5 inches)
67 × 102 cm (26.4 × 40.2 inches)
Pigmentprint/pigment print, Diasec/diasec,
Aluminiumrahmen/aluminium frame

„transition" thematisiert den Transformationsprozesses von festem Eis in flüssiges Wasser. Gletscher verlieren in Folge des globalen Klimawandels an Masse. Die Installation eines planetarischen Überwachungssystems im Weltraum ermöglicht eine orbitale Beobachtung der betroffenen Gletscherregionen. Die formale Komposition des Werkes ist in drei Teile unterteilt. Am Horizont erkennen wir Berge, die von dünnen, verschwindenden Schneeschichten bedeckt sind. Der Mittelbereich des Bildes zeigt die Oberfläche eines massiven isländischen Gletschers, der zugleich wie ein Ozean mit Wellenformationn erscheint. Am unteren Bildrand sehen wir eine mächtige schwarze Welle, die sich gerade bricht und Wasserfontänen hoch in die Luft schleudert. Die verschwommenen Grenzen in dieser hybriden Landschaft, einer Triade aus Bergen, Eis und Wasser, thematisieren einen Transformationsprozess, der in unserer neuen geologischen Epoche, dem Anthropozän, irreversibel geworden zu sein scheint.

The artwork "transition" pictures the transformation process of solid ice into liquid water. Glaciers are suffering a drastic reduction in mass as a consequence of global climate change. A planetary overview system installed in space allows an orbital observation of glacier regions. The formal composition of the artwork is divided into three sections. On the horizon we see mountains covered by thin disappearing layers of snow. The middle and center parts of the picture show the surface of a massive Icelandic glacier which from a distance looks like the surface of the ocean. At the bottom we see a powerful black wave breaking and catapulting plumes of water high in the air. The blurred boundaries in this hybrid landscape, a triad of mountains, ice and water, underscore the process of transition which appears to have become irreversible in our new geological epoch, the Anthropocene.

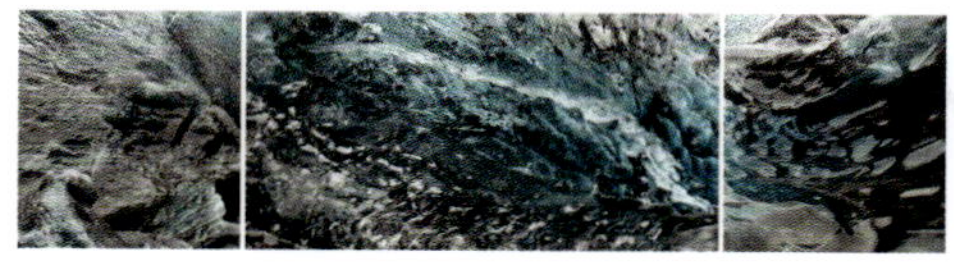

frozen waves (2018)

132 × 394 cm (51.7 × 155 inches)
67 × 200 cm (26.4 × 78.7 inches)
Pigmentprint/pigment print, Diasec/diasec,
Aluminiumrahmen/aluminium frame

„frozen waves" ist ein Triptychon, welches die Transformation von festem Eis in flüssiges Wasser in einem schmelzenden Gletscher thematisiert. Gletscher sind die größten Wasserreservoire der Erde. Wasser wiederum ist grundlegend für alle Lebensvorgänge und das Schlüsselelement in einem Prozess, der als „Terraforming" bezeichnet wird und bei dem eine lebensfeindliche Umgebung so verändert werden kann, dass sie für menschliches Leben geeignet ist. In den letzten Jahrzehnten hat die Mehrheit der Gletscher aufgrund des globalen Klimawandels eine drastische Verringerung ihrer Masse erlitten. Zunehmende Satellitenbeobachtung hilft uns, die Massenbilanz des Gletschers zu messen und Veränderungen der Eisschichtdicke und der Eisflussgeschwindigkeit zu verfolgen. Das Werk drückt die inhärente Gewalt des Transformationsprozesses aus. Die Eiswände scheinen gegen den unvermeidlichen Stabilitätsverlust anzukämpfen, sie verwandeln sich in chaotische, wellenartige Flüssigkeitsstrukturen.

"frozen waves" is a triptych that focuses on transformation of solid ice into liquid water in a melting glacier in Iceland. Glaciers are the Earth's largest reservoirs of water, fundamental to all operations of life and the key element in a process called terraforming, whereby a hostile environment can be altered to make it suitable for human life. Over recent decades the majority of glaciers have suffered a drastic reduction in their mass due to global climate change. Increasing satellite observation helps us measure the glacier's mass balance and track changes in ice sheet thickness and ice flow velocities. The artwork expresses the inherent violence of the transformation process. The ice walls seem to fight against the inevitable loss of stability, turning into chaotic liquid structures.

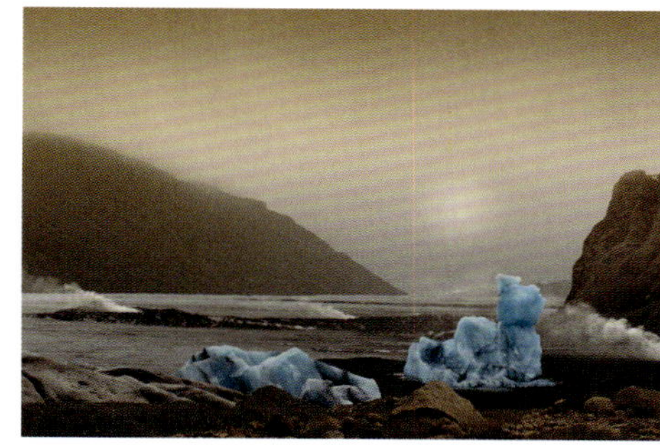

new earth (2017)

132 × 202 cm (51.7 × 79.5 inches)
67 × 102 cm (26.4 × 40.2 inches)
Pigmentprint/pigment print, Diasec/diasec,
Aluminiumrahmen/aluminium frame

„new earth" visualisiert den Prozess der Transformation einer natürlichen Umwelt durch Energiezufuhr. Dieser Prozess ist ein dialektischer und daher zugleich kreativ und destruktiv. Die Besiedlung unseres Sonnensystems könnte durchaus das letzte Mittel sein, um das langfristige Überleben unserer Spezies zu gewährleisten. Dazu bedarf es einer Reihe wichtiger technischer Innovationen. Eine dieser Innovationen wird Terraforming sein, ein Prozess, bei dem eine feindliche Umgebung, d.h. ein zu kalter, zu heißer oder ein Planet mit einer nicht atembaren Atmosphäre, so verändert wird, dass er für menschliches Leben geeignet ist. Im Werk „new earth" ist das Paradoxon impliziert, dass wir den Mars in eine bewohnbare Umgebung umwandeln müssen, gerade weil wir unseren Heimatplaneten in eine unbewohnbare verwandeln. Das Werk kombiniert Fotoaufnahmen aus isländischen Gletscherregionen mit Landschaftsaufnahmen des Curiosity-Rovers auf dem Mars.

"new earth" focuses on the process of transformation of a natural environment through energy input, a process that is dialectic which thus may be either creative or destructive. The colonization of our solar system might well be the ultimate means of guaranteeing the long-term survival of our species. This will need a range of major technical innovations. One of these innovations will be terraforming, a process whereby a hostile environment, i.e. a planet that is too cold, too hot, or that has an unbreathable atmosphere, is altered to make it suitable for human life. Implicit in the artwork "new earth" is the paradox that we might need to transform Mars into a habitable environment precisely because we are transforming our home planet into an uninhabitable one. The work combines footage from Icelandic glacier regions with landscape images taken by the Curiosity rover on Mars.

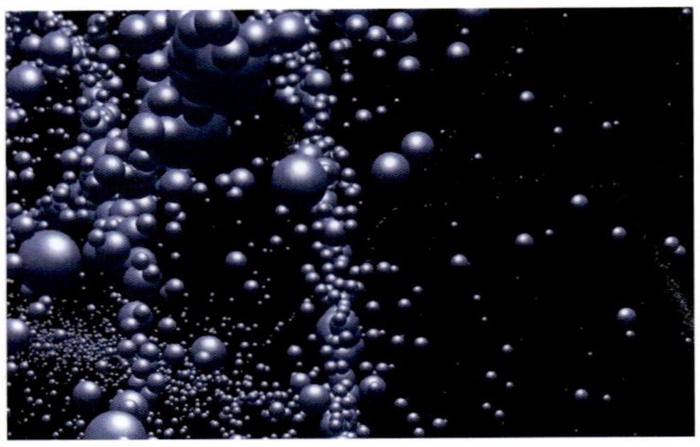

orbital cascade_57–46 (2013)

HD video 16:9, Einkanal/single channel, stereo, 6.00 min.

„orbital cascade_57–46" visualisiert die Anzahl defekter Objekte in der Erdumlaufbahn von 1957 bis 2046. Das schließt abgestoßene Raketenstufen, alte Satelliten und zerfallene, erodierte oder kollidierte Einzelteile mit ein. Zurzeit befinden sich ungefähr 600.000 Objekte, die größer als 1 cm sind, im Weltraum, umkreisen die Erde mit einer Geschwindigkeit von rund 28.000 km/h und stellen eine ernstzunehmende Gefahr für Satelliten, Raumstationen und die bemannte Raumfahrt dar. Jedes Kügelchen repräsentiert ein reales Objekt, das im Orbit kreist, angefangen beim allerersten Objekt im All, dem Satelliten Sputnik 1, gestartet im Jahr 1957. 2013 markiert den Beginn eines simulierten zukünftigen Worst-Case-Szenarios, das zwei realistische Kollisionen annimmt, die die Menge des Raumschrotts drastisch vergrößern würden. Diese Kollisionen werden in der Luftfahrt als „Kaskadeneffekt" bezeichnet. Die Visualisierung wurde in Zusammenarbeit mit dem Institut für Luft- und Raumfahrtsysteme/TU Braunschweig realisiert.

"orbital cascade_57–46" visualizes the quantity of defunct objects in orbit around the Earth from 1957 to 2046. This includes everything from spent rocket stages, and old satellites to fragments resulting from disintegration, erosion, and collisions. Currently there are about 600,000 objects larger than 1 cm in space, orbiting Earth at a velocity of approximately 28,000 kmph and posing a severe threat to satellites, space stations, and manned space flights. Each spherule in the video represents a real existing object orbiting in space starting with the very first object in space, the Sputnik 1 satellite launched in 1957. The year 2013 marks the start of a simulated worst-case future scenario that assumes two realistic collisions, which would dramatically increase the amount of space debris, collisions known in aeronautics as the "cascade effect." The visualization was realized in collaboration with the Institute of Aerospace Systems/TU Braunschweig.

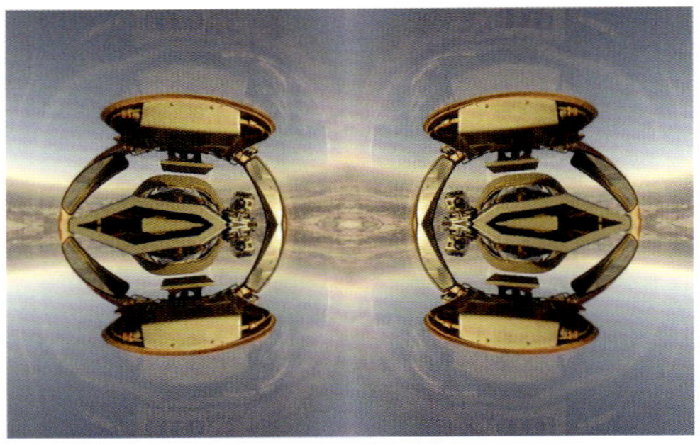

equilibrium (2013)

HD video 16:9, Einkanal/single channel, stereo, 5.30 min.

„equilibrium" erforscht Prozesse von Schwindelgefühl und Desorientierung. Ein Pilot, der in einem MiG-29-Kampfjet sitzt, wird in den Himmel katapultiert. Solch ein Stratosphärenflug an den Rand des Weltraums ermöglicht dem Piloten, die Krümmung der Erde und die Dunkelheit des Himmels zu sehen sowie die Hochgeschwindigkeitsbeschleunigung in Kombination mit großen g-Kräften zu erleben. Extreme Flugmanöver verursachen Störungen am menschlichen Vestibularsystem, das verantwortlich für den Gleichgewichtssinn und die räumliche Orientierung ist. Astronauten müssen mit einer Verwirrung dieser Sinne während ihres Aufenthaltes in der Schwerelosigkeit rechnen. Die Arbeit bezieht sich auf einen Stratosphärenflug, den Michael Najjar im Dezember 2012 von der Sokol Airbase in Russland unternahm. Während des Fluges, der Bestandteil seines Kosmonautentrainings war, war er Kräften von minus 1 bis plus 7 g ausgesetzt und erfuhr schwere Störungen an seinem Orientierungssinn. Die Videoarbeit wurde in Zusammenarbeit mit Dieter Jaufmann entwickelt.

"equilibrium" explores processes of vertigo and disorientation. A pilot seated in a MiG-29 jetfighter is catapulted into the deep blue. Such a stratospheric flight to the edge of space allows the pilot to see the curvature of the Earth, the darkness of the sky and to experience high speed acceleration in combination with high g-forces. Extreme flight maneuvers cause disruptions of the human vestibular system, which is responsible for our sense of balance and spatial orientation. Astronauts have to deal with the scrambling of these senses during their sojourns in zero gravity environments. The work draws on a stratospheric flight taken by Michael Najjar in December 2012 from Sokol airbase in Russia. During the flight, which was part of the artist's cosmonaut training, he was exposed to a range of minus one to plus seven g and experienced serious disruption of his sense of orientation. The video was realized in collaboration with Dieter Jaufmann.

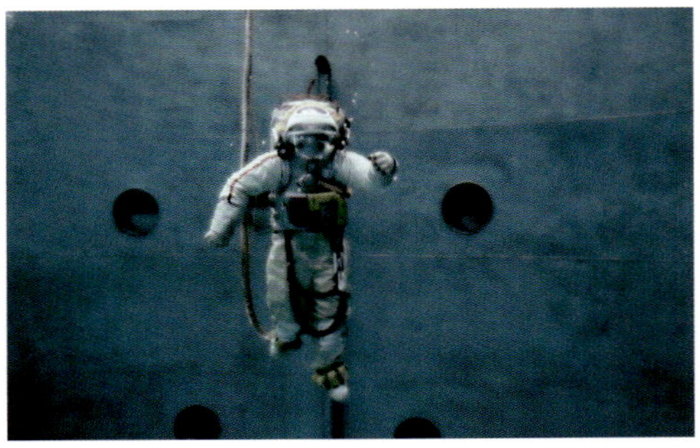

spacewalk (2013)

HD video 16:9, Einkanal/single channel, stereo, 3.31 min.

„spacewalk" beschäftigt sich mit den Verbindungen von Weltraum, Erdanziehungskraft und menschlichem Körper. Ein Kosmonaut gleitet in etwas hinab, das wie ein Industriegebilde wirkt. Das plötzliche Auftauchen des Erdballs durch eine Luke verschiebt die Umgebung des Kosmonauten und stellt die Beziehung zwischen der realen Welt und erschaffenen Realität in Frage. Die Meta-Stimme des Kosmonauten reflektiert essentielle Einsichten über die Relation von Raum, Zeit und Bewegung. Der Text basiert auf Isaac Newtons Manuskript *De Gravitatione* aus dem 17. Jahrhundert. Die Arbeit bezieht sich auf eine Trainingseinheit für Kosmonauten, die Michael Najjar im Dezember 2012 im Juri-Gagarin-Kosmonautentrainingszentrum in Star City, Russland, absolvierte. Der Künstler, eingeschlossen in seinen schweren Orlan-M-Raumanzug, performt den Weltraumspaziergang im Hydrolab, einem tiefen Becken, gefüllt mit fünf Millionen Liter Wasser. Die Videoarbeit wurde in Zusammenarbeit mit Thomas Rusch entwickelt.

"spacewalk" explores linkages between space, gravity, and the human body. A cosmonaut glides down into what seems to be an industrial ambience. The sudden appearance of the globe of the Earth through a porthole dislocates the cosmonaut's environment and interrogates the relationship between real-world and fabricated reality. The cosmonaut's meta-voice reflects fundamental thoughts about the relationship between space, time, and movement. The text is based on Isaac Newton's manuscript *De Gravitatione*, from the seventeenth century. The work draws on a cosmonaut training session taken by Michael Najjar in December 2012 at the Yuri Gagarin Cosmonaut Training Center in Star City, Russia. The artist himself, locked in his heavy Orlan-M spacesuit is performing the "spacewalk" in the hydrolab, a deep tank filled with five million liters of water. The video was realized in collaboration with Thomas Rusch.

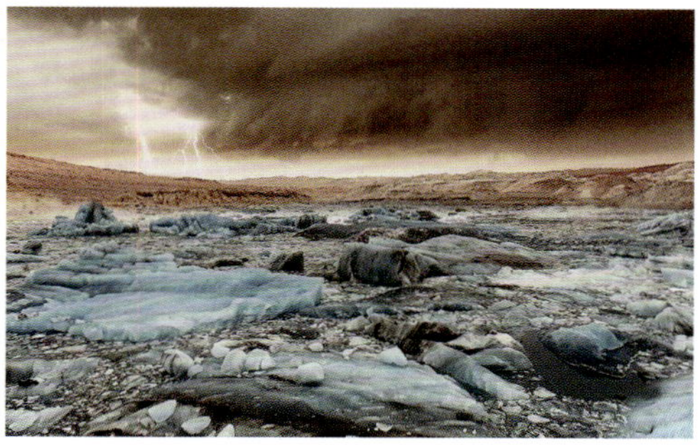

terraforming (2017)

HD video 16:9, Einkanal/single channel, stereo, 9.10 min.

„terraforming" thematisiert die energetische Transformation einer natürlichen Umgebung. Dieser Prozess wird als Terraforming bezeichnet und beschreibt die Veränderung einer feindlichen Umgebung, z.b. eines zu heißen oder zu kalten Planeten, um ihn für menschliches Leben geeignet zu machen. Dies ist nicht nur ein futuristisches Szenario, sondern auch das, was gerade auf der Erde geschieht, der atmosphärische Wandel heizt unseren Planeten auf. Die Videoarbeit kombiniert Filmmaterial, das auf Island aufgenommen wurde, mit Marslandschaften, die vom Rover Curiosity auf der Marsoberfläche aufgenommen wurden. Kalbende Gletscher, glänzende Eishöhlen und mächtige Wasserfälle treten in einen visuellen Dialog mit weiten Mars-Wüstenlandschaften. Darin impliziert ist die existenziellste Herausforderung dieses Jahrhunderts – die Rettung des Planeten Erde – und das Paradoxon, dass wir den Mars in eine bewohnbare Umgebung umwandeln wollen, während wir unseren Heimatplaneten zunehmend in eine unbewohnbare Umgebung verwandeln.

"terraforming" focuses on the energetic transformation of a natural environment. This process is called terraforming and describes alteration of a hostile environment – i.e. a planet that is too hot or too cold – to make it suitable for human life. This is not merely a futuristic scenario, but represents exactly what is happening on Earth right now, as atmospheric change heats up our planet. The video combines footage taken on Iceland with Martian landscapes shot by NASA's Mars rover Curiosity. Calving glaciers, shiny ice caves, and powerful waterfalls enter into a visual dialogue with vast Martian desert landscapes. Implicit in this is the most existential challenge of this century – saving planet Earth – and the paradox that we might need to transform Mars into an inhabitable environment precisely because we are now transforming our home planet into an uninhabitable one.

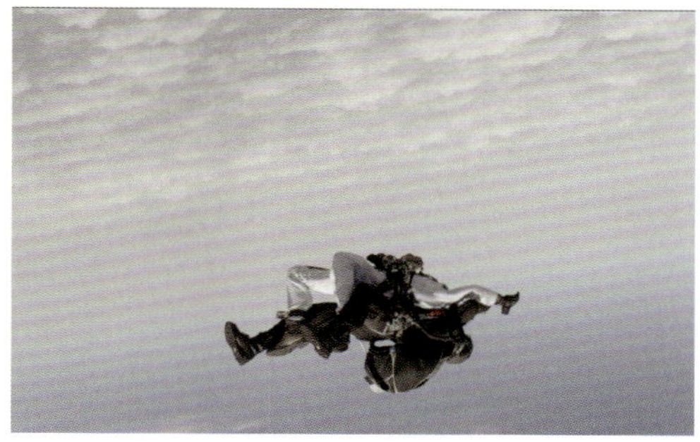

skyfall (2015)

HD video 16:9, Einkanal/single channel, stereo, 4.00 min.

„skyfall" befasst sich mit dem Verhältnis zwischen Gravitationskraft und menschlichem Körper. In der Anfangssequenz schwenkt die Kamera über eine dichte Wolkendecke hin zum Horizont. Plötzlich beginnt die Szenerie zu schwanken und zu stürzen, während die Schwerkraft den Blick des Betrachters nach unten zwingt. Zwei miteinander verbundene Körper rasen im freien Fall auf die Erde zu, stürzen ungebremst durch Zeit und Raum, bis sie allmählich an Geschwindigkeit verlieren und nur noch wenige Zentimeter zwischen ihnen und dem Betrachter liegen. Der freie Fall geht in ein schwereloses Gleiten über, die Erdanziehungskraft scheint überwunden, die beiden Körper erheben sich langsam wieder gen Himmel und entschwinden im fernen Dunst. „skyfall" basiert auf einem HALO-Sprung, den Najjar als erster Künstler der Welt im Juni 2014 in den USA absolvierte. Bei minus 50 Grad Celsius sprang er im Tandem aus einem Flugzeug und raste aus 10.000 m Höhe in einem zweiminütigen freien Fall mit einer Geschwindigkeit von 300 km/h auf die Erdoberfläche zu.

"skyfall" deals with the relationship between gravitational force and the human body. In its opening sequence the camera pans over a thick layer of cloud to the horizon. Suddenly the scenery starts to jump and jerk as gravity forces the viewer's gaze downwards. Two attached bodies hurtle by in free fall towards the Earth, plummet unchecked through time and space, and gradually decelerate until there is only a few centimeters between them and the viewer. The fall changes into a weightless state of floating; the Earth's gravitational force seems vanquished; the two bodies slowly rise again into the sky and recede into the distant haze. "skyfall" is based on a HALO jump which Michael Najjar was the first artist in the world to take in June 2014 in the USA. In tandem Najjar jumped from a plane at minus fifty degrees Celsius, and from a height of 10,000 m hurtling in a two minute free fall at a speed of 300 km/h towards the surface of the Earth.

Biografie
Biography

Michael Najjar

Geboren/Born 1966 in Landau, Deutschland/Germany
Lebt und arbeitet/Lives and works in Berlin, Deutschland/Germany

Ausbildung/Education
1988–1993 Studium der Fotografie und Medienkunst an der Bildo-Akademie für Kunst und Medien/Studies of Photography and New Media Art at Bildo Academy for Media Arts, Berlin, Deutschland/Germany
Diplomiert/graduated in Photography/New Media Art

Ausgewählte Einzelausstellungen/
Selected Solo Exhibitions

2021
outer space, BANK/MABSOCIETY, Peking/Beijing, China

2019
outer space, BANK/MABSOCIETY, Shanghai, China
terraforming, Galería Juan Silió, Santander, Spanien/Spain
Beyond the Horizon, Innovationsfabrik Wittenstein, Igersheim, Deutschland/Germany

2017
Michael Najjar – Planetary Echoes, kuratiert von/curated by Christiane Stahl, Alfred-Ehrhardt-Stiftung, Berlin, Deutschland/Germany
Journeys into Peripheral Worlds – Ventures into Space, kuratiert von/curated by Laura Burkhalter, Des Moines Art Center, Des Moines, IA, USA

2016
outer space, Benrubi Gallery, New York, NY, USA

2015
outer space – video works, Es Baluard, Museu d'Art Modern i Contemporani de Palma, Palma de Mallorca, Spanien/Spain
outer space, Oldenburger Kunstverein, Oldenburg, Deutschland/Germany
Vision and Voices, Skirball Center for the Performing Arts, New York, NY, USA
outer space, Galleria Studio la Città, Verona, Italien/Italy
outer space, Galería Juan Silió, Santander, Spanien/Spain

2011
Data Flows – Between Megacities and Financial Markets, Young Gallery, Brüssel/Brussels, Belgien/Belgium

2010
high altitude, Galleria Studio la Città, Verona, Italien/Italy
high altitude, Galerie Guy Bärtschi, Genf/Geneva, Schweiz/Switzerland
bionic angel, Dvorak Sec Gallery, Prag/Prague, Tschechien/Czech Republic

2009
high altitude, Bitforms Gallery, New York, NY, USA
high altitude, Galería Juan Silió, Santander, Spanien/Spain

2008
Augmented Realities – Michael Najjar/Works 1997 – 2008, kuratiert von/curated by Wim Van Sinderen, Museum of Photography, Museum for Contemporary Art (GEM), Den Haag/The Hague, Niederlande/The Netherlands

2007
netropolis, kuratiert von/curated by Elie Dormit, Dubai Design Forum, Dubai, VAE/UAE
japanese style, kuratiert von/curated by Susanne Ecker, Wilhelm-Hack-Museum | Rudolf-Scharpf-Galerie, Ludwigshafen, Deutschland/Germany

2006
bionic angel, Bitforms Gallery, New York, NY, USA
netropolis, Galerie Guy Bärtschi, Genf/Geneva, Schweiz/Switzerland
Michael Najjar. Selected Works, kuratiert von/curated by Sherin Hamed, Galería Juan Silió, Santander, Spanien/Spain

2005
japanese style, Auswärtiges Amt/Federal Foreign Office, Berlin, Deutschland/Germany

2004
netropolis, Bitforms Gallery, New York, NY, USA

2003
information and apocalypse, Goethe-Institut, New York, NY, USA

2002
z one zero – Between Simulation and Hyperreality, Selected Works 1997–2002, kuratiert von/curated by Gisela Kayser, Galerie im Willy-Brandt-Haus, Berlin, Deutschland/Germany
no memory access, Hamburger Kunsthalle | Galerie der Gegenwart Hamburg, Deutschland/Germany

2001
splitimages – A Trip Through Reality, Galerie Zagreus Projekt, Berlin, Deutschland/Germany
splitimages – A Trip Through Reality, Galerie Cato Jans, Hamburg, Deutschland/Germany

2000
nexus project part I, Galerie Cato Jans, Hamburg, Deutschland/Germany

1999
nexus project part I, Photokina, Köln/Cologne, Deutschland/Germany

1998
¡viva fidel! – Reise in die Absurdität, kuratiert von/curated by Gabriele Philipp, Museum für Kunst und Gewerbe, Forum Fotografie, Hamburg, Deutschland/Germany

1997
¡viva fidel! – Reise in die Absurdität, Einstein Galerie, Berlin, Deutschland/Germany
¡viva fidel! – Eine Reise in die Absurdität, Galerie Alter Wiehrebahnhof, Freiburg, Deutschland/Germany

1994
annäherung, European League of Institutes of the Arts (Elia), Berlin, Deutschland/Germany

Ausgewählte Gruppenausstellungen/
Selected Group Exhibitions

2021
Overview Effect, kuratiert von/curated by Blanca de la Torre and Zoran Eric, Museum of Contemporary Art, Belgrad/Belgrade, Serbien/Serbia
Oil – Schönheit und Schrecken des Erdölzeitalters, kuratiert von/curated by Alexander Klose, Benjamin Steininger und/and Andreas Beitin, Kunstmuseum Wolfsburg, Wolfsburg, Deutschland/Germany
Civilization: the way we live now, Musée des Civilisations de l'Europe et de la Méditerranée Marseille, Frankreich/France curated by William Ewing and Holly Croussell

2020
Il futuro è ora. Arte e società dagli anni Sessanta a oggi, kuratiert von/curated by

Luca Beatrice und/and Walter Guadagnini, Gallerie d'Italia | Palazzo Leoni Montanari, Vicenza, Italien/Italy
The New Classic of Mountains and Seas: Contemporary Art on Chinese Original Myths and Legends, ZheJiang Art Museum, Hangzhou, China
Space Works – Backlight2020, kuratiert von/curated by Louise Wolthers und/and Virpi Nikkari, Tampere Art Museum, Tampere, Finnland/Finland
Civilization: the way we live now, kuratiert von/curated by William Ewing, Bartomeu Marí und/and Holly Roussel, Auckland Art Gallery, Auckland, Neuseeland/New Zealand
Fluidities: Envisioning the Human to be, kuratiert von/curated by Benjamin Weil und/and Pascal Pronnier, Le Fresnoy – Studio National des Arts Contemporains Tourcoing, Frankreich/France

2019
Civilization: the way we live now, kuratiert von/curated by William Ewing, Bartomeu Marí und/and Holly Roussel, National Gallery of Victoria, Melbourne, Australien/Australia
Infinitud – Bienal Sur, kuratiert von/curated by Nekane Aramburu und/and Diana Weschler, Centro Cultural Kirchner, Buenos Aires, Argentinien/Argentina
Science | Fictions, kuratiert von/curated by Ginger Duggan und/and Judy Fox, Berman Museum of Art, Ursinus College, Collegeville PA, USA
Civilization: the way we live now, kuratiert von/curated by William Ewing, Bartomeu Marí und/and Holly Roussel, Ullens Center for Contemporary Art, Peking/Beijing, China
Space is the Place – Intergalactic, kuratiert von/curated by Lukas Feireiss, BNKR, München/Munich, Deutschland/Germany

2018
Civilization: the way we live now, kuratiert von/curated by William Ewing, Bartomeu Marí und/and Holly Roussel, National Museum of Modern and Contemporary Art Seoul, Korea
The Legacy of Architectonic Futurism
BANK / MABSOCIETY
Shanghai, China

2017
Clouds <=> Forests / 7th International Moscow Biennial, kuratiert von/curated by Yuko Hasegawa, Moskau/Moscow, Russland/Russia
Rivoluzione Galileo. L'arte incontra la scienza, kuratiert von/curated Giovanni C. F. Villa und/and Stefan Weppelmann, Palazzo del Monte, Padua, Italien/Italy
Die innere Haut – Kunst und Scham, kuratiert von/curated Friederike Fast, MARTA Herford, Deutschland/Germany
Rivoluzione Galileo. L'arte incontra la scienza, kuratiert von/curated Giovanni C. F. Villa und/and Stefan Weppelmann, Palazzo del Monte, Padua, Italien/Italy
Rivoluzione Galileo. L'arte incontra la scienza, kuratiert von/curated Giovanni C. F. Villa und/and Stefan Weppelmann, Palazzo del Monte, Padua, Italien/Italy

2016
Grün stört – Im Fokus einer Farbe, kuratiert von/curated by Roland Nachtigäller und/and Michael Kröger, MARTA Herford, Deutschland/Germany
DEMO:POLIS, kuratiert von/curated by Wilfried Wang, Akademie der Künste Berlin, Berlin, Deutschland/Germany
Islas y horizontes. Obras de la colección Es Baluard, kuratiert von/curated by Nekane Aramburu, CEART – Centro de Arte Tomás y Valiente, Madrid, Spanien/Spain

2015
Exo-Evolution, kuratiert von/curated by Andreas Beitin, ZKM | Museum für Neue Kunst, Karlsruhe, Deutschland/Germany
*Lo Sguardo di...,*UniCredit Pavilion, kuratiert von/curated by Walter Guadagnini, Mailand/Milano, Italien/Italy
Out There – Video Art, New media & Photography on landscapes in Public Space, kuratiert von/curated by Bart van den Boom, Viewmaster Projects, Rotterdam, Niederlande/The Netherlands

2014
Facts & Fictions. Contemporary Photography from the Art Collection UniCredit, kuratiert von/curated by Walter Guadagnini, MAMM – Multimedia Art Museum Moscow, Moskau/Moscow, Russland/Russia
Datascape, kuratiert von/curated by Benjamin Weil, Laboral Centro de Arte y Creación Industrial, Gijón, Spanien/Spain
Fotoverhalen, kuratiert von/curated by Wim van Sinderen, Gemeentemuseum, Den Haag/The Hague, Niederlande/The Netherlands
Einblicke – in die Sammlung Wemhöner, kuratiert von/curated by Philipp Bollmann, Osram-Höfe, Berlin, Deutschland/Germany
Meta.Morf – Lost in Transition, kuratiert von/curated by Espen Gangvik, Biennale for Art and Technology, Trondheim Art Museum, Trondheim, Norwegen/Norway
Entrepreneur Award 4.0, kuratiert von/curated by Felix Hoffmann, Wittenstein Innovationsfabrik, Igersheim-Harthausen, Deutschland/Germany

2013
Datascape, kuratiert von/curated by Benjamin Weil, Borusan Contemporary, Istanbul, Türkei/Turkey
Landmark: The Fields of Photography, kuratiert von/curated by William Ewing, Somerset House, London, Vereinigtes Königreich/United Kingdom
Generosity – Donations and Loans from the ZKM Collection, kuratiert von/curated by Andreas Beitin, ZKM | Museum für Neue Kunst, Karlsruhe, Deutschland/Germany
ISEA Sydney, kuratiert von/curated by Nina Colosi, 19th International Symposium of Electronic Arts, The Streaming Museum, Sydney, Australien/Australia
Microwave New Media Festival, kuratiert von/curated by Nina Colosi, The Streaming Museum, Hongkong/Hong Kong, China
Sikkah Art Festival, kuratiert von/curated by Nina Colosi, The Streaming Museum, Dubai, VAE/UAE
Ah Lord, love me passionately, kuratiert von/curated by Sigfried Zielinski, Nikolaikirche, Bielefeld, Deutschland/Germany
Accumulations, kuratiert von/curated by Sabin Bors, Galerie Sherin Najjar, Berlin, Deutschland/Germany
Ikono – On Air Festival, kuratiert von/curated by Vanina Saracino, Onlineausstellung/online exhibition
Tattoo – The Face of Freedom, kuratiert von/curated by Peter Weibel, Onlineausstellung/online exhibition, Teutloff Museum

2012
Data Deluge, kuratiert von/curated by Rachel Gugelberger, Ballroom Marfa, Marfa, TX, USA
Il Fuoco della Natura/The Flash of Nature, kuratiert von/curated by Marco Puntin und/and Jonathan Turner, Salone degli Incanti – Ex Pescheria, Triest/Trieste, Italien/Italy
Schaubilder, kuratiert von/curated by Thomas Thiel, Bielefelder Kunstverein, Bielefeld, Deutschland/Germany
Terra Cognita, kuratiert von/curated by Wim Melis, Photofestival Noorderlicht, Museum Belvédère, Heerenveen, Niederlande/The Netherlands
Bedlam, kuratiert von/curated by Steve Lazarides, Lazarides Gallery/Old Vic Tunnels, London, Vereinigtes Königreich/United Kingdom
We Write This To You From The Distant Future, kuratiert von/curated by Hege Tapia Gaare, Public Art Screens, Norwegen/Norway
Zero1 Biennial, kuratiert von/curated by Jaime Austin, San Jose, CA, USA

2011
ATLAS. How to Carry the World on One's Back?, kuratiert von/curated by Georges Didi-Huberman, Deichtorhallen | Sammlung Falckenberg, Hamburg, Deutschland/Germany
Portraits in Series – Photography of a Century, kuratiert von/curated by Gabriele Betancourt, Museum für Kunst und Gewerbe, Hamburg, Deutschland/Germany
La travesía de una colección – Los Bragales, kuratiert von/curated by Jaime Sordo, Centro de Arte Alcobendas, Madrid, Spanien/Spain
Miniature, kuratiert von/curated by Ria and Lex Daniels, GEM Museum for Contemporary Art, Den Haag/The Hague, Niederlande/The Netherlands
Architektur in der Kunst – Architekturen des Augenblicks, kuratiert von/curated by Bodo Rauh, Kunsthalle Bahnitz, Deutschland/Germany
Identity, kuratiert von/curated by Paulina Kolczynska, Art Stations Foundation, Posen/Poznań, Polen/Poland
We Write This To You From The Distant Future, kuratiert von/curated by Nina Colosi, Wilson Theater at Lincoln Center, New York, NY, USA
Alt. +1000 kuratiert von/curated by Nathalie Herschdorfer, Festival de Photographie de Montagne, Rossinière, Schweiz/Switzerland
Metropolis – City Life in the Urban Age, kuratiert von/curated by Wim Melis, Photofestival Noorderlicht, Groningen, Niederlande/The Netherlands
The Minotaur, kuratiert von/curated by Steve Lazarides, Lazarides Gallery/Old Vic Tunnels, London, Vereintes Königreich/United Kingdom

2010
Apocalipsis, kuratiert von/curated by Fernando Francés, CAC – Centro de Arte Contemporáneo de Málaga, Spanien/Spain
Estancias, Residencias, Presencias, TEA – Tenerife Espacio de las Artes, Santa Cruz de Tenerife, Spanien/Spain
For Real – 30 Utopian Projections in Public Space, kuratiert von/curated by Bart van den Boom, Maastricht, Niederlande/The Netherlands
Meta.Morf 2010 – New.Brave.World!, kuratiert von/curated by Alex Adriaansens, Biennial for Art and Technology, Trondheim, Norwegen/Norway
Zero One – San Jose Biennial, kuratiert von/curated by Steve Dietz, San Jose, CA, USA
Tina B. – Prague Contemporary Art Festival kuratiert von/curated by Valerie Dvoráková, Prag/Prague, Tschechien/Czech Republic
The Big Screen Project, kuratiert von/curated by Nina Colosi, New York, NY, USA
Cocor Media Channel, kuratiert von/curated by Nina Colosi, Bukarest/Bucharest, Rumänien/Romania
Engineering the Landscape, kuratiert von/curated by Nathalie Herschdorfer, Forward Thinking Museum, Virtuelle Ausstellung/virtual exhibition
20 ans déjà !, Galerie Guy Bärtschi, Genf/Geneva, Schweiz/Switzerland
Trouble with Love, Dvorak Sec Contemporary, Prag/Prague, Tschechien/Czech Republic

2009
Trouble in Paradise, kuratiert von/curated by Julie Sasse, Tucson Museum of Art, Tucson, AZ, USA
Jahresgaben, kuratiert von/curated by Xenia Litvin, Leopold-Hösch-Museum, Düren, Deutschland/Germany
Fluid Architecture, kuratiert von/curated by Susanne Jaschko, New Media Art Institute, Amsterdam, Niederlande/The Netherlands
Landscape as a Dream, kuratiert von/curated by Luigi Meneghelli, Galleria Studio la Città, Verona, Italien/Italy
Vision – Darmstädter Fototage, kuratiert von/curated by Ute Noll, Darmstadt, Deutschland/Germany
Taboo – Photomeetings Luxemburg 2009, kuratiert von/curated by Marita Ruiters, Luxemburg/Luxembourg
Glow Festival 2009, kuratiert von/curated by Bettina Pelz und/and Tom Groll, International Forum of Light in Art and Architecture, Eindhoven, Niederlande/The Netherlands

2008
En privat 1, kuratiert von/curated by Cristina Ros, Es Baluard, Museu d'Art Modern i Contemporani de Palma, Palma de Mallorca, Spanien/Spain
Map Games, kuratiert von/curated by Monica Piccioni und/and Rosario Scarpato, Central Academy of Fine Arts, Peking/Beijing, China
Map Games, kuratiert von/curated by Monica Piccioni und/and Rosario Scarpato, Museum of Contemporary Art, Birmingham, Vereinigtes Königreich/United Kingdom
Dislocate 08, kuratiert von/curated by Emma Ota, exhibition space souzoUKUKan9001, Tokio/Tokyo, Japan
2008 Culturas – Año Europeo del Diálogo Intercultural, kuratiert von/curated by Elena Vozmediano, Onlineausstellung/online exhibition, www.2008culturas.com
Reminiscences – Old Masters of Tomorrow, White Square Gallery, Las Vegas, NV, USA
Festival of Digital Art, Neu-Delhi/New Delhi, Indien/India

2007
Face – The New Photographic Portrait, kuratiert von/curated by William Ewing und/and Nathalie Herschdorfer, FORMA – International Centre for Photography, Mailand/Milan, Italien/Italy
First International Photographic Art Prize – Arte Laguna, Brolo Centro d'Arte e Cultura, Venedig/Venice, Italien/Italy
7 Wochen – 7 Künstler, kuratiert von/curated by Johann Holten, Kunstverein Heidelberg, Heidelberg, Deutschland/Germany
Act of Faith, kuratiert von/curated by Wim Melis, Noorderlicht Photofestival, Groningen, Niederlande/The Netherlands
Poetic Terrorism, kuratiert von/curated by Elga Wimmer, FEM – Festival Edición Madrid, Madrid, Spanien/Spain
Elison and Peter W. Klein Collection, kuratiert von/curated by Peter W. Klein, Museum Kunstwerk, Stuttgart, Deutschland/Germany

2006
Cities, Architecture and Society, kuratiert von/curated by Elena Foster und/and Antonio Sanz, La Biennale di Venezia – 10th International Architecture Exhibition, Venedig/Venice, Italien/Italy
Urban Dynamics, kuratiert von/curated by Nelson Herrera, 9th Havana Biennial, Havanna/Havana, Kuba/Cuba
Mascarada, kuratiert von/curated by Bodo Rau, Museo DA2.domusartium 2002, Salamanca, Spanien/Spain
Photo Trafic, kuratiert von/curated by André Iten, CIC – Centre pour l'Image Contemporaine, Genf/Geneva, Schweiz/Switzerland
Visibilities_between Facts and Fiction, kuratiert von/curated by Sabine Himmelsbach, Edith-Ruß Site for Media Art, Oldenburg, Deutschland/Germany
Mass Media Manipulation, kuratiert von/curated by Marita Ruiter, Photomeetings Luxemburg 2006, Luxemburg/Luxembourg
Seoul Photo Show, Gana Art Center, Seoul, Südkorea/South Korea

2005
Future Face, kuratiert von/curated by Tak-Cheung, National Museum of Science, Taichung, Taiwan
Über Schönheit, About Beauty, kuratiert von/curated by Shaeen Merali und/and Wu Hung, Haus der Kulturen der Welt, Berlin, Deutschland/Germany
First Korean Group Show, Bitforms Gallery, Seoul, Südkorea/South Korea
Traces and Omens, kuratiert von/curated by Wim Melis, Noorderlicht Photography Festival, Groningen, Niederlande/The Netherlands

The Junction of East Longitude 116.65 and North Latitude 40.13, kuratiert von/curated by Feng Boyi, Convergence Biennial, Peking/Beijing, China
Ciudades/Cities, kuratiert von/curated by Horacio Fernández, Photography Festival Photoespaña 05, Madrid, Spanien/Spain
The City: Contemporary Views of the Built Environment, kuratiert von/curated by Susan Hoeltzel, Lehman College Gallery, New York, NY, USA
City of Future, Gesellschaft für Technische Zusammenarbeit, kuratiert von/curated by Petra Skiba, Frankfurt, Deutschland/Germany

2004
The Beauty of Failure, The Failure of Beauty, kuratiert von/curated by Harald Szeemann, Fundació Joan Miró, Barcelona, Spanien/Spain
Future Face, kuratiert von/curated by Sandra Kemp, Science Museum, London, Vereinigtes Königreich/United Kingdom
Art Works from The F. C. Gundlach Collection, Kulturbehörde der Freien Hansestadt Hamburg, Deutschland/Germany
Touch and Temperature, kuratiert von/curated by Michael Rees, Bitforms Gallery, New York, NY, und/and Deborah Colton Gallery, Houston, TX, USA
Grenzgänge, Photokina 2004, Köln/Cologne, Deutschland/Germany

2003
A Clear Vision – Photography from the F. C. Gundlach Collection, kuratiert von/curated by Zednek Felix, Deichtorhallen | Haus der Photographie, Hamburg, Deutschland/Germany
Bitforms Group Show 2003, Bitforms Gallery, New York, NY, USA
Designkrokken, kuratiert von/curated by Eva Bræmer-Jensen, Museum Trapholt, Kolding, Dänemark/Denmark
What's Next?, kuratiert von/curated by Lene Tanghøj, DDC – Danish Design Center, Kopenhagen/Copenhagen, Dänemark/Denmark

2002
Mythos St. Pauli, kuratiert von/curated by Gabriele Philipp, Museum für Kunst und Gewerbe, Hamburg, Deutschland/Germany
Bilder die bewegen – Mißelbecks Gefährten, Kunstverein Siegburg, Deutschland/Germany
(White) Cubes, C/O Berlin, Deutschland/Germany

2001
Digital, Stiftung Starke, Berlin, Deutschland/Germany
Verfremdete Fremde, Gesellschaft für Technische Zusammenarbeit, Berlin, Deutschland/Germany
Strange Reality, Galerie Blickensdorf, Berlin, Deutschland/Germany

2000
Designmensch, kuratiert von/curated by Gabriele Philipp, Museum für Kunst und Gewerbe, Forum Gestaltung, Hamburg, Deutschland/Germany

1999
Video Virtuale Foto Fictionale, kuratiert von/curated by Reinhold Mißelbeck, Museum Ludwig, Köln/Cologne, Deutschland/Germany

1998
Erkennen Erkennen, Design Center Nordrhein-Westfalen, Essen, Deutschland/Germany
Kodak/BFF Digital Imaging Award, PPS Galerie, Hamburg, Deutschland/Germany; Haus der Wirtschaft, Stuttgart, Deutschland/Germany
Photokina 98, Kodak/BFF, Köln/Cologne, Deutschland/Germany

1997
Transformator I–V, Project Space Oberbaum City, Berlin, Deutschland/Germany
Kodak/BFF Digital Imaging Award, Kodak House, Essen, Deutschland/Germany

1993
Kunst verfremdet, Kulturhaus Dock4, Kassel, Deutschland/Germany

1990
Variationen zum anonymen Bild, Galerie Treppenhaus, Berlin, Deutschland/Germany

1989
Die Photographische Simulation, Bildo-Akademie für Kunst und Medien, Berlin, Deutschland/Germany

Bücher und Ausstellungskataloge
Books and Exhibition Catalogues

2021
Najjar, Michael (Hg./eds.), *outer space – v2,* Berlin.

2020
Beatrice, Luca, et al. (Hg./eds.), *FUTURO – Arte e società dagli anni Sessanta a domani,* Ausst.-Kat./Exh. cat. Gallerie d'Italia – Palazzo Leoni Montanari, Vincenza.
Vanhanen, Hannu, et al. (Hg./eds.), *Space Works - Our Relationship With the Cosmos,* Ausst.-Kat./Exh. cat. Tampere Art Museum, Tampere.
Feireiss, Lukas (Hg./ed.), *Space is ... the Place,* Leipzig.
Toister, Yanai (Hg./ed.), *Photography from the Turin Shroud to the Turing Machine,* Bristol.
Bollmann, Philipp (Hg./ed.), *Mit geliehenen Augen,* Bielefeld.

2019
Innovationsfabrik Wittenstein (Hg./ed.), *Beyond the Horizon,* Ausst.-Kat./Exh. cat. Innovationsfabrik Wittenstein, Igersheim.
Rau, Bodo (Hg./ed.), *Über Grenzen,* Ausst.-Kat./Exh. cat. Kunsthof Bahnitz, Bahnitz.
Brenner, Neil (Hg./ed.), *New urban Spaces,* New York.

2018
Ewing, William A. & Roussel, Holly (Hg./eds.), *Civilization – The Way We Live Now,* London.
Bollmann, Philipp (Hg./ed.), *Sichtspiele – Filme und Videokunst aus der Sammlung Wemhöner,* Berlin.

2017
Clarke, Victoria (Hg./ed.), *Universe - Exploring the Astronomical World,* London.
Weppelmann, Stefan & Villa, Giovanni Carlo Federico (Hg./eds.), *Rivoluzione Galileo - L´arte incontra la scienza,* Ausst.-Kat./Exh. cat. Silvana Editoriale, Mailand/Milan.
Melis, Wim (Hg./ed.), *Nucleus,* Ausst.-Kat./Exh. cat. Stichting Aurora Borealis, Photo Festival Noorderlicht, Groningen.
Barber, Stephen & Benson, Matthew (Hg./eds.), *space,* Kempen.
Marta Herford (Hg./ed.), *Die innere Haut,* Ausst.-Kat./Exh. cat. Marta Herford, Herford.
Aramburu, Nekane (Hg./ed.), *Islas y Horizontes - Obras de la colección Es Baluard,* Ausst.-Kat./Exh. cat. Museo Es Baluard, Fuenlabrada.

2016
Canfora, Francesca & Marinelli, Cristina (Hg./eds.), *Space Appeal,* Ausst.-Kat./Exh. cat., Turin.
Kröger, Michael, et al. (Hg./ed.), *Grün stört – Im Fokus einer Farbe,* Ausst.-Kat./Exh. cat. Marta Herford, Herford.
Grazioli, Elio & Guadagnini, Walter (Hg./eds.), *Fotografia Europea,* Ausst.-Kat./Exh. cat. Silvana Editoriale, Mailand/Milan.
Hoidn, Barbara (Hg./ed.), *demopolis – Das Recht auf Öffentlichen Raum,* Ausst.-Kat./Exh. cat. Akademie der Künste Berlin, Zürich/Zurich.
Felton, Nicholas et al. (Hg./eds.), *PHOTO-VIZ,* Berlin.

2015
ZKM Karlsruhe (Hg./ed.), *Globale – Exo-Evolution,* Ausst.-Kat./Exh. cat. ZKM Karlsruhe, Karlsruhe.
Szántó, András & BMW Group (Hg./eds.), *The Sense of Movement,* Ostfildern.
UniCredit Art Collection (Hg./ed.), *Lo Sguardo di... / The gaze of...,* Ausst.-Kat./Exh. cat. Mailand/Milan.
Feireiss, Lukas (Hg./ed.), *Memories of the Moon Age,* Leipzig.

2014
Beetles + Huxley & Osborne Samuel (Hg./eds.), *The Photographers 2014,* Ausst.-Kat./Exh. cat. Beetles + Huxley, London.
Rottenberg, Anda (Hg./ed.), *Progress and Hygiene,* Ausst.-Kat./Exh. cat. Zacheta - National Gallery of Art, Warschau/Warsaw.
Najjar, Michael (Hg./ed.), *outer space,* Berlin.
Davidson, Cynthia (Hg./ed.), *Log # 32,* New York.
Ewing, William (Hg./ed.), *Landmark: The Fields of Photography,* London.
van Sinderen, Wim (Hg./ed.), *Fotoverhalen,* Ausst.-Kat./Exh. cat. Gemeentemuseum Den Haag, Den Haag/The Hague.
Bollmann, Philipp (Hg./ed.), *Einblicke – in die Sammlung Wemhöner,* Ausst.-Kat./Exh. cat. Sammlung Wemhöner, Berlin.
Gangvik, Espen (Hg./ed.), *Lost in Transition – Meta.Morf Biennial 2014,* Ausst.-Kat./Exh. cat. Trondheim Electronic Arts Centre, Trondheim.

2013
Weppelmann, Stefan, et al. (Hg./eds.), *Inventing Faces,* Berlin.
Ochoa Foster, Elena (Hg./ed.), *Moving – Norman Foster on Art,* Madrid.
Tezcanlı, Güzin & Forde, Kathleen (Hg./eds.), Datascape, Ausst.-Kat./Exh. cat. Borusan Contemporary, Istanbul.
Thiel, Thomas (Hg./ed.), *Schaubilder,* Ausst.-Kat./Exh. cat. Bielefelder Kunstverein, Berlin.

2012
Bollmann, Philipp (Hg./ed.), *In-sight – Photographs from the Wemhöner Collection,* Bielefeld.
Melis, Wim (Hg./ed.), *Terra Cognita,* Ausst.-Kat./Exh. cat. Stichting Aurora Borealis, Photo Festival Noorderlicht, Groningen.
Austin, Jaime (Hg./ed.), *Zero1 Biennial – Seeking Silicon Valley,* Ausst.-Kat./Exh. cat. Zero1, San Jose.

2011
Najjar, Michael (Hg./ed.), *high altitude,* Bielefeld.
Kolczyńska, Paulina (Hg./ed.), *Identity – Photographs of the Grazyna Kulczyk Collection,* Ausst.-Kat./Exh. cat. galeria Art Stations, Posen/Poznań.
Bollmann, Philipp (Hg./ed.), *Focus Asia – Einblicke in die Sammlung Wemhöner,* Bielefeld.
Museum für Kunst und Gewerbe (Hg./ed.), *Portraits in Series – A Century of Photographs,* Ausst.-Kat./Exh. cat. Museum für Kunst und Gewerbe, Bielefeld.
Rau, Bodo (Hg./ed.), *Architektur in der Kunst – Architekturen des Augenblicks,* Ausst.-Kat./Exh. cat. Kunsthalle Bahnitz.
Herschdorfer, Nathalie (Hg./ed.), *High Altitude – Photography in the Mountains,* Ausst.-Kat./Exh. cat. 5 Continents Editions, Mailand/Milan.
Melis, Wim (Hg./ed.), *Metropolis,* Ausst.-Kat./Exh. cat. Stichting Aurora Borealis, Photo Festival Noorderlicht, Groningen.
Klanten, Robert, et al. (Hg./eds.), *Visual Storytelling: Inspiring a New Visual Language,* Berlin.

2010
Damian, Angela, et al. (Hg./eds.), *100.000 Years of Beauty,* Paris.
Klanten, Robert, et al. (Hg./eds.), *Data Flow 2,* Berlin.
Reas, Casey, et al. (Hg./eds.), *Form + Code in Design, Art, and Architecture,* New York.
Gangvik, Espen (Hg./ed.), *New. Brave. World! Meta.Morf Biennial 2010,* Ausst.-Kat./Exh. cat. Trondheim Electronic Arts Centre, Trondheim.

2009
Haag, Albrecht, et al.(Hg./eds.), *Vision – Aussicht aufs Leben,* Ausst.-Kat./Exh. cat., Darmstädter Tage der Fotografie e. V., Darmstadt.
Teutloff, Lutz (Hg./ed.), *Minne mich gewaltig,* Ausst.-Kat./Exh. cat. Lutz Teutloff Collection, Bielefeld.
Klanten, Robert & Feireiss, Lukas (Hg./eds.), *Beyond Architecture. Imaginative Buildings and Fictional Cities,* Berlin.
Kerner, Charlotte (Hg./ed.), *Next Genera-*

tion, Weinheim.
Sasse, Julie (Hg./ed.), *Trouble in Paradise – Examining the Discord between Nature and Society,* Ausst.-Kat./Exh. cat. Tucson Museum of Art, Tucson.

2008
Quadt, Edgar (Hg./ed.), *ARTiNVESTOR: Kunst und Investment: Wie man erfolgreich in Kunst investiert,* München/Munich.
van Sinderen, Wim (Hg./ed.), *Augmented Realities. Michael Najjar Works 1997–2008,* Ausst.-Kat./Exh. cat. GEM – The Hague Museum of Photography, Rotterdam.
Miah, Andy (Hg./ed.), *Human Futures: Art in an Age of Uncertainty,* Liverpool.
Bitforms Gallery, et al. (Hg./eds.), *bionic angel,* Berlin.
Scarpato, Rosario & Piccioni, Monica (Hg./eds.), *Map Games: Dynamics of Change,* Ausst.-Kat./Exh. cat. Central Academy of Fine Arts, Peking/Beijing.
Es Baluard – Museu d'Art Modern i Contemporani de Palma (Hg./ed.), *En Privat 1,* Ausst.-Kat./Exh. cat. Museo Es Baluard, Palma de Mallorca.
Sacks, Steve (Hg./ed.), *Bitforms Gallery,* Ausst.-Kat./Exh. cat., New York.

2007
Explorafoto y Fundación Salamanca Ciudad de Cultura (Hg./ed.), *Michael Najjar: Information and Apocalypse,* Ausst.-Kat./Exh. cat. Da2, Domus Artium 2002, Salamanca.

2006
Ewing, William (Hg./ed.), *Face – The New Photographic Portrait,* London.
Herrera, Nelson (Hg./ed.), *9th Havana Biennial 2006,* Ausst.-Kat./Exh. cat. Centro de Arte Contemporáneo Wifredo Lam, Havanna/Havana.
Sanz, Antonio (Hg./ed), *C on Cities,* Ausst.-Kat./Exh. cat. 10. Mostra Internazionale di Architettura la Biennale di Venezia, Venedig/Venice.
Panera, Javier (Hg./ed.), *Mascaradas Politicas,* Explorafoto – Festival Internacional de Fotografía de Castilla y León, Ausst.-Kat./Exh. cat. Museo da2, Domus Artium 2002, Salamanca.
Himmelsbach, Sabine (Hg./ed.), *Sichtbarkeiten,* Ausst.-Kat./Exh. cat. Edith-Russ-Haus für Medienkunst, Oldenburg.
Bitforms, et al. (Hg./eds.), *netropolis,* Berlin.

2005
Najjar, Michael (Hg./ed.), *japanese style,* Ausst.-Kat./Exh. cat. Federal Foreign Office, Berlin.
Melis, Wim (Hg./ed.), *Traces and Omens,* Stichting Aurora Borealis, Photo Festival Noorderlicht, Groningen.

2004
Szeemann, Harald (Hg./ed.), *The Beauty of Failure/The Failure of Beauty,* Ausst.-Kat./Exh. cat. Fundació Joan Miró, Barcelona.
Kemp, Sandra (Hg./ed.), *Future Face – Image, Identity, Innovation,* Ausst.-Kat./Exh. cat. Science Museum, London.
Bitforms & Najjar, Michael (Hg./eds.), *netropolis,* Berlin.

2003
Felix, Zdenek (Hg./ed.), *A Clear Vision. Photographische Werke aus der Sammlung F. C. Gundlach,* Ausst.-Kat./Exh. cat. Deichtorhallen | Haus der Photographie, Hamburg.
Goethe-Institut New York & Najjar, Michael (Hg./eds.), *information and apocalypse,* Ausst.-Kat./Exh. cat., Berlin.

2002
Triennale der Photographie Hamburg (Hg./ed.), *Reality-Check,* Ausst.-Kat./Exh. cat. 2. Triennale der Photographie, Hamburg.
Philipp, Gabriele (Hg./ed.), *Mythos St. Pauli – Photographien 1967–2002,* Ausst.-Kat./Exh. cat. Museum für Kunst und Gewerbe Hamburg, Heidelberg.

1997
Klanten, Robert & Peyerl, Andreas (Hg./eds.), *Surreality Localizer,* Berlin.

Zeitungen, Zeitschriften und Onlineartikel
Newspapers, Magazines, and Online Articles

2021

Vec, Milos, „Lava des Schreckens und der Schönheit“, in: *Frankfurter Allgemeine Zeitung,* 15. April/April 15, Frankfurt am Main, Deutschland/Germany.

2020

Najjar, Michael & The Karman Project (Hg./eds.), *space^10 - Ten space headlines in 2030,* Berlin.
Brouwer, Bart-Jan, „Focus op het heelal“, in: *INVITED,* #10, Amstelveen, Niederlande/The Netherlands.
de Gonzaga, Shamina, „Michael Najjar“, in: *Centerpoint Now,* Dezember/December, New York, USA.
Jun, Zhou, „He might be the first Artist in space“, in: *Tenyun,* #76, Shenzen, China.
„80 qm Wandbild“, in: *Photonews,* #9, Hamburg, Deutschland/Germany.
Feature of “outer space” exhibition at Wittenstein Innovation Factory, in: *move,* #23, Igersheim, Deutschland/Germany.
Caprara, Giovann, „Il primo volo di Elon Musk - Lo spazio è dei privati“, in: *La Lettura | Corriere Della Sera,* 17. Mai/May 17, Mailand/Milan, Italien/Italy.
Vaudo Scarpetta, Ersilia, „Un'Italia spaziale“, in: *D – La Repubblica Magazine,* 4. April / April 4, Mailand/Milan, Italien/Italy.
„A matter of perspective - Visualizing space through a fusion of reality and simulation“, in: *Room. The Space Journal,* April, Wien/Vienna, Österreich/Austria.
Mercier, Clémentine, „Au Fresnoy, des lendemains qui changent“, 9. März/March 9, www.liberation.fr.

2019

Öttl, Anja, „Michael Najjar fliegt als erster Künstler ins All“, in: *Fränkische Nachrichten,* 19. Oktober/October 19, Tauberbischofsheim, Deutschland/Germany.
Zhu, Taole, „The first artist to space, finds his Outer Space in Shanghai“, in: *artnet,* 16. Oktober/October 16.
Kanai, Miki, „Michael Najjar“, in: *Bijutsu Techo,* Oktober/October, Tokyo, Japan.
Chongbao, Xu, „In the Name of Science and Technology“, in: *Chinese Photography,* September, Peking/Beijing, China.
Edgar, Ray, „Can photographic time capsule offer a civilising influence?“, in: *The Sydney Morning Herald,* 6. September/September 6, Sydney, Australien/Australia.
Ball, Philip, „L´espace cet infini“, in: *Courrier International,* #1498, Paris, Frankreich/France.
„Michael Najjar – outer space“, in: *Vostok Magazine,* #16, Seoul, Republik Korea/Republic of Korea.
Vogel, Evelyn, „Auf den Mond geschossen“, in: *Süddeutsche Zeitung,* 23. Mai / May 23, München/Munich, Deutschland/Germany.
Najjar, Michael, „A matter of perspective“, in: *ROOM – The Space Journal,* #1, Wien/Vienna, Österreich/Austria.
Crane, Leah, „A bright future“, in: *New Scientist,* 12. Januar/January 12, London, Großbritannien/UK.

2018

Völzke, Daniel, „2018: Odyssee im Weltraum“, in: *Monopol Magazin,* 31. Dezember/December 31, www.monopol-magazin.de.
Groll, Matthias, „Reisefieber“, in: *European Photography,* #104, Berlin, Deutschland/Germany.
Solway, Arthur, „The Legacy of Architectonic Futurism“, in: *Artforum,* November, New York, USA.
Gabbert, Elisa, „The Extraterrestrial Mind“, in: *The Hieronymus Journal,* #1, Zürich/Zurich, Schweiz/Switzerland.
Won, Youngin, „Civilization: The Way We Live Now“, in: *Magazine 0,* November, Seoul, Republik Korea/ Republic of Korea.
Moon, So-Young, „A look at The Way We Live Now: Photo exhibition at MMCA Gwacheon examines where human civilization stands“, 31. Oktober/October 31, http://koreajoongangdaily.joins.com.
Michalarou, Efi, „PHOTO: Civilization-The Way We Live Now“, Oktober/October, www.dreamideamachine.com.
Li, Alvin, „The Legacy of Architectonic Futurism“, in: *frieze magazine,* #198, London, Großbritannien/UK.
Bu Sheng, „Wenn man den Entwicklungsgrad einer Stadt misst, ist das Bauen ein Indikator, der nicht ignoriert werden kann.“, in: *Artcoco,* 19. August/August 19.
Jacob Dreyer, „Architectural Utopia and China: A Love Story“, in: *Cobosocial,* 26. Juli / July 26, www.cobosocial.com/dossiers/architectural-utopia-and-china.
Dijkstra, Jorrit, „Naar de maan en terug“, in: *SHUTR.photo,* #2, Haarlem, Niederlande/The Netherlands.
„Michael Najjar - Outer Space“, in: *Oryx,* Februar/February, Doha, Qatar.

2017

Jocks, Heinz-Norbert, „7. Moskau Biennale“, in: *Kunstforum International,* #251, Ruppichteroth, Deutschland/Germany.
Pietersma, Illand, „Kunstenaar én astronaut“, in: *Dagblad van het Noorden,* 21. Oktober/October 21, Groningen, Niederlande/The Netherlands.
Loschinsky, Bianca, „Der mit dem Weltraumschrott tanzt“, 12. Oktober/October 12, www.magazin.tu-braunschweig.de.
Lapham, Lewis, „Blazing World“, in: *Lapham´s Quarterly, Volume X, #2,* New York, USA.
Vastano, Stefano, „Michael Najjar allunaggio sull'arte“, in: *L´Espresso,* 2. Juli/July 2, Rom/Rome, Italien/Italy.
Dimitras, Dana, „Interview With Michael Najjar: The First Artist In Space“, in: *Visual Atelier 8,* 14. Juni/June 14, www.visualatelier8.com.
Meixner, Christiane, „Ticket zum Mond“, in: *Der Tagesspiegel,* 11. Juni/June 11, Berlin, Deutschland/Germany.
Torgau, Olivera, „Michael Najjar, ein Künstler im Weltraum“, in: *Arte TV,* 28. April/April 28, http://info.arte.tv/de/michael-najjar-einkuenstler-im-weltraum.
Kursawe, Claudia, „Wir sind bereits im All“, in: *Photonews,* #6, Hamburg, Deutschland/Germany.
Sademann, Anke, „Hoch, Höher am Höchsten“, in: *Quality Magazine,* #59/60, Berlin, Deutschland/Germany.
Peltsch, Florian, „Ferne Welten entdecken“, in: *Berliner Morgenpost,* 28. Mai/May 28, Berlin, Deutschland/Germany.
Wahjudi, Claudia, „Der Mann fürs Große“, in: *Zitty,* #18, Berlin, Deutschland/Germany.
Péus, Camilla, „Die Highlights“, in: *art Magazin,* April, www.art-magazin.de.
Lavorini, Federica, „Michael Najjar, quando Terra e Spazio si mescolano“, in: *Wired,* 21. April/April 21, www.wired.it.
Herbort, Anne-Dorothée, „Bilder aus dem Kosmos“, in: *Archithese,* 12. April/April 12, www.archithese.ch.
Thiessen, Robin, „Homo Spaciens“, in: *Tip,* #9, Berlin, Deutschland/Germany.
„Extraterrestrisch“, in: *fotoMagazin,* #4, Hamburg, Deutschland/Germany.

2016

Müller-Pohle, Andreas, „Talking Photography – 100 Pictures that Tell a Story“, in: *European Photography,* #100, Berlin, Deutschland/Germany.
Baumgarten, Elias, „Faszination Raumfahrt“, in: *Archithese,* #4, Zürich/Zurich, Schweiz/Switzerland.
Dorminey, Bruce, „The Next Frontier“, in: *Art + Design,* #12, New Orleans, USA.
Landsdown, Trevor, „Space Mann“, 12. Oktober/October 12, www.hasselblad.com.
Schuffelen, Peter, „Star Man“, in: *Photographie,* #10, Tostedt, Deutschland/Germany.
Strasser, Sandy, „Utopia“, in: *Prokom,* #2, Meersburg, Deutschland/Germany.
Brouwer, Jan-Baart, „Eerste Kunstenaar in de Ruimte“, in: *LXRY,* #26, Amstelveen, Niederlande/The Netherlands.
Hsu, Wu-Te, „Michael Najjar – outer space“, in: *Focus,* #14, Taipei City, Taiwan.
Haase, Bernd, „The Last Artistic Frontier“,

in: *Rampstyle,* #10, Reutlingen, Deutschland/Germany.
Hay, Isabelle, „Lost in Space: Interview with Michael Najjar“, in: *Musée Magazine,* 8. April/April 8, www.museemagazine.com.
„Un artista en el espacio“, in: *El País semanal,* 1. April/April 1, Madrid, Spanien/Spain.
Teicher, Jordan G., „Will This Guy Be the First Artist in Outer Space?“, in: *Slate,* 1. April/April 1, www.slate.com.
Jorge, André, „Odisseia até o espaço“, in: *Galileu,* März/March, São Paulo, Brasilien/Brazil.
Battaglia, Andy, „Space Art: A Photographer Trains for the Final Frontier“, in: *Wall Street Journal,* 31. März/March 31, www.wsj.com.
Laster, Paul, „12 Things to Do in New York's Art World Before April 1“, in: *Observer,* 28. März/March 28, www.observer.com.
Fessenden, Marissa, „An Artist Imagines the Future of Humans in Space!“, in: *Smithsonian,* 24. März/March 24, www.smithsonianmag.com.
Clifford, Eva, „Photographer Undergoes Cosmonaut Training to Become the First Civilian Artist in Space“, in: *Feature Shoot,* 24. März/March 24, www.featureshoot.com.
Lowry, Rachel, „A Photographer's Quest For Outer Space“, in: *Time,* 16. März/March 16, http://time.com.
Moriarty, Ana, „Earth, Universe and Space Tourism in Michael Najjar Exhibition at Benrubi Gallery“, in: *Widewalls,* März/March, http://www.widewalls.ch.
„Michael Najjar: outer space / netropolis / bionic angel“, in: *Du,* #863, Zürich/Zurich, Schweiz/Switzerland.
Fahs, Anja, „Galaktisch“, in: *Prokom,* #1, Meersburg, Deutschland/Germany.
Franklin-Wallis, Oliver „One Small Step, One Giant Canvas“, in: *Wired UK,* #1, London, Großbritannien/UK.

2015

Buhr, Elke, „Die private Weltraumkapsel“, in: *Monopol Zürich,* Berlin, Deutschland/Germany.
Hübl, Michael, „Kritischer Optimismus“, in: *Kunstforum,* #237, Köln/Cologne, Deutschland/Germany.
Lavarini, Federica, „L'ultima frontiera“, in: *Wired Italy,* #75, Mailand/Milan, Italien/Italy.
Ziegler, Valérie, „Michael Najjar – outer space“, in: *Swiss Magazine,* Dezember/December, Basel, Schweiz/Switzerland.
Bloch, Oliver, „Der Künstler als Kosmonaut“, in: *Nordwest-Zeitung,* 12. November/November 12, Oldenburg, Deutschland/Germany.
„See it. Get it. Do it. Action“, in: *The Red Bulletin,* November, Wals, Österreich/Austria.
Glusac, Elaine, „Space Suite in Zurich“, in: *The New York Times,* 10. Oktober/October 10, New York, USA.
Veselinovic, Milena, „Hotel offers $2,000-a-night 'space station' experience“, 10. Oktober/October 1, www.cnn.com.
„Space Suite – Unendliche Weiten“, in: *MD Magazin,* #6, Leinfelden-Echterdingen, Deutschland/Germany.
Jozuka, Emiko, „The Civilian Artist Who Just Wants to Go to Space“, 24. September/September 24, www.motherboard.vice.com.
„Blast off! Introducing the first artist in space – in pictures“, 9. September/September 9, www.theguardian.com.
Langer, Freddy, „Dem Himmel ganz nah!“, in: *Frankfurter Allgemeine Zeitung,* 20. August/August 20, Frankfurt, Deutschland/Germany.
Maruyama, Hiroki, „The Real Space!“, in: *Wired Japan,* #18, Tokyo, Japan.
Kramer, Brigitte, „Spiele mit verborgenen Kräften“, in: *Mallorca Zeitung,* 2. Juli/July 2, Palma de Mallorca, Spanien/Spain.
Breuninger, Martin, „Zwischen Simulation und Realität“, in: *Mallorca Magazin,* #27, Palma de Mallorca, Spanien/Spain.
Toledo, Bárbara, „La estética futurista del artista alemán Michael Najjar se instala en Es Baluard“, in: *Diario de Mallorca,* 2. Juli/July 2, Palma de Mallorca, Spanien/Spain.
Esteban, Guillermo, „Michael Najjar, el primer artista que viajará al espacio, en Es Baluard“, in: *Ultima Hora,* 2. Juli/July 2, Palma de Mallorca, Spanien/Spain.
„Un grand pas pour l'artiste“, in: *Courrier international,* Juni/June, Paris, Frankreich/France.
Coppelman, Alyssa, „Training to Become the First Civilian Artist in Space“, in: *WIRED Magazine,* 8. Juni/June 8, www.wired.com.
E.M., „Un artista reflexiona desde la estratosfera“, in: *El Mundo Cantabria,* 8. Juni /June 8, Santander, Spanien/Spain.
Waters, Jamie, „Snapshot: liquid gravity by Michael Najjar“, in: *Financial Times,* 6. Juni /June 6, London, Großbritannien/UK.
Gamerman, Ellen, „Photo Fair Features Cuban Artists, Plus One Training for Outer Space“, in: *The Wall Street Journal,* 14. April/April 14, New York, USA.
Doerk, Robert: „3-2-1... take-off“, in: *Places of Spirit,* #1, Offenburg, Deutschland/Germany.

2014

Ferri, Renata: „Across the Universe“, in: *Amica International,* #1, Mailand/Milan, Italien/Italy.
Hope, Terry: „Out of this World“, in: *Photo Professional,* #101, Cambridge, Großbritannien/UK.
Siniawski, Adalbert: „Der erste Künstler im Weltall“ (radio interview), in: *Deutschlandfunk,* 17. November/November 17, www.deutschlandfunk.de.
Weibel, Peter, „Michael Najjar – outer space“, in: *Parabol Art Magazine,* #8, Wien/Vienna, Österreich/Austria.
Péus, Camilla, „Konzentration auf die Poesie“, in: *Art Magazin Online,* 21. März/March 21, www.art-magazin.de.
Ong, Amandas, „Artonauts“, in: *Elephant Magazine,* Sommerausgabe/Summer Issue, Amsterdam, Niederlande/The Netherlands.
Meixner, Christiane, „Wellen und Werke“, in: *Der Tagesspiegel,* 3. Mai/May 3, Berlin, Deutschland/Germany.
Krause, Till, „All inklusiv“, in: *Süddeutsche Zeitung Magazin,* 31. Januar/January 31, München/Munich, Deutschland/Germany.
Berg, Ronald, „Das große Interesse gilt nur den paar Verrückten. Heiner Wemhöner im Gespräch mit Ronald Berg“, in: *Kunstforum International,* #226, Ruppichteroth, Deutschland/Germany.

2013

Woeller, Marcus, „Open Air Video“, in: *Die Tageszeitung,* 21. Februar/February 21, Berlin, Deutschland/Germany.
Schumacher, Maxi, „Reach for the Stars“, in: *Hasselbladbulletin,* Mai/May, www.hasselbladbulletin.com
Piatti, Elisabetta, „Michael Najjar“, in: *Zoom Magazine,* #109, Mailand/Milan, Italien/Italy.
Péus, Camilla, „Weltansichten“, in: *ART Magazin,* Mai/May, Hamburg, Deutschland/Germany.
Lam, Phaedrus, „Michael Najjar – Creative of Future Scenarios“, in: *Obscura,* #14, Hongkong/Hong Kong, China.
de Gonzaga, Shamina, „Michael Najjar“, in: *Centerpoint Now. United Nations,* #25, Vicenza, Italien/Italy.
„Exhibition Questions the Place of Technology in Daily Lives of People. The Borusan Collection“, in: *Hürriyet Daily News,* 1. Mai/May 1, Istanbul, Türkei/Turkey.
Beller, Svenja, „Schweben wir bald in unendlichen Weiten?“, in: *Greenpeace Magazin,* #1.14, Hamburg, Deutschland/Germany.

2012

Wehr, Marco, „Die Komplexitätsfalle“, in: *Frankfurter Allgemeine Zeitung,* 17. November/November 17, Frankfurt am Main, Deutschland/Germany.
Paniagua, Antonio, „Arco apuesta sobre seguro“, in: *El Diario Montañés,* 16. Februar/February 16, Santander, Spanien/Spain.
Langer, Freddy, „Von Höhen und Tiefen“, in: *Frankfurter Allgemeine Zeitung,* 8. März/March 8, Frankfurt am Main, Deutschland/Germany.
Jassner, Melanie, „Das müssen Sie uns mal erklären – Sieben Fragen an den Fotokünstler Michael Najjar, der ins All fliegt“, in:

Cosmopolitan, Februar/February, München/Munich, Deutschland/Germany.
Giandiletti, Roberto, „Data Deluge“, in: *Wall Street International Magazine,* 2. März/March 2, www.wsimag.com
Fromm, Viola, „Hoch hinaus – in den Weltraum für die Kunst“, in: *Bizziety,* #1, Köln/Cologne, Deutschland/Germany.
Docherty, Molly, „Golden Eye“, in: *New Scientist,* 8. September/September 8, London, Vereinigtes Königreich/United Kingdom.
Barnas, Maria, „Natuur als voorstelling“, in: *Vrij Nederland – Noorderlicht Special,* 1. September/September 1, Amsterdam, Niederlande/The Netherlands.

2011
Vroos, Erik, „Netropolis“, in: *Gup Magazine,* #030, Amsterdam, Niederlande/The Netherlands.
Stiekele, Annette, „Schau! Mich! An!“, in: *Hamburger Abendblatt,* 31. März/March 31, Hamburg, Deutschland/Germany.
Stiekele, Annette, „Auf dem Weg zum Cyberbild“, in: *Hamburger Abendblatt,* 20. Februar/February 20, Hamburg, Deutschland/Germany.
Spessardt, Henrike von, „Michael Najjar – First Artist in Space“, in: *Artnet Magazine,* November, www.artnet.com.
Pohle, Julika, „Wer bin ich? Und wie gefalle ich dir?“, in: *Die Welt,* 31. März/March 31, Berlin, Deutschland/Germany.

2010
Smyth, Diane, „Political Landscapes – Michael Najjar“, in: *British Journal of Photography,* April, London, Vereinigtes Königreich/United Kingdom.
Shanti, Farah, „Into Thin Air“, in: *Aviator Magazine,* Amman, Jordanien/Jordan.
„Markets and Mountains, With Dangerous Peaks“, in: *The New York Times,* 18. April/April 18, New York, NY, USA.
Hübel, Michael, „In para-metaphysischer Trance“, in: *Kunstforum International,* #203, Ruppichteroth, Deutschland/Germany.
Hofman, Klaas, „La valeur de la géographie“, in: *L'Architecture d'Aujourd'hui,* #378, Paris, Frankreich/France.
Hick, Thierry, „Effacer les limites entre réel et virtuel“, in: *La Voix du Luxembourg,* 19. März/March 19, Luxemburg/Luxembourg.

2009
Samaha, Nahla, „Michael Najjar – Utopia Simulator“, in: *Soura – The Middle East Photography Magazine,* #26, Dubai, VAE/UAE.
Müller Pohle, Andreas, „Michael Najjar – High Altitude“, in: *European Photography,* #85/86, Berlin, Deutschland/Germany.
Fortmann, Sven, „The Future has Come for Everyone“, in: *Lodown Magazine,* #5, London, Vereinigtes Königreich/United Kingdom.
D'Acquisto, Germano, „Lassù sui monti“, in: *Marie-Claire,* Mailand/Milan, Italien/Italy.
Bendik, Joe, „Sublime Relevance“, in: *Chelsea Clinton News,* 24. September/September 24, New York, NY, USA.

2008
Velde, Paola van de, „De mens als machine“, in: *De Telegraaf,* 10. April/April 10, Amsterdam, Niederlande/The Netherlands.
Raap, Jürgen, „Star-Kult und Maskerade“, in: *Kunstforum International,* #191, Ruppichteroth, Deutschland/Germany.
Harder, Matthias, „Bionic Angel“, in: *Photography Now,* Februar/February, Berlin, Deutschland/Germany.
Hamed, Sherin, „Augmented Realities – Michael Najjar 1997–2008“, in: *Eikon,* Mai/May, Wien/Vienna, Österreich/Austria.
Dabrowski, Agnes, „Visionen mit Patina“, in: *Artinvestor,* November, München/Munich, Deutschland/Germany.
Dabrowski, Agnes, „Interview with Michael Najjar“, in: *Artinvestor,* Januar/January, München/Munich, Deutschland/Germany.
Dost, Lennard, „Van cyberportretten tot kitscherige reclame“, in: *De Volkskrant,* 15. Mai/May 15, Amsterdam, Niederlande/The Netherlands.
Borowski, Judith, „Kunststück! Was haben sie sich dabei gedacht, Herr Najjar?“, in: *Financial Times Deutschland,* 4. April/April 4, Hamburg, Deutschland/Germany.

2007
Shanti, Farah, „Welcome to Hyper-Reality – Michael Najjar's Data Streaming Vision“, in: *Skin,* #2, Mai/May, Amman, Jordanien/Jordan.
Oudiz, Barbara, „Michael Najjar“, in: *Eyemazing,* #1, Amsterdam, Niederlande/The Netherlands.
Hamed, Sherin, „Michael Najjar“, in: *Contemporary Magazine,* #91, London, Vereinigtes Königreich/United Kingdom.
Elasaad, Heba, „Netropolis Now“, in: *Timeout Dubai,* #21, Mai/May, Dubai, VAE/UAE.
Davydova, Katherina, „Cyber Renaissance“, in: *MAX,* November 2007, Kiev, Ukraine.

2006
Tüting, Linda Luise, „Michael Najjar“, in: *Artinvestor,* November, München/Munich, Deutschland/Germany.
Rodríguez, Gabriel, „Michael Najjar – Selected Works“, in: *ABC,* 30. Dezember/December 30, Madrid, Spanien/Spain.
Kay, Itoi, „Return of the Rising Sun“, in: *Art and Auction,* Juni/June, New York, NY, USA.

2005
Wichgers, Marcel, „Sporen van een bornagain viespeuk“, in: *Dagbald van het Noorden,* 10. Juli/July 10, Niederlande/The Netherlands.
Meixner, Christiane, „Kollektive Einsamkeit“, in: *Berliner Morgenpost,* 6. Oktober/October 6, Berlin, Deutschland/Germany.
Maggia, Filippo, „Intercepting the City“, in: *Exit Art Magazine,* #17, Madrid, Spanien/Spain.
Honnef, Klaus, „Der Preis ist heiß“, in: *Kunstzeitung,* #121, September, Hamburg, Deutschland/Germany.
Haag, Peter, „Netropolis“, in: *Etalks Magazine,* #7, Dubai, VAE/UAE.
Borowski, Judith, „Blick in die Zukunft“, in: *Financial Times Deutschland,* 12. Oktober/October 12, Hamburg, Deutschland/Germany.
Boecker, Susanne, „Mascarada“, in: *Kunstforum International,* #183, Dezember/December, Ruppichteroth, Deutschland/Germany.

2004
Philipp, Gabriele, „Kann Fotografie unsere Welt in Bilder fassen?“, in: *Omnibus Volume,* Bielefeld, Deutschland/Germany.
Jones, Jonathan, „About Face“, in: *The Guardian,* 22. September/September 22, London, Vereinigtes Königreich/United Kingdom.
Ion, Razvan, „Portfolio Michael Najjar“, in: *Artphoto,* #4, Bukarest/Bucharest, Rumänien/Romania.
Gundlach, F. C., „Information and Apocalypse“, in: *Grenzgänge – Fotos für die Pressefreiheit,* Berlin, Deutschland/Germany.
Herstatt, Claudia, „A Clear Vision. Photographische Werke aus der Sammlung F. C. Gundlach“, in: *Kunstforum International,* #168, Ruppichteroth, Deutschland/Germany.
Engler, Katja, „Die große Illusion von der Aufhebung der Vergänglichkeit“, in: *Welt am Sonntag,* 5. Dezember/December 5, Berlin, Deutschland/Germany.
Arackal, Sebastian, „Zukunft der Städte“, in: *Photographie – Portfolio,* #1, Januar/January, Hamburg, Deutschland/Germany.

2003
National Coalition Against Censorship (NCAC), „Exhibition Review: Information and Apocalypse“, in: www.ncac.org.
Honnef, Klaus, „Eine Werkschau der Sammlung F. C. Gundlach eröffnet Hamburgs Haus der Photographie“, in: *Die Welt,* 28. Oktober/October 28, Berlin, Deutschland/Germany.
Johnson, Jen, „Exhibition Review: Information and Apocalypse“, in: *The New York Times,* 11. Juli/July 11, New York, NY, USA.

Gardner, Ralph, „Michael Najjar – Information and Apocalypse. Pietà or Porn? Uptown Attacks Nudes“, in: *The New York Observer,* 24. November/November 24, New York, NY, USA.
Böker, Carmen, „Der warme Körper und die kalte Welt“, in: *Berliner Zeitung,* 31. Oktober/October 31, Berlin, Deutschland/Germany.

2002
Schiff, Hajo, „Ausgelöscht, vergessen, nie je existent“, in: *Die Tageszeitung,* 27. Mai/May 27, Berlin, Deutschland/Germany.
Hofmann, Isabelle, „Schickbilder und Schockbilder“, in: *Tagesspiegel,* 5. April/April 5, Berlin, Deutschland/Germany.
Dogramaci, Burcu, „Reality Check: 2. Triennale of Photography Hamburg“, in: *Camera Austria,* #78, Graz, Österreich/Austria.

2001
„Michael Najjar. Nexus Project Part I“, in: *Camera Austria,* #75, Graz, Österreich/Austria.
Linnartz, Mareen, „Fokus auf Michael Najjar“, in: *Frankfurter Rundschau Magazin,* Februar/February, Frankfurt am Main, Deutschland/Germany.

2000
Müller-Roselius, Katharina, „Halb Mensch, halb Maschine“, in: *Hamburger Abendblatt,* 24. Oktober/October 24, Hamburg, Deutschland/Germany.
Gardner, Belinda, „Die Toten Augen des Computerzeitalters“, in: *Die Welt,* 13. November/November 13, Hamburg, Deutschland/Germany.
Gardner, Belinda, „Michael Najjar: Nexus-Project Part I“, in: *Die Welt,* 18. Oktober/October 18, Hamburg, Deutschland/Germany.

1999
Vielhaber, Christiane, „Schöpfermythos per Mouseclick – Video Virtuale Foto Fictionale im Museum Ludwig Köln“, in: *Handelsblatt,* 6. September/September 6, Düsseldorf, Deutschland/Germany.
Tenbrock, Christian, „Was bleibt vom Menschen?“, in: *Die Zeit – Leben,* #46, November, Hamburg, Deutschland/Germany.
Seidel, Martin, „Video Virtual Foto Fictionale“, in: *Kunstforum International,* #147, Ruppichteroth, Deutschland/Germany.

1998
„!Viva Fidel! Un viaggio nell' assurdità“, in: *Zoom,* Mai/May, Mailand/Milan, Italien/Italy.
„Realität aus dem Computer“, in: *Die Welt,* 5. Mai/May 5, Hamburg, Deutschland/Germany.

1997
Wendenburg, Christina, „Fotos schildern den absurden Alltag in Fidel Castros Kuba“, in: *Berliner Morgenpost,* 6. Juni/June 6, Berlin, Deutschland/Germany.
Najjar, Michael, „Reisebilder aus der Absurdität“, in: *Die Tageszeitung,* 15. Februar/February 15, Berlin, Deutschland/Germany.
Böker, Carmen, „Reise in die Absurdität“, in: *Berliner Zeitung,* 5. Juni/June 5, Berlin, Deutschland/Germany.

Autorenbiografien
Author's Biographies

Manfred Wittenstein

(geb. 1942) ist Aufsichtsratsvorsitzender der WITTENSTEIN SE. Die internationale Unternehmensgruppe entwickelt kundenspezifische Produkte und Systeme für hochdynamische Positionierung in der mechatronischen Antriebstechnik. Der gebürtige Berliner übernahm 1979 das elterliche Unternehmen und baute es erfolgreich zu seiner heutigen Größe auf. Manfred Wittenstein ist seit vielen Jahren in unterschiedlichen Funktionen engagiert, u.a. von 2006 bis 2013 als Mitglied der Forschungsunion Wirtschaft – Wissenschaft. 2007 wurde er zum Präsidenten des Verbands Deutscher Maschinen- und Anlagenbau (VDMA) e.V. gewählt, wo er anschließend bis 2013 als Post-Präsident fungierte. 2008 bis 2011 hatte er das Amt des Vizepräsidenten des Bundesverbands der Deutschen Industrie (BDI) inne. Manfred Wittenstein ist Treiber des Themas Industrie 4.0 / Digitalisierung, u.a. als Mitglied im Lenkungskreis der Plattform Industrie 4.0 (2015 bis 2019), sowie seit 2015 als Sprecher und Vorsitzender des Lenkungskreises der Allianz Industrie 4.0 Baden-Württemberg. Seit 2018 ist er Mitglied der AG 4 der „Nationalen Plattform Zukunft der Mobilität".

Manfred Wittenstein (born in 1942) is Chairman of the WITTENSTEIN SE Supervisory Board. This international group of companies develops customized solutions for maximum-precise mechatronic drive technology. A native of Berlin, he took over his parents' firm in 1979 and built it up successfully to its present size. Manfred Wittenstein has performed various honorary functions, for example as a member of the Science-Industry Cooperation from 2006 to 2013. He was elected President of the German Engineering Federation (VDMA) in 2007 and Vice-President of the BDI (German Industry Association) from 2008 to 2011. Manfred Wittenstein is a driver of Industry 4.0 and digital transformation issues, as a member of the Industry 4.0 Platform Steering Committee (2015 to 2019) as well as Spokesman and Chairman of the Alliance Industry 4.0 Baden-Württemberg Steering Committee (since 2015). Furthermore, since 2018 he has collaborated in WG 4 of the German government's "National Platform Future of Mobility."

Dietmar Dath

ist ein deustcher Schriftsteller, Autor und Übersetzer. Von 1998 bis 2000 war er Chefredakteur des Popmagazins *SPEX*, seit 2001 ist er Feuilletonredakteur der *Frankfurter Allgemeinen Zeitung*, mit den Schwerpunkten Wissenschaftskultur, elektronische Lebensaspekte, Science-Fiction und Filmkritik. Dath ist Verfasser zahlreicher Romane, unter anderem *Die Abschaffung der Arten*, 2008 und *Neptunation*, 2019 sowie der tausendseitigen Ästhetik der Science Fiction *Niegeschichte*, 2019. Sein Roman *Die Abschaffung der Arten* war 2008 für den Deutschen Buchpreis nomminiert. 2020 wurde er mit dem Siegfried-Kracauer-Preis für die beste Filmkritik ausgezeichnet.

Dietmar Dath is a German writer, author and translator. From 1998 to 2000 he was editor-in-chief of the pop magazine *SPEX*, and since 2001 he has been features editor of the *Frankfurter Allgemeine Zeitung*, specializing in science culture, electronic aspects of life, science fiction, and film criticism. Dath is the author of numerous novels, including *Die Abschaffung der Arten*, 2008 and *Neptunation*, 2019 and the thousand-page aesthetic of science fiction *Niegeschichte*, 2019. His novel *Die Abschaffung der Arten* was nominated for the German Book Prize in 2008. In 2020, he was awarded the Siegfried Kracauer Prize for best film criticism.

Michael Ostheimer

lebt und arbeitet als Autor und Literaturwissenschaftler in Berlin. Studium der Germanistik, Griechischen Philologie und Volkswirtschaft in Tübingen und Berlin. Promotion mit einer Studie über Heiner Müller, DAAD-Lektor an der Peking-Universität, Habilitation mit einer Arbeit über den neuen deutschen Familienroman. Aktueller Arbeitsschwerpunkt: Landschaft und Zeit-Raum-Verhältnisse in Bild und Text. Zuletzt als Buch: *Leseland* über Zeit-Raum-Verhältnisse in der DDR- und Post-DDR-Literatur (Wallstein, 2018), *Sichtspiele* über Filmkunst (Distanz, 2018), *Mit geliehenen Augen. Landschaft | Landscape | Shanshui* über Landschaftsdarstellungen in Ost und West (zus. mit Ulrike Münter; Kerber, 2020). Mehr unter: www.michael-ostheimer.de

Michael Ostheimer lives and works as an author and literary scholar in Berlin. He studied German, Greek philology, and economics in Tübingen and Berlin. He doctorate with a study on Heiner Müller, DAAD Lektor at Peking University, Habilitation with a thesis on the new German family novel. Current focus: landscape and time-space relations in image and text. Recent books: *Leseland* on time-space relations in GDR and post-GDR literature (Wallstein, 2018), *Sichtspiele* on film art (Distanz, 2018), *Mit geliehenen Augen. Landschaft | Landscape | Shanshui* about representations of landscape in East and West (together with Ulrike Münter; Kerber, 2020).

Elon Musk

Elon Musk ist ein Unternehmer, Industriedesigner und Ingenieur. Im Jahr 2002 gründete er SpaceX, einen Luft- und Raumfahrthersteller sowie Raumtransportdienstleister, als dessen CEO, CTO und leitender Designer er fungiert. SpaceX verfolgt das Ziel, die Raumtransportkosten zu senken, um die Kolonisierung des Mars zu ermöglichen. 2004 trat Elon Musk als Vorsitzender und Produktdesigner dem Elektrofahrzeughersteller Tesla Motors, Inc. (jetzt Tesla, Inc.) bei und wurde 2008 dessen CEO. 2006 half er beim Aufbau von SolarCity, einem Solarenergiedienstleistungsunternehmen und der derzeitigen Tesla-Tochtergesellschaft. Im Jahr 2015 war er außerdem Mitbegründer von OpenAI, einem gemeinnützigen Forschungsunternehmen, das freundliche künstliche Intelligenz fördert. Ein Jahr später beteiligte er sich an der Gründung von Neuralink, einem Neurotechnologieunternehmen, das sich auf die Entwicklung von Gehirn-Computer-Schnittstellen konzentriert. Er gründete des Weiteren das Tunnelbauunternehmen The Boring Company und hat den Vorschlag eines Hyperloops unterbreitet, eines Hochgeschwindigkeitszugsystems. Er gilt als eine der visionärsten und innovativsten Personen unserer Zeit.

Elon Musk is an entrepreneur, industrial designer, and engineer. In 2002, Musk founded SpaceX, an aerospace manufacturer and space transport services company, of which he is CEO, CTO, and lead designer with the goal of reducing space transportation costs to enable the colonization of Mars. In 2004, he joined electric vehicle manufacturer Tesla Motors, Inc. (now Tesla, Inc.) as chairman and product architect, becoming its CEO in 2008. In 2006, he helped create SolarCity, a solar energy services company and current Tesla subsidiary. In 2015, he co-founded OpenAI, a nonprofit research company that promotes friendly artificial intelligence. In 2016, he co-founded Neuralink, a neurotechnology company focused on developing brain–computer interfaces, and founded The Boring Company, a tunnel construction company. Elon Musk has also proposed the Hyperloop, a high-speed train transportation system.

Frank White

ist ein magna cum laude-Absolvent des Harvard Colleges, Mitglied von Phi Beta Kappa und ein Rhodes-Stipendiat. Er erwarb einen M. Phil. in Politik an der Universität von Oxford. Whites bekanntestes Buch, *The Overview Effect: Space Exploration and Human Evolution,* wird von vielen als bahnbrechendes Werk auf dem Gebiet der Weltraumforschung betrachtet. Die vierte Auflage von *The Overview Effect* erscheint 2021 bei Multiverse Publishing, einer Abteilung von Multiverse Media LLC. Der Film *Overview,* der größtenteils auf Whites Arbeit basiert, verzeichnet mehr als acht Millionen Aufrufe auf Vimeo. Frank White führte im Juni 2019 eine Reihe von Interviews mit Astronauten im Johnson Space Center, die nun die Grundlage für die NASA-Serie *Down to Earth* bildet, die auf YouTube und anderen Social-Media-Plattformen der NASA verfügbar ist. Frank White unterrichtet an der Harvard Extension School, der Harvard Summer School, dem Metropolitan College der Boston University sowie am Kepler Space Institute.

Frank White is a magna cum laude graduate of Harvard College, a member of Phi Beta Kappa, and a Rhodes Scholar. He earned an M.Phil. in Politics from Oxford University. Frank's best-known book, *The Overview Effect: Space Exploration and Human Evolution,* is considered by many to be a seminal work in the field of space exploration. The fourth edition of *The Overview Effect* will be published in 2021 by Multiverse Publishing, a division of Multiverse Media LLC. A film called *Overview,* based largely on his work, has had more than eight million plays on Vimeo. Frank White conducted a series of interviews with astronauts at Johnson Space Center in June of 2019, which have now become the basis for NASA's series called *Down to Earth,* available on YouTube and other NASA social media platforms. Frank White teaches at Harvard Extension School, Harvard Summer School, Boston University's Metropolitan College, and Kepler Space Institute.

Richard Branson
ist Gründer der Virgin Group. Diese wurde 1970 ins Leben gerufen und hat seitdem erfolgreiche Unternehmen in Bereichen wie Mobiltelefonie, Reisen und Transport, Finanzdienstleistungen, Freizeit und Unterhaltung sowie Gesundheit und Wellness aufgebaut. Virgin ist ein führender internationaler Investmentkonzern und eine der bekanntesten und renommiertesten Brands der Welt. Seit Richard Branson im Alter von 15 Jahren die Jugendkulturzeitschrift *Student* gegründet hat, hat er unternehmerische Wege gefunden, um positive Veränderungen in der Welt voranzutreiben. Im Jahr 2004 gründete er Virgin Unite, die gemeinnützige Stiftung der Virgin Group, die Menschen und unternehmerische Ideen zusammenbringt, um Möglichkeiten für eine bessere Welt zu schaffen. Den größten Teil seiner Zeit verbringt er nun mit dem Aufbau von Unternehmen, die einen positiven Wandel auf globaler Ebene bewirken, sowie mit der Arbeit mit Virgin Unite und den von ihr ins Leben gerufenen Organisationen wie The Elders, The B Team und Ocean Unite. Richard Branson wurde für seine unternehmerischen Verdienste mit einem Ritterschlag ausgezeichnet. Er lebt mit seiner Frau Joan auf Necker Island und hat zwei Kinder, Holly und Sam, sowie fünf Enkelkinder.

Sir Richard Branson is Founder of the Virgin Group. Conceived in 1970, the Virgin Group has gone on to grow successful businesses in sectors including mobile telephony, travel and transportation, financial services, leisure, and entertainment and health and wellness. Virgin is a leading international investment group and one of the world's most recognized and respected brands. Since starting youth culture magazine *Student* aged fifteen, Richard Branson has found entrepreneurial ways to drive positive change in the world. In 2004, he established Virgin Unite, the non-profit foundation of the Virgin Group, which unites people and entrepreneurial ideas to create opportunities for a better world. Most of his time is now spent building businesses that will make a positive difference in the world and working with Virgin Unite and organizations it has incubated, such as The Elders, The B Team, and Ocean Unite. Richard Branson was awarded a knighthood for services to entrepreneurship. He lives on Necker Island with his wife Joan, and has two children, Holly and Sam, and five grandchildren.

Hans Koenigsmann
ist Leiter des Build and Flight Reliability-Teams bei SpaceX. In dieser Funktion leitet er die SpaceX Teams, die für technische Zuverlässigkeit und Prozessentwicklung verantwortlich sind, und überwacht die Startvorbereitungen. Er liefert eine unabhängige Einschätzung der Startrisiken und identifiziert und behebt Anomalien während der Integration und des Starts selbst. Hans Koenigsmann ist seit der Gründung des Unternehmens im Jahr 2002 Mitarbeiter von SpaceX, baute die Abteilungen Avionik, Software und GNC auf und entwickelte die Prozesse zur Startvorbereitung, die derzeit bei jedem Start zum Einsatz kommen. Außerdem entwickelte er den Risikominderungsprozess für Raketenstarts und die dazugehörige Datenbank. Hans Koenigsmann hat einen Doktortitel in Luft- und Raumfahrttechnik sowie Produktion von der Universität Bremen und einen Master of Science in Luft- und Raumfahrttechnik von der Technischen Universität Berlin.

Dr. Hans Koenigsmann leads the Build and Flight Reliability Team at SpaceX. In this role he is the executive leader of SpaceX's reliability engineering and process development teams, and oversees the launch readiness process during launch campaigns. He provides an independent assessment of launch risks, identifying and resolving anomalies during integration and launch itself. As a member of SpaceX from the company's inception in 2002, Hans Koenigsmann built up the avionics, software, and GNC departments and developed the launch readiness process currently in use during each launch campaign. He also developed the SpaceX risk mitigation process and initiated the risk database. Hans Koenigsmann has a Ph.D. in Aerospace Engineering and Production from the University of Bremen and a Master of Science in Aerospace Engineering from the Technical University of Berlin.

Stéphane Israël
ist CEO von Arianespace, dem europäischen Unternehmen, das die Trägerraketen Ariane, Vega und Soyuz vom Guiana Space Center, dem europäischen Weltraumbahnhof in Französisch-Guayana, vermarktet und betreibt. Er ist Vorstandsmitglied der ArianeGroup, dem industriellen Generalunternehmer für Ariane-Trägerraketen, sowie Vorsitzender und CEO von Starsem, dem europäisch-russischen Unternehmen, das die kommerziellen Sojus-Starts von den Kosmodromen Baikonur und Wostotschny betreibt. Er hat Abschlüsse von der Ecole Normale Supérieure und der Ecole Nationale d'Administration (ENA). Im Jahr 2001 wurde er zum Richter am französischen Rechnungshof ernannt, wo er sich hauptsächlich mit Fragen der französischen Raumfahrtpolitik und des Ariane-Trägersystems befasste. Im Jahr 2007 schloss er sich Airbus an, zunächst als Berater des CEO, dann in verschiedenen operativen Managementpositionen in der Raumfahrtsparte. Von Mai 2012 bis April 2013 war er Stabschef im Kabinett des französischen Ministers und zuständig für die Bereiche der Productive Recovery, des Ministeriums für Industrie, der digitalen Wirtschaft, KMU und Innovation. Stéphane Israël wurde im April 2013 zum Vorsitzenden und CEO von Arianespace ernannt. Im April 2017 wurde er CEO von Arianespace SAS und Mitglied des Executive Committee der Muttergesell-

schaft ArianeGroup. Stéphane Israël ist Vorsitzender des Verwaltungsrates des CNAM (Conservatoire national des arts et métiers) sowie Mitglied des Verwaltungsrates von Carrefour (Senior Director und Vorsitzender des Prüfungsausschusses) und der Ecole Normale Supérieure.

Stéphane Israël is the Chief Executive Officer of Arianespace, the European company that markets and operates the Ariane, Vega, and Soyuz launch vehicles from the Guiana Space Center, Europe's Spaceport in French Guiana. He is a member of the Executive Committee of ArianeGroup, the industrial prime contractor for Ariane launchers, and the Chairman and Chief Executive Officer of Starsem, the Euro-Russian company that operates Soyuz commercial launches from the Baikonur and Vostochny Cosmodrome. He holds degrees from the Ecole Normale Supérieure and the Ecole Nationale d'Administration (ENA). In 2001, he was named a judge in the French Court of Auditors, where he mostly addressed question concerning French space policy and the Ariane launch system. He joined Airbus in 2007, first as advisor to the CEO, then in various operational management positions in the space division. From May 2012 to April 2013, he was Chief of Staff in the cabinet of the French Minister for Productive Recovery, Ministry of Industry, Digital Economy, SMEs and Innovation. Stéphane Israël was named Chairman and Chief Executive Officer of Arianespace in April 2013. In April 2017, he became Chief Executive Officer of Arianespace SAS and a member of parent company ArianeGroup's Executive Committee. Stéphane Israël is Chairman of the Board of Directors of CNAM (Conservatoire national des arts et métiers), and is on the Board of Directors of Carrefour (Senior Director and Chairman of the Audit Committee) and Ecole Normale Supérieure.

MA Yansong

Ma Yansong ist leitender Architekt und Gründer von MAD Architects. Mit seiner Arbeit erschafft Ma Yansong eine Vision von der Stadt der Zukunft, die von den spirituellen und emotionalen Bedürfnissen ihrer Bewohner inspiriert ist. Während der vergangenen 16 Jahre hat Ma aufgrund seiner internationalen Praktiken mit kulturellem Bewusstsein weltweite Aufmerksamkeit auf dem Gebiet der Architektur erlangt. Zu seinen wichtigsten Projekten gehören das Opernhaus in Harbin, das Lucas Museum of Narrative Art in Los Angeles sowie die Absolute Towers in Mississauga. Zu den jüngsten Ausstellungen zählen des Weiteren: *Mad X*, Centre Pompidou, Paris, Frankreich (2019); *Tunnel of Light*, Echigo Tsumari Art Field Triennial, Japan (2018); *Fifth Ring*, Milan Design Week, Mailand, Italien (2018); *Micro Garden*, 15th Venice Architecture Biennale, Venedig, Italien (2016); *Verso Est: Chinese Architectural Landscape*, MAXXI, Rom (2011); *Living*, Louisiana Museum of Modern Art, Kopenhagen, Dänemark (2011); *Feelings Are Facts, Olafur Eliasson + Ma Yansong*, Ullens Center for Contemporary Art (UCCA), Peking (2010); *China Design Now*, Victoria and Albert Museum, London (2008). Ma Yansongs Arbeiten sind Teil zahlreicher öffentlicher Sammlungen, so zum Beispiel des M+ Museums in Hongkong und des Centre Pompidou in Paris.

Ma Yansong is the principle Architect and Founder of MAD Architects. Through his work, Ma Yansong is committed to creating a vision for the city of the future that is inspired by the spiritual and emotional needs of its residents. Over the past sixteen years, Ma Yansong has gained worldwide attention in the architecture field for his international practices with cultural consciousness. Signature projects include: Harbin Opera House, the Lucas Museum of Narrative Art in LA, and the Absolute Towers in Mississauga. Recent exhibitions include: *Mad X*, Centre Pompidou, Paris, France (2019); *Tunnel of Light*, Echigo Tsumari Art Field Triennial, Japan (2018); *Fifth Ring*, Milan Design Week, Milan, Italy (2018); *Micro Garden*, 15th Venice Architecture Biennale, Venice, Italy (2016); *Verso Est: Chinese Architectural Landscape*, MAXXI, Rome (2011); *Living*, the Louisiana Museum of Modern Art, Copenhagen, Denmark (2011); *Feelings Are Facts, Olafur Eliasson + Ma Yansong*, Ullens Center for Contemporary Art (UCCA), Beijing (2010); *China Design Now*, the Victoria and Albert Museum, London (2008). Ma Yansong's works are part of numerous public collections, such as M+ Museum, Hong Kong and Centre Pompidou, Paris.

Sethu Vijaykumar

ist Professor für Robotik an der Universität von Edinburgh und Gründungsdirektor des Edinburgh Centre for Robotics. Er leistete Pionierarbeit bei der Verwendung von groß angelegten maschinellen Lerntechniken für die Echtzeitsteuerung mehrerer ikonischer Roboterplattformen. Eines seiner Projekte (2016) besteht in der Zusammenarbeit mit dem NASA Johnson Space Center an dem humanoiden Roboter Valkyrie, der für unbemannte robotische Vor-Einsatz-Missionen zum Mars vorbereitet wird. Sethu Vijayakumar hat (Stand 2021) über 250 begutachtete und vielzitierte Artikel zu Themen wie Robot-Learning sowie optimaler Steuerung und Echtzeitplanung in hochdimensionalen sensomotorischen Systemen veröffentlicht. Er ist Fellow der Royal Society of Edinburgh, Jurymitglied bei BBC Robot Wars und Gewinner des Tam-Dalyell-Preises 2015 für herausragende Leistungen bei der Einbeziehung der Öffentlichkeit in die Wissenschaft. Professor Sethu Vijayakumar trägt in seiner Rolle als Programmdirektor (AI) am Alan Turing Institute dazu bei, die britische Agenda für Robotik und autonome Systeme zu gestalten und voranzutreiben.

Sethu Vijayakumar is the Professor of Robotics at the University of Edinburgh, and the Founding Director of the Edinburgh Centre for Robotics. He has pioneered the use of large-scale machine learning techniques in the real-time control of several iconic robotic platforms. One of his projects (2016) involves a collaboration with NASA Johnson Space Center on the Valkyrie humanoid robot being prepared for unmanned robotic pre-deployment missions to Mars. He has published (as of 2021) over 250 peer reviewed and highly cited articles on topics covering robot learning, optimal control and real-time planning in high dimensional sensorimotor systems. He is a Fellow of the Royal Society of Edinburgh, a judge on BBC Robot Wars and winner of the 2015 Tam Dalyell Prize for excellence in engaging the public with science. Professor Sethu Vijayakumar helps shape and drive the UK Robotics and Autonomous Systems agenda in his role as a Programme Director (AI) at The Alan Turing Institute.

Marco Fuchs

studierte Rechtswissenschaften in Berlin und Hamburg. Nach der Referendarzeit war er als Rechtsanwalt in Hamburg tätig. Anschließend absolvierte er ein Masterstudium (LLM) an der New York University. Nach der Zulassung als Attorney-at-Law arbeitete er für eine große amerikanische Anwaltskanzlei in New York und später in Frankfurt. 1995 kehrte Marco Fuchs nach Bremen zurück. Zunächst war er bei dem von seinen Eltern gegründeten Familienunternehmen OHB System GmbH als Prokurist und anschließend als Geschäftsführer tätig. Seit November 2000 ist er Vorstandsvorsitzender der OHB SE. Die OHB-Gruppe ist ein börsennotiertes Raumfahrt- und Technologieunternehmen mit über 2.800 Mitarbeiten in Deutschland, Italien, Frankreich, Belgien, Luxemburg, Schweden, der tschechischen Republik und in Chile. 2008 wurde Marco Fuchs zum Honorarkonsul der Republik Italien im Bundesland Bremen berufen. Seit 2014 sitzt er im Aufsichtsrat von Werder Bremen. Seit Februar 2019 ist er Mitglied im

Wissenschaftsrat. Marco Fuchs ist seit 1997 mit seiner Frau Christine verheiratet. Das Paar hat zwei erwachsene Kinder.

Marco Fuchs studied law in Berlin and Hamburg. After completing his legal traineeship, he worked as a lawyer in Hamburg. He then completed a master's degree (LLM) at New York University. After his admission as Attorney-at-Law, he worked for a large American law firm in New York and later in Frankfurt. Marco Fuchs returned to Bremen in 1995. Initially, he worked for the family-owned company OHB System GmbH, founded by his parents, as an authorized signatory and subsequently as managing director. He has been CEO of OHB SE since November 2000. The OHB Group is a listed space and technology company with over 2,800 employees in Germany, Italy, France, Belgium, Luxembourg, Sweden, the Czech Republic and Chile. In 2008, Marco Fuchs was appointed Honorary Consul of the Republic of Italy in the Federal State of Bremen. Since 2014, he has been a member of the Supervisory Board of Werder Bremen. He has been a member of the Science Council since February 2019. Marco Fuchs has been married to his wife Christine since 1997. The couple has two grown-up children.

Dank
Acknowledgments

Mein größter Dank gilt/
I would like to thank above all:

meiner Frau/my wife
Sherin Najjar

Besonderen Dank an Dr. Manfred Wittenstein für die Zusammenarbeit und großzügige Unterstützung bei der Herstellung dieses Buches/
Special thanks to Dr. Manfred Wittenstein for the collaboration and his generous support in publishing this book

Dank an alle Autoren, die ihre Essays und Vision Statements eigens für dieses Buch verfasst haben/
Thanks to the authors whose vision statements and essays were written especially for this book:

Richard Branson
Dietmar Dath
Marco Fuchs
Stéphane Israël
Hans Koenigsmann
Ma Yansong
Elon Musk
Michael Ostheimer
Sethu Vijaykumar
Frank White
Manfred Wittenstein

Weiterer Dank an/
Further thanks to:

Matthieu Borysevicz
Todd Brandow
Joep van den Broek
Franz Eder
Hans van Enckevort
Hélène de Franchis
Norman Foster
Marco Fuchs
Frank-Erich Hufnagel
Dominik Kaiser
Stefan Klingsöhr
Oliver Laubscher
Jörg Mohaupt
Juan Silió
Hans Steininger
Michael Stich
Gerard van Vliet
Heiner Wemhöner
Edith Wittenstein

Produktion/Production

Besonderer Dank an/Special thanks to:
Das Foto Image Factory, Berlin
Fine Art Service, Berlin
Grieger Fotolabor, Düsseldorf

Tilman Burgert (Modellbau Milde)
Tobias Hansing (Umweltdruck Berlin)
Dieter Jaufmann (Video camera and editing)
Hugo Kämpf (Delight Rental Services)
Stephan Mantler (mountain guide, Iceland)
Hans Ruh (Das Foto Image Factory)
Philipp Ruh (Das Foto Image Factory)
Malte Seibt (Fine Art Service)
Thomas Skiba (Fine Art Service)
Michael Ulbrich (Fine Art Service)
Daniella Petrovicz (Styling)
Elmar Potthoff, Stephan Klein
(Hütter und Potthoff Metallbau)
Moritz Weber (Studio Michael Najjar)
Ute Zeise (Grieger Fotolabor)
Lars Noack (Grieger Fotolabor)

Dank an folgende Firmen, Institutionen und Personen für ihre technische Unterstützung, Beratung, Produktion und Fotogenehmigungen/
Thanks to the following companies and institutions for their technical support, advice, production, and photo permissions:

Airbus Defence & Space
Aldrin Family Foundation
Arianespace
CERN
Deutsches Zentrum für Luft und Raumfahrt/German Aerospace Center
Edinburgh Centre for Robotics
DLR / :envihab
Europäische Weltraumagentur / European Space Agency (ESA)
European Southern Observatory (ESO)
Europäisches Weltraumforschungs- und Technologiezentrum / European Space Research and Technology Center (ESTEC)
Jet Propulsion Laboratory (JPL)
The Karman Project
MT Aerospace
NASA
OHB SE
SpaceX
Virgin Galactic

Monica Bello
Andreas Bergweiler
Pierre Cox
Claudia Euzet-Hoyau
Andrzej Holka
Hélène Huby
Aaron Lewis
Michael Lopez-Alegria
Franco Ongaro
Guido Petrat
Hagen Witte

Dank an folgende Galerien/
Thanks to the following galleries:

ARTITLEDcontemporary
BANK/Mabsociety
Benrubi Gallery
Galería Juan Silió
Studio la Città

Dank an folgende Kuratoren/
Thanks to the following curators:

Nekane Aramburu
Andreas Beitin
Nina Colosi
Zoran Eric
William Ewing
Lukas Feireiss
Walter Guadagnini
Yuko Hasegawa
Virpi Nikkari
Gertrude Pleister
Bodo Rau
Holly Roussel
Carolyn Russo
Christiane Stahl
Blanca de la Torre
Hannu Vanhanen
Peter Weibel
Benjamin Weil
Stefan Weppelmann
Louise Wolthers
Philipp Ziegler

Besonderen Dank an die Firma Hasselblad
und Hans Cornet für Kameras und
technische Unterstützung/
Special thanks to Hasselblad and Hans
Cornet for cameras and technological
support.

für/for Neo

Impressum
Imprint

Gestaltung/Design
Ingo Maak, Boros Berlin,
Michael Najjar, Moritz Weber

Texte/Texts
Richard Branson, Dietmar Dath, Marco Fuchs, Stéphane Israël,
Hans Koenigsmann, Ma Yansong, Elon Musk, Michael Ostheimer,
Sethu Vijaykumar, Frank White, Manfred Wittenstein

Übersetzung/Translation
Kevin Kennedy, Paul Morland, Lea Marie Weber

Lektorat/Editing
Paul Morland (Englisch/English)
Lea Marie Weber (Deutsch/German)

Bildbearbeitung/Image Editing
Studio Michael Najjar, Berlin

Produktion/Production Management
Studio Michael Najjar

Gesamtherstellung/Production
Umweltdruck Berlin GmbH

Fotonachweis/Photo Credits
Alle Abbildungen/all images © Michael Najjar

ISBN 978-3-95476-410-5
Printed in Germany

Vertrieb/Distribution
Edel Germany GmbH
www.edel.com
international-books@edel.com

Erschienen im/Published by
DISTANZ Verlag
www.distanz.de